浙江省普通本科高校“十四五”重点教材

机械制造工程基础

○ 汪延成 编

中国教育出版传媒集团
高等教育出版社·北京

内容简介

本书是为适应机械工程专业教学体系改革的需求，以机械制造工程原理与工艺设计方法为主线，将所涉及的金属切削原理、金属切削机床、机床夹具设计原理、机械制造工艺设计等方面的基础知识、基础理论及方法进行系统整合编写而成的。主要内容有金属切削的基本概念、金属切削的基本规律及其应用、机床的运动分析、机床夹具设计基础、机械加工质量及其控制、机械加工工艺规程设计、机械装配工艺规程设计等。本书重视制造工程原理与工艺设计之间的内在联系，着力体现机械制造技术的系统性和整体性。通过学习本书，学生可系统掌握机械制造工程及工艺设计方面所必需的专业基础知识和基本理论。

本书可作为高等工科院校机械工程、机械设计制造及其自动化、机械电子工程、过程装备与控制工程、车辆工程等相关专业的技术基础课程教材，也可作为机械制造工程技术人员的参考资料。

图书在版编目（CIP）数据

机械制造工程基础 / 汪延成编. -- 北京：高等教育出版社，2023.2

ISBN 978-7-04-059540-6

Ⅰ.①机… Ⅱ.①汪… Ⅲ.①机械制造工艺－高等学校－教材 Ⅳ.①TH16

中国版本图书馆 CIP 数据核字（2022）第 211149 号

Jixie Zhizao Gongcheng Jichu

策划编辑 龙琳琳　　责任编辑 龙琳琳　　封面设计 张申申　　版式设计 杨 树
责任绘图 李沛蓉　　责任校对 刁丽丽　　责任印制 赵义民

出版发行 高等教育出版社
社　　址 北京市西城区德外大街 4 号
邮政编码 100120
印　　刷 北京盛通印刷股份有限公司
开　　本 787mm × 1092mm　1/16
印　　张 16.75
字　　数 370 千字
购书热线 010-58581118
咨询电话 400-810-0598

网　　址 http://www.hep.edu.cn
　　　　 http://www.hep.com.cn
网上订购 http://www.hepmall.com.cn
　　　　 http://www.hepmall.com
　　　　 http://www.hepmall.cn
版　　次 2023 年 2 月第 1 版
印　　次 2023 年 2 月第 1 次印刷
定　　价 33.30 元

物 料 号 59540-00

前言

制造是用物理或化学的方法改变原材料的几何形状、性质和外观，制成零件以及将零件装配成产品，将原材料转变为具有使用价值和经济价值产品的操作过程。制造业是国民经济的重要支柱性产业，是国家创造力、竞争力和综合国力的重要体现。

为培养能适应现代制造工业发展的高层次工程技术人才和科学研究人才，高等工科院校机械工程专业进行制造类课程体系和教学内容的改革十分必要。2019年，浙江大学为培养具有宽厚的“数理信”基础和扎实的机械工程专业知识、具有良好的创新意识与开阔的国际视野、具有较强工程实践能力的机械工程人才，将原机械工程、机械电子工程、工业工程三个本科专业合并为机械工程专业，并随之开展了培养方案与课程体系的修订。

为适应课程体系改革和专业课程教学的需要，本书以机械制造工程原理与工艺设计方法为主线，将所涉及的金属切削原理、金属切削机床、机床夹具设计原理、机械制造工艺设计等方面的基础知识、基础理论及方法进行系统整合编写而成。主要内容有金属切削的基本概念、金属切削的基本规律及其应用、机床的运动分析、机床夹具设计基础、机械加工质量及其控制、机械加工工艺规程设计、机械装配工艺规程设计等。本书重视制造工程原理与工艺设计之间的内在联系，着力体现机械制造技术的系统性和整体性。通过学习本书，学生可系统掌握机械制造工程及工艺设计方面所必需的专业基础知识和基本理论。

本书可作为高等工科院校机械工程、机械设计制造及其自动化、机械电子工程、过程装备与控制工程、车辆工程等相关专业的技术基础课程教材，也可作为机械制造工程技术人员的参考资料。

本书在编写过程中得到了许多专家、学者的大力支持，也参考和借鉴了国内外大量优秀教材和文献，在此谨向所列参考文献的作者致以最诚挚的谢意，也向所有对本书提出过建议和帮助的同行和同事致谢。

由于编者水平所限，本书难免存在疏漏和欠妥之处，敬请各位专家和读者批评指正！

编者

2022年5月

目录

第1章 金属切削的基本概念

刀具和工件按一定规律作相对运动，通过刀具上的切削刃切除工件上多余的（或预留的）金属，从而使工件的形状、尺寸精度和表面质量都合乎预定要求的加工称为金属切削加工。

1.1 工件的加工表面及形成方法

1. 工件表面的形成方法

机械零件的形状多种多样，但构成其内、外形轮廓的不外乎几种基本形状的表面，即平面、圆柱面、圆锥面、球面、圆环面、螺旋面等。这些基本形状的表面都属于线性表面，不仅加工成本低，又能较易获得所需的精度。

从几何学的角度来看，任何一种线性表面，都是由一根母线沿着导线运动而形成的。平面是由一根直线（母线）沿着另一根直线（导线）运动形成的；圆柱面和圆锥面是由一根直线（母线）沿着一个圆（导线）运动形成的；普通螺纹的螺旋面是由“∧”形线沿螺旋线（导线）运动而形成的；直齿圆柱齿轮的渐开线齿廓表面是渐开线（母线）沿直线（导线）运动形成的。组成工件轮廓的几种基本表面如图1-1所示，其中1为母线，2为导线。形成表面的母线和导线统称为发生线。

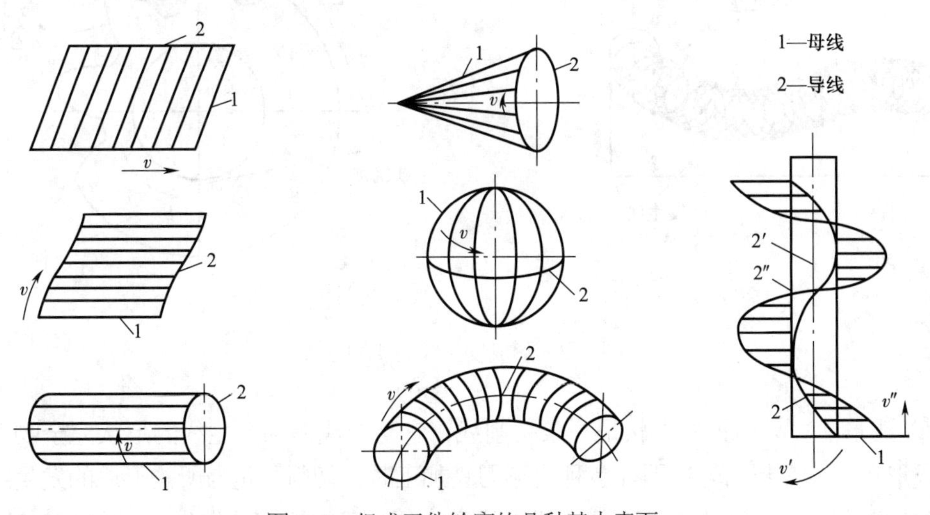

图1-1 组成工件轮廓的几种基本表面

由图 1–1 不难发现，有些表面的母线和导线可以互换，如平面、圆柱面、直齿圆柱齿轮的渐开线齿廓表面等，称为可逆表面；而另一些表面的母线和导线不可以互换，如圆锥面、螺旋面等，称为不可逆表面。一般而言，加工可逆表面可采用的方法要多于不可逆表面。

2. 发生线的形成方法及所需的运动

发生线是通过刀具的切削刃与工件之间的相对运动得到的。根据所用刀具切削刃的形状和采用的加工方法不同，发生线的形成方法可归纳为以下 4 种。

① 轨迹法。切削刃的形状为一切削点，如用尖头车刀、刨刀等刀具加工时，刀刃与被成形表面接触的长度实际上很短，可以看作点接触，为了获得所需的发生线，切削刃必须按一定的规律作轨迹运动。图 1–2（a）中，车刀的刀尖作轨迹运动形成所需要的发生线（母线）。因此，采用轨迹法形成发生线，需要一个独立的成形运动。

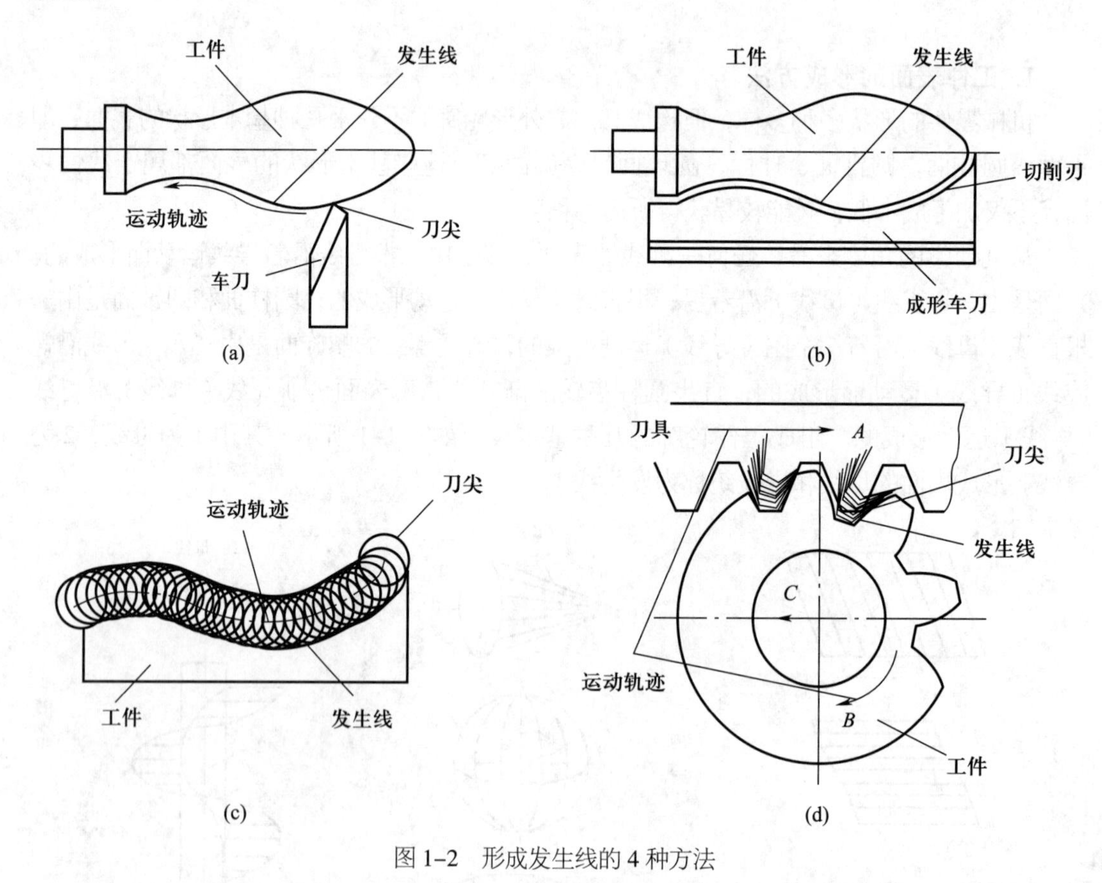

图 1–2 形成发生线的 4 种方法

② 成形法。切削刃的形状是一条切削线，它与要成形的发生线的形状完全吻合，如采用成形车刀、盘形齿轮铣刀等各种成形刀具加工时，切削刃是与所需形成的发生线完全吻合的切削线，加工时不需要专门的成形运动，便可获得所需的发生线。图 1–2（b）中，

工件的曲线形母线由成形车刀的切削刃直接形成。

③ 相切法。切削刃的形状为一切削点，该点是旋转刀具刀刃上的点，如采用铣刀、砂轮等旋转刀具加工时，刀具既作旋转运动，又作直线或曲线运动，在垂直于刀具旋转轴的截面内，切削刃也可看作是点。加工时，该切削点绕着刀具轴线做旋转运动，同时刀具轴线按一定的规律作轨迹运动，切削点运动轨迹的包络线（相切线）便是所需的发生线如图 1–2（c）所示。因此，采用相切法形成发生线时，需要刀具旋转和刀具轴线与工件之间的相对移动这两个彼此独立的成形运动。

④ 展成法。切削刃的形状是一条切削线，但它与需要成形的发生线的形状不吻合。切削加工时，刀具切削刃与被成形的表面相切，可看成为点接触，切削刃相对工件滚动（即作共轭的展成运动）。这类刀具有插齿刀、齿轮滚刀和花键滚刀等。切削加工时，刀具与工件按确定的运动关系作相对运动，切削刃与被加工表面相切（点接触），切削刃各瞬间位置的包络线便是所需的发生线。例如，图 1–2（d）所示为用齿条形插齿刀加工圆柱齿轮，插齿刀沿 A 方向做直线运动，形成了直线形母线（轨迹法），而工件的旋转运动 B 和沿 C 方向的直线运动，使插齿刀能不断地对轨迹进行切削，其直线形切削刃的一系列瞬时位置的包络线，便是所需的渐开线形导线。用展成法形成发生线时，刀具和工件之间的相对运动通常由两个运动（“旋转 + 旋转”或“旋转 + 移动”）组合而成，这两个运动之间必须保持严格的运动关系，彼此不能独立，它们共同组成一个复合的成形运动，这个运动称为展成运动。

3. 工件表面成形所需要的运动

为了获得所需要的工件表面形状，必须使刀具和工件按上述 4 种方法完成一定的运动，这种运动称为表面成形运动。

（1）表面成形运动分析

表面成形运动是保证得到工件要求的表面形状的运动。例如，图 1–3 是用车刀车削外圆柱面时的成形运动，形成圆母线和直线导线的方法都属于轨迹法。工件的旋转运动 B_1 产生母线（圆）；刀具的纵向直线运动 A_2 产生导线（直线）。刨削时，滑枕带着刀具（如牛头刨床和插床）或工作台带着工件（如龙门刨床）作往复直线走刀运动，产生母线；工作台带着工件（如牛头刨床和插床）或刀架带着刀具（如龙门刨床）作间歇直线进给运动，产生导线。旋转运动或直线运动最简单，在机床上最容易得到，因而都称为简单成形运动，在机床上以主轴的旋转运动、刀架或工作台的直线运动的形式出现。一般用字母 A 表示直线运动，字母 B 表示旋转运动。

有些成形运动是由简单运动复合形成的。图 1–4 所示为用螺纹车刀加工螺纹时的成形运动，螺纹车刀是成形刀具，其形状相当于螺纹沟槽的轴剖面形状。因此，形成螺旋面只需要一个运动，即车刀相对于工件作螺旋运动。在机床上，最容易得到并保证精度的是旋转运动（如主轴的旋转）和直线运动（如刀架的移动）。把螺旋运动分解成等速旋转运动 B_{11} 和等速直线运动 A_{12}，这样的运动称为复合成形运动。为了得到一定导程的螺旋线，运

动的两个部分 B_{11} 和 A_{12} 必须严格保持相对关系，即工件每转 1 转，刀具的移动量应为 1 个导程。

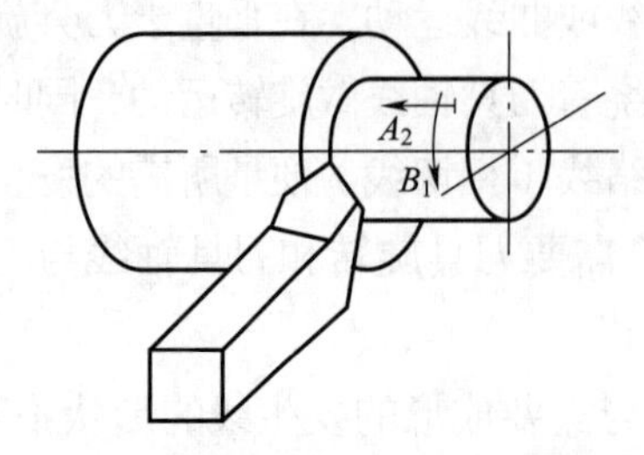

图 1–3 车削外圆柱面时的成形运动

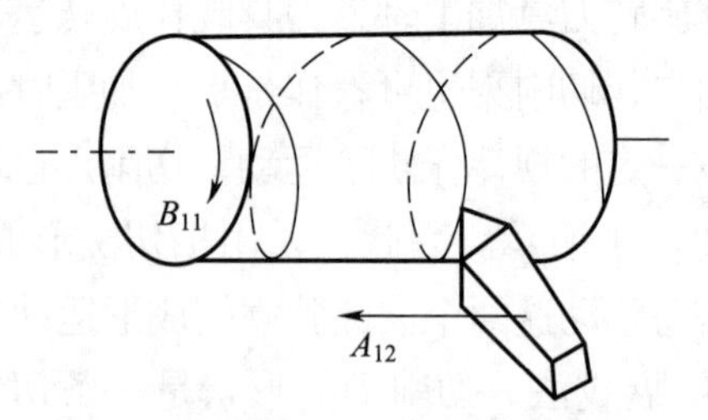

图 1–4 螺纹车刀加工螺纹时的成形运动

有些零件的表面形状很复杂，例如螺旋桨的表面，加工时需要非常复杂的表面成形运动。这种成形运动通常要分解为多个运动，只能在多轴联动的数控机床上实现。运动的每个部分就是数控机床的一个坐标轴。

由复合成形运动分解成的各个部分运动，虽然都是直线或旋转运动，与简单运动相像，但本质却是不同的。复合运动的各个部分运动之间必须保持严格的相对运动关系，互相依存，不是独立的运动。简单运动之间是互相独立的，没有相对运动关系的要求。

（2）零件表面成形所需的成形运动

母线和导线是形成零件表面的两条发生线。因此，形成表面所需要的成形运动，就是形成其母线和导线所需要的成形运动的总和。为了加工出所需的零件表面，机床就必须产生这些成形运动。下面来看几个具体的例子。

例 1–1 用成形车刀车削成形回转表面［图 1–5（a）］。

母线——曲线刀刃，由成形法形成，不需要成形运动。

导线——圆，由轨迹法形成，需要成形运动 B_1。

表面成形运动的总数为 1 个，即 B_1，是简单的成形运动。

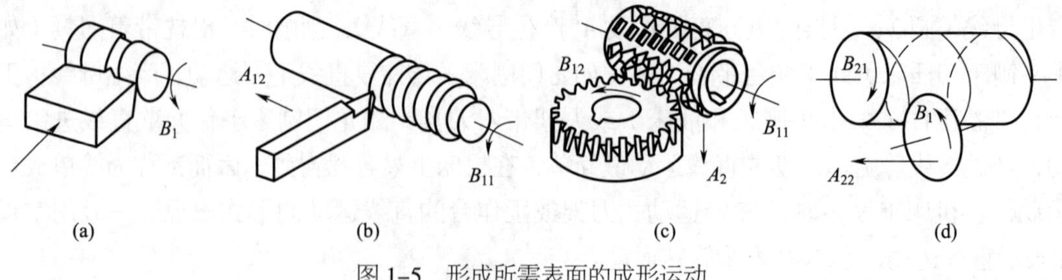

图 1–5 形成所需表面的成形运动

例 1–2 用螺纹车刀车削螺纹［图 1–5（b）］。

母线——车刀的刀刃形状与螺纹轴向剖面轮廓的形状一致，故母线由成形法形成，不需要成形运动。

导线——螺旋线，由轨迹法形成，需要一个成形运动。这是一个复合运动，把它分解

为工件旋转 B_{11} 和刀具直线移动 A_{12}。B_{11} 和 A_{12} 之间必须保持严格的相对运动关系。表面成形运动的总数为 1 个，即 $B_{11}A_{12}$，是复合的成形运动。

例 1–3　用齿轮滚刀加工直齿圆柱齿轮齿面［图 1–5（c）］。

母线——渐开线由展成法形成，需要一个成形运动，是复合运动，可分解为滚刀旋转 B_{11} 和工件旋转 B_{12} 两个部分，B_{11} 和 B_{12} 之间必须保持严格的相对运动关系。

导线——直线，由相切法形成，需要两个独立的成形运动，即滚刀的旋转运动和滚刀沿工件的轴向移动 A_2。其中滚刀的旋转运动与复合展成运动的一部分 B_{11} 重合。因此，形成表面所需的成形运动的总数只有两个：一个是复合的成形运动 $B_{11}B_{12}$，另一个是简单的成形运动 A_2。

例 1–4　用螺旋槽铣刀（或砂轮）铣削（或磨削）螺杆［图 1–5（d）］。

母线——一条空间曲线，由铣刀刀齿回转面（或砂轮回转面）与螺旋槽面相切形成，需要两个独立的成形运动，即铣刀盘（或砂轮）的旋转运动 B_1 和铣刀（或砂轮）轴线沿螺杆轴线的螺旋复合运动 $B_{21}A_{22}$。

导线——螺旋线，由螺旋复合运动 $B_{21}A_{22}$ 形成，与母线形成运动的一部分重合。

1.2　切削运动与切削用量

1. 切削过程中工件上的加工表面

车削加工是一种最典型的切削加工方法。如图 1–6 所示，普通外圆车削加工中，由于工件的旋转运动和刀具的连续进给运动，工件表面的一层金属不断地被车刀切下来并转变为切屑，从而加工出所需要的工件新表面。在新表面的形成过程中，工件上有 3 个不断变化着的表面：① 待加工表面，指即将被切除的表面；② 已加工表面，指已被切去多余金属而形成符合要求的工件新表面；③ 过渡表面，指由切削刃正在切削的表面，是待加工表面向已加工表面过渡的表面。

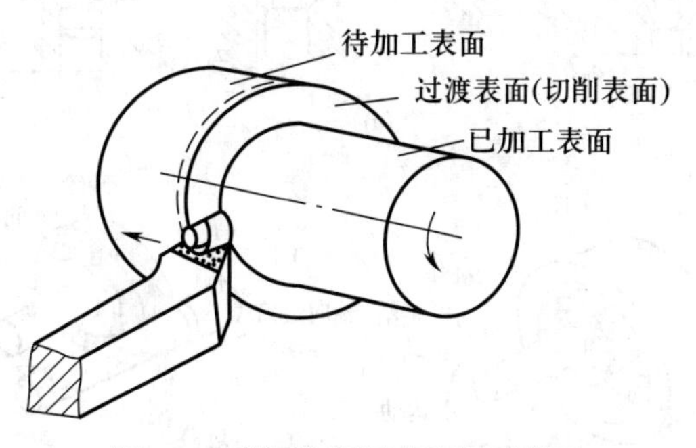

图 1–6　外圆车削运动和加工表面

不同形状的切削刃与不同的切削运动相组合，即可形成各种工件表面，如图 1–7 所示。

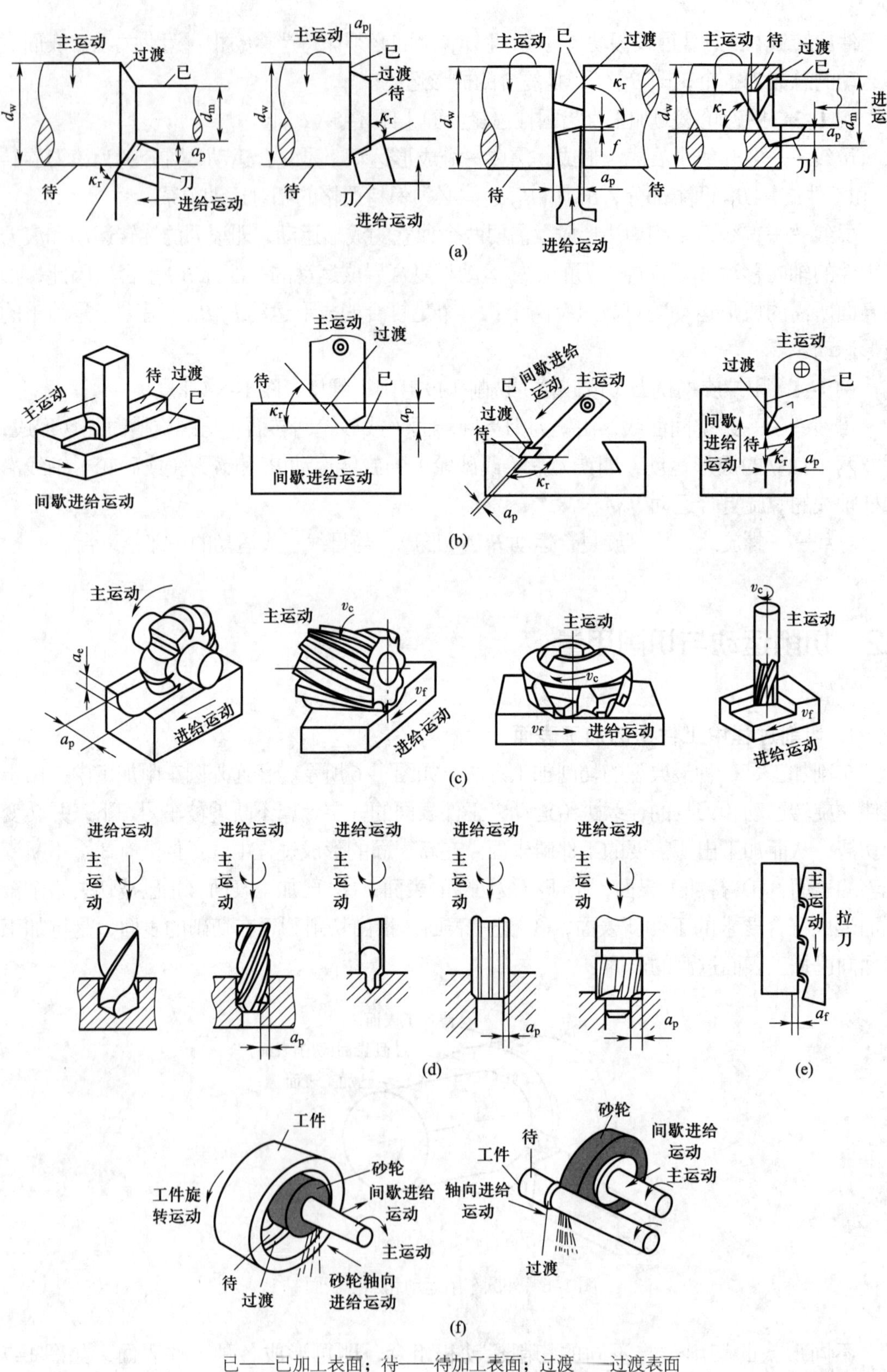

已——已加工表面；待——待加工表面；过渡——过渡表面

图 1-7 各种切削加工的切削运动和加工表面

2. 主运动、进给运动和合成运动

各种切削加工中的运动单元，按照它们在切削过程中所起的作用，可以分为主运动和进给运动两种，这两种运动的向量和称为合成切削运动。所有切削运动的速度及方向都是相对于工件定义的。

① 主运动。切削加工中刀具与工件之间主要的相对运动。它使刀具的切削刃切入工件材料，使被切金属层转变为切屑，从而形成工件的新表面。一般主运动的速度比较高，消耗的功率也比较大。车削时，主轴带动工件的回转运动是主运动；钻削、铣削和磨削时，主轴带动刀具或砂轮的回转运动是主运动；刨削时，刀具或工作台的往复直线运动是主运动。

② 进给运动。配合主运动使切削加工过程连续不断地进行，同时形成具有所需几何形状的已加工表面的运动。进给运动可能是连续的（如在车床上车削圆柱表面时，刀架带车刀的连续纵向运动），也可能是间歇的（如在牛头刨床上加工平面时，刨刀每往复一次，工作台带工件横向间歇移动一次）。

③ 合成切削运动。切削加工中同时存在主运动和进给运动时，切削刃上选定点相对于工件的运动实际上是同时进行的主运动和进给运动的向量合成。

主运动可以由工件完成（如车削、龙门刨削等），也可以由刀具完成（如钻削、铣削等）。进给运动也同样可以由工件完成（铣削、磨削等）或刀具完成（车削、钻削等）。

在各种类型的切削加工中，主运动只有一个，而进给运动可以有一个（如车削）、两个（如外圆磨削）或两个以上。还有的切削加工，只有主运动，没有进给运动，如拉削。

由于切削刃上各点的运动情况不一定相同，所以在研究切削运动及方向时，应选取切削刃上某一个合适的点作为研究对象，该点称为切削刃上选定点。如图 1-8 所示，主运动方向是指切削刃上选定点相对于工件的瞬时主运动方向；进给运动方向是指切削刃上选定点相对于工件的瞬时进给运动的方向，与主运动方向的夹角为 φ；合成切削运动方向是切削刃上选定点相对于工件的瞬时合成切削运动的方向。具体可见图 1-8 中车螺纹和铣削时的主运动方向、进给运动方向和合成切削运动方向。

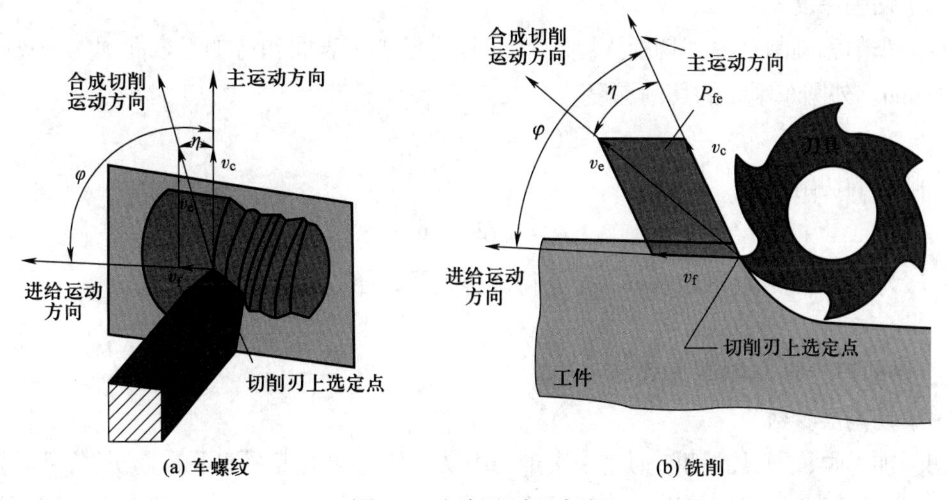

图 1-8 切削运动及方向

3. 切削用量三要素

切削用量是切削速度、进给量和切削深度的总称，上述三者通常称为切削用量三要素。在大多数实际加工中，由于进给速度一般远小于主运动速度，所以切削速度一般指主运动速度。

（1）切削速度 v_c

主运动为回转运动时，切削速度的计算式如下

$$v_c = \frac{\pi dn}{1\,000}\ (\text{m/s 或 m/min}) \tag{1-1}$$

式中：d 为工件或刀具上某一点的回转直径，单位为 mm；n 为工件或刀具的转速，单位为 r/s 或 r/min。

由于切削刃上各点的回转半径不同（刀具的回转运动为主运动时），或切削刃上各点对应的工件直径不同（工件的回转运动为主运动时），切削速度也就不同。考虑到切削速度对刀具磨损和已加工表面质量有影响，在计算切削速度时，应取最大值。如外圆车削时用待加工表面的直径 d_w 代入式（1-1）来计算待加工表面上的切削速度；内孔车削时用已加工表面的直径 d_m 来计算已加工表面上的切削速度；钻削时计算钻头外径处的切削速度。

（2）进给速度 v_f、进给量 f 和每齿进给量 $f_{齿}$

进给速度 v_f 是单位时间内的进给位移量，单位为 mm/s（或 mm/min），进给量 f 是工件或刀具每回转一周时二者沿进给方向的相对位移，单位为 mm/r。

对于刨削、插削等主运动为往复直线运动的加工，虽然可以不规定间歇进给速度，但要规定间歇进给的进给量，单位为 mm/dst（mm/ 双行程）。对于铣刀、铰刀、拉刀、齿轮滚刀等多刃刀具（齿数用 z 表示），还应规定每齿进给量 $f_{齿}$，单位是 mm/ 齿。

进给速度 v_f、进给量 f 和每齿进给量 $f_{齿}$ 有如下关系

$$v_f = fn = f_{齿} zn\ (\text{mm/s 或 mm/min}) \tag{1-2}$$

（3）切削深度 a_p

对于车削和刨削来说，切削深度 a_p 为工件上已加工表面和待加工表面间的垂直距离，单位为 mm。外圆车削时的切削深度

$$a_p = (d_w - d_m)/2\ (\text{mm}) \tag{1-3}$$

钻削时的切削深度

$$a_p = d_w/2\ (\text{mm}) \tag{1-4}$$

式中：d_m 为已加工表面直径，mm；d_w 为待加工表面直径，mm。

4. 切削层参数与切削方式

（1）切削层参数

切削加工中，刀具的切削刃在一次走刀中从工件待加工表面切下的金属层，称为切削层。下面以外圆车削为例来说明切削层的概念，如图 1-9 所示。工件每转一转，车刀沿轴

线移动一个进给量f，这时切削刃从过渡表面Ⅱ的位置移至过渡表面Ⅰ的位置上。于是Ⅰ和Ⅱ之间的金属变为切屑，车刀正在切削着的这层金属叫做切削层。切削层的大小和形状决定了车刀切削部分所承受的负荷。切削层的剖面形状可近似为一平行四边形，当主偏角$\kappa_r = 90°$时为矩形，其底边尺寸为f，高为a_p。切削层及其参数的定义如下。

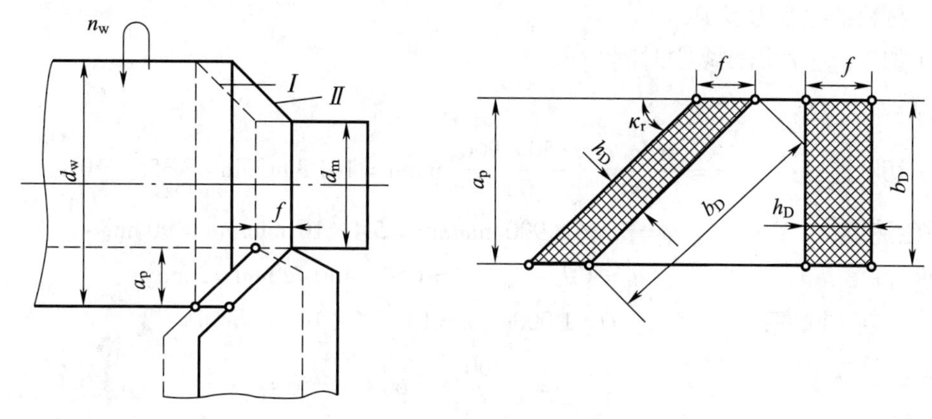

图 1–9 外圆车削时的切削层参数

1）切削层：在各种切削加工中，刀具相对于工件沿进给方向每移动f（mm/r）或$f_{齿}$（mm/齿）之后，一个刀齿正在切削的金属层称为切削层。切削层的尺寸称为切削层参数。切削层的剖面形状和尺寸通常在基面P_r内观察和测量。

2）切削厚度h_D：垂直于过渡表面来度量的切削层尺寸，称为切削厚度。h_D的大小影响单位长度切削刃上的比压力，必须在刀具可承受的允许值范围内。在外圆纵车时有

$$h_D = f\sin\kappa_r \tag{1–5}$$

3）切削宽度b_D：沿过渡表面来度量的切削层尺寸，称为切削宽度，它与实际工作切削刃长度有关。外圆纵车（$\lambda_s = 0$）时有

$$b_D = a_p/\sin\kappa_r \tag{1–6}$$

式中，κ_r为主偏角。在f与a_p一定的条件下，κ_r越大，切削厚度h_D越大，但切削宽度b_D越小；κ_r越小时，h_D越小，b_D越大。

4）切削面积A_D：切削层在基面P_r内的面积，称为切削面积，它影响切削力的大小。在外圆车削时有

$$A_D = h_D b_D = f a_p \tag{1–7}$$

由上式可知，A_D与主偏角κ_r的大小无关，与切削刃的形状无关，只与进给量和切削深度有关。

（2）材料去除率

单位时间内切除材料的体积称为材料去除率Q（mm^3/min），它反映了切削加工过程生产率的大小，其计算式为

$$Q = 1\,000 v_c h_D b_D = 1\,000 v_c f a_p \tag{1–8}$$

例 1–5　采用直径为 50 mm 的棒料作为毛坯，在车床上加工出直径为 46 mm 的外圆。主轴转速为 900 r/min，进给量为 6 mm/r，工件长度为 500 mm，一次走刀完成，若不计切入切出时间。问：

1）切削速度、进给速度、切削深度分别是多少?

2）材料去除率为多少?

3）加工此工件需要多少时间?

计算如下。

1）切削速度：　$v_c = \dfrac{\pi dn}{1\ 000} = \dfrac{\pi \times 50 \times 900}{1\ 000}$ m/min = 141.3 m/min = 2.355×10^3 mm/s

进给速度：　$v_f = fn = 6 \times 900$ mm/min = 5.4×10^3 mm/min = 90 mm/s

切削深度：　$a_p = (d_w - d_m)/2 = (50 - 46)/2$ mm = 2 mm

2）材料去除率：　$Q = 1\ 000 v_c f a_p = 1.695\ 6 \times 10^6$ mm/min

3）车削需要的时间：　$t = \dfrac{500}{6 \times 900} \times 60\ \text{s} \approx 5.56\ \text{s}$。

（3）切削方式

1）自由切削与非自由切削：只有一条直线形切削刃参与切削工作，称为自由切削。由于没有其他切削刃参与切削，这时切削刃上各点切屑的流出方向大致相同，切削变形基本上发生在一个平面内。

若刀具的主切削刃和副切削刃同时参与切削，或者切削刃为曲线，则称为非自由切削。这种切削由于主、副切削刃交接处或切削刃各点处切下的切屑互相干扰，因此切削变形复杂，且发生在三个方向上。

2）直角切削与斜角切削：主切削刃与切削速度方向垂直的切削为直角切削或正交切削，如图 1–10（a）所示，其切屑流出方向是沿切削刃的法向方向。

主切削刃与切削速度方向不垂直的切削为斜角切削，如图 1–10（b）所示，主切削刃上的切屑流出方向将偏离其法向。实际切削加工中大多数为斜角切削，但在实验研究中，为简化起见，常采用直角切削方式。

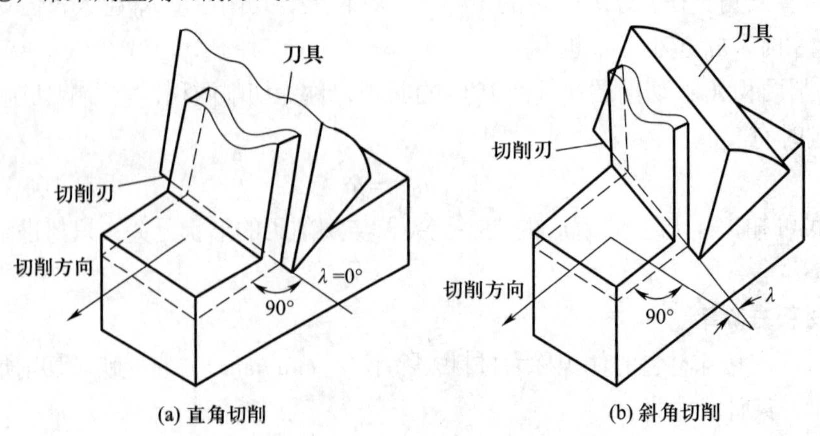

图 1–10　切削方式

1.3 刀具角度

切削刀具的种类繁多，其结构形式和性能各不相同，但刀具切削部分的几何形状与参数都可以近似地看成由外圆车刀的切削部分演变而来，如图 1–11 所示。

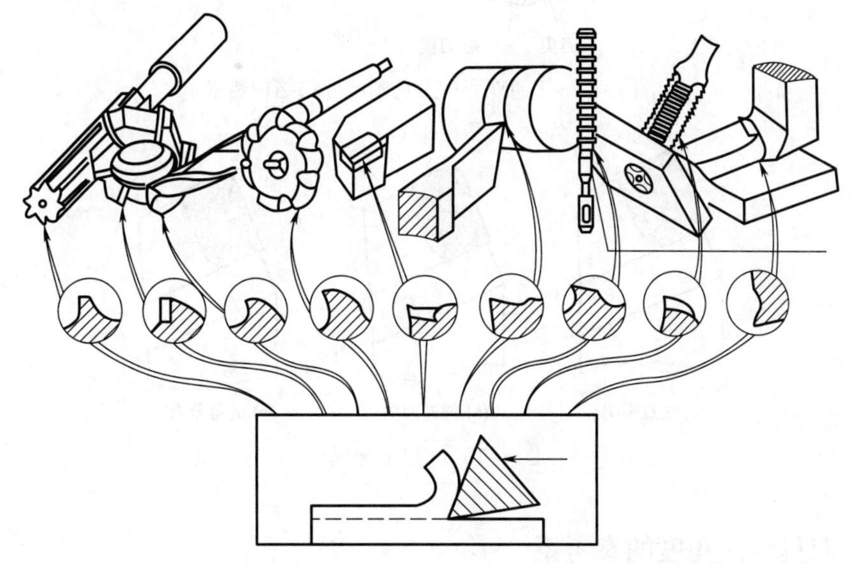

图 1–11 不同刀具切削部分的形状

1.3.1 刀具切削部分的结构要素

如图 1–12 所示，常见的普通外圆车刀由夹持刀具的刀柄和担任切削工作的切削部分组成。刀具切削部分的结构要素，通常由三（个刀）面、两（条切削）刃、一（个刀）尖组成，统称“三面两刃一尖”，其定义如下：

① 前刀面（又称刀具前面）A_{γ}：切屑流过的表面。

② 后刀面（又称刀具后面）A_{α}：与主切削刃毗邻，且与工件过渡表面相对的刀具表面。

③ 副后刀面（又称副刀具后面）A'_{α}：与副切削刃毗邻且与工件上已加工表面相对的刀具表面。

④ 主切削刃 S：前刀面与后刀面的交线称为主切削刃，承担主要的切削工作。

⑤ 副切削刃 S'：前刀面与副后刀面的交线称为副切削刃，承担少量的切削工作。

⑥ 刀尖：主、副切削刃衔接处很短的一段切削刃，通常也称为过渡刃。常用刀尖有 3 种形式，即交点刀尖（也称点状刀尖）、圆弧刀尖（也称修圆刀尖）和倒角刀尖，如图 1–13 所示。

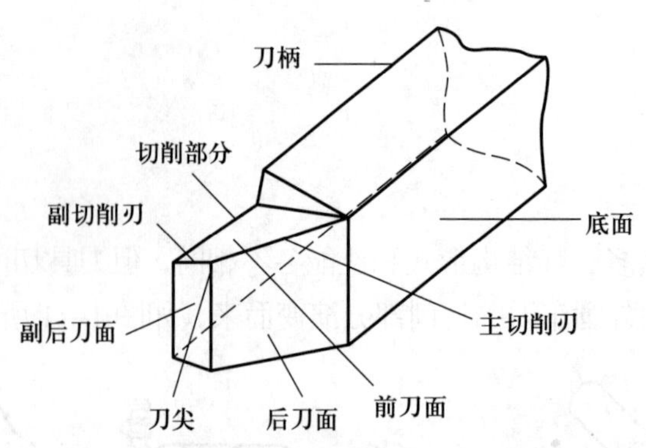

图 1-12 普通外圆车刀切削部分的结构要素

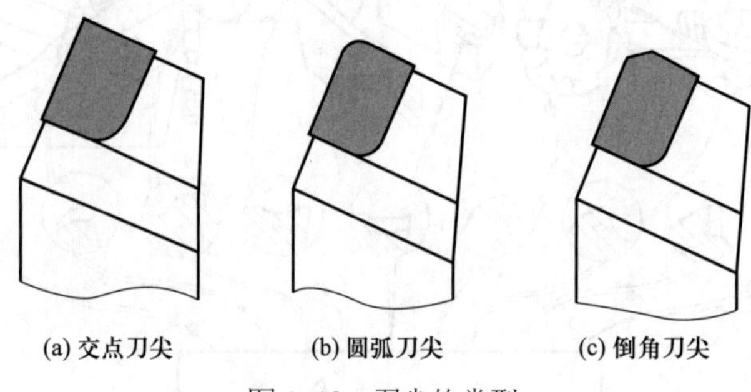

图 1-13 刀尖的类型

1.3.2 刀具标注角度的参考系

刀具切削部分必须具有合理的几何形状，才能保证切削加工的顺利进行和获得预期的加工质量。刀具切削部分的几何形状主要由一些刀面和刀刃的方位角度来表示。把刀具同工件和切削运动联系起来确定的刀具角度，称为刀具的工作角度。而在设计、绘制和制造刀具时所标注的角度称为标注角度，它实质上是在假定条件下的工作角度。为了确定刀具的这些角度，必须将刀具置于相应的参考系中。在确定刀具标注角度参考系时做了如下两个假定。

① 假定运动条件：给出刀具假定主运动方向和假定进给方向，不考虑进给运动的大小。

② 假定安装条件：刀具安装基准面垂直于主运动方向，刀杆的中心线与进给运动方向垂直，刀具的刀尖与工件中心轴线等高。

构成刀具标注角度参考系的参考平面通常有基面、切削平面、主剖面、法剖面、进给剖面和切深剖面。

① 基面 P_r：通过切削刃上选定点，垂直于主运动方向的平面（图 1-14）。通常基面应平行或垂直于刀具上便于制造、刃磨和测量的某一安装定位平面或轴线，如刀具底面。

② 切削平面 P_s：通过切削刃上选定点与切削刃相切，并垂直于基面 P_r 的平面。也就是切削刃与切削速度方向构成的平面（图 1-14）。

基面和切削平面十分重要。这两个平面加上以下所述的任一剖面，便可构成不同的刀具角度参考系。

③ 主剖面 P_o 和主剖面参考系

主剖面 P_o 是通过切削刃上选定点，同时垂直于基面 P_r 和切削平面 P_s 的平面。

图 1-15 所示为 $P_r-P_s-P_o$ 组成的一个正交主剖面参考系，这是目前生产中最常用的刀具标注角度参考系。

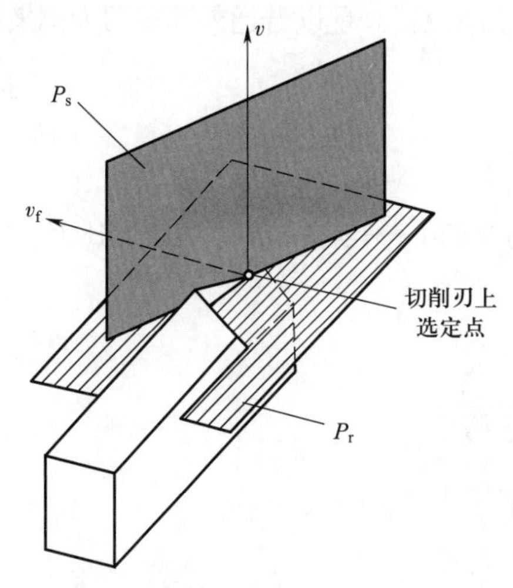

图 1-14 普通车刀的基面 P_r 和切削平面 P_s

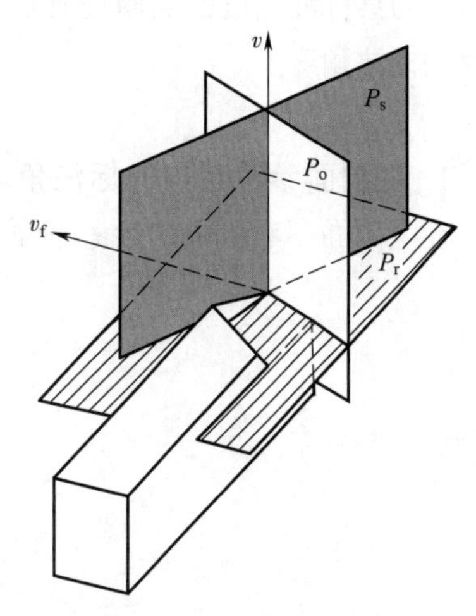

图 1-15 主剖面参考系

④ 法剖面 P_n 和法剖面参考系

法剖面 P_n 是通过切削刃上选定点，垂直于切削刃的平面。如图 1-16 所示，$P_r-P_s-P_n$ 组成一个法剖面参考系。由图可知，主剖面参考系和法剖面参考系的基面和切削平面相同，只是剖面不同。

⑤ 进给剖面 P_f 和切深剖面 P_p 及其组成的进给、切深剖面参考系

进给剖面 P_f 是通过切削刃上选定点，平行于进给运动方向并垂直于基面 P_r 的平面。切深剖面 P_p 是通过切削刃上选定点，同时垂直于 P_r 和 P_f 的平面。图 1-17 所示为由 $P_r-P_f-P_p$ 组成的进给、切深剖面参考系。

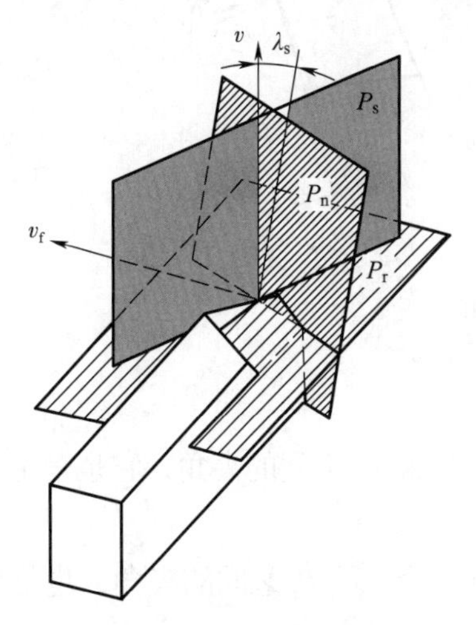

图 1-16 法剖面参考系

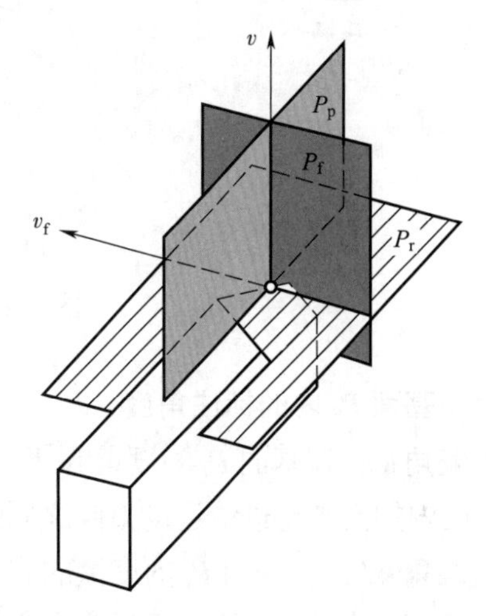

图 1-17 进给剖面、切深剖面参考系

1.3.3 刀具的标注角度

刀具的标注角度是指刀具工作图上需要标出的角度，用于刀具的设计、制造、刃磨和测量。刀具标注角度的实质是确定刀刃、刀面的空间位置。现以普通外圆车刀为例来讲述刀具的标注角度。

1. 主剖面参考系内的标注角度

在主剖面参考系中的参考平面 P_r、P_o 和 P_s 内有如下一些标注角度（图 1–18）。

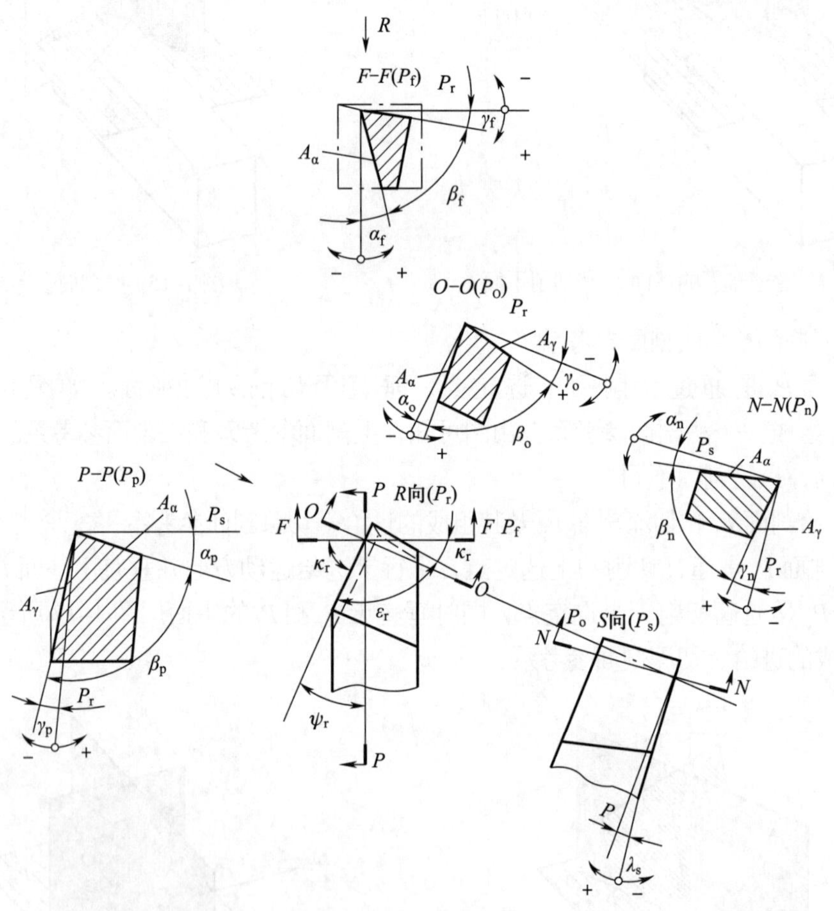

图 1–18 车刀的标注角度

（1）基面 P_r 内的标注角度

主偏角 κ_r：在基面 P_r 内度量的切削平面 P_s 与进给剖面 P_f 之间的夹角，它也是主切削刃在基面内的投影与进给运动方向之间的夹角。

副偏角 κ_r'：在基面 P_r 内度量的副切削平面 P_s' 与进给平面 P_f 之间的夹角，也是副切削刃在基面内的投影与进给运动方向之间的夹角。

刀尖角 ε_r：是指主切削刃和副切削刃在基面上投影的夹角。刀尖角的大小会影响刀具切削部分的强度和传热性能。它与主偏角和副偏角的关系为 $\varepsilon_r=180°-(\kappa_r+\kappa_r')$。

（2）主剖面 P_o 内的标注角度

前角 γ_o：在正交平面内度量的基面 P_r 与前刀面 A_γ 的夹角。当前刀面与基面平行时，前角为零。当基面在前刀面以外时前角为正，反之前角为负。根据需要，前角可取正值、零或负值。

后角 α_o：在主剖面内度量的后刀面 A_α 与切削平面 P_s 的夹角。当后刀面与切削平面平行时，后角为零；当切削平面在后刀面以外时后角为正，反之后角为负。后角通常取正值。

楔角 β_o：前刀面与后刀面间的夹角。楔角的大小影响切削部分截面的大小，决定着切削部分的强度。它与前角和后角的关系为 $\beta_o=90°-(\alpha_o+\gamma_o)$。

（3）切削平面 P_s 内的标注角度

刃倾角 λ_s：在切削平面内度量的主切削刃与基面 P_r 的夹角。刃倾角的正、负确定原则：当刀尖处于主切削刃的最高点时，刃倾角为正；刀尖处于最低点时，刃倾角为负；切削刃平行于底面时，刃倾角为零。

前角 γ_o、后角 α_o 和刃倾角 λ_s 的定义是有正负的，其正、负号的判定如图 1-18 所示。一般而言，实际切削加工中刀具的前角可取正值，也可取负值，但后角一般不允许为负值。

2. 法剖面参考系内的标注角度

法剖面参考系和主剖面参考系的差别在于剖面不同。因此，只有法剖面内的标注角度和主剖面内的标注角度不同，其余角度是相同的，所以只需定义法剖面 P_n 内的标注角度即可（图 1-18）。

法前角 γ_n：在法剖面内度量的前刀面 A_γ 与基面 P_r 的夹角。

法后角 α_n：在法剖面内度量的切削平面 P_s 与后刀面 A_α 的夹角。

法楔角 β_n：在法剖面内度量的前刀面 A_γ 与后刀面 A_α 的夹角。

3. 进给剖面、切深剖面参考系内的标注角度

进给剖面、切深剖面参考系中的标注角度可以从图 1-18 所示的 R 向视图 P_r、F—F（P_f）和 P—P（P_p）剖面图得到。进给剖面 P_f 内的标注角度有进给前角 γ_f、进给后角 α_f 和进给楔角 β_f；切深剖面 P_p 内有切深前角 γ_p、切深后角 α_p 和切深楔角 β_p。

4. 刀具角度的换算

在设计和制造刀具时，需要对不同参考系的标注角度进行换算，也就是主剖面、法剖面、切深剖面、进给剖面之间的刀具角度换算。

（1）主剖面与法剖面内的角度换算

在刀具设计、制造、刃磨和检验时，常常需要知道法剖面内的标注角度。许多斜角切削刀具（图 1-19），特别是大刃倾角，加大螺旋角圆柱铣刀，必须标注法剖面角度。法剖

面内的角度可以从主剖面内的角度换算得到。换算公式如下

$$\tan\gamma_n=\tan\gamma_o\cos\gamma_s \tag{1-9}$$

$$\cot\alpha_n=\cot\alpha_o\cos\lambda_s \tag{1-10}$$

以前角为例，推导其换算公式。根据图 1-19 可得

$$\tan\gamma_n=\frac{ac}{Ma},\quad \tan\gamma_o=\frac{ab}{Ma}$$

则
$$\frac{\tan\gamma_n}{\tan\gamma_o}=\frac{ac}{Ma}\frac{Ma}{ab}=\frac{ac}{ab}=\cos\lambda_s$$

由上式可得
$$\tan\gamma_n=\tan\gamma_o\cos\lambda_s \tag{1-11}$$

同理，可以推导出
$$\cot\alpha_n=\cot\alpha_o\cos\lambda_s \tag{1-12}$$

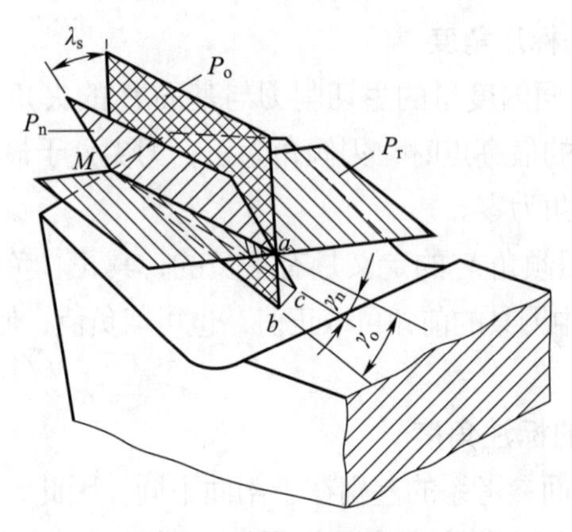

图 1-19 主剖面与法剖面中的角度换算

（2）主剖面与进给剖面、切深剖面参考系中的角度换算

主剖面与进给剖面、切深剖面参考系之间的角度换算公式为

$$\begin{aligned}
\tan\gamma_p&=\tan\gamma_o\cos\kappa_r+\tan\lambda_s\sin\kappa_r\\
\tan\gamma_f&=\tan\gamma_o\sin\kappa_r-\tan\lambda_s\cos\kappa_r\\
\tan\gamma_o&=\tan\gamma_p\cos\kappa_r+\tan\lambda_f\sin\kappa_r\\
\tan\gamma_s&=\tan\gamma_o\sin\kappa_r-\tan\lambda_f\cos\kappa_r\\
\cot\alpha_p&=\cot\alpha_o\cos\kappa_r+\tan\lambda_s\sin\kappa_r\\
\cot\alpha_f&=\cot\alpha_o\sin\kappa_r-\tan\lambda_s\cos\kappa_r
\end{aligned}\tag{1-13}$$

1.3.4 刀具的工作角度

在刀具标注角度参考系里定义基面时，只考虑了主运动，未考虑进给运动的影响。但刀具在实际使用时，这样的参考系所确定的刀具角度往往不能反映切削加工的真实情形，用合成切削运动方向来确定参考系才更加符合实际情况。刀具的工作角度参考系是以刀具实际安装条件下的合成切削运动方向与进给运动方向为基准来建立的参考系。在刀具工作角度参

考系中所确定的实际工作角度，称为刀具工作角度。当实际安装条件发生变化，由于进给运动造成的合成切削运动方向与主运动方向不重合时，都会引起刀具工作角度的变化。

1. 进给运动对刀具工作角度的影响

（1）横向进给运动的影响

图 1–20 所示为切断刀，在不考虑进给运动时，刀具主切削刃上选定点相对于工件的运动轨迹是一个圆，切削平面 P_s 为通过主切削刃上选定点切于圆周的平面，基面 P_r 为通过主切削刃上选定点的水平面。γ_o 和 α_o 分别为车刀标注角度的前角和后角。

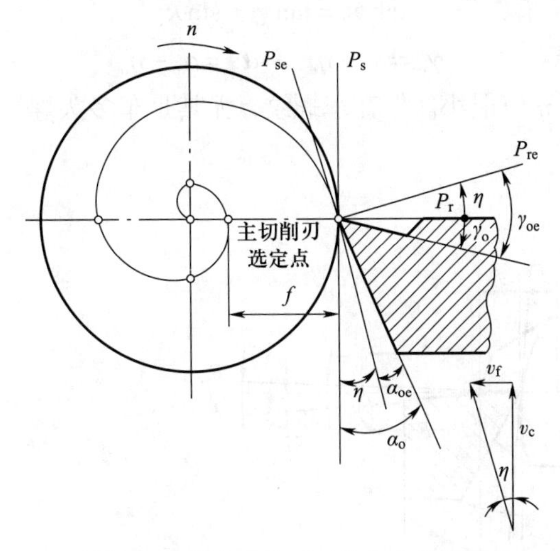

图 1–20 横向进给对工作角度的影响

当考虑进给运动后，主切削刃选定点相对于工件的运动轨迹为一平面阿基米德螺旋线，切削平面变为通过切削刃切于螺旋面的平面 P_{se}，基面也相应倾斜为 P_{re}，角度变化值为 η。工作主剖面 P_{oe} 仍为 P_o 平面。此时在刀具工作角度参考系 $P_{re}-P_{se}-P_{oe}$ 内，刀具工作角度 γ_{oe} 和 α_{oe} 为

$$\gamma_{oe}=\gamma_o+\eta \tag{1–14}$$

$$\alpha_{oe}=\alpha_o-\eta \tag{1–15}$$

由 η 角的定义可知

$$\tan\eta=\frac{v_f}{v_c}=\frac{fn}{\pi dn}=\frac{f}{\pi d} \tag{1–16}$$

从上式可知，进给量 f 越大，η 也越大，这说明对于大进给量的切削，如车大螺旋升角的多头螺纹时，不能忽略进给运动对刀具角度的影响。另外，d 随着刀具横向进给不断减小，靠近中心时，η 值急剧增大，工作后角 α_{oe} 将变为负值。对于横向切削的刀具，不宜选用过大的进给量 f，或者应适当加大标注后角 α_o。

（2）纵向进给运动的影响

图 1–21 所示为纵车。假定车刀的 $\lambda_s=0°$，在不考虑进给运动时，P_s 垂直于刀杆底

面，P_r 平行于刀杆底面；考虑进给运动后，P_{se} 为切于螺旋面的平面，刀具工作角度参考系［P_{se}, P_{re}］倾斜了 η 角，则工作进给剖面内的工作角度为

$$\gamma_{fe}=\gamma_f+\eta \tag{1-17}$$

合成切削速度角 η 为

$$\tan\eta=\frac{f}{\pi d_w} \tag{1-18}$$

式中：d_w 为刀刃选定点处的待加工表面直径。

上述角度变化也可换算至主剖面，则

$$\tan\eta_0=\tan\eta\cdot\sin\kappa_r$$

$$\gamma_{oe}=\gamma_o+\eta_o \qquad \alpha_{oe}=\alpha_o-\eta_o$$

一般外圆车削时的 η 值很小。但在车螺纹，尤其是车多头螺纹时，η 值很大，此时必须进行工作角度计算。

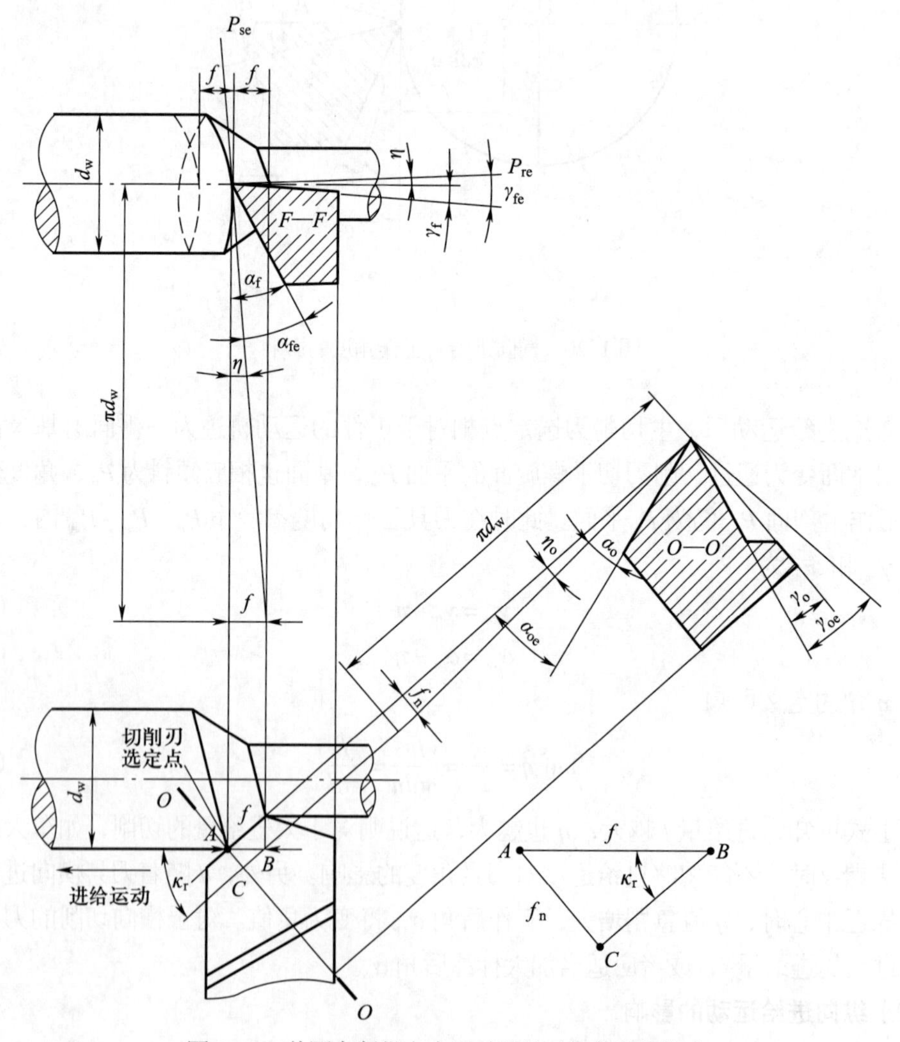

图1-21 外圆车削纵向走刀对刀具工作角度的影响

2. 刀具安装位置对刀具工作角度的影响

(1) 刀尖安装高低的影响

如图 1–22 所示，当刀尖安装得高于工件中心时，工作切削平面为 P_{se}，工作基面为 P_{re}，工作角度 γ_{pe} 增大，α_{pe} 减小。在工作切深剖面内角度的变化值为 θ_p，有

$$\tan\theta_p=\frac{h}{\sqrt{(d_w/2)^2-h^2}} \tag{1-19}$$

式中：h 为刀尖高于工件中心的数值；d_w 为工件的直径。

则工作角度为

$$\gamma_{pe}=\gamma_p+\theta_p \quad \alpha_{pe}=\alpha_p+\theta_p \tag{1-20}$$

在主剖面内，前、后角的变化情况与切深剖面内相类似，即

$$\gamma_{oe}=\gamma_o+\theta \quad \alpha_{oe}=\alpha_o-\theta \tag{1-21}$$

其中，$\tan\theta=\tan\theta_p\cdot\cos\kappa_r$。

当刀尖低于工件中心时，上述工作角度的变化情况恰好相反。镗孔时装刀高低对工作角度的影响同外圆车削时相反。

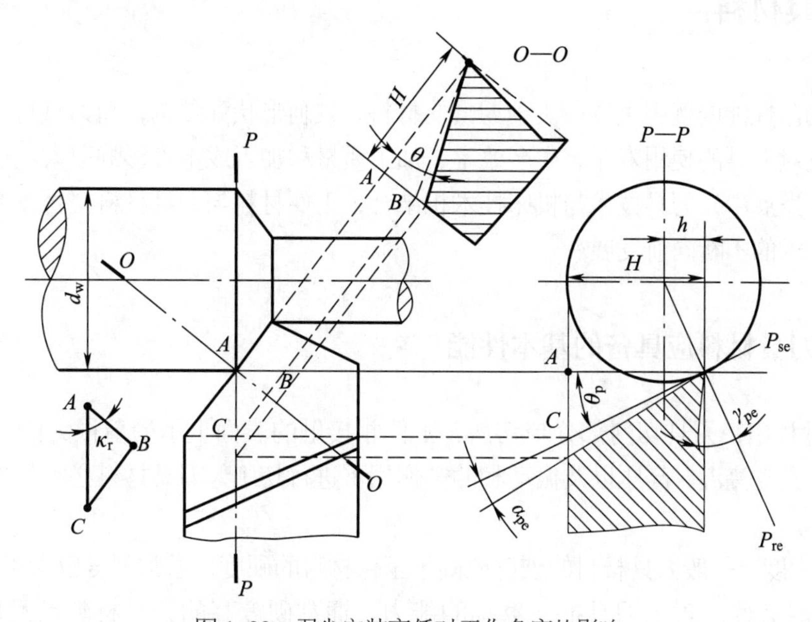

图 1–22 刀尖安装高低对工作角度的影响

(2) 刀杆中心线与进给方向不垂直时的影响

如图 1–23 所示，当车刀刀杆中心线与进给运动方向不垂直时，其主偏角 κ_{re} 将增大（或减小），而副偏角 κ'_{re} 将减小（或增大），其角度变化值为 θ_A，即

$$\kappa_{re}=\kappa_r\pm\theta_A \qquad \kappa'_{re}=\kappa'_r\pm\theta_A \tag{1-22}$$

式中，“+”或“−”号由刀杆偏斜方向决定；θ_A 为刀杆中心线的垂线与进给方向的夹角。

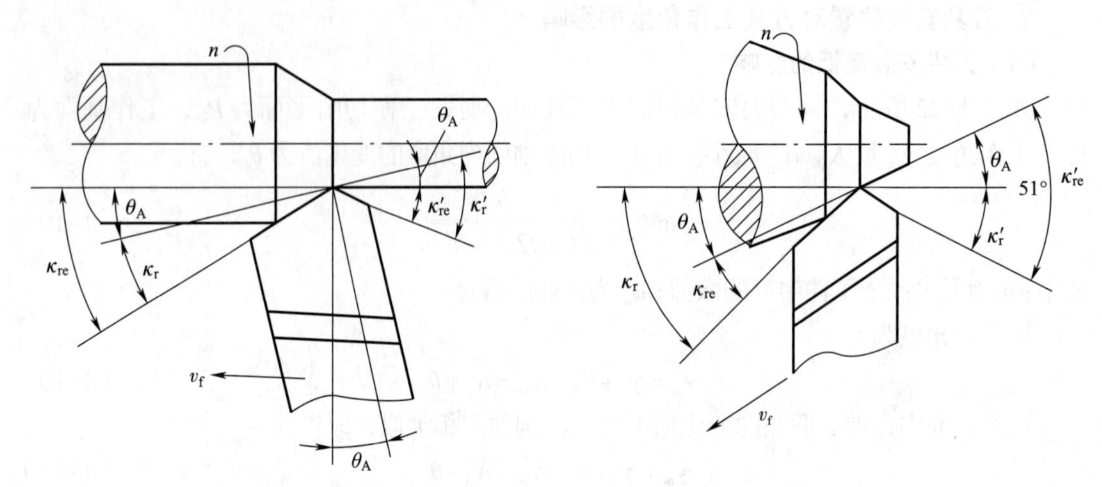

图 1–23 刀柄中心线不垂直于进给方向对工作角度的影响

1.4 刀具材料

刀具切削性能的优劣主要取决于刀具的材料、几何形状和结构，而刀具材料的影响是首要的，它对刀具的使用寿命、生产效率、加工质量和加工成本等影响很大。近百年的切削加工技术发展中，刀具技术与机床技术相结合，工件材料与刀具材料交替发展，推动了切削加工技术的不断向前发展。

1.4.1 刀具材料应具备的基本性能

切削过程中，刀具切削部分与切屑、工件相接触的表面上承受着很大的压力和强烈的摩擦，刀具在高温、高压以及振动和冲击作用下进行切削，刀具材料必须具备以下基本性能：

① 高硬度。一般刀具材料的硬度应高于工件材料的硬度，通常硬度应大于 62 HRC。

② 高耐磨性。表示刀具抵抗磨损的能力。通常硬度高的刀具材料其耐磨性也高。耐磨性还与材料基体中硬质点的大小、数量、分布以及化学稳定性等有关。

③ 高耐热性。刀具材料在高温下保持硬度、耐磨性、强度和韧性的性能。刀具材料的高温硬度越高，则刀具的切削性能越好，允许的切削速度也越高。

④ 足够的强度和韧性。为了承受切削力、冲击和振动，刀具材料应具备足够的强度和韧性。强度用抗弯强度表示，韧性用冲击吸收能量表示。刀具材料的抗弯强度和韧性越高，其硬度和耐磨性就越低，这两方面的性能常常是互相矛盾的。

⑤ 高减摩性。刀具材料的减摩性越好，刀面上的摩擦系数就越小，既可减小切削力和降低切削温度，还能抑制刀 – 屑界面处冷焊的形成。

⑥ 较好的导热性和较低热膨胀系数。刀具材料的导热系数越大，散热就越好，越有利于降低切削区的温度，从而提高刀具使用寿命；热膨胀系数小，可减小刀具的热变形及其对加工精度的影响。

⑦ 良好的工艺性和经济性。为便于制造，刀具材料应具有良好的可加工性，如锻造性能、热处理性能、高温塑性变形性能、磨削加工性能等；刀具材料的价格应便宜，便于生产上的推广使用。

早期的刀具材料主要有碳素工具钢和合金工具钢，其耐热性都比较差，常用于制造手工工具和一些形状较为简单的低速刀具，如锯条、锉刀、板牙等。目前，生产中常用的刀具材料是高速钢和硬质合金。

1.4.2 高速钢

高速钢是在高碳钢中加入了较多的钨（W）、钼（Mo）、铬（Cr）、钒（V）等合金元素的高合金工具钢，这些元素是强烈的碳化物形成元素，与碳形成高硬度的碳化物，可提高钢的耐磨性和淬透性。高速钢经淬火并三次回火后，由于弥散硬化效果进一步提高了硬度和耐磨性。高速钢具有较高的硬度（63 ~ 70 HRC），在切削温度高达 500 ~ 600℃时仍具有一定的切削能力。高速钢在 600℃以上时，其硬度下降而失去切削性能。采用高速钢切削中碳钢时，切削速度可达 30 m/min。高速钢的最大优点是强度、韧性和工艺性能好，且价格便宜，因此广泛用于复杂刀具和小型刀具的制造。

高速钢按化学成分组成可分为钨系（含 W）、钨钼系（含 W 和 Mo）和钼系（主要含 Mo，也含少量 W）；按切削性能分，可分为普通高速钢和高性能高速钢。常用的普通高速钢的牌号有 W18Cr4V 和 W6Mo5Cr4V2。W18Cr4V 属钨系高速钢，使用普遍，其综合力学性能和可磨削性好，可用于制造包括复杂刀具在内的各类刀具。W6Mo5Cr4V2 属钨钼系高速钢，具有碳化物分布均匀、韧性好、热塑性好的特点，正在逐步取代 W18Cr4V，但其可磨削性比 W18Cr4V 略差。几种常用高速钢的物理力学性能见表 1–1。

表 1–1 几种常用高速钢的物理力学性能

钢种牌号	常温硬度 HRC	高温硬度 HV（600℃）	抗弯强度 / GPa	冲击韧性 / （MJ/m^2）
W18Cr4V	63 ~ 66	~ 520	3.00 ~ 3.40	0.18 ~ 0.32
110W1.5Mo9.5Cr4VCo8	67 ~ 69	~ 602	2.70 ~ 3.80	0.23 ~ 0.30
W6Mo5Cr4V2Al	67 ~ 69	~ 602	2.90 ~ 3.90	0.23 ~ 0.30
W10Mo4Cr4V3Al	68 ~ 69	~ 583	~ 3.07	0.20
W12Mo3Cr4V3Co5Si	69 ~ 70	~ 608	2.40 ~ 2.70	0.11
W6Mo5Cr4V5SiNbAl	66 ~ 68	~ 526	~ 3.60	0.27

对于强度和硬度较高的难加工材料，采用普通高速钢刀具的切削效果不理想，切削速度不能超过 30 m/min。因此近年来采用一些新技术来改善高速钢刀具的切削性能。其主要途径如下：

① 改变高速钢的合金成分。调整普通高速钢的基本化学成分和添加其他合金元素，使其力学性能和切削性能显著提高，就是高性能高速钢。高性能高速钢可用于切削高强度钢、高温合金、钛合金等难加工材料。例如，普通高速钢加钴形成钴高速钢（M42），它的特点是综合性能好，硬度接近 70 HRC，高温硬度也较高，但由于含有钴元素，价格较贵。普通高速钢加铝形成铝高速钢（W6Mo5Cr4V2AD），是我国独创的无钴高速钢，优点是无钴且成本低，缺点是可磨削性略低于 M42，且热处理温度较难控制。

② 粉末冶金高速钢。采用粉末冶金技术，即将高频感应炉熔炼的钢液用惰性气体雾化成粉末，再热压成坯，最后轧制或锻造成钢材或刀具形状。粉末冶金高速钢的韧性和硬度较高，可磨削性显著改善，材质均匀，热处理变形小，适合于制造各种精密刀具和复杂刀具。

③ 表面化学渗入法。典型的表面化学渗入法是渗碳，渗碳后刀具表面硬度、耐磨性提高，但脆性增加。减小脆性的办法是同时渗入多种元素，如渗硼可降低脆性并提高抗黏结性，渗硫可减小表面摩擦，渗氮可提高热硬性等。

④ 高速钢表面涂层。真空条件下，用物理气相沉积（PVD）将 TiC 和 TiN 等耐磨、耐高温、抗黏结的材料薄膜（3 ~ 5 μm）涂覆在高速钢刀具表面上。经过涂层后的刀具耐磨性和使用寿命可提高 3 ~ 7 倍，切削效率提高 30%。目前该方法已广泛用于制造形状复杂的刀具，如钻头、丝锥、铣刀、拉刀和齿轮刀具等。

1.4.3 硬质合金

硬质合金是高硬度、难熔金属碳化物（主要是 WC、TiC、TaC、NbC 等）微米级的粉末，用钴（Co）或镍（Ni）作黏结剂烧结而成的粉末冶金制品。其允许切削温度高达 800 ~ 1 000℃；切削中碳钢时，切削速度可达 100 ~ 200 m/min。硬质合金是目前最主要的刀具材料之一，由于其工艺性差，主要用于制造简单形状刀具。在刀具寿命相同的条件下，硬质合金刀具的切削速度比高速钢刀具的高 2 ~ 10 倍；但硬质合金的强度和韧性比高速钢差很多，因此硬质合金不能承受较大的切削振动和冲击载荷。

硬质合金中碳化物所占的比例越大，则其硬度越高；反之，碳化物比例减小，黏结剂比例增大，则其硬度降低，但抗弯强度提高。碳化物的粒度越细，则越有利于提高硬质合金的硬度和耐磨性，但会降低合金的抗弯强度；反之，则使合金的抗弯强度提高，而硬度降低。碳化物粒度的均匀性也会影响硬质合金的性能，粒度均匀的碳化物可形成均匀的黏结层，防止裂纹产生。在硬质合金中添加 TaC 能使碳化物粒度均匀和细化。表 1–2 列出了国内常用各类硬质合金的类别、牌号、成分和性能。

表 1–2 常用国产硬质合金的类别、牌号、成分和性能

类别	牌号	化学成分 /%				物理性能			力学性能			
		WC	TiC	TaC（NbC）	Co	密度 /（g/cm^3）	导热系数 /［W/（m℃）］	热膨胀系数 /［10^6（1/℃）］	硬度 HRA	抗弯强度 MPa	弹性模量 / GPa	冲击韧性 /（kJ/m^2）
WC+Co	YG3	97			3	14.9 ~ 15.3	87.9		91	1 200	680 ~ 690	
	YG3X	86.5		<0.5	3	15.0 ~ 15.3		4.1	91.5	1 100		
	YG6	94			6	14.6 ~ 15.0	79.6	4.5	89.5	1 400	630 ~ 640	~ 30
	YG6X	93.5		<0.5	6	14.6 ~ 15.0	79.6	4.4	91	1 500		~ 20
	YG8	92			8	14.6 ~ 15.0	75.4	4.5	89	1 500	600 ~ 610	~ 40
	YG8C	92			8	14.5 ~ 14.9	75.4	4.8	88	1 750		~ 60
WC+TaC（NbC）+Co	YG6A	91		3	6	14.6 ~ 15.0			91.5	1 400		
	YG8N	91		1	8	14.5 ~ 14.9			89.5	1 500		3
WC+TiC+Co	YT30	66	30		4	9.3 ~ 9.7	20.9	7.0	92.5	900	400 ~ 410	
	YT15	79	15		6	11.0 ~ 11.7	33.5	6.51	91	1 150	520 ~ 530	7
	YT14	78	14		8	11.2 ~ 11.7	33.5	6.21	90.5	1 200		
	YT5	85	5		10	12.5 ~ 13.2	62.8	6.06	89.5	1 400	590 ~ 600	
WC+TiC+TaC（NbC）+Co	YW1	84	6	4	6	12.6 ~ 13.5			91.5	1 200		
	YW2	82	6	4	8	12.4 ~ 13.5			90.5	1 350		
TiC 基	YN10	15	62	1	Ni12 Mo10	6.3			92	1 100		
	YN05		79		Ni7 Mo14	6.9			93.3	950		

注：该表内硬质合金的牌号为国产硬质合金牌号，部分牌号与 ISO 牌号的对应关系见 1.4.3 节。

（1）YG（K）类，钨钴类硬质合金（WC+Co）

YG（K）类硬质合金是由 WC 和 Co 组成，YG（K）类硬质合金主要用于加工铸铁、有色金属和非金属材料。加工这类材料时，切屑呈崩碎块粒状，对刀具冲击很大，切削力和切削热都集中在刀尖附近。YG（K）类硬质合金具有较高的抗弯强度和韧性，可减少切削时的崩刃；同时 YG（K）类硬质合金的导热性能好，有利于降低刀尖的温度。

粗加工时选用含钴量较多的牌号［如 YG30（K01）］，因其抗弯强度和冲击韧性较高；精加工时宜选用含钴量较少的牌号（如 YG3），因其耐磨性、耐热性较好。

（2）YT（P）类，钨钛钴类硬质合金（WC+TiC+Co）

P 类硬质合金中的硬质相除 WC 外，还含有 5% ~ 30% 的 TiC。P 类硬质合金适用于加工钢材。加工钢材时，塑性变形大，摩擦剧烈，因此切削温度高。由于 P 类硬质合金中含有质量分数为 5% ~ 30% 的 TiC（TiC 的显微硬度为 3 000 ~ 3 200 HV，熔点为 3 200 ~ 3 250℃，均高于 WC 的显微硬度 1 780 HV、熔点 2 900℃），因此 P 类硬质合金具有较高的硬度、较好的耐磨性和耐热性。

与 K 类硬质合金的选用类似，粗加工时宜选用含钴较多的牌号，如 YT5（P30）；精加工时宜选用含 TiC 较多的牌号，如 YT30（P01）。加工含钛的不锈钢和钛合金时，不宜采用 P 类硬质合金，因为 TiC 的亲和效应使刀具产生严重的黏结磨损。加工淬火钢、高强度钢和高温合金时，以及低速切削钢时，由于切削力很大，易造成崩刃，也不宜采用强度低、脆性大的 P 类硬质合金，而应该采用韧性较好的 K 类硬质合金。

（3）YW（M）类，钨钛钽（铌）钴类硬质合金［WC+TiC+TaC（NbC）+Co］

M 类硬质合金是在 P 类硬质合金中加入适量的 TaC（NbC）而成的，兼有 K 类和 P 类硬质合金的优点，具有硬度高、耐热性好和强度高、韧性好的特点，既可以加工钢，也可加工铸铁和有色金属，故被称为通用硬质合金。M 类硬质合金主要用于耐热钢、高锰钢、不锈钢等难加工材料，其中 YW1（M20）适用于精加工，YW2（M10）适用于粗加工。

以上三类硬质合金的主要成分都是 WC，统称为 WC 基硬质合金。

（4）N 类，碳化钛基硬质合金

N 类硬质合金是以 TiC 为主要成分，以 Ni、Mo 作为黏结剂的。由于 TiC 是所有碳化物中硬度最高的物质，因此 TiC 基硬质合金的硬度也比较高，其刀具寿命可比 WC 基硬质合金提高几倍，可加工钢，也可加工铸铁，但其抗弯强度和韧性比 WC 基硬质合金差。因此，碳化钛基硬质合金主要用于精加工，不适于重载荷切削及断续切削。

（5）新型硬质合金

1）添加碳化钽（TaC）、碳化铌（NbC）的硬质合金。在 WC-Co 合金中添加少量 TaC 或 NbC 可显著提高合金的常温硬度、高温硬度、高温强度和耐磨性，而抗弯强度略有降低；在 TiC 含量少于 10% 的 WC-TiC-Co 合金中，添加少量 TaC 或 NbC，可以获得较好的综合力学性能，既可加工铸铁、有色金属，又可加工碳素钢、合金钢，也适合加工高温合金、不锈钢等难加工材料，从而有通用合金之称。目前，添加 TaC 或 NbC 的硬质合金应用日益广泛，而没有 TaC 或 NbC 的 K、P 类旧牌号硬质合金在国际市场上呈淘汰趋势。

2）涂层硬质合金。在 YG8（K20）、YT5（P30）这类韧性、强度较好但硬度、耐磨性较差的刀具表面上用化学气相沉积法（CVD）涂上晶粒极细的碳化钛（TiC）、氮化钛（TiN）或氧化铝（Al_2O_3）等，可以解决刀具硬度、耐磨性与强度、韧性之间的矛盾。TiC 硬度高，耐磨性好，线膨胀系数与基体相近，所以与基体结合比较牢固；TiN 的硬度低于 TiC，与基体结合稍差，但抗月牙洼磨损能力强，且不易生成中间层（脆性相），故允许较厚的涂层。Al_2O_3 涂层的高温化学性能稳定，用于更高速度下的切削。目前多用复合涂层合金，其性能优于单层合金。近年来出现金刚石涂层硬质合金刀具，刀具使用寿命可提高 50 倍，而成本仅提高 10 倍。由于涂层材料的线膨胀系数总大于基体，故表层存在残余应力，抗弯强度下降。所以，涂层硬质合金适用于各种钢材、铸铁的精加工和半精加工及负荷较轻的粗加工。

3）细晶粒和超细晶粒硬质合金。一般硬质合金中晶粒的大小均大于 1 μm，如使晶粒细化到小于 1 μm，甚至小于 0.5 μm，则耐磨性有较大改善，刀具使用寿命可提高 1 ~ 2 倍。添加 Cr_2O_3 可使晶粒细化。这类合金可用于加工冷硬铸铁、淬硬钢、不锈钢、高温合金等难加工材料。

4）TiC 基和 Ti（C、N）基硬质合金。一般硬质合金属于 WC 基。TiC 基合金是以 TiC 为主体成分，以镍、钼作黏结剂，TiC 含量达 60% ~ 70%。与 WC 基合金比较，它的硬度较高，抗冷焊磨损能力较强，热硬性也较好，但韧性和抗塑性变形的能力较差，性能介于陶瓷和 WC 基合金之间。国内代表性牌号是 YN10 和 YN05，它们适合于碳素钢、合金钢的半精加工和精加工，其性能优于 YT15（P15）和 YT30（P01）。在 TiC 基合金中进一步加入氮化物形成 Ti（C、N）基硬质合金。Ti（C、N）基硬质合金的强度、韧性、抗塑性变形的能力均高于 TiC 基合金，是很有发展前景的刀具材料。

5）添加稀土元素的硬质合金。在 WC 基合金中，加入少量稀土元素，可有效提高硬质合金的韧性、抗弯强度和耐磨性。

6）高速钢基硬质合金。以 TiC 或 WC 作硬质相（占 30% ~ 40%），以高速钢作黏结剂（占 60% ~ 70%），用粉末冶金工艺制成。其性能介于硬质合金和高速钢之间，具有良好的耐磨性和韧性，大大改善了工艺性，适合于制造复杂刀具。

1.4.4 其他刀具材料

1. 陶瓷

① 复合氧化铝陶瓷。在 Al_2O_3 基体中添加高硬度、难熔碳化物（如 TiC），并加入一些其他金属（如镍、钼）进行热压而成的一种陶瓷。其抗弯强度为 800 N/mm^2 以上，硬度达到 93 ~ 94 HRA。在 Al_2O_3 基体中加入 SiC 和 ZrO_2 晶须而形成晶须陶瓷，大大提高了

韧性。

② 复合氮化硅陶瓷。在 Si_3N_4 基体中添加 TiC 等化合物和金属 Co 等进行热压，制成复合氮化硅陶瓷，其力学性能与复合氧化铝陶瓷相近。

陶瓷刀具有很高的高温硬度，在 1 200℃ 时硬度尚能达到 80 HRA；化学稳定性好，与被加工金属的亲和作用小。但陶瓷的抗弯强度和冲击韧性较差，对冲击十分敏感。目前陶瓷刀具多用于各种金属材料的半精加工和精加工，适合于淬硬钢、冷硬铸铁的加工。

陶瓷的原料在自然界中容易得到，且价格低廉，因而是一种极具发展前途的刀具材料。

2. 金刚石

金刚石分天然和人造两种，它们都是碳的同素异构体。其硬度高达 10 000 HV，是自然界中最硬的材料。天然金刚石质量好，但价格昂贵。人造金刚石是在高温高压条件下，借助于某些合金的触媒作用，由石墨转化而成的。金刚石能切削陶瓷、高硅铝合金、硬质合金等难加工材料，还可以切削有色金属及其合金，但它不能切削铁族材料，因为碳元素和铁元素有很强的亲和性，碳元素向工件扩散，加快刀具磨损。当温度大于 700℃ 时，金刚石转化为石墨结构而丧失了硬度。金刚石刀具的刃口可以磨得很锋利，对有色金属进行精密和超精密切削时，表面粗糙度 Ra 可达到 0.01 ~ 0.1μm。

3. 立方氮化硼

立方氮化硼（CBN）的硬度仅次于金刚石，为 8 000 ~ 9 000 HV。立方氮化硼的热稳定性和化学惰性优于金刚石，可耐 1 400 ~ 1 500℃ 的高温，用于切削淬硬钢、冷硬铸铁、高温合金等，切削速度比硬质合金高 5 倍。立方氮化硼刀片采用机械夹固或焊接方法固定在刀柄上。立方氮化硼较脆，易崩刃，宜用于平稳切削。

4. 涂层刀具

涂层刀具是在韧性较好的硬质合金基体上，或在高速钢刀具基体上，涂覆耐磨的 TiC 或 TiN、NfN、Al_2O_3 等薄层制成的。涂层硬质合金刀具一般采用化学气相沉积法（CVD），沉积温度为 1 000℃ 左右，涂层厚度为 4 ~ 10 μm，表层硬度可达 2 500 ~ 4 200 HV；涂层高速钢刀具一般采用物理气相沉积法（PVD），沉积温度为 500℃ 左右，涂层厚度约为 2 μm，表层硬度可达 80 HRA。涂层有单涂层，也有双涂层或多涂层，如 Ti（C、N）、TiC–Al_2O_3、TiC–Al_2O_3–TiN 等。

涂层刀具采用强度、韧性较好的基体和硬度、耐磨性极高的表层，较好地解决了刀具强度、韧性同硬度、耐磨性之间的矛盾，因而具有良好的切削性能，可提高刀具耐用度（硬质合金刀具耐用度可提高 1 ~ 3 倍，高速钢刀具耐用度可提高 2 ~ 10 倍）。

涂层刀片不适于切削高温合金、钛合金、有色金属及某些非金属，不能采用焊接结构。涂层表面不能重磨使用。由于涂层后刀刃的锋利性和抗剥落性下降，不宜用于一些超薄、小进给量切削的场合。

涂层硬质合金刀具适用于各种钢材、铸铁的精加工和半精加工，亦可用于负荷较轻的粗加工。由于硬质合金经涂层后强度、韧性有所下降，故不适用于负荷较重的粗加工。

涂层高速钢刀具特别适合于加工长切屑类工件材料，如各种钢材、铝压铸件等。适用于制造齿轮滚刀、插齿刀、锥齿轮加工刀具、拉刀、钻头、立铣刀及丝锥等刀具。

第2章
金属切削的基本规律及其应用

金属切削过程中会产生一系列的物理现象，如切削变形、摩擦、切削力、切削热、刀具磨损等。研究金属的切削过程对于揭示切削机理和切削规律、保证加工质量、降低生产成本、提高生产效率、促进切削加工技术的发展，都有十分重要的意义。

2.1 金属切削的变形过程

金属切削过程中，刀具与工件相互作用的结果是使切削层金属与工件母体金属分离，切削层金属在刀具刃口、前刀面的推挤和摩擦作用下发生剪切滑移变形和摩擦变形，转变为切屑，同时将有一薄层金属在后刀面的挤压下形成已加工表面。故金属切削过程也可认为是切削变形过程、切屑的形成过程及已加工表面的形成过程。

1. 金属切削变形过程的基本特征

以塑性材料的切削为例，切削时金属材料受前刀面的挤压，材料内部大约与主应力方向成 45° 的斜平面内切应力随载荷增大而逐渐增大，产生切应变；当载荷增大到一定程度，剪切变形进入塑性流动阶段，金属材料内部沿着剪切面发生相对滑移，随着刀具不断向前移动，剪切滑移将持续下去，于是被切金属层就转变为切屑，如图 2–1 所示。如果是脆性材料（如铸铁），则沿此剪切面产生剪切断裂。因而，金属切削过程就是工件的被切金属层在刀具前刀面的推挤下，沿着剪切面（滑移面）产生剪切滑移变形并转变为切屑的过程。

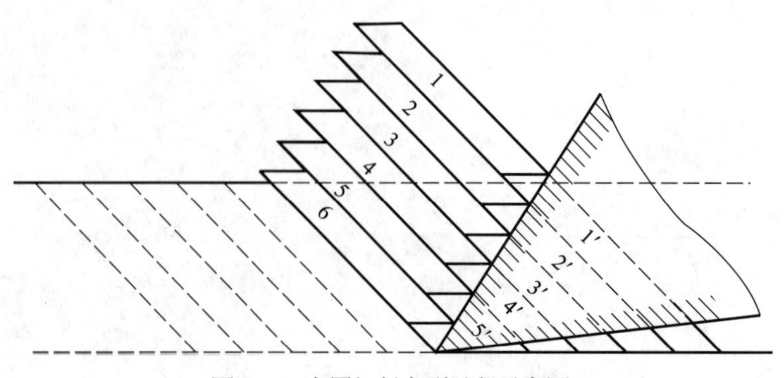

图 2–1　金属切削变形过程示意图

2. 金属切削过程中的三个变形区

为深入了解金属切削的变形过程，还需要详细分析变形区的变形过程。如图 2-2 所示，选定被切金属层中的一个晶粒 P 来观察其变形过程。当刀具以切削速度 v 向前推进时，可以看作刀具不动，晶粒 P 以速度 v 反方向逼近刀具。当 P 到达 OA 线（等切应力线）时，剪切滑移开始，故称 OA 为始剪切线（始滑移线）。P 继续向前移动的同时，也沿 OA 线滑移，其合成运动使 P 到达点 2，即处于 OB 滑移线（等切应力线）上，2′ –2 就是其滑移量，此处晶粒 P 开始纤维化。当 P 继续到达点 3（OC 滑移线）时呈现更严重的纤维化，直到 P 到达点 4（OM 滑移线，称 OM 为终剪切线或终滑移线），其流动方向已基本平行于前刀面，并沿前刀面流出，因而纤维化达到最严重程度后不再增加，此时被切金属层完全转变为切屑，同时由于逐步冷硬的效果，切屑的硬度比被切金属的硬度高，而且变脆，易折断。OA 与 OM 所形成的塑性变形区称为发生在切屑上的第 I 变形区。其主要特征是沿滑移线（等切应力线）的剪切变形和随之产生的“加工硬化”现象。如图 2-3 所示，为了观察金属切削层各点的变形，可在工件侧面作出细小的方格，查看切削过程中这些方格如何被扭曲，借以判断和认识切削层的塑性变形、切削层变为切屑的实际情形。在一般切削速度下，OA 与 OM 非常接近（0.02 ~ 0.2 mm），所以通常用一个平面来表示这个变形区，该平面称为剪切面。剪切面与切削速度方向的夹角叫作剪切角，用 ϕ 表示（图 2-4）。

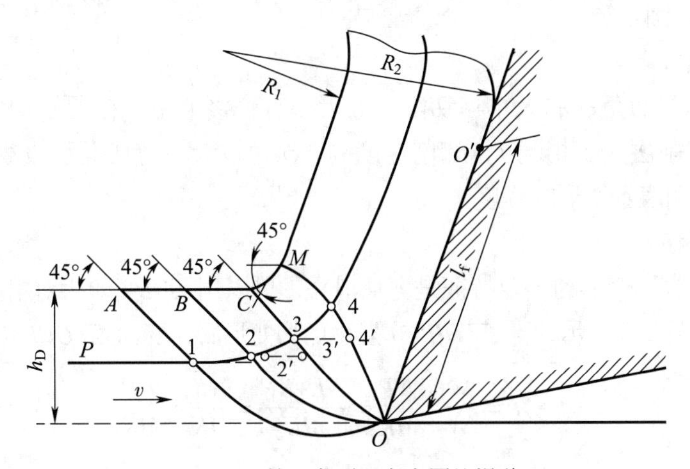

图 2-2 第 I 变形区内金属的滑移

当切屑沿着前刀面流动时，由于切屑与前刀面接触处有相当大的摩擦力阻止切屑的流动，因此，切屑底部的晶粒又进一步被纤维化，其纤维化的方向与前刀面平行。这一沿着前刀面的变形区被称为第Ⅱ变形区，如图 2-3 所示。

由于刀尖不断挤压已加工表面，而当刀具前移时，工件表面产生反弹，因此后刀面与已加工表面之间存在挤压和摩擦，其结果使已加工表面处也形成晶粒的纤维化和冷硬效果。此变形区称为第Ⅲ变形区，如图 2-3 所示。

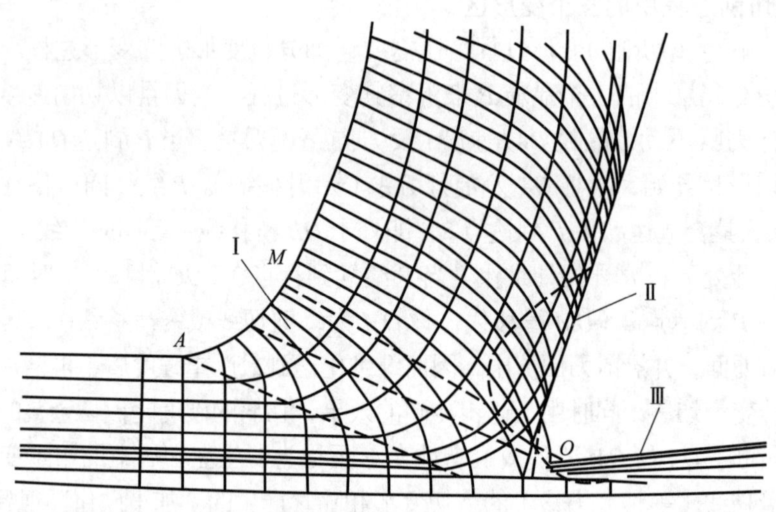

图 2–3 金属切削过程中的滑移线和 3 个变形区

3. 变形程度的表示方法

切削过程中的各种物理现象几乎都与剪切滑移有关。由于被加工材料和切削条件的不同，剪切滑移变形的程度有很大差异。为深入研究金属切削变形过程中的规律，需要研究切削变形程度的大小。

（1）剪切角 ϕ

实验表明，剪切角 ϕ 的大小与切削力的大小有直接关系。在同样切削条件下（工件材料、刀具、切削层大小相同），切削速度高，ϕ 角较大，剪切面积较小（图 2–4），切削比较省力。ϕ 角表示变形的程度。

（2）相对滑移 ε

切削过程中金属变形的主要特征是剪切滑移，可以用切应变即相对滑移 ε 来衡量变形程度的大小。如图 2–5 所示，当 $\square OHNM$ 发生剪切变形后，变为 $\square OGPM$，其相对滑移为

$$\varepsilon=\frac{\Delta s}{\Delta y}=\frac{NP}{MK}=\frac{NK+KP}{MK}=\frac{NK}{MK}+\frac{KP}{MK}$$

$$=\cot\phi+\tan(\phi-\gamma_o) \tag{2–1}$$

或

$$\varepsilon=\frac{\cos\gamma_o}{\sin\phi\cos(\phi-\gamma_o)} \tag{2–2}$$

（3）变形系数 ξ

在金属切削加工中，被切金属层在刀具的推挤下被压缩，因此切屑厚度 h_{ch} 通常要大于切削层的厚度 h_D，而切屑长度 l_{ch} 小于切削层长度 l_c，如图 2–6 所示。根据这一事实来衡量切削变形程度，就得出了切削变形系数的概念。

厚度变形系数

$$\xi_h=\frac{h_{ch}}{h_D} \tag{2–3}$$

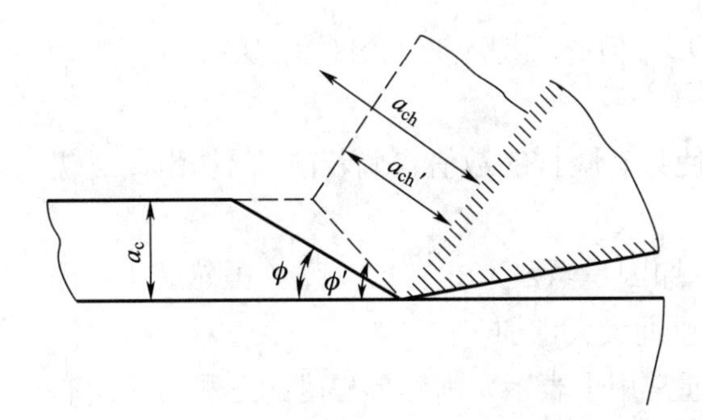

图 2-4 剪切角与剪切面积的关系

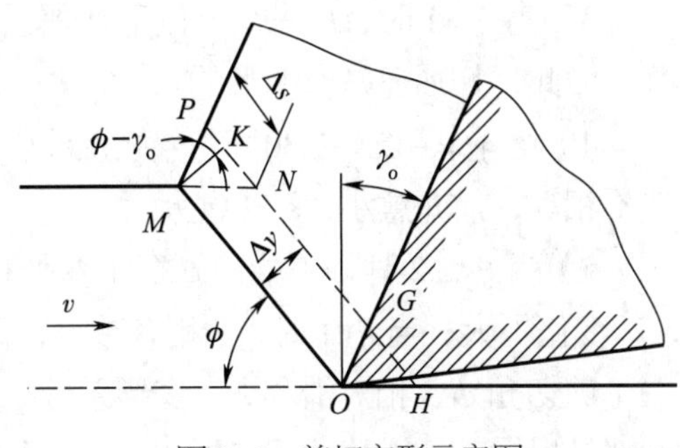

图 2-5 剪切变形示意图

长度变形系数
$$\xi_1=\frac{l_c}{l_{ch}} \tag{2-4}$$

由于切削层变为切屑后，宽度 b_D 变化很小，根据体积不变原理（$b_Dh_Dl_c=b_Dh_{ch}l_{ch}$），有 $\xi_h=\xi_1=\xi>1$，则根据图 2-6，可以计算出变形系数 ξ

$$\xi=\frac{h_{ch}}{h_D}=\frac{OM\cos(\phi-\gamma_o)}{OM\sin\phi}=\frac{\cos(\phi-\gamma_o)}{\sin\phi} \tag{2-5}$$

显然，剪切角 ϕ 增大，变形系数 ξ 减小。上式也可写成

$$\tan\phi=\frac{\cos\gamma_o}{\xi-\sin\gamma_o} \tag{2-6}$$

将式（2-6）代入式（2-1），可得 ξ 和 ε 的关系

$$\varepsilon=\frac{\xi^2-2\xi\sin\gamma_o+1}{\xi\cos\gamma_o} \tag{2-7}$$

将 ε 和 ξ 的函数关系用曲线表示，如图 2-7 所示，可知：

1）变形系数 ξ 并不等于切应变（相对滑移）ε。

2）当 $\xi\geqslant 1.5$ 时，对于某一固定的前角，切应变（相对滑移）ε 与变形系数 ξ 呈线性关系。因此，在一般情况下，变形系数 ξ 可以在一定程度上反映切应变（相对滑移）ε 的大小。

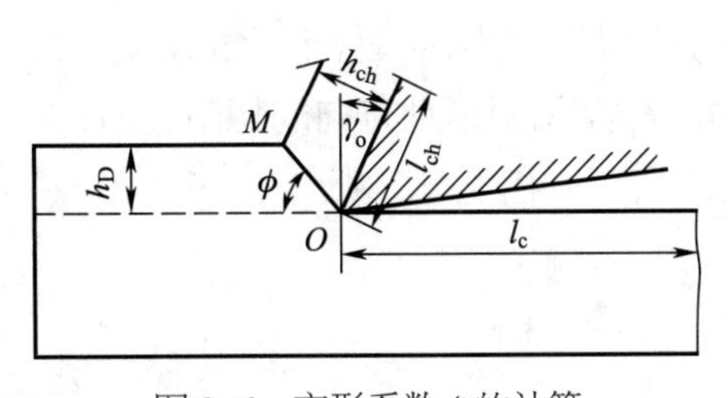

图 2-6 变形系数 ξ 的计算

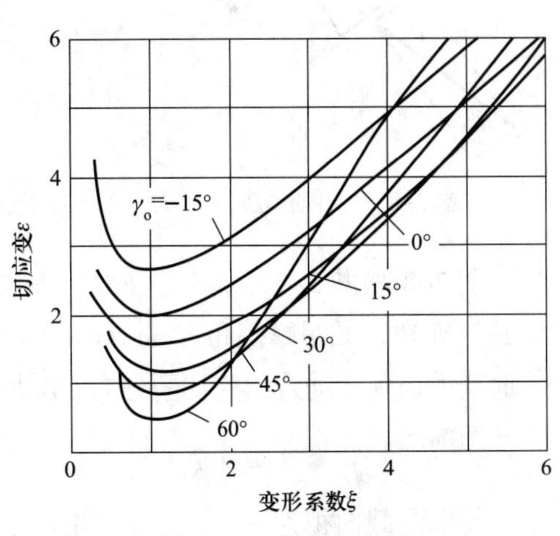

图 2-7 ε 和 ξ 的关系

3）当 $\xi=1$ 时，$h_D=h_{ch}$，似乎切屑没有变形，但此时切应变（相对滑移）ε 并不等于零。因此，切屑还是有变形的。

4）当 $\gamma_o=-15°\sim30°$ 时，变形系数 ξ 即使具有同样的数值，倘若前角不相同，ε 仍然不相等，前角愈小，ε 就愈大。

5）当 $\xi<1.2$ 时，不能用 ξ 表示变形程度。原因是当 ξ 为 1 ~ 1.2 时，ξ 虽然减小，而 ε 却变化不大；当 $\xi<1$ 时，ξ 稍有减小，而 ε 反而大大增加。

剪切角 ϕ、相对滑移 ε、变形系数 ξ，是通常用于表示切削变形程度的三种方法。它们都是根据剪切滑移的观点提出的，但切削过程是非常复杂的，既有剪切作用，又有前刀面对切屑的挤压和摩擦，用这些简单方式还不能反映切削变形的全部实质。

4. 第Ⅱ变形区的变形

切屑在经第Ⅰ变形区剪切滑移后，沿前刀面流出，其底面还要继续受到前刀面的挤压与摩擦，流速减慢，甚至停滞，切屑弯曲。由摩擦而产生的热量，使切屑与刀具接触面的温度升高，反过来又影响第Ⅰ变形区。如前刀面摩擦大，切屑不易排出，则第Ⅰ变形区剪切滑移将加剧。

（1）作用在切屑上的力

直角自由切削时，作用在切屑上的力（图 2-8）有前刀面上的法向力 $F_{\gamma N}$ 和摩擦力 F_γ；剪切面上的法向力 F_{shN} 和剪切力 F_{sh}。这两对力的合力应该平衡。把所有的力都画在切削刃的前方，各力的关系如图 2-9 所示。

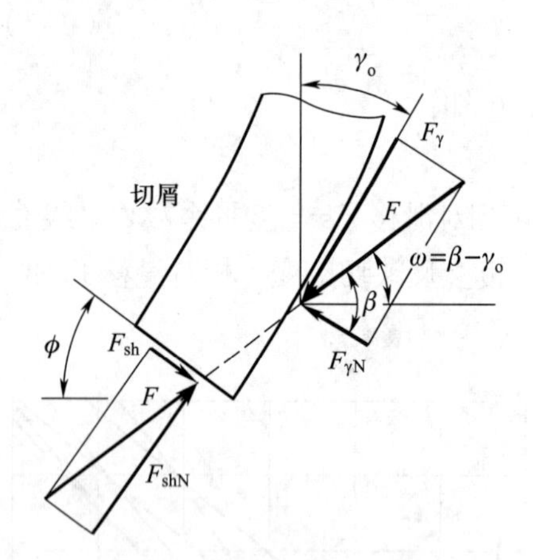

图 2-8　作用在切屑上的力

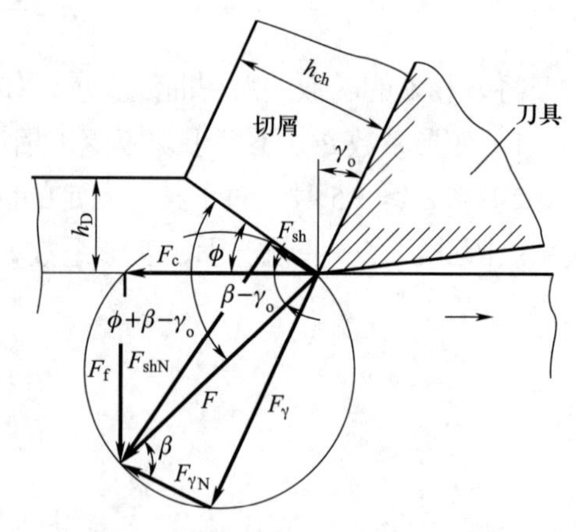

图 2-9　切削时力与角度的关系

图 2-8 和图 2-9 中，F 是 $F_{\gamma N}$ 和 F_γ 的合力，称为切屑形成力；ϕ 是剪切角；β 是 $F_{\gamma N}$ 和 F 的夹角，又叫摩擦角（$\tan\beta=\mu$）；γ_o 是刀具前角；F_c 是切削运动方向的切削分力；F_f 是垂直于切削运动方向的切削分力；h_D 是切削厚度。设 b_D 是切削宽度，则

切削层截面积为 $$A_D=h_Db_D$$

剪切面截面积为 $$A_s=\frac{A_D}{\sin\phi}=\frac{h_Db_D}{\sin\phi}$$

用 τ_s 表示剪切面上产生剪切滑移变形时的屈服切应力，则

$$F_{sh}=\tau_s A_s=\frac{\tau_s A_D}{\sin\phi}=\frac{\tau_s h_D b_D}{\sin\phi}$$

又

$$F_{sh}=F\cos(\phi+\beta-\gamma_o)$$

则

$$F=\frac{F_{sh}}{\cos(\phi+\beta-\gamma_o)}=\frac{\tau_s h_D b_D}{\sin\phi\cos(\phi+\beta-\gamma_o)} \tag{2-8}$$

$$F_c=F\cos(\beta-\gamma_o)=\frac{\tau_s h_D b_D\cos(\beta-\gamma_o)}{\sin\phi\cos(\phi+\beta-\gamma_o)} \tag{2-9}$$

$$F_f=F\sin(\beta-\gamma_o)=\frac{\tau_s h_D b_D\sin(\beta-\gamma_o)}{\sin\phi\cos(\phi+\beta-\gamma_o)} \tag{2-10}$$

式（2–8）~式（2–10）一般被称为切削力的理论公式，可以看出摩擦角 β 对切削分力 F_c 和 F_f 有影响。如用测力仪测出 F_c 和 F_f，且忽略后刀面的作用力，则可用下式求出摩擦角 β

$$\frac{F_f}{F_c}=\tan(\beta-\gamma_o) \tag{2-11}$$

（2）剪切角的计算

1）根据合力最小原理确定的剪切角

从图 2–9 及式（2–8）可以看出，若剪切角 ϕ 不同，则切削合力 F 亦不同。存在一个 ϕ，使得 F 最小。对式（2–8）求导，并令 $\frac{dF}{d\phi}=0$，求得 F 为最小时 ϕ 的值，即

$$\phi=\frac{\pi}{4}-\frac{\beta}{2}+\frac{\gamma_o}{2} \tag{2-12}$$

上式称为麦钱特（M.E. Merchant）公式。

2）根据主应力方向与最大切应力方向成 45° 角原理确定的剪切角

合力 F 的方向即为主应力方向，F_{sh} 的方向就是最大切应力的方向，二者之间的夹角为 $\phi+\beta-\gamma_o$。根据此原理，有

$$\phi+\beta-\gamma_o=\frac{\pi}{4}$$

即

$$\phi=\frac{\pi}{4}-\beta+\gamma_o \tag{2-13}$$

上式称为李和谢弗（Lee and Shaffer）公式。

从式（2–12）和式（2–13）可知：

1）剪切角 ϕ 与摩擦角 β 有关。当 β 增大时，ϕ 角随之减小，变形增大。因此，在低速切削时，加切削液以减小前刀面上的摩擦系数是很重要的。这一结论也说明第 Ⅰ 变形区的变形与第 Ⅱ 变形区的变形密切相关。

2）当前角 γ_o 增大时，剪切角 ϕ 随之增大，变形减小。可见在保证切削刃强度的前提下，增大前角对改善切削过程是有利的。

5. 前刀面上的摩擦

在塑性金属切削过程中，切屑与前刀面之间的压力很大，再加上几百摄氏度的高

温，使切屑底层与前刀面呈黏结状态。它们之间不是一般的外摩擦，而是切屑及刀具黏结层与其上层金属之间的内摩擦，即金属内部的剪切滑移。它与材料的流动应力特性、黏结面积有关，而不同于外摩擦（仅与摩擦系数、压力有关，而与接触面积无关）。

如图2–10所示，刀–屑接触部分分为两个区域：在黏结部分为内摩擦，该处所受的切应力τ_γ等于材料的剪切屈服强度τ_s；滑动部分为外摩擦，该处的切应力τ_γ由τ_s逐渐减小到零。图中也表示出了整个刀–屑接触区上正应力σ_γ的分布。考虑到内、外摩擦的规律不同，前刀面上的摩擦主要是内摩擦，这里着重考虑内摩擦。

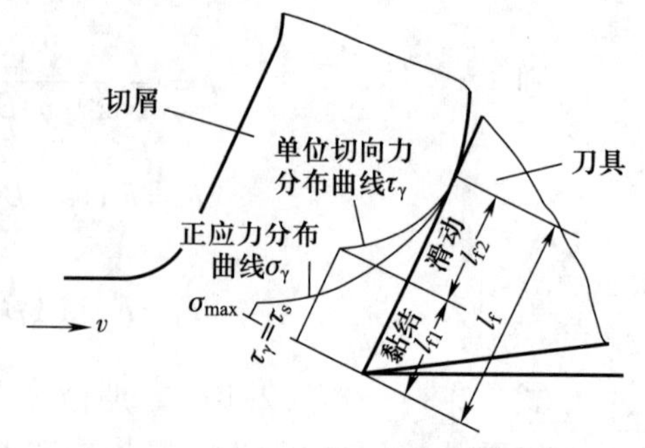

图2-10 切屑与前刀面摩擦情况示意图

令μ为前刀面上的平均摩擦系数，则

$$\mu=\frac{F_f}{F_N}\approx\frac{\tau_s\cdot A_{f_1}}{\sigma_{av}\cdot A_{f_1}}=\frac{\tau_s}{\sigma_{av}} \tag{2-14}$$

式中：A_{f_1}为内摩擦部分接触面积；σ_{av}为该部分的平均正应力，随材料硬度、a_c（切削厚度）、v、γ_o而变；τ_s为工件材料的剪切屈服强度，随温升而下降。由于τ_s和σ_{av}都是变量，因此μ也是变数。

影响前刀面摩擦系数的主要因素有工件材料、切削厚度、切削速度和刀具前角。

① 工件材料的影响。几种不同工件材料在各种切削厚度时的摩擦系数如表2–1所示。工件材料的强度和硬度愈大，切削温度愈高，μ略有减小。

② 切削厚度的影响。由表2–1可见，a_c增大，使正应力随之增大，μ略为下降。

表2–1 几种不同工件材料在各种切削厚度时的摩擦系数

工件材料	抗弯强度σ_b/GPa（kgf/mm^2）	硬度HBW	切削厚度a_c/mm			
			0.1	0.14	0.18	0.22
铜	0.213（21.3）	55	0.78	0.76	0.75	0.74
10钢	0.362（36.2）	102	0.74	0.73	0.72	0.72
10Cr钢	0.48（48）	125	0.73	0.72	0.72	0.71
1Cr18Ni9Ti	0.634（63.4）	170	0.71	0.70	0.68	0.67

③ 切削速度的影响。如图 2–11 所示，当 v<30 m/min 时，切削速度提高，摩擦系数变大。这是因为在低速区切削温度较低，前刀面与切屑底层的接触不严密，黏结程度随速度（温度）增高而增大，从而使 μ 上升。当 v 超过 30 m/min 后，温度进一步升高，材料塑性增加，滑移应力减小，故 μ 下降。

④ 刀具前角的影响。在一般切削速度范围内，前角愈大，正应力减小，μ 值愈大。

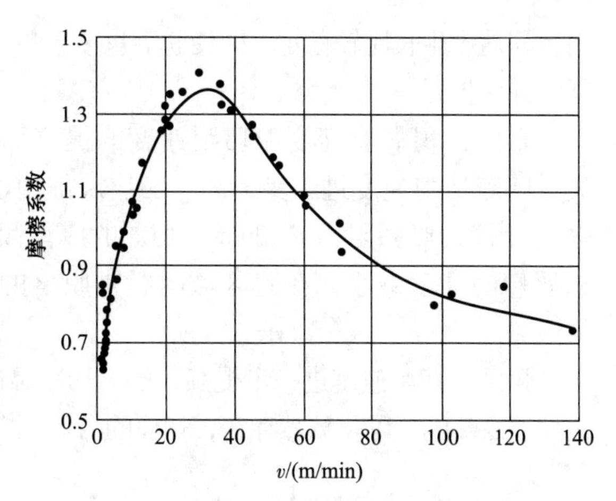

图 2–11　切削速度对摩擦系数的影响

6. 积屑瘤的形成及其对切削过程的影响

（1）积屑瘤现象

在金属切削过程中，常常有切屑和工件上的金属冷焊并堆积在前刀面上，形成非常坚硬的金属堆积物，其硬度是工件材料硬度的 2 ~ 3.5 倍，能够代替刀刃进行切削，并且以一定频率反复生长和脱落。这种堆积物称为积屑瘤。当切削钢、球墨铸铁、铝合金等塑性材料时，在切削速度不高，而又能形成带状切屑的情况下容易生成积屑瘤。

（2）积屑瘤产生的原因

切屑与前刀面发生强烈摩擦形成新鲜表面接触，在刀 – 屑接触面达到一定的温度和压力时就会产生黏结（冷焊）。这时，切屑底层金属与前刀面冷焊而滞留在前刀面上，切屑底层便与上层发生相对的滑移而分离开来，成为积屑瘤的基础。由于存在相似的条件，切屑底层材料会继续在前刀面上黏结并层积，直到形成一个有一定高度相对稳定的积屑瘤。

积屑瘤的产生以及它的积聚高度与金属材料的硬化性质有关，也与刀刃前区的温度和压力状况等有关。一般，材料的加工硬化趋势愈强，愈易产生积屑瘤；刀刃前区的温度和压力太低，不会产生积屑瘤；如刀刃前区温度太高，产生弱化作用，也不会产生积屑瘤。对碳素钢，在 300 ~ 500℃ 时积屑瘤最高，到 500℃ 以上时积屑瘤趋于消失。

切削速度不同，积屑瘤生长所能达到的最大高度也不同，如图 2–12 所示。根据有无积屑瘤及其生长高度，可以把切削速度的影响分为 4 个区域。

Ⅰ区：切削速度很低，形成粒状或节状切屑，没有积屑瘤生成。

Ⅱ区：形成带状切屑，冷焊条件逐渐形成，随着切屑速度的提高，积屑瘤高度也增加。由于摩擦阻力 F_γ（参见图 2–8）的存在，使得切屑滞留在前刀面上，积屑瘤高度增加；但与此同时，切屑流动时所形成的推力 T 欲将积屑瘤推倒。当 $T<F_\gamma$ 时，积屑瘤高度继续增大，当 $T>F_\gamma$ 时，积屑瘤被推走，当 $T>F_\gamma$ 时的积屑瘤高度为临界高度。在这个区域内，积屑瘤生长比较稳定，即使脱落也多半是顶部被挤断，这种情况下能代替刀具进行切削，并保护刀具。

Ⅲ区：积屑瘤高度随切削速度的提高而减小，当达到Ⅲ区右边界时，积屑瘤消失。随着切削速度进一步提高，切屑底部由于切削温度升高而开始软化，剪切屈服极限 τ_s 下降，摩擦阻力 F_γ 下降，切屑的滞留倾向减弱，因而积屑瘤的生长基础不稳定，积屑瘤的高度减小。在此区域内经常脱落的积屑瘤硬块不断滑擦刀面，使刀具磨损加快。

Ⅳ区：切削速度进一步提高，由于切削温度较高而冷焊消失，此时积屑瘤不再存在。但切屑底部的纤维化依然存在，切屑的滞留倾向也依然存在。

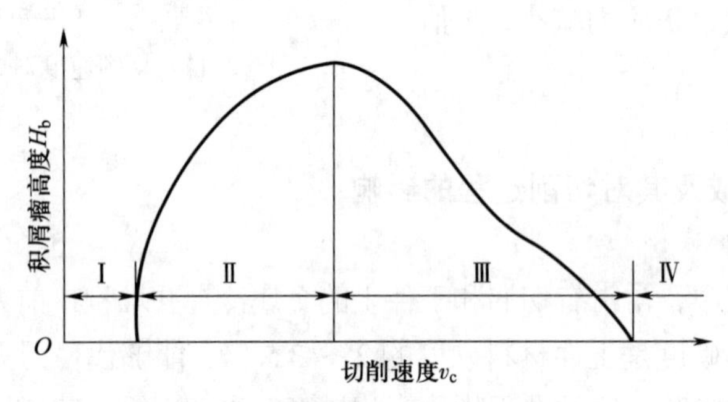

图 2–12 积屑瘤高度与切削速度关系示意图

(3) 积屑瘤对切削过程的影响及控制

积屑瘤对切削过程的影响主要体现在以下几个方面：

1) 使实际前角增大（图 2–13）。积屑瘤愈高，实际前角愈大，因而可减小切屑变形，降低切削力。

2) 增大切削厚度。积屑瘤前端伸出切削刃外，使切削深度增加了 Δa_c。由于积屑瘤的产生、成长与脱落是一个周期性过程，Δa_c 的变化有可能引起振动。

3) 使加工表面粗糙度值增大。积屑瘤的顶部很不稳定，易破裂，其破裂的部分碎片可能留在已加工表面上；积屑瘤凸出刀刃的部分使加工表面变得粗糙。

4) 对刀具耐用度的影响。积屑瘤相对稳定时，可代替刀刃切削，能起到保护切削刃和前刀面的作用，从而提高刀具的耐用度；但在不稳定时，积屑瘤的破裂有可能导致刀具的剥落磨损。

显然，积屑瘤有利有弊。粗加工时，对精度和表面粗糙度要求不高，如果积屑瘤能够稳定生长，则可以代替刀具进行切削，既可保护刀具，又可减小切削变形。精加工时，就绝对不希望积屑瘤出现。

避免或减小积屑瘤的措施主要有：

1) 控制切削速度，尽量避开易生成积屑瘤的中速区；

2) 使用润滑性能好的切削液，以减小摩擦；

3) 提高刀具前刀面、后刀面的刃磨质量；

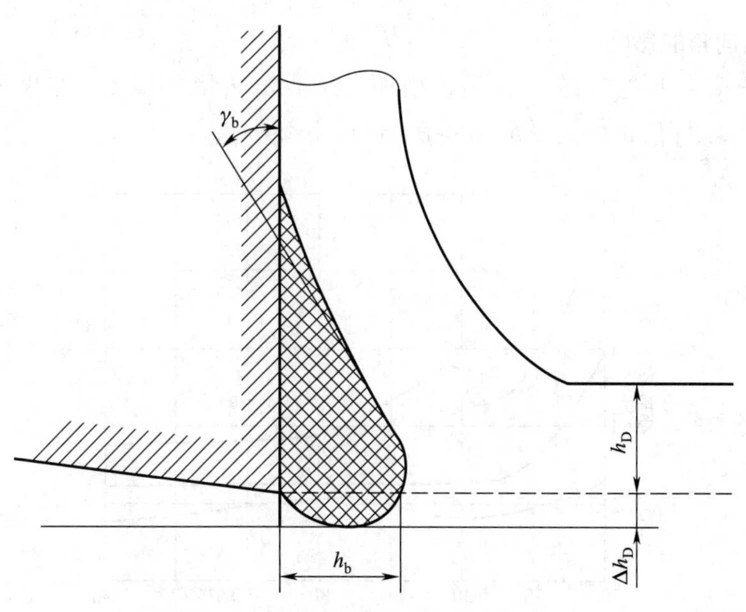

图 2-13 积屑瘤前角 γ_b 和伸出量 Δh_D

4）增大刀具前角，以减小刀－屑接触区压力；

5）通过热处理提高工件材料硬度，减少加工硬化倾向等。

7. 影响切削变形的因素

下面总结影响金属切削变形的主要因素，以便利用这些规律来优化切削过程和工艺参数的选择。

（1）工件材料的影响

工件材料强度愈高，切削时前刀面上的正压力越大，同时刀－屑接触长度减小，因此摩擦系数愈小，剪切角将越大，于是变形系数将减小（图 2-14）。

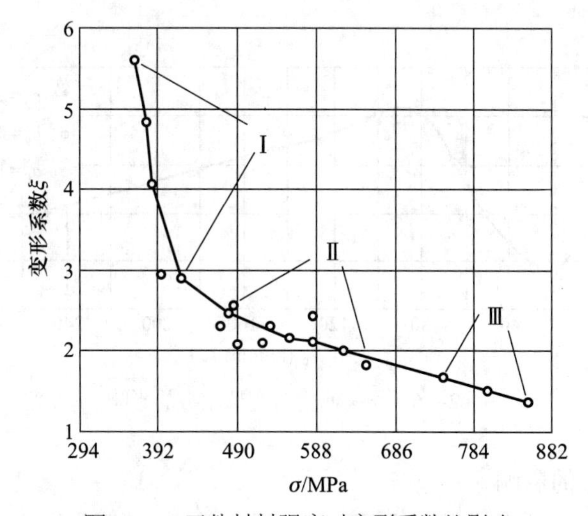

图 2-14 工件材料强度对变形系数的影响

（2）刀具前角的影响

刀具前角愈大（图 2–15），β 虽也增加，但不如 γ_o 增加得多，结果还是使作用角 $\omega=\beta-\gamma_o$ 减小，从而使 ϕ 增大（$\phi=\pi/4-\beta+\gamma_o$），$\xi$ 变小。

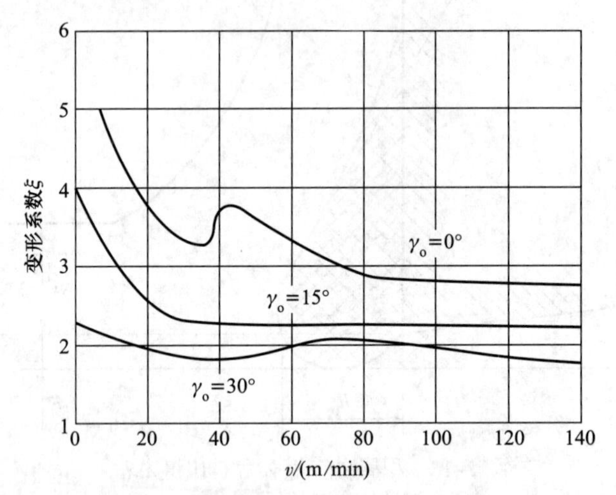

图 2–15 刀具前角对变形系数的影响

（3）切削速度对切削变形的影响

图 2–16 是 $\xi-v_c$ 的实验曲线。曲线表明：当 v_c< 22 m/min 时，ξ 随着 v_c 的增大而减小；当 22 m/min <v_c< 84 m/min 时，ξ 随着 v_c 的增大而增大；当 v_c > 84 m/min 时，ξ 随着 v_c 的增大而减小；当 v_c=22 m/min 时，ξ 最小。当 8 m/min<v_c<22 m/min 时，积屑瘤随着 v_c 增大逐步形成，积屑瘤前角 γ_b 也逐渐增大，所以变形系数 ξ 减小；当 22 m/min < v_c < 84 m/min 时，积屑瘤随着 v_c 的增大逐渐消失，积屑瘤前角 γ_b 也逐渐减小，所以变形系数 ξ 增大；当 v_c > 84 m/min 时，积屑瘤消失，切削温度起主要作用。随着 v_c 的增大，切削温度升高，使切屑底层金属的 τ_s 下降，因而摩擦系数 μ 减小，摩擦角 β 随之减小，剪切角 ϕ 增大，故变形系数 ξ 减小。

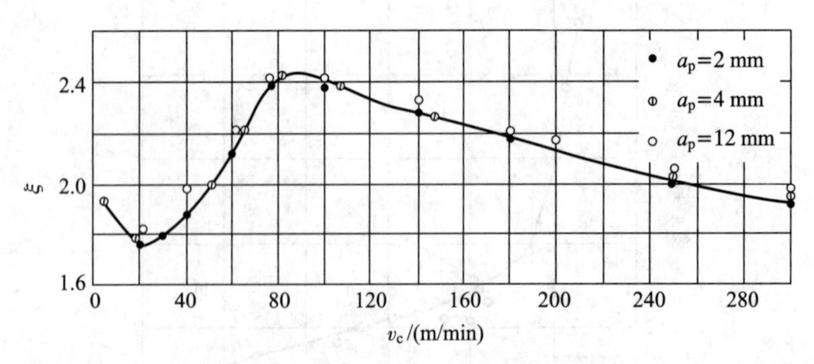

图 2–16 切削速度对变形系数的影响

（4）切削厚度 a_c 的影响

图 2–17 所示为 $\xi-f$ 实验曲线。从图 2–17 可以看出，ξ 随着切削厚度的增大而减小。

切削厚度增大之所以能减小切削变形是因为摩擦系数 μ 下降，引起剪切角 ϕ 增大的缘故。而摩擦系数 μ 的减小则是因为增大切削厚度会增大前刀面上的法向力 $F_{\gamma N}$ 的缘故。

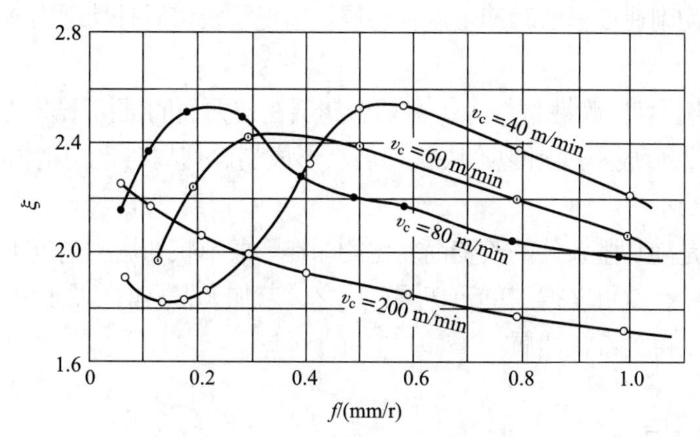

图 2–17　进给量对变形系数的影响

2.2　切屑的类型及卷屑、断屑方式

1. 切屑的形态

由于工件材料以及切削条件不同，切削变形的程度也就不同，所产生的切屑形态也就多种多样。切屑形态一般分为 4 种基本类型（见图 2–18）：带状切屑、节状切屑、粒状切屑、崩碎切屑。

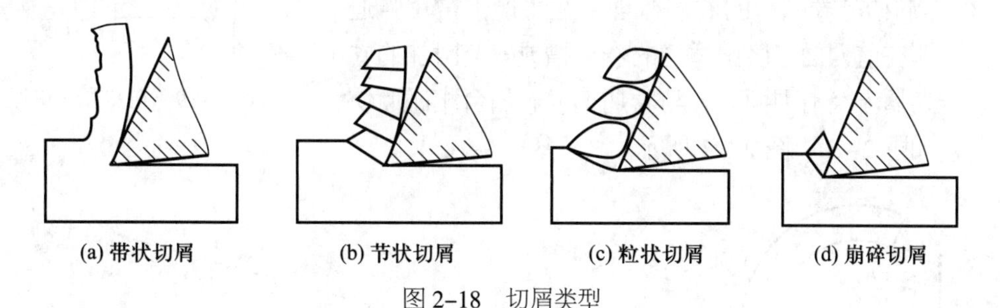

图 2–18　切屑类型

① 带状切屑。带状切屑是最常见的一种切屑，形状像一条连绵不断的带子，底部光滑，背部呈毛茸状。一般加工塑性材料，当切削厚度较小、切削速度较高、刀具前角较大时，得到的切屑往往是带状切屑。出现带状切屑时，切削过程较为平稳，切削力波动较小，已加工表面粗糙度值较小。

② 节状切屑。节状切屑又称挤裂切屑。切屑上各滑移面大部分被剪断，尚有小部分连在一起，犹如节骨状。它的外弧面呈锯齿形，内弧面有时有裂纹。这种切屑在切削速度较低、切削厚度较大的情况下产生。出现节状切屑时，切削过程不平稳，切削力有波动，

已加工表面粗糙度值较小。

③ 粒状切屑（单元切屑）。切屑沿剪切面完全断开，因而切屑呈粒状（单元状）。当切削塑性材料且切削速度极低时产生这种切屑。出现粒状切屑时切削力波动大，已加工表面粗糙度值大。

④ 崩碎切屑。切削脆性材料时，被切金属层在前刀面的推挤下未经塑性变形就在张应力状态下脆断，形成不规则的碎块状切屑。形成崩碎切屑时，切削力幅度小，但波动大，加工表面凹凸不平。

切屑的形态是随切削条件的改变而转化的。在形成节状切屑的情况下，若减小刀具前角或加大切削厚度，就可以得到单元切屑；反之，若加大刀具前角，提高切削速度，减小切削厚度，则可以得到带状切屑。

2. 卷屑和断屑方式

为了满足切屑的处理及运输要求，还需按照切屑的形状进行分类。切屑的形状大体有带状屑、C形屑、崩碎屑、螺卷屑、长紧卷屑、发条状卷屑、宝塔状卷屑等。

为了得到要求的切屑形状，均需要使切屑卷曲。卷屑的基本原理是设法使切屑沿前刀面流出时，受到额外的作用力，在该力作用下，使切屑产生附加的变形而弯曲。具体方法如下：

① 自然卷屑机理。利用前刀面上形成的积屑瘤使切屑自然卷曲，如图2-19所示。

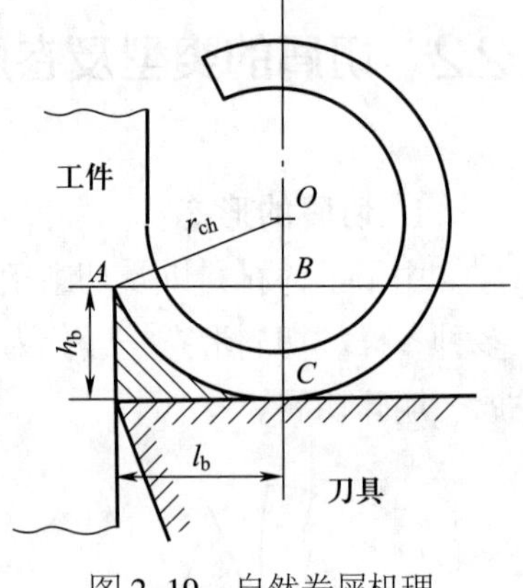

图2-19 自然卷屑机理

② 卷屑槽与卷屑台的卷屑机理。在生产上常用强迫卷屑法，即在前刀面上磨出适当的卷屑槽或安装附加的卷屑台，当切屑流经前刀面时，与卷屑槽或卷屑台相碰而使它卷曲，如图2-20、图2-21所示。

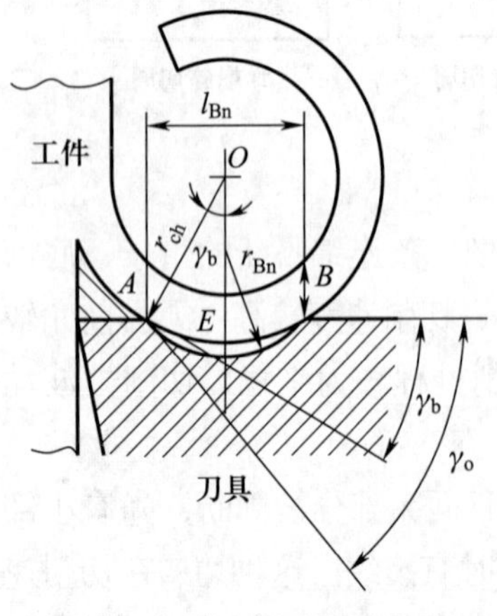

图2-20 卷屑槽的卷屑机理

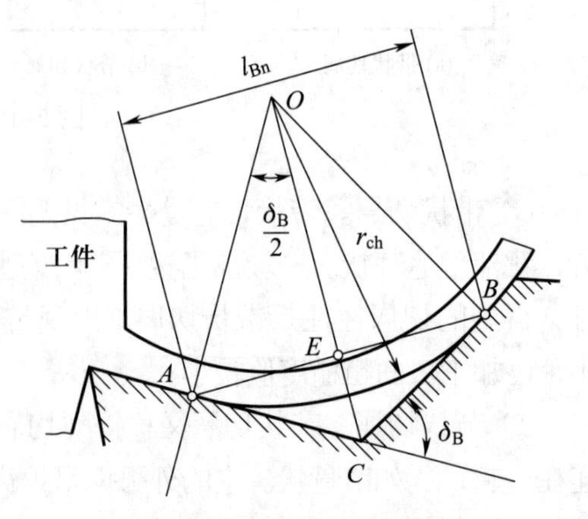

图2-21 卷屑台的卷屑机理

为了避免过长的切屑，对卷曲了的切屑需进一步施加力（变形）使之折断。常用的方法如下：

① 使卷曲后的切屑与工件相碰，使切屑根部的拉应力越来越大，最终导致切屑完全折断。这种断屑方法一般得到C形屑、发条状卷屑或宝塔状卷屑，如图2–22、图2–23所示。

② 使卷曲后的切屑与后刀面相碰，使切屑根部的拉应力越来越大，最终导致切屑完全断裂，形成C形屑，如图2–24所示。

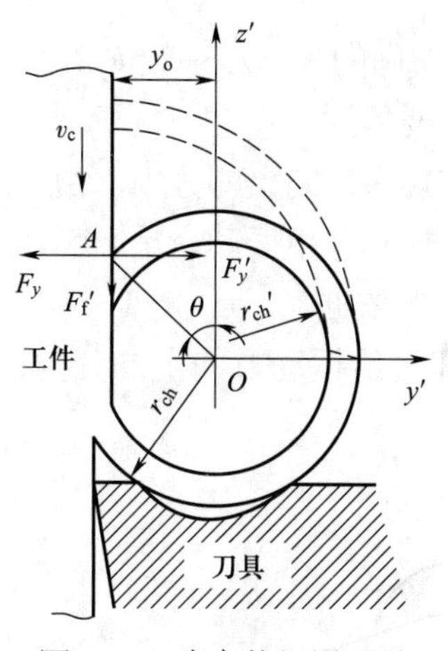

图2–22 发条状切屑碰到工件折断

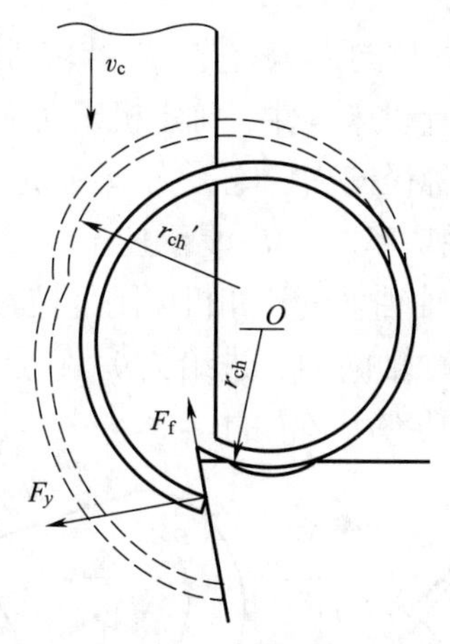

图2–23 C形屑撞在工件上折断

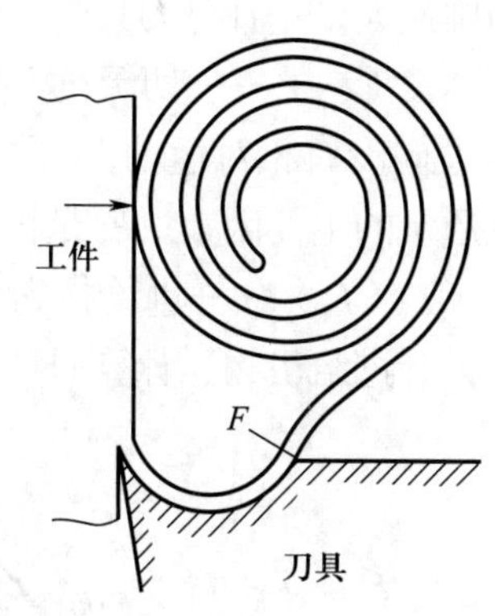

图2–24 切屑碰到后刀面上折断

2.3 切削力

切削力是切削时使加工材料变形成为切屑所需的力，它是金属切削过程中的主要物理现象之一，直接影响加工质量和生产率。切削力也是设计和使用机床、刀具和夹具的重要依据之一。研究切削力的规律和计算方法，有助于分析金属切削机理，对生产实际有重要意义。

2.3.1 切削力的来源、合力与分解

（1）切削力的来源

在刀具作用下，被切金属层、切屑和已加工表面层金属都会产生弹性变形和塑性变形。如图2–25所示，有正向压力$F_{\gamma N}$和$F_{\alpha N}$分别作用于前、后刀面上；由于切屑沿前刀面流出，故有摩擦力F_γ作用于前刀面；刀具与工件之间有相对运动，又有摩擦力F_α作用于后刀面，$F_{\gamma N}$和

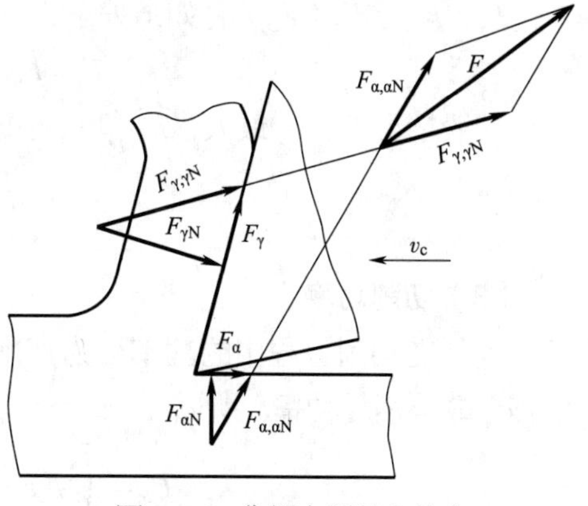

图2–25 作用在刀具上的力

F_{γ}合成为$F_{\gamma,\gamma N}$，$F_{\alpha N}$和F_{α}合成为$F_{\alpha,\alpha N}$，$F_{\gamma,\gamma N}$和$F_{\alpha,\alpha N}$再合成为F，F就是作用于刀具上的总切削力。对于锋利的刀具而言，$F_{\alpha N}$和F_{α}很小，分析问题时可忽略不计。

综上所述，切削力的来源有两个：① 切削层金属、切屑和工件表层金属的弹塑性变形所产生的抗力；② 刀具与切屑、工件表面之间的摩擦阻力。

（2）合力与分解

来自变形与摩擦的各个力形成作用于车刀上的合力F_{r}（F）。为便于应用，F_{r}可分解为互相垂直的F_{x}、F_{y}和F_{z}三个分力（图2–26）：

F_{z}（F_{c}）——主切削力（或称切向力）。它是F_{r}沿切削速度方向的分力。一般F_{z}在分力中最大，是计算刀具强度、设计机床零件、确定机床功率的主要依据。

F_{y}（F_{p}）——切深抗力（或称径向力、吃刀力）。它是F_{r}在切深方向上的分力。由于F_{y}方向没有相对运动，它不消耗功率，但F_{y}易于使工件发生变形和产生振动，是影响加工质量的主要因素。F_{y}是机床主轴轴承设计和机床刚度校验的主要依据。

F_{x}（F_{f}）——进给抗力（或称轴向力、进给力）。它是F_{r}在进给运动方向上的分力，是设计进给机构、计算刀具进给功率所必需的。

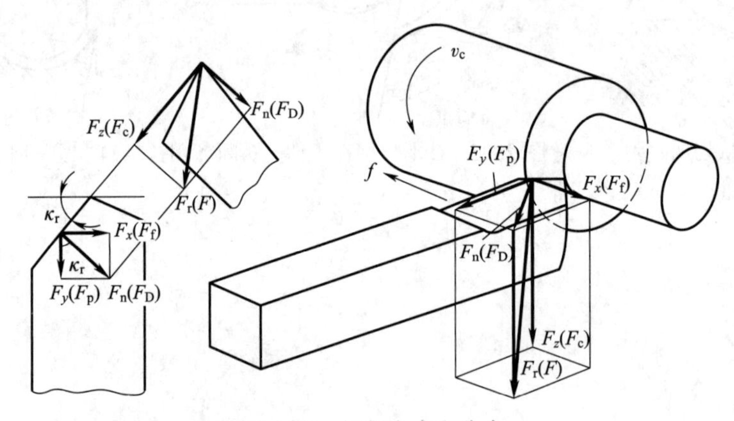

图2–26 切削合力和分力

由图2–26可知：

$$F_{r}=\sqrt{F_{z}^{2}+F_{n}^{2}}=\sqrt{F_{z}^{2}+F_{x}^{2}+F_{y}^{2}} \tag{2–15}$$

F_{y}、F_{x}与F_{n}（F_{D}）有如下关系

$$F_{y}=F_{n}\cos\kappa_{r}，\ F_{x}=F_{n}\sin\kappa_{r} \tag{2–16}$$

一般情况下，F_{z}最大，F_{y}和F_{x}小一些。F_{y}、F_{x}与F_{z}的大致关系为

$$F_{y}=(0.15\sim0.7)F_{z}$$

$$F_{x}=(0.1\sim0.6)F_{z}$$

（3）切削功率

消耗在切削过程中的功率称为切削功率P_{m}，是F_{z}、F_{x}所消耗功率之和。F_{y}方向没有位移，故不消耗功率。所以

$$P_{m}=\left(F_{z}v+\frac{F_{x}n_{w}f}{1\,000}\right)\times10^{-3}\ (\mathrm{kW}) \tag{2–17}$$

式中：F_z 为主切削力，单位为 N；v 为切削速度，单位为 m/s；F_x 为进给抗力，单位为 N；n_w 为工件转速，单位为 r/s；f 为进给量，单位为 mm/r。

因 F_x 相对于 F_z 所消耗功率来说一般很小（<1% ~ 2%），可略去不计，因而

$$P_m = F_z v \times 10^{-3}\ (\mathrm{kW}) \tag{2-18}$$

根据切削功率选择机床电动机时，还要考虑机床的传动效率。机床电动机功率 P_E 为

$$P_E \geqslant \frac{P_m}{\eta_m} \tag{2-19}$$

式中：η_m 为机床传动效率，一般取 0.75 ~ 0.85。

2.3.2 切削力的理论公式

由于工件与后刀面的接触情况较复杂，且具有随机性，应力状态也较复杂，所以后刀面上切削力的定量计算比较困难。实验表明，当刀具保持锋利状态时，后刀面上的切削力仅占总切削力的 3% ~ 4%，因此可忽略后刀面上的切削力，在 2.1 节中推导出的主切削力的计算公式（式 2-9）称为主切削力的理论公式。

理论公式能够反映影响切削力诸因素的内在联系，有助于分析问题。但切削过程非常复杂，影响因素很多，在公式推导过程中作了某些假定和简化，故计算出的切削力不够精确，与实际情况出入较大。工程上一般采用通过实验方法得到的切削力经验公式来实际计算切削力。

2.3.3 切削力的经验公式

1. 切削力经验公式的建立

利用测力仪测出切削力，再将实验数据用图解法、线性回归等进行处理，就可以得到切削力的经验公式。

切削力的经验公式通常是以切削深度 a_p 和进给量 f 为变量的幂函数，其形式为

$$F_c = C_{F_c} a_p^{x_{F_c}} f^{y_{F_c}} \tag{2-20}$$

$$F_p = C_{F_p} a_p^{x_{F_p}} f^{y_{F_p}} \tag{2-21}$$

$$F_f = C_{F_f} a_p^{x_{F_f}} f^{y_{F_f}} \tag{2-22}$$

建立切削力的经验公式，实质上就是测得切削力后，如何确定 3 个系数 C_{F_c}、C_{F_p}、C_{F_f} 和 6 个指数 x_{F_c}、y_{F_c}、x_{F_p}、y_{F_p}、x_{F_f}、y_{F_f}。

切削力实验的设计方法很多，最简单的是单因素法，即固定其他因素不变，只改变其中一个因素，测出 F_c、F_p、F_f 后进行数据处理，建立经验公式。

例 2-1 以外圆车刀车削 45 钢的一组实验为例。固定切削速度和刀具几何参数，分别在 4 种切削深度下改变 5 种进给量，测得的数据列入表 2-2。

表 2–2 切削力测量记录表

<table>
<tr><td rowspan="4">实验条件</td><td>工件材料</td><td colspan="11">45 钢（正火），187HBW</td></tr>
<tr><td rowspan="2">刀具</td><td>结构</td><td>刀片材料</td><td>刀片规格</td><td>γ_o</td><td>α_o</td><td>α'_o</td><td>κ_r</td><td>κ'_r</td><td>λ_s</td><td>r_ε</td><td>b_γ</td></tr>
<tr><td>外圆车刀</td><td>YT15</td><td>SNMA 150602</td><td>15°</td><td>6° ~ 8°</td><td>4° ~ 6°</td><td>75°</td><td>10° ~ 12°</td><td>0°</td><td>0.2 mm</td><td>0</td></tr>
<tr><td>切削用量</td><td colspan="3">工作直径 d_w/mm
81</td><td colspan="4">转速 n_w/（r/min）
380</td><td colspan="4">切削速度 v_c/（m/min）
96</td></tr>
<tr><td rowspan="21">切削力测量值</td><td colspan="4">切削深度 a_p /mm</td><td colspan="4">进给量 f /（mm/r）</td><td colspan="4">主切削力 F_c/N</td></tr>
<tr><td colspan="4" rowspan="5">4</td><td colspan="4">0.1</td><td colspan="4">868</td></tr>
<tr><td colspan="4">0.2</td><td colspan="4">1 792</td></tr>
<tr><td colspan="4">0.3</td><td colspan="4">2 432</td></tr>
<tr><td colspan="4">0.4</td><td colspan="4">3 072</td></tr>
<tr><td colspan="4">0.5</td><td colspan="4">3 904</td></tr>
<tr><td colspan="4" rowspan="5">3</td><td colspan="4">0.1</td><td colspan="4">640</td></tr>
<tr><td colspan="4">0.2</td><td colspan="4">1 280</td></tr>
<tr><td colspan="4">0.3</td><td colspan="4">1 792</td></tr>
<tr><td colspan="4">0.4</td><td colspan="4">2 240</td></tr>
<tr><td colspan="4">0.5</td><td colspan="4">2 816</td></tr>
<tr><td colspan="4" rowspan="5">2</td><td colspan="4">0.1</td><td colspan="4">448</td></tr>
<tr><td colspan="4">0.2</td><td colspan="4">896</td></tr>
<tr><td colspan="4">0.3</td><td colspan="4">1 152</td></tr>
<tr><td colspan="4">0.4</td><td colspan="4">1 472</td></tr>
<tr><td colspan="4">0.5</td><td colspan="4">1 792</td></tr>
<tr><td colspan="4" rowspan="5">1</td><td colspan="4">0.1</td><td colspan="4">200</td></tr>
<tr><td colspan="4">0.2</td><td colspan="4">448</td></tr>
<tr><td colspan="4">0.3</td><td colspan="4">640</td></tr>
<tr><td colspan="4">0.4</td><td colspan="4">832</td></tr>
<tr><td colspan="4">0.5</td><td colspan="4">1 024</td></tr>
</table>

这里以主切削力指数公式 $F_c=C_{F_c}a_p^{x_{F_c}}f^{y_{F_c}}$ 为例，介绍其建立方法。在单因素实验条件下，分别表达切削深度 a_p、进给量 f 与主切削力 F_c 关系的单项切削力的指数公式为

$$F_c=C_{a_p}a_p^{x_{F_c}},\quad F_c=C_f f^{y_{F_c}} \tag{2-23}$$

将上两式等号两边取对数，则有

$$\lg F_c=\lg C_{a_p}+x_{F_c}\lg a_p,\quad \lg F_c=\lg C_f+y_{F_c}\lg f$$

实验结果表明，F_c-a_p 线和 F_c-f 线在双对数坐标纸上是直线。其中，C_{a_p}（或 C_f）是 F_c-a_p 线（或 F_c-f 线）在 $a_p=1$ mm（或 $f=1$ mm/r）处的对数坐标上的 F_c 值；指数 x_{F_c}，y_{F_c} 分别是 F_c-a_p 线和 F_c-f 线的斜率。

用表 2-2 的数据在双对数坐标图上画出 5 条 F_c-a_p 线和 4 条 F_c-f 线，如图 2-27 所示。根据此图就可以求出 x_{F_c}、y_{F_c}、C_{F_c}。

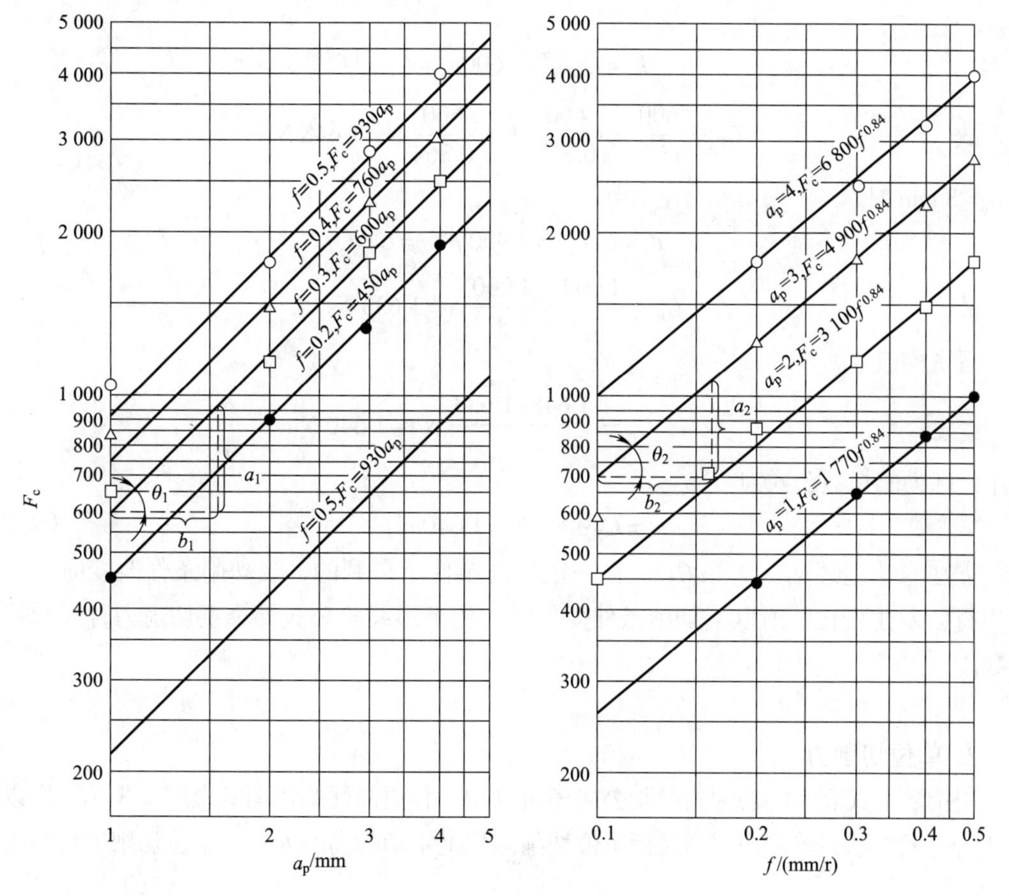

图 2-27　F_c-a_p 线和 F_c-f 线（车削 45 钢）

取任意一条 F_c-a_p 线，如 $f=0.3$ mm/r 的 F_c-a_p 线，在此直线上画出直角三角形，测得直角边 a_1、b_1 的长度，可得到

$$x_{F_c}=\tan\theta_1=\frac{a_1}{b_1}\approx 1$$

可以分别求出5条线 F_c-a_p 的 x_{F_c}，然后取平均值，以提高实验精度。

从此条 F_c-a_p 线上可得到纵坐标上的截距，即 C_{a_p}（$a_p=1$ mm 时的 F_c 值）的值为 600 N。

同理，取 $a_p=3$ mm 的 F_c-a_p 线，在此直线上画直角三角形，测得直角边 a_2、b_2 的长度，可得

$$y_{F_c}=\tan\theta_2=\frac{a_2}{b_2}\approx 0.84$$

可以求出每一条 F_c-f 线的 y_{F_c}，取平均值以提高实验精度。从此条 F_c-f 线上同样可得 C_f（$f=1$ mm/r 时的 F_c 值）的值为 4 900 N。

当用硬质合金刀具切削常用材料时，通过大量实验得，$x_{F_c}\approx 1$，$y_{F_c}\approx 0.84$。

取任意一对 F_c-a_p 线和 F_c-f 线，可以求出 C_{F_c}。仍用上述两条直线，当 $f=0.3$ mm/r 时，

$$F_c=C_{a_p}a_p^{x_{F_c}}=600a_p^1=C_{F_c}a_p^1f^{0.84}$$

故

$$C_{F_c}=\frac{600}{f^{0.84}}=\frac{600}{0.3^{0.84}}\text{ N}=\frac{600}{0.364}\text{ N}=1\ 648\text{ N}$$

当 $a_p=3$ mm 时

$$F_c=C_f f^{y_{F_c}}=4\ 900f^{0.84}=C_{F_c}a_p^1f^{0.84}$$

故

$$C_{F_c}=\frac{4\ 900}{a_p^1}=\frac{4\ 900}{3}\text{ N}=1\ 633\text{ N}$$

取二者平均值

$$C_{F_c}=\frac{1\ 648+1\ 633}{2}\text{ N}\approx 1\ 640\text{ N}$$

故主切削力的指数公式为

$$F_c=C_{F_c}a_p^{x_{F_c}}f^{y_{F_c}}=1\ 640a_p^1f^{0.84} \tag{2-24}$$

需注意，上述 x_{F_c}、y_{F_c}、C_{F_c} 是在一定切削条件下得到的，当切削条件改变时，这些值也将会发生变化。所以当切削条件变化时，用上述经验公式计算主切削力时应乘修正系数。

2. 单位切削力

用指数公式表示的切削力经验公式还可以用一种更简便的物理概念形式表示，即以单位切削力来表示。单位切削力是指单位切削面积上主切削力的大小。单位切削力可用下式表示：

$$p=\frac{F_c}{A_D}=\frac{C_{F_c}a_p^{x_{F_c}}f^{y_{F_c}}}{a_pf}=\frac{C_{F_c}a_p^1f^{0.84}}{a_pf}=C_{F_c}f^{-0.16} \quad (\text{N/mm}^2)$$

可以看出，单位切削力 p 与切削深度 a_p 无关，仅与进给量 f 和系数 C_{F_c} 有关。随着 f 的增加，p 减小，这与 $\xi-f$ 的规律相同，说明 p 也能反映切削的平均变形量。C_{F_c} 取决于工件材料的强度（σ_b）和硬度（HBW），对于常用材料，$C_{F_c}=580\sim 1\ 640$ N，见表2-3。

表 2-3 主切削力经验公式中的系数、指数值（车外圆）

工件材料	硬度 /HBW	经验公式中的系数、指数			单位切削力 $p_{0.3}$/（N/mm^2）$f=0.3$ mm/r
		C_{F_c}/N	x_{F_c}	y_{F_c}	
45 钢 合金结构钢 40Cr 40MnB，18CrMnTi （正火）	187 ～ 227	1 640	1	0.84	2 000
工具钢 T10A，9CrSi，W18Cr4V （退火）	189 ～ 240	1 720	1	0.84	2 100
灰铸铁 HT20-40 （退火）	170	930	1	0.84	1 140
铅黄铜 HPb59-1 （热轧）	78	650	1	0.84	750
锡青铜 ZQSn5-5-5 （铸造）	74	580	1	0.85	700
铸铝合金 ZL10 （铸造）	45	660	1	0.85	800
硬铝合金 LY12 （淬火及时效）	107				

显然，进给量不同时，单位切削力也不同。在实际使用中，取 $f=0.3$ mm/r 时的 p 作为单位切削力，用 $p_{0.3}$ 来表示（见表 2-3）。当 $f\neq 0.3$ mm/r 时，应乘修正系数。根据 $p_{0.3}$ 的定义，有

$$p_{0.3}=C_{F_c}\times 0.3^{-0.16}$$

而任意进给量下的单位切削力可以用 $p_{0.3}$ 来表示为

$$p=C_{F_c}f^{-0.16}=C_{F_c}(0.3/0.3)^{-0.16}\times f^{-0.16}=C_{F_c}\times 0.3^{-0.16}(0.3/f)^{-0.16}=p_{0.3}k_{fF_c}$$

式中，$k_{fF_c}=(0.3/f)^{-0.16}$ 称为进给量改变时对单位切削力的修正系数。为了使用方便，将其制成表格，见表 2-4。显然，f 增大时，k_{fF_c} 减小。因此，任意进给量 f 下的切削力计算公式（用单位切削力表示）为

$$F_c=p_{0.3}k_{fF_c}fa_p \tag{2-25}$$

表 2-4 车削进给量改变时对切削力的修正系数值 k_{fF_c}（κ_r=75°）

进给量 f/（mm/r）	0.1	0.15	0.2	0.25	0.3	0.35	0.4	0.45	0.5	0.6
切削力修正系数 k_{fF_c}	1.18	1.11	1.06	1.03	1	0.98	0.96	0.94	0.93	0.9

2.3.4 影响切削力的因素

1. 工件材料的影响

工件材料的强度、硬度越高，切削时产生的变形抗力越大，虽然变形系数有所下降，但总的来说切削力还是增大的。强度、硬度相近的材料，如果其塑性越大，则切削变形越大，与刀具间的摩擦系数 μ 也较大，故切削力增大。

2. 切削用量的影响

（1）切削深度和进给量的影响

切削深度 a_p 和进给量 f 加大，切削力均增大，但两者的影响程度不同。a_p 对变形系数没有影响，所以 a_p 增大时切削力按正比增大。而 f 增大，变形系数 ξ 略有下降，故切削力与 f 不成正比关系。反映在经验公式中，a_p 的指数近似为 1，而 f 的指数为 0.75 ~ 0.9。由此可以得出：从切削力和切削功率的角度来考虑，为了提高金属切除率（生产率），加大 f 比加大 a_p 有利。

（2）切削速度的影响

加工塑性金属时，切削速度主要通过对积屑瘤的影响对切削力产生影响（图 2–28）。在无积屑瘤的条件下，随着 v 的增大，切削温度提高，μ 下降，从而使 ξ 减小，致使切削力减小。出现积屑瘤时，随着积屑瘤的产生和消失，使刀具前角增大或减小，导致切削力的变化。

切削脆性金属（灰铸铁、铅黄铜等）时，因其塑性变形很小，切屑与前刀面的摩擦也很小，所以切削速度对切削力没有显著的影响。

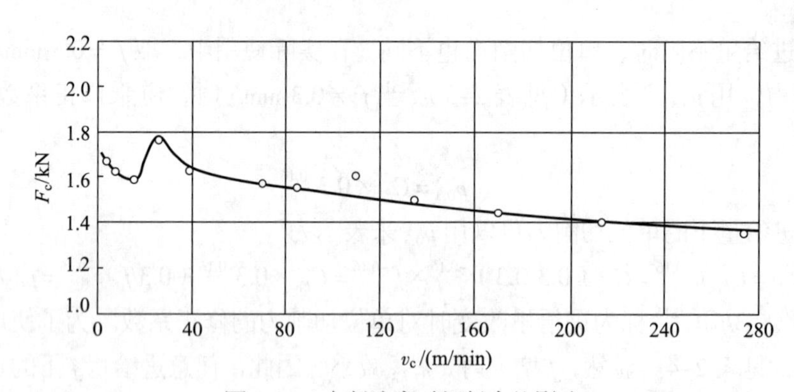

图 2–28 车削速度对切削力的影响

3. 刀具几何参数的影响

（1）前角的影响

前角 γ_o 加大，变形系数 ξ 减小，切削力 F_c 减小。材料塑性越大，前角 γ_o 对切削力的影响也越大，图 2–29 表示刀具前角对切削力的影响。

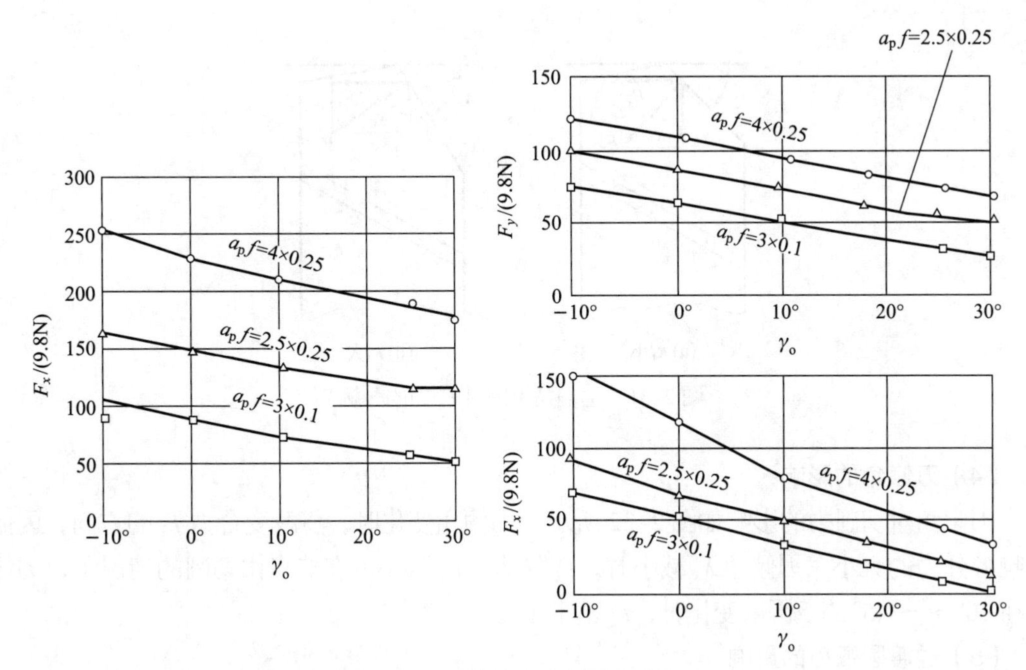

图 2-29 刀具前角对切削力的影响

（2）负倒棱的影响

前刀面上的负倒棱可以提高刃区的强度，但此时被切金属的变形加大，使切削力有所增加。负倒棱影响切削力的程度与它的宽度及进给量有关。

（3）主偏角的影响

主偏角 κ_r 对主切削力 F_z 的影响，表现为刀尖圆弧随 κ_r 的变化引起切削力的变化，增减幅度在 10% 以内（图 2-30）。κ_r 加大，F_z 减小，在 $\kappa_r = 60° \sim 75°$ 时，F_z 减到最小，然后随 κ_r 增大，F_z 又有所增大。

主偏角 κ_r 的变化将改变 F_x 与 F_y 两个分力的合力 F_n 的方向（图 2-31），主偏角 κ_r 增大时，F_x 加大，F_y 减小。

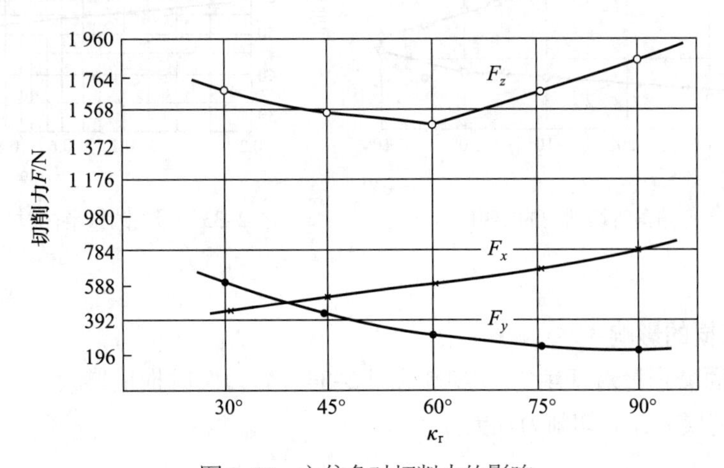

图 2-30 主偏角对切削力的影响

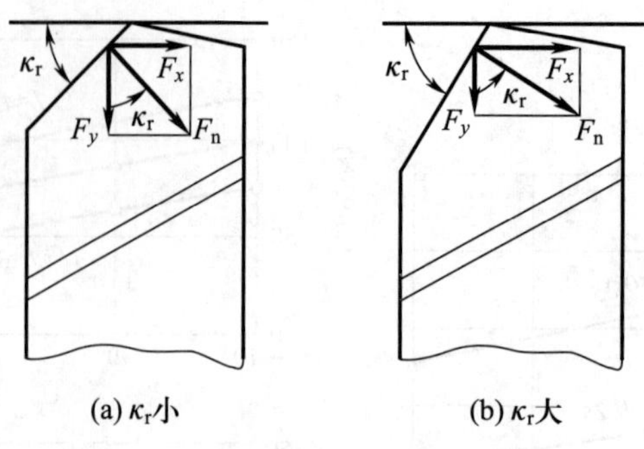

图 2–31 主偏角不同时 F_n 力的分解

(4)刃倾角的影响

刃倾角对切削力的影响如图 2–32 所示。刃倾角变化时，将改变合力 F_r 的方向，因而影响各分力的大小。刃倾角 λ_s 减小时，F_y 增大，F_x 减小。在非自由切削的情况下，刃倾角在 10° ~ − 45° 的范围内变化时，F_z 基本不变。

(5)过渡圆弧刃的影响

在切削加工中，刀尖圆弧半径 r_ε 对 F_y 和 F_x 的影响较大，对 F_z 的影响较小。图 2–33 表示刀尖圆弧半径对切削力的影响，从图中可以看出，随着 r_ε 的增大，F_y 增大，F_x 减小，F_z 略有增大。

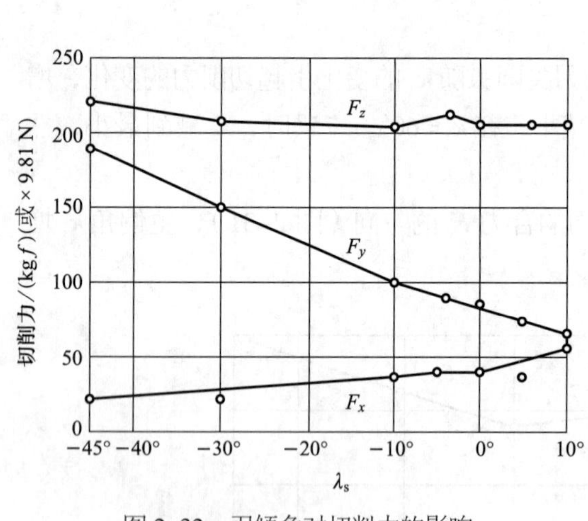

图 2–32 刃倾角对切削力的影响

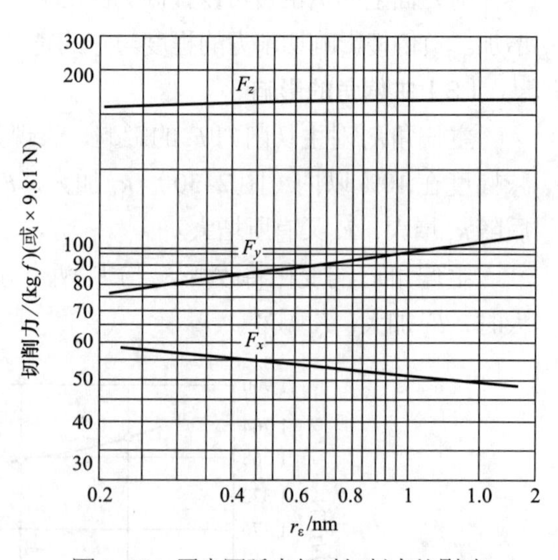

图 2–33 刀尖圆弧半径对切削力的影响

4. 刀具磨损的影响

车刀后刀面磨损量对切削力的影响见图 2–34。后刀面磨损量增大，后刀面上的法向力和摩擦力都将增大，故切削力加大。

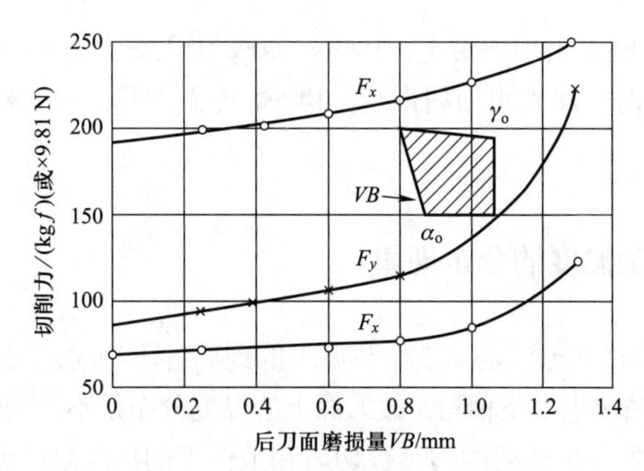

图 2-34　车刀后刀面磨损量对切削力的影响

5. 刀具材料与切削液的影响

刀具材料通过其摩擦系数影响切削力。摩擦系数小时，切削力小。切削时采用切削液，可通过润滑作用，减小摩擦，降低切削力。

2.4　切削热与切削温度

切削热和由它产生的切削温度是切削过程的重要物理现象之一，它影响工件的加工精度、已加工表面的质量、刀具的磨损和耐用度及生产率等。

2.4.1　切削热的产生及传出

切削中所消耗的能量几乎全部转换为热量，即切削热（图 2-35）。切削热的主要来源：① 刀具切削作用下切削层金属发生弹性变形和塑性变形；② 切屑与前刀面、工件与后刀面间消耗的摩擦功。

根据热平衡原理，切削中产生的热和传出的热相等，有

$$q_s+q_r=q_c+q_t+q_w+q_m$$

式中：q_s 为工件材料的弹、塑性变形所产生的热量；q_r 为切屑与前刀面、加工表面和后刀面的摩擦所产生的热量；q_c 为切屑带走的热量；q_t 为刀具传出的热量；q_w 为工件传出的热量；q_m 为周围介质（如空气、切削液等）带走的热量。

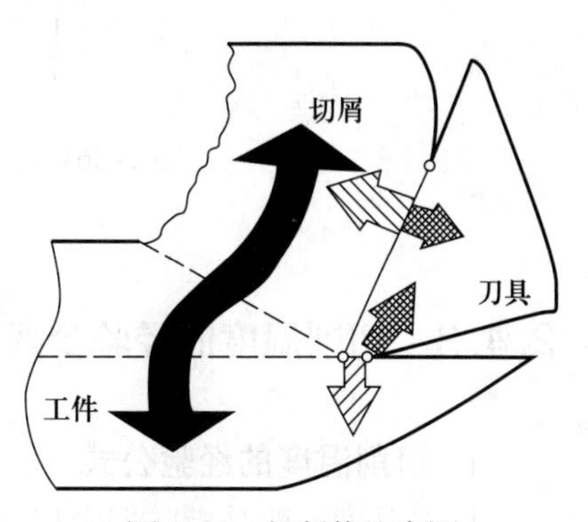

图 2-35　切削热的来源

切削热由切屑、工件、刀具及周围的介质传导出去。据有关资料介绍，未使用切削液时，由切屑、工件、刀具和周围介质传出的热量的比例大致为以下情

况：车削时，50% ~ 86% 由切屑带走，10% ~ 40% 传入车刀，3% ~ 9% 传入工件，1% 左右传入空气；钻削时，28% 由切屑带走，14.5% 传入刀具，52.5% 传入工件，5% 传入周围介质。

2.4.2 刀具上切削温度的分布规律

由于刀具上各点与3个变形区（3个热源）的距离各不相同，因此刀具上不同点处获得热量和传导热量的情况也就不相同，故刀面上的温度分布是不均匀的。采用人工热电偶法测温，并辅以传热学分析获得的刀具、切屑和工件上的切削温度分布情况，如图2–36所示。

切削塑性材料时，刀具上温度最高处是在距离刀尖一定长度的地方，该处由于温度高而首先开始磨损。这是因为切屑沿前刀面流出时，热量积累得越来越多，而热传导又十分不利，结果在距离刀尖一定长度的地方所形成的温度达到最大值。图2–36显示了切削塑性材料时刀具前刀面上切削温度的分布情况。而在切削脆性材料时，第Ⅰ变形区的塑性变形不太显著，且切屑呈崩碎状，与前刀面接触长度大大减小，使第Ⅱ变形区的摩擦减小，切削温度不易升高，只有刀尖与工件摩擦，即只有第Ⅲ变形区产生的热量是主要的，因而切削脆性材料时最高切削温度将在刀尖处且靠近后刀面的地方，磨损也将首先从此处开始。

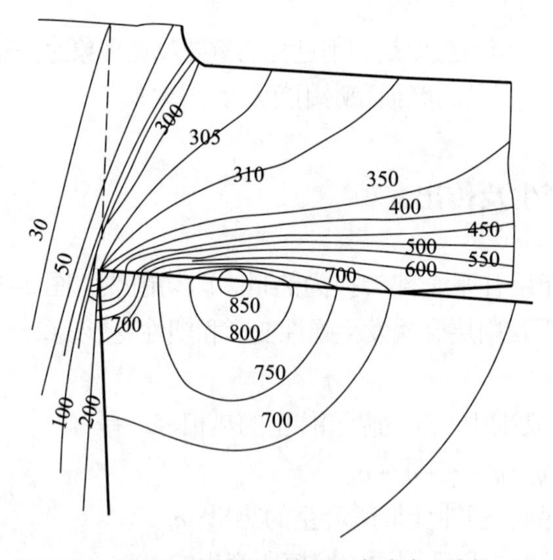

图2–36 刀具、切屑和工件的温度分布（单位：℃）

2.4.3 切削温度的经验公式及其影响因素

1. 切削温度的经验公式

切削温度一般是指前刀面与切屑接触区域的平均温度。用自然热电偶法所建立的切削

温度的实验公式为

$$\theta = C_\theta \cdot v^{z_\theta} \cdot f^{y_\theta} \cdot a_p^{x_\theta} \tag{2-26}$$

式中：θ 为实验测出的刀屑接触区的平均温度，℃；C_θ 为切削温度系数；v 为切削速度，m/min；f 为进给量，mm/r；a_p 为切削深度，mm；z_θ、y_θ、x_θ 分别为切削速度、进给量、切削深度的指数。

由实验得出的用高速钢或硬质合金刀具切削中碳钢时 C_θ、z_θ、y_θ、x_θ 值列于表 2-5。

表 2-5　切削温度经验公式中的参数值

刀具材料	加工方法	C_θ	z_θ	y_θ	x_θ
高速钢	车削	140 ~ 170	0.35 ~ 0.45	0.2 ~ 0.3	0.08 ~ 0.10
	铣削	80			
	钻削	150			
硬质合金	车削	320	0.41（当 f = 0.1 mm/r）	0.15	0.05
			0.31（当 f = 0.2 mm/r）		
			0.26（当 f = 0.3 mm/r）		

2. 影响切削温度的因素

切削温度的高低，取决于切削时产生的切削热的多少和切削热传递的快慢两个方面。对切削温度影响较大的因素有切削用量、刀具几何参数、工件材料和冷却条件等。

（1）切削用量的影响

由式（2-26）及表 2-5 知：v、f、a_p 增大时，变形和摩擦加剧，切削功增大，切削温度升高。但影响程度不一，以 v 最为显著，f 次之，a_p 最小。这是因为：v 增加，ϕ 增大，变形小，虽切削力略下降，但切屑与前刀面的接触长度减小，散热条件差；f 增加，a_c 增大，变形减小，压力中心远离刀尖，散热条件有所改善；a_p 增加，参加工作的刃口长度按比例增大，散热条件同时得到改善。

（2）刀具几何参数的影响

1）刀具前角 γ_o：前角 γ_o 增大，切屑变形程度减小，刀 - 屑接触面的摩擦减小，由变形和摩擦产生的热量减少，因此切削温度随前角增大而降低。但前角增大会使楔角减小，使刀具楔部散热体积减小；继续增大刀具前角，切削温度的下降趋缓，甚至反而使切削温度升高。

2）刀具主偏角 κ_r：主偏角对切削温度的影响见图 2-37。随着 κ_r 的增大，切削刃的工作长度将缩短，使切削热相对集中，且 κ_r 加大后，刀尖角减小，使散热条件变差，从而提高了切削温度。

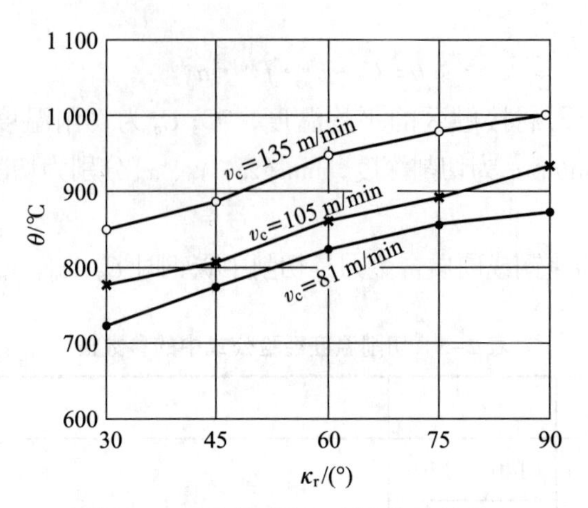

图 2–37 主偏角与切削温度的关系

3）负倒棱的影响：负倒棱宽度 $b_{\gamma 1}$ 在（0 ~ 2）f 范围内变化时，基本上不影响切削温度。原因是负倒棱的存在使切削区的塑性变形增大，切削热也随之增多；但又使刀尖的散热条件得到改善。二者共同影响的结果，使切削温度基本不变。

4）刀尖圆弧半径的影响：刀尖圆弧半径 r_{ε} 在 0 ~ 1.5 mm 范围内变化时，基本上不影响切削温度。因为随着刀尖圆弧半径加大，切削区的塑性变形增大，切削热也随之增多，但加大刀尖圆弧半径又改善了散热条件，两者相互抵消的结果，使平均切削温度基本不变。

（3）工件材料的影响

工件材料的强度、硬度、导热系数等对切削温度产生影响。如低碳钢的强度、硬度较低，变形小，产生的热少，且导热系数大，热量传出快，所以切削温度很低；40 Cr 硬度接近中碳钢，强度略高，但导热系数小，切削温度高；脆性材料变形小，摩擦小，切削温度比 45 钢低 40%。

（4）其他条件的影响

刀具磨损量增大，切削温度增高。切削液可降低切削温度。

2.4.4 切削温度对工件、刀具和切削过程的影响

（1）对工件材料力学性能的影响

一般来说，切削温度升高，将使切削层金属的强度、硬度降低，材料软化。但材料软化的效果常常被切削速度较高和变形速度较快而导致的材料加工硬化现象所抵消。此外，切削热是在切削变形过程中产生的，来不及对剪切面上的应力应变状态产生作用。因此，切削温度对工件材料强度、硬度的影响不大。

有实验表明：高速切削时，切削温度经常达到 800 ~ 900℃，切削力下降不多，这也说明，切削温度对剪切区工件材料强度影响不大。但若将工件材料预热至 500 ~ 800℃

后进行切削，切削力则下降很多。这种加热切削方法在加工难加工材料时取得了良好效果。

（2）对刀具磨损和刀具材料的影响

高的切削温度是刀具磨损的主要原因，它将使刀具磨损加剧，刀具耐用度下降。但较高的切削温度对硬质合金刀具材料的韧性有利。

（3）对加工工件尺寸精度的影响

由于切削温度的影响，工件和刀杆受热膨胀会使工件尺寸精度达不到要求，还会影响已加工表面质量。

2.5 刀具磨损与刀具寿命

刀具在切削过程中将逐渐磨损，有时刀具也可能在切削过程中突然损坏而失效，造成刀具破损。刀具的磨损、破损及其使用寿命对加工质量、生产效率和成本影响极大。

2.5.1 刀具磨损的形式

刀具磨损是指刀具在正常的切削过程中，由于物理或化学的作用，使刀具原有的几何角度逐渐改变。显然，在切削过程中，前、后刀面不断与切屑、工件接触，在接触区里存在强烈的摩擦，同时在接触区里又有很高的温度和压力，因此随着切削的进行，前刀面、后刀面都将逐渐磨损。刀具磨损呈现为 3 种形态。

① 前刀面磨损（月牙洼磨损）。在切削速度较高、切削厚度较大的情况下加工塑性金属，在前刀面上接近刀刃处切削温度最高，磨损也最大，经常磨出一个月牙洼形的凹窝[图 2–38（a）]。月牙洼和切削刃之间有一条棱边。在磨损过程中，月牙洼宽度逐渐扩展，当月牙洼扩展到使棱边很小时，切削刃的强度将大大减弱，导致崩刃。月牙洼磨损量以其深度 KT 表示。

② 后刀面磨损。由于加工表面和后刀面间存在强烈的摩擦，在后刀面上毗邻切削刃的地方很快就磨出一个后角为零的小棱面，这种磨损形式叫作后刀面磨损[图 2–38（b）]。在切削刃参加切削工作的各点上，后刀面磨损是不均匀的。从图 2–38（b）可见，在刀尖部分（C 区）由于强度和散热条件差，因此磨损剧烈，其最大值为 VC。在切削刃靠近工件外表面处（N 区），由于加工硬化层或毛坯表面硬层等影响，往往在该区产生较大的磨损沟而形成缺口。该区域的磨损量用 VN 表示。N 区的磨损又称为边界磨损。在参与切削的切削刃中部（B 区），其磨损较均匀，以 VB 表示平均磨损值，以 VB_{max} 表示最大磨损值。

③ 前刀面和后刀面同时磨损。这是一种兼有上述两种情况的磨损形式。在切削塑性金属时，经常会发生这种磨损。

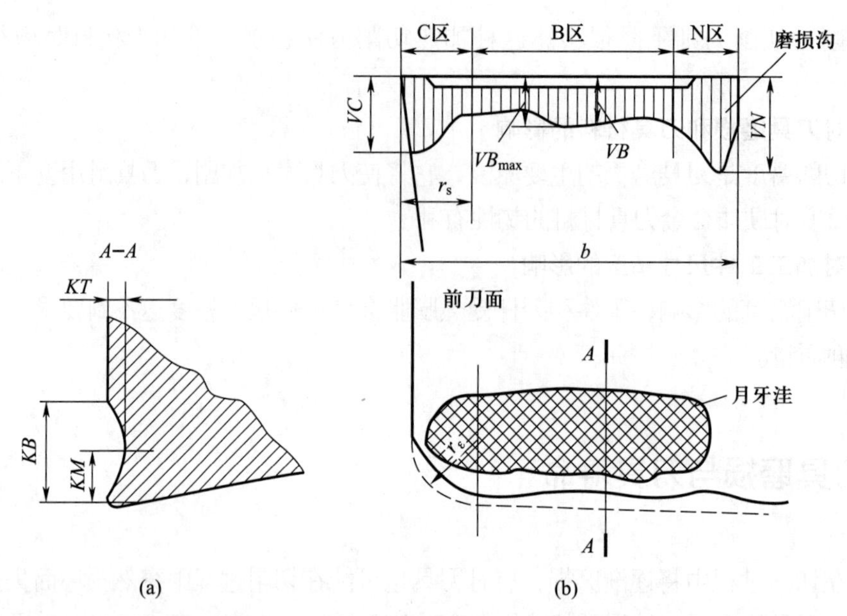

图 2-38 车刀典型磨损形式示意图

磨损形式随切削条件改变，可以互相转化。由于在大多数情况下，后刀面都有磨损，又因为 *VB* 直接影响加工精度，且便于测量，所以常以 *VB* 表示刀具磨损程度。

2.5.2 刀具磨损的原因

刀具的磨损与一般机械零件不同，与前刀面接触的切屑底面是化学活性很高的新鲜表面，磨损在高温、高压下进行，存在着机械、热、化学作用以及摩擦、黏结、扩散等现象。刀具磨损的机理仍有待进一步研究，一般认为刀具磨损的原因有以下几种：

① 磨粒磨损或硬质点磨损。工件上具有一定擦伤能力的硬质点，如碳化物、积屑瘤碎片、已加工表面的硬化层等，在刀具表面上划出沟纹而造成的磨损，称为磨粒磨损或硬质点磨损。

② 黏结磨损。切削塑性材料时，切屑、工件、前、后刀面之间存在强烈的摩擦，在一定的压力和温度下，形成新鲜而紧密的接触，发生黏结现象。刀具表面上局部强度较低的微粒被切屑或工件带走，而使刀具产生黏结磨损。

③ 扩散磨损。高温下，刀具材料中的 C、Co、W、Ti 易扩散到工件和切屑中去；而工件中的 Fe 也会扩散到刀具中来，从面改变刀具材料中的化学成分，使其硬度下降，加速刀具磨损。

④ 相变磨损。相变磨损指刀具在切削温度超过相变温度时，刀具材料中的金相组织发生变化，硬度显著下降而引起的磨损。

⑤ 化学磨损（氧化磨损）。在高温下（700 ~ 800℃），空气中的氧易与硬质合金中的 Co、WC 发生氧化作用，产生脆弱的氧化物，被切屑和工件带走，使刀具磨损。

⑥ 热电磨损。由于工件、切屑与刀具材料不同，切削时在接触区将产生热电势，这种热电势有促进扩散的作用而加速刀具磨损。这种在热电势的作用下产生的扩散磨损，称为热电磨损。

总之，在不同的工件材料、刀具材料和切削条件下，磨损的原因和强度是不同的。如用硬质合金刀具加工钢材时，磨料磨损总是存在，但所占比例不大；在中低切削速度（切削温度）下，以黏结磨损为主；在高速切削（高温切削）情况下，以扩散磨损、化学磨损和热电磨损为主。对高速钢刀具而言，磨料磨损的可能性增大，高温下出现相变磨损的可能性增大。

2.5.3 刀具的磨损过程及磨钝标准

1. 刀具的磨损过程

以切削时间 t 和后刀面磨损量 VB 两个参数为坐标，则磨损过程可以用图 2-39 所示的一条磨损曲线来表示。磨损过程分为 3 个阶段。

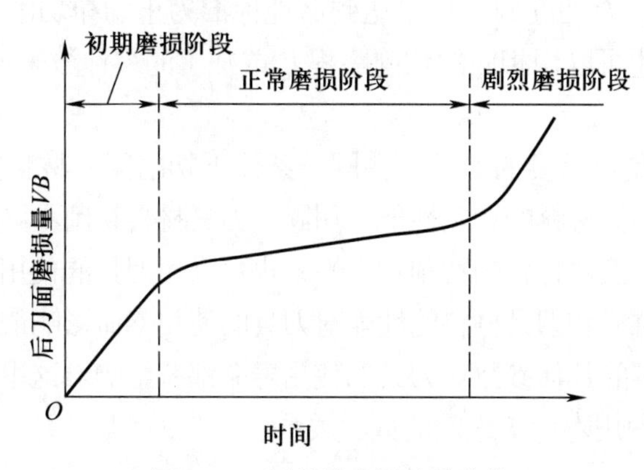

图 2-39 刀具的磨损过程曲线

① 初期磨损阶段。由于新刃磨后的刀具表面存在微观粗糙度，故磨损较快。初期磨损量的大小通常为 $VB = 0.05 \sim 0.1$ mm，与刀具刃磨质量有很大的关系，经过研磨的刀具初期磨损量小，而且要耐用得多。

② 正常磨损阶段。刀具在较长的时间内缓慢地磨损，VB-t 呈线性关系。经过初期磨损后，后刀面上的微观不平度被磨掉，后刀面与工件的接触面积增大，压强减小，且分布均匀，所以磨损量缓慢且均匀地增加。正常磨损阶段是刀具工作的有效阶段。曲线的斜率代表了刀具正常工作时的磨损强度，是衡量刀具切削性能的重要指标之一。

③ 剧烈磨损阶段。在正常磨损阶段后，切削刃变钝，机械摩擦加剧，切削力加大，切削温度升高，磨损速度急剧增加，已加工表面质量明显恶化，出现振动、噪声等，甚至刀具崩刃，失去切削能力。

2. 刀具的磨钝标准

刀具磨损到一定限度就不能继续使用，这个磨损限度称为磨钝标准。

ISO 统一规定，以二分之一切削深度处后刀面上测定的磨损带宽度 *VB* 作为刀具磨钝标准。

磨钝标准可依加工条件不同而异。精加工的磨钝标准较粗加工为小；加工系统刚性较低时，应考虑在磨钝标准内是否发生振动；工件材料的可加工性，刀具制造、刃磨的难易程度也是确定磨钝标准应考虑的因素。

VB 值可从切削用量手册中查得，一般为 0.3 ~ 0.6 mm。

2.5.4 刀具的使用寿命及其与切削用量的关系

1. 刀具的使用寿命

在生产实践中，多数情况下直接用 *VB* 值控制换刀时机是极其困难的，通常采用与磨钝标准相应的切削时间来控制换刀时机。

刃磨好的刀具自开始切削到磨损量达到磨钝标准为止的净切削时间，称为刀具的使用寿命，以 T 表示。也可以用相应的切削路程 l_m 或加工的零件数来定义刀具的使用寿命。显然，$l_m = v_c T$。

刀具的使用寿命是很重要的参数。在同一条件下切削同一材料的工件，可以用刀具的使用寿命比较不同刀具材料的切削性能；用同一刀具材料切削不同材料的工件，又可以用刀具的使用寿命比较工件材料的切削加工性；也可以用刀具的使用寿命判断刀具的几何参数是否合理。工件材料和刀具材料的性能对刀具的使用寿命影响最大。切削速度、进给量、切削深度以及刀具的几何参数对刀具的使用寿命都有影响。这里同样采用单因素法建立 v_c、a_p、f 与刀具的使用寿命 T 之间的数学关系。

2. 刀具的使用寿命与切削速度的关系

首先选定刀具的磨钝标准。为了节约材料，同时又要反映刀具在正常工作情况下的磨损强度，按照 ISO 的规定：当切削刃参加切削部分的中部磨损均匀时，磨钝标准取 $VB = 0.3$ mm；磨损不均匀时，取 $VB_{max} = 0.6$ mm。选定磨钝标准后，固定其他因素不变，只改变切削速度（如取 $v = v_{c1}$、v_{c2}、v_{c3}、v_{c4}、…）做切削磨损实验，得出各种切削速度下的刀具磨损曲线（图 2-40）；再根据选定的磨钝标准 *VB*，求出各切削速度下对应刀具使用寿命 T_1、T_2、T_3、T_4、…。在双对数坐标纸上定出（T_1，v_{c1}）、（T_2，v_{c2}）、（T_3，v_{c3}）、（T_4，v_{c4}）等点（图 2-41）。在一定的切削速度范围内，这些点基本上分布在一条直线上。这条在双对数坐标图上的直线可以表示为

$$\lg v_c = -m \lg T + \lg A$$

式中：$m = \tan\varphi$，即该直线的斜率；A 为当 $T = 1$ s（或 1 min）时直线在纵坐标上的截距。m 和 A 可从图中实测。因此，v_c–T（或 T–v_c）关系可写成

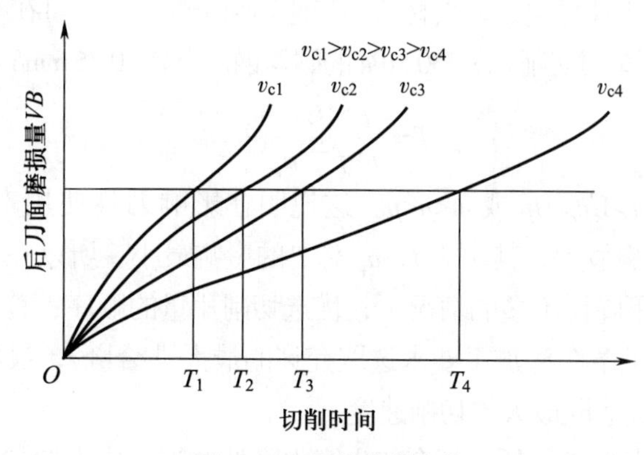

图 2–40　刀具磨损曲线

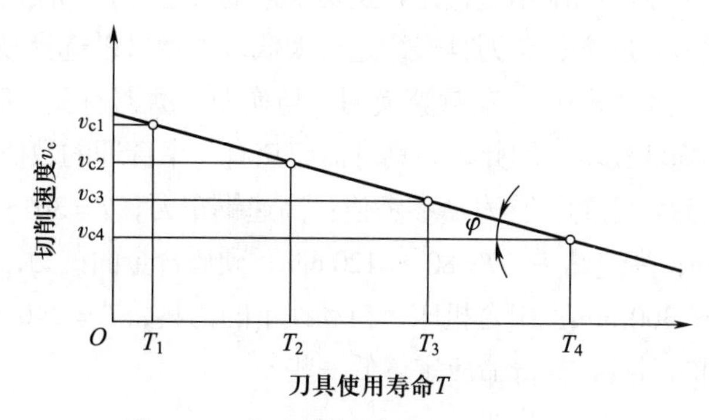

图 2–41　在双对数坐标纸上的 T–v_c 曲线

$$v_c = A/T^m \quad \text{或} \quad v_c T^m = A \tag{2–27}$$

式（2–27）说明：随着切削速度 v_c 的变化，为保证 VB 不变，刀具使用寿命 T 必须作相应的变化。指数 m 的大小反映了刀具使用寿命 T 对切削速度 v_c 变化的敏感性，m 越小，直线越平坦，表明 T 对 v_c 的变化极为敏感，也就是说刀具的切削性能较差。对于高速钢刀具，$m=0.1 \sim 0.125$；对于硬质合金刀具，$m=0.1 \sim 0.4$；对于陶瓷刀具，$m=0.2 \sim 0.4$。

3. 刀具的使用寿命与进给量、切削深度的关系

按照求 v_c–T 关系式的方法，同样可以求得 f–T 和 a_p–T 关系式：

$$f = B/T^n \tag{2–28}$$

$$a_p = C/T^p \tag{2–29}$$

式中：B、C 为系数；n、p 为指数。

4. 刀具的使用寿命与切削用量的综合关系

综合式（2–27）~式（2–29），可以得到刀具使用寿命的三因素公式为

$$T = \frac{C_T}{v_c^{1/m} f^{1/n} a_p^{1/p}} \tag{2–30}$$

式中，C_T、m、n、p 与工件材料、刀具材料和其他切削条件有关，可在有关工程手册中查得。例如，用硬质合金外圆车刀切削 σ_b=750 MPa 的碳素钢，当 f > 0.75 mm/r 时，经验公式为

$$T=\frac{C_T}{v_c^5 f^{2.25} a_p^{0.75}} \tag{2-31}$$

由上式可知，$1/m>1/n>1/p$ 或 $m<n<p$。这说明在影响刀具使用寿命 T 的 3 项因素 v_c、f、a_p 中，v_c 对 T 的影响最大，其次为 f，a_p 对 T 的影响最小。所以在要提高生产率，同时又希望刀具使用寿命下降得不多的情况下，优选切削用量的顺序：首先尽量选用大的切削深度 a_p，然后根据加工条件和加工要求选取允许的最大进给量 f，最后根据刀具使用寿命或机床功率允许的情况选取最大的切削速度 v_c。

刀具寿命确定得太高或太低，都会使生产率降低，加工成本增加。如果刀具寿命定得太高，则势必要选择很小的切削用量，尤其是切削速度会过低，切削时间加长，这会降低生产率，增加加工成本。反之，若刀具寿命定得太低，虽然可以选择较高的切削速度，缩短切削时间，但因刀具磨损很快，需频繁换刀，与换刀、磨刀有关的时间成本就会增加，也不能提高生产率和降低成本。因此，刀具寿命应该有一个合理的数值。

实际生产中，一般常用的刀具寿命参考值：高速钢车刀，T=30 ~ 90 min；硬质合金车刀，T=15 ~ 60 min；高速钻头，T=80 ~ 120 min；硬质合金面铣刀，T = 120 ~ 180 min；齿轮刀具，T = 200 ~ 300 min；组合机床、自动线上的刀具，T = 240 ~ 480 min；数控机床、加工中心上使用的刀具，其寿命应定得低一些。

2.5.5 刀具破损

在加工过程中，刀具不经过正常磨损，而在很短的时间内突然失效，这种情况称为刀具破损。刀具的破损形式有烧刃、卷刃、崩刃、断裂、表层剥落等。

1. 刀具破损的主要形式

（1）工具钢、高速钢刀具

工具钢、高速钢的韧性较好，一般不易发生崩刃。但其硬度和耐热性较低，当切削温度超过一定数值时（工具钢 250℃，合金工具钢 350℃，高速钢 600℃），它们的金相组织会发生变化，马氏体转变为硬度较低的托氏体、索氏体或奥氏体，从而丧失切削能力。人们常称之为卷刃或相变磨损。工具钢、高速钢热处理硬度不够或切削高硬度材料时，切削刃或刀尖部分可能产生塑性变形，使刀具形状和几何参数发生变化，刀具迅速磨损。在精加工、薄切削刀具上可能产生卷刃。

（2）硬质合金、陶瓷、立方氮化硼、金刚石刀具

这些材料硬度和耐热性高，不易烧刃和卷刃，但韧性低，很容易发生崩刃、折断。

1）切削刃微崩。当工件材料的组织、硬度、余量不均匀，刀具前角太大，有振动或断续切削，刃磨质量差时，切削刃容易发生微崩，即刃区出现微小的崩落、缺口或剥落。

2）切削刃或刀尖崩碎。在比微崩条件更为恶劣的条件下形成，是微崩的进一步发展，崩碎的尺寸和范围比微崩大，刀具完全丧失切削能力。

3）刀片或刀具折断。当切削条件极为恶劣，切削用量过大，有冲击载荷，刀片中有微裂纹、残余应力时，刀片或刀具产生折断，不能继续工作。

4）刀片表层剥落。对于脆性大的刀具材料，由于表层组织中有缺陷或潜在裂纹，或由于焊接、刃磨而使表层存在残余应力，在切削过程不稳定或承受交变载荷时，易产生刀片表层剥落，刀具不能继续工作。

5）切削部位塑性变形。硬质合金刀具在高温和三向正应力状态下工作时，会产生表层塑性流动，使切削刃或刀尖发生塑性变形而造成塌陷。

6）刀片的热裂。当刀具承受交变的机械负荷和热负荷时，切削部分表面因反复热胀冷缩，产生交变热应力，从而使刀片产生疲劳和开裂。

2. 刀具破损的防止

① 合理选择刀具材料的种类和牌号。在保证一定硬度和耐磨性的前提下，刀具材料必须具有必要的韧性。

② 合理选择刀具几何参数。保证切削刃和刀尖具有足够强度，在切削刃上磨出负倒棱以防止崩刃。

③ 保证焊接和刃磨质量，避免因焊接和刃磨带来的各种弊病。

④ 合理选择切削用量，避免过大的切削力和过高的切削温度。

⑤ 保证工艺系统较好的刚性，减小振动。

⑥ 尽量使刀具不承受或少承受突变性载荷。

2.6 刀具合理几何参数的选择及应用

刀具的几何参数包括刀具的切削角度（如 γ_o、α_o、κ_r、κ'_r、λ_s 等），刀面的形式（如平前刀面、带卷屑断槽的前刀面、波形刀面等）以及切削刃的形状（直线形、折线形、圆弧形等）。它们对切屑变形、切削力、切削温度和刀具磨损都有显著影响，从而影响切削加工生产率、刀具耐用度、加工质量和加工成本。

1. 前角的功用及选择

前角是刀具上重要的几何参数之一，增大前角可以减小切屑变形，从而使切削力和切削温度减小，刀具耐用度提高，但若前角过大，楔角变小，刀刃强度降低，易发生崩刃，同时刀头散热体积减小，致使切削温度升高，刀具耐用度反而下降。较大的前角可减小已加工表面的变形、加工硬化和残余应力，并能抑制积屑瘤和鳞刺的产生，还可防止切削过程中的振动，有利于提高已加工表面质量；较小的前角使切屑变形大，切屑易折断。

由图2–42可知，加工不同材料时，前角太大或太小，刀具耐用度都较低。在一定加工条件下，存在一个刀具耐用度为最高时的前角，即合理前角 γ_{op}。

刀具合理前角的选择应综合考虑刀具材料、工件材料、具体的加工条件等。

（1）根据刀具材料选择前角

抗弯强度低、韧性差、脆性大、忌冲击、易崩刃的刀具，取小的前角。如硬质合金刀具的前角小于高速钢刀具的前角（图2–42），陶瓷刀具、立方氮化硼刀具则更小，经常采用负前角。

（2）根据工件材料选择前角（图2–43）

工件材料强度、硬度较小时，切削力不大，对刀具强度的要求较低，为减小切屑变形，宜选较大前角。当材料强度、硬度较高时，切削力大，切削温度较高，为增加切削刃强度和散热体积，宜取较小前角。加工塑性材料，尤其是冷硬严重的材料时，应取大的前角；加工脆性材料，可取较小的前角。例如，加工铝合金时，$\gamma_o = 30° \sim 35°$；加工软钢时，$\gamma_o = 20° \sim 30°$；加工中碳钢时，$\gamma_o = 10° \sim 20°$；加工灰铸铁时，$\gamma_o = 5° \sim 15°$。

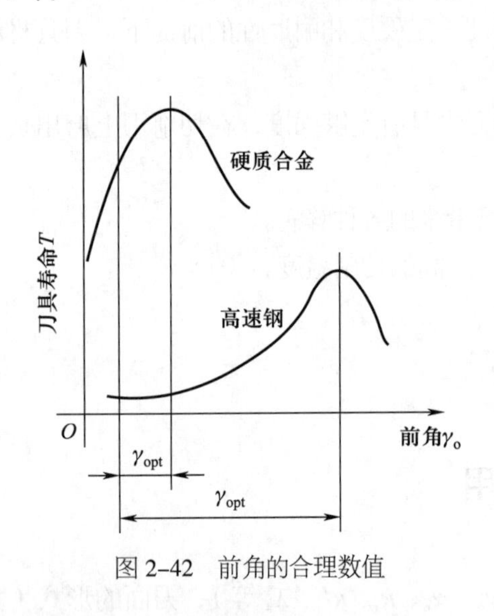

图2–42 前角的合理数值

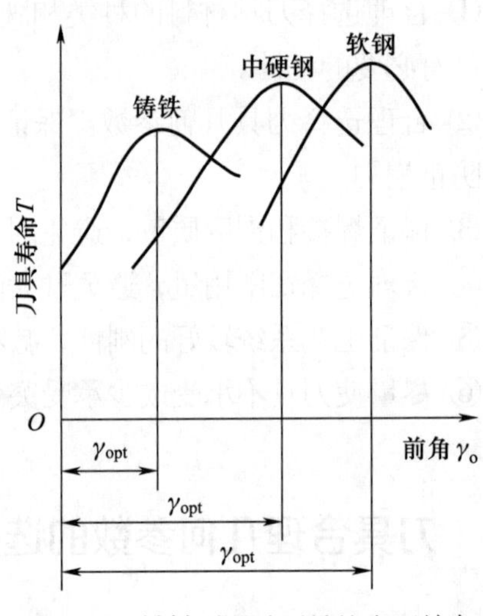

图2–43 材料不同时刀具的合理前角

（3）考虑一些具体加工条件选择前角

粗加工、断续切削或工件有硬皮时，为了保证刀具有足够的强度，应取小的前角。

精加工时，切削刃强度要求较低，为使刀具刀刃锋利，降低切削力，以减小工件变形和表面粗糙度值，宜取较大前角。

工艺系统刚性差或机床功率不足时，应取大的前角。

对于数控机床和自动机械、自动线上的刀具，为保障刀具尺寸公差范围内的使用寿命及工作稳定性，应选用较小的前角。

2. 后角的功用及选择

后角的主要功用是减小刀具后刀面与加工表面之间的摩擦，对刀具耐用度和加工表面质量有很大影响。适当增大后角可减小后刀面的摩擦与磨损；后角增大，楔角则减小，刀刃钝圆半径可以减小，刀刃易切入工件，可减小工件表面的弹性回复；在一定的后刀面磨损量 VB 下，后角较大时，所允许磨去的金属体积较大（图 2-44），即刀具耐用。

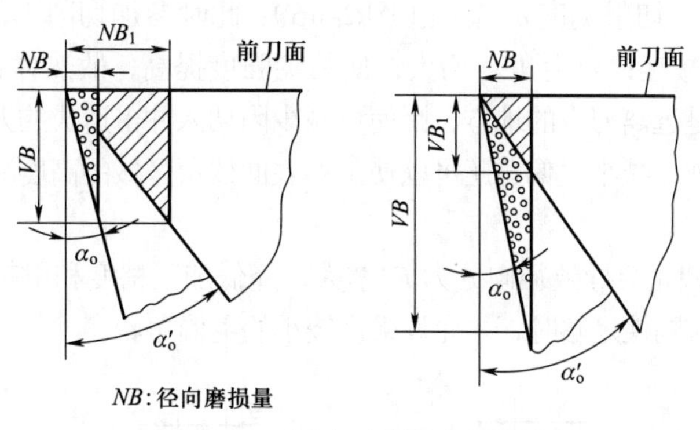

图 2-44　后角与磨损体积的关系

当后角太大时，由于楔角减小，将削弱切削刃强度，减小散热体积而使刀具耐用度降低。同时重磨时磨去的量增多，将增加磨刀及刀具费用。于是，用不同刀具材料加工时，也存在着一个刀具耐用度为最大的合理后角（图 2-45）。其选择的原则如下：

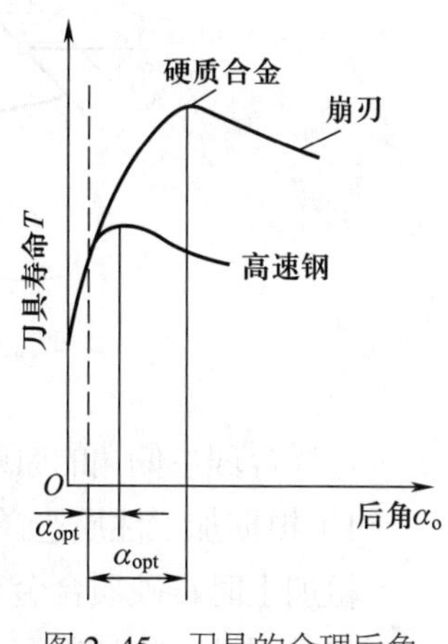

图 2-45　刀具的合理后角

（1）根据切削厚度选择

当切削厚度很小时（精加工），磨损主要发生在后刀面上，为减小磨损和增加切削刃的锋利程度，提高已加工表面质量，宜取较大的后角。当切削厚度很大时（粗加工），前刀面上月牙洼磨损显著，这时取较小后角可以增强切削刃和加大散热体积。

（2）根据工件材料选择

工件材料的强度、硬度较高时，为加强切削刃，宜取较小后角。工件材料塑性较大、加工硬化严重时，为减小后刀面摩擦，应取较大后角。

（3）根据具体加工条件进行选择

工艺系统刚性较差时，为避免振动，应适当减小后角，以增强刀具对振动的阻尼作用。

对于尺寸精度要求较高的刀具，宜取较小的后角。因为当径向磨损量 NB 为定值时，较小的后角所允许磨损掉的刀具材料体积较大，故刀具耐用度较高。

在选择后角时，还应考虑切削刃的运动轨迹。例如，切断刀愈接近工件中心，工作后角愈小，因此切断刀的后角应比外圆车刀的大一些。

在车削大螺距右旋螺纹时，左刀刃的后角应比右刀刃的后角大一些。

车刀的副后角一般取其等于主后角。切断刀及切槽刀的副后角，由于受其结构强度的限制，只能取得很小。

3. 主偏角和副偏角的功用及选择

(1)主偏角的功用及选择

主偏角对刀具耐用度影响很大。随着主偏角减小，切削深度 a_p 和进给量 f 一定时，会使切削厚度 a_c 减小，切削宽度 a_w 增加（图2-46）。此时参加切削工作的刀刃长度增加，单位长度刀刃负荷减轻；刀尖角 ε_r 增大，使刀尖强度提高，散热体积增大；在切入时，最先与工件接触处是远离刀尖的地方，因而可减少因切入冲击造成的刀尖损坏，有利于提高刀具耐用度。此外，减小主偏角还可以使工件表面残留区域的高度减小，从而使已加工表面粗糙度值减小。

然而，减小主偏角会导致径向分力 F_y 增大，降低加工精度和引起工艺系统振动。因此，只有在工艺系统刚性足够时，才允许采用较小的主偏角。

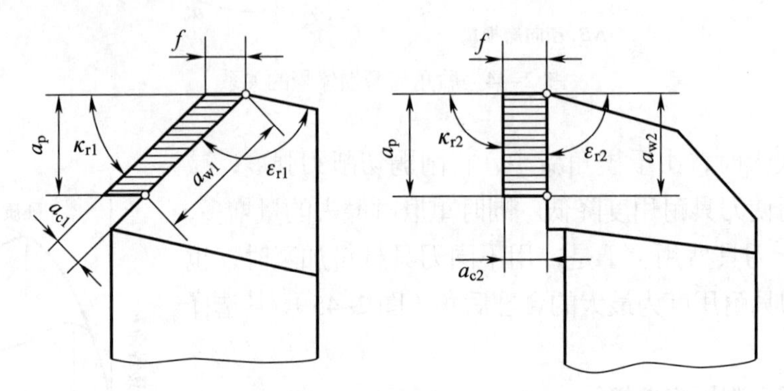

图2-46 主偏角对切削厚度和切削宽度的影响

选择合理主偏角的原则如下：

1）根据加工性质选择

粗加工时，硬质合金车刀一般选用较大的主偏角（常取 $\kappa_r = 75°$），以利于减少振动、断屑和采用较大的切削深度；精加工时，为了减小残留区域高度，提高工件表面质量，κ_r 应尽量小。

2）根据工件材料选择

加工硬度高的材料（如冷硬铸铁和淬硬钢）时，系统刚性好、切削深度不大时，取较小的主偏角，以利于提高刀具耐用度。

3）根据加工情况选择

工艺系统刚性较好时，取较小的主偏角可提高刀具耐用度；工艺系统刚性不足，如车削细长轴时，应取大的主偏角，可取 $\kappa_r = 90° \sim 93°$，以减小径向抗力 F_y，减少振动。

需要从中间切入及进行仿形加工的车刀等，应取较大主偏角；车阶梯轴则需用 $\kappa_r \geqslant 90°$ 的偏刀；要用一把刀加工外圆、端面和倒角时可取 $\kappa_r = 45°$。

(2)副偏角的功用及选择

工件已加工表面靠副切削刃最终形成，在副偏角较小时，已加工表面的表面粗糙度值较小。

副偏角过小会增加切削工作的刀刃长度，增大副后刀面与已加工表面间的摩擦，同时也易引起振动；而副偏角过大致使刀尖强度降低和散热条件恶化，结果会使刀具耐用度降低。因此，存在着一个合理值。其选择原则如下：

1）粗加工时，考虑到刀尖强度、散热条件等，副偏角不宜太大，可取 10° ~ 15°。

2）精加工时，在工艺系统刚性较好、不产生振动的情况下，考虑到残留区域的高度等，可选择较小的副偏角，必要时，可磨出一段 $\kappa'_r = 0°$ 的修光刃（图 2–47），车刀的修光刃长度取为 $b'_\varepsilon = (1.2 \sim 1.5) f$。

3）切断刀和切槽刀由于结构强度的限制，并考虑到重磨后刃口宽度变化应尽量小，只能取很小的副偏角，$\kappa_r = 1° \sim 2°$。

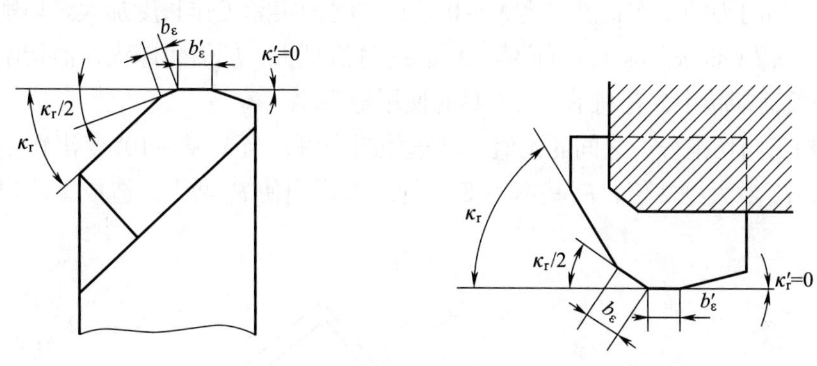

图 2–47　修光刃

4. 刃倾角的功用及选择

（1）刃倾角的功用

1）影响刀尖强度和散热条件。当 $\lambda_s<0$ 时，使远离刀尖的切削刃先切入工件，避免刀尖受到冲击，同时，使刀头强固，刀尖处导热和散热条件较好，有利于延长刀具的使用寿命，$\lambda_s = 0$ 时次之，$\lambda_s>0$ 时较差。

2）控制切屑流出的方向。如图 2–48 所示，当 $\lambda_s = 0$ 时，切屑流出的方向垂直于主切削刃；当 $\lambda_s>0$ 时，切屑流向待加工表面；当 $\lambda_s<0$ 时，切屑流向已加工表面，会缠绕或划伤已加工表面。

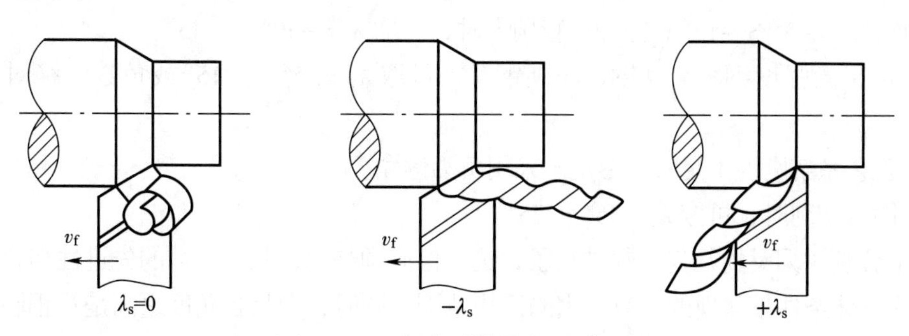

图 2–48　刃倾角对排屑方向的影响

3）影响切削刃的锋利性。$\lambda_s \neq 0$ 时，实际前角加大，实际钝圆半径 r_{ne}（$r_{ne}=r_n \cos\lambda_s$）变小，因而刃口变锋利。大刃倾角切削时，可以切下很薄的一层金属，这对于微量精车、精镗和精刨是十分有利的。

4）影响切入切出的平稳性。当 $\lambda_s=0$ 时，切削刃同时切入、切出，冲击力大；当 $\lambda_s \neq 0$ 时，切削刃逐渐切入工件，冲击小。刃倾角越大，切削刃越长，切削过程越平稳。对于大螺旋角（$\lambda_s=60° \sim 70°$）圆柱铣刀，由于工作平稳，排屑顺利，切削刃锋利，故刀具使用寿命较长，加工表面质量好。

5）刃口具有“割”的作用。当 $\lambda_s \neq 0$ 时，沿着主切削刃方向有一个切削速度分量 v_T（图2–49），v_T 起着“割”的作用，有利于切削。

6）影响切削刃的工作长度。当 $\lambda_s \neq 0$ 时，切削刃实际工作长度加大。切削刃实际工作长度为 $l_{se}=a_p/(\sin\kappa_r \cos\lambda_s)$。显然，$\lambda_s$ 的绝对值越大，l_{se} 值也越大，而切削刃单位长度上的切削负荷却减小，有利于延长刀具的使用寿命。

7）影响三向切削分力之间的比值。以车外圆为例，当 λ_s 从 $+10°$ 变化到 $-45°$ 时，F_f 下降为1/3，F_p 增大到2倍，F_c 基本不变。负的刃倾角使 F_p 增大，造成工件弯曲变形并导致振动。

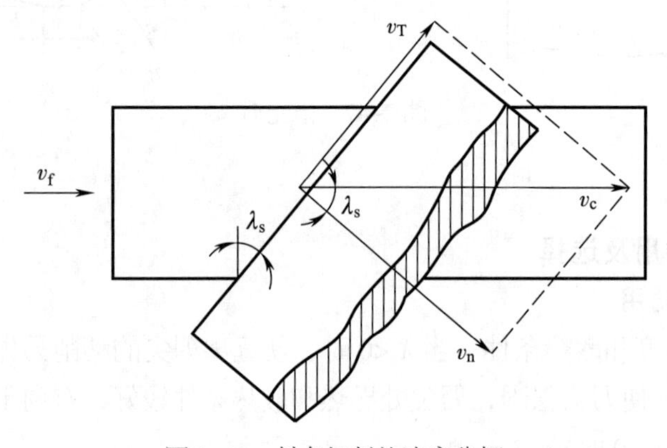

图2–49 斜角切削的速度分解

（2）合理刃倾角值的选择

1）加工一般钢材和灰铸铁，粗车时取 $\lambda_s=0° \sim -5°$，精车时取 $\lambda_s=0° \sim +5°$；有冲击负荷时，$\lambda_s=-5° \sim -15°$；当冲击特别大时，可取 $\lambda_s=-30° \sim -45°$。

2）加工高强度钢、高锰钢、淬硬钢时，可取 $\lambda_s=-5° \sim -15°$ 或负数的绝对值更大一些。

3）工艺系统刚性不足时，尽量不采用负刃倾角。

4）微量切削时，可取 $\lambda_s=45° \sim 75°$。

以上分别对刀具的几何参数进行了讨论，但必须指出，几何参数的先进性与合理性都是在某些具体条件下体现的，有一定的适用范围。同时，刀具各角度之间是互相联系，互相影响的。孤立地选择某一角度并不能得到所希望的刀具几何参数合理值。例如，在加工硬度较高的材料时，为增加刀刃强度，一般取较小的后角。但在加工特别硬的材料，如淬硬钢时，通常采用负前角，这时楔角已较大，如果适当增加后角，不仅可使切削刃易于切入工件，而且还可提高刀具耐用度。

由此可见，任何一个刀具合理几何参数，都应该在多因素的相互联系中确定。

2.7 切削用量的优化选择

所谓合理的切削用量，就是在充分利用刀具的切削性能和机床性能（功率、扭矩等）、保证加工质量的前提下，获得较高的生产率和较低加工成本的切削速度 v、进给量 f 和切削深度 a_p。

在影响刀具使用寿命 T 的 3 项因素 v_c、f、a_p 中，v_c 对 T 的影响最大，其次为 f，a_p 对 T 的影响最小。所以要提高生产率，同时又希望刀具使用寿命下降得不多时，首先尽量选用大的切削深度 a_p，然后根据加工条件和加工要求选取允许的最大进给量 f，最后根据刀具使用寿命或机床功率选取最大的切削速度 v_c。

在确定了选择切削用量的基本顺序原则后，还要考虑切削用量具体数值的选定。选定切削用量的具体数值时，还需要附加一些约束条件。

1. 切削深度的选定

选择合理的切削用量必须考虑加工的性质，即要考虑粗加工、半精加工和精加工 3 种情况。

① 在粗加工时，应尽可能一次切除粗加工的全部加工余量，即选择切削深度等于粗加工余量。

② 对于粗大毛坯，如切除余量较大，受工艺系统刚性和机床功率的限制，应分几次走刀切除全部余量，但应尽量减少走刀次数。在中等功率的普通机床上加工时，切削深度最大可取 8 ～ 10 mm。

③ 切削表层有硬皮的铸锻件或切削不锈钢等冷硬较严重的材料时，应尽量使切削深度超过硬皮或冷硬层，以预防刀刃过早磨损或破损。

④ 在半精加工时，如单面余量 $Z_b>2$ mm，则应分两次走刀切除，第一次取 $a_p=(2/3 \sim 3/4)Z_b$，第二次取 $a_p=(1/4 \sim 1/3)Z_b$。如 $Z_b \leq 2$ mm，亦可一次切除。

⑤ 在精加工时，应一次切除精加工余量，即 $a_p=Z_b$。Z_b 值可按工艺手册选定。

2. 进给量的选定

由于切削面积 $A_D=a_pf$，所以当 a_p 选定后，A_D 决定于 f，而 A_D 决定了切削力的大小。选择进给量 f 时，首先要考虑切削力，其次，还要考虑 f 的大小对已加工表面粗糙度的影响。因此，允许选用的最大进给量受下列因素限制：

① 机床的有效功率和转矩；

② 机床进给机构传动链的强度；

③ 工件刚度；

④ 刀柄刚性；

⑤ 图样规定的加工表面粗糙度。

在一些特殊情况下，如切削力、工件长径比、刀杆伸出长度等均较大时，尚需对所选定的f进行校验。

3. 切削速度的选定

当a_p和f选定后，v_c可查手册选取或按公式进行计算：

$$v=\frac{C_v}{T^m a_p^{x_v} f^{y_v}}K_v \quad (\text{m/min})$$

式中：C_v、x_v、y_v可根据工件材料、刀具材料、加工方法等在切削用量手册中查得；K_v为切削速度修正系数，查工艺手册可得。

第3章 机床的运动分析

金属切削机床是用切削方法将金属毛坯加工成零部件的机器，是制造机器的机器，又称为“工作母机”。机床是机械制造业的核心与基石，为各种类型的机械制造企业提供先进的制造技术和高效的设备，进而促进机械制造业的生产能力和工艺水平提高。

3.1 金属切削机床基础

1. 机床的基本组成

各类机床通常都由以下几个部分组成：

① 动力源。为机床提供动力（功率）和运动的驱动部分，如各种交流电动机、直流电动机和液压传动系统的液压泵、液压马达等。

② 传动系统。把动力源的运动和动力传递给执行机构或从一个执行机构传递给另一执行机构。包括主传动系统、进给传动系统和其他运动的传动系统，如变速箱、进给箱等部件，有些机床的主轴组件与变速箱合在一起称为主轴箱。

③ 基础件。用于安装和支承其他固定的或运动的部件，承受其重力和切削力，如床身、底座、立柱等，也称机床大件或支承件。

④ 工作部件。与最终实现切削加工的主运动和进给运动有关的执行部件。如主轴、主轴箱、工作台及其溜板或滑座、刀架及其溜板以及滑枕等，用来安装工件或刀具的部件；与工件和刀具安装及调整有关的部件或装置，如自动上下料装置、自动换刀装置、砂轮修整器等；与上述部件或装置有关的分度、转位、定位机构和操纵机构等。

⑤ 控制系统。用于控制各工作部件的正常工作，主要是电气控制系统，有些机床局部采用液压或气动控制系统，数控机床采用数控系统。

⑥ 冷却系统。对加工工件、刀具和机床的某些发热部位进行冷却。

⑦ 润滑系统。对机床的运动副（如轴承、导轨等）进行润滑，以减少摩擦、磨损和发热。

⑧ 其他装置。如排屑装置、自动测量装置等。

2. 机床的技术性能指标

了解机床的技术性能，对正确选择机床和合理使用机床是十分重要的，一般而言，机床的技术性能主要包括以下几个方面：

① 工艺范围。是指机床适应不同生产要求的能力，即机床可以完成的工序种类，能加工的零件类型、毛坯和材料种类，以及适用的生产规模等。

② 技术规格。反映机床尺寸和工作性能的各种技术数据，包括主参数和影响机床工作性能的其他各种参数，运动部件的行程范围，主轴、刀架、工作台等执行件的运动速度，电动机功率，机床的轮廓尺寸和重量等。机床的主要技术参数包括尺寸参数、运动参数和动力参数。

尺寸参数：具体反映机床的加工范围，包括主参数、第二主参数和与加工零件有关的其他尺寸参数。

运动参数：是指机床执行件的运动速度，如主轴的最高转速与最低转速、刀架的最大进给量与最小进给量（或进给速度）。

动力参数：是指机床电动机的功率。有些机床还给出主轴允许承受的最大转矩等。

③ 加工精度和表面粗糙度。在正常工艺条件下，机床上加工的零件所能达到的尺寸、形状和相互位置精度，以及所能控制的表面粗糙度等。

④ 生产率。单位时间内机床所能加工的工件数量，它直接影响生产效率和生产成本。

⑤ 自动化程度。可以用机床自动工作的时间与全部工作时间的比值来表示，机床的自动化程度高，有利于提高劳动生产率，减轻工人劳动强度。

⑥ 机床的效率和精度保持性。机床效率是指消耗于切削的有效功率与电动机输出功率之比，精度保持性是指机床保持其规定的加工质量的时间长短。

⑦ 其他。如机床噪声大小、操作与维修是否方便、工作是否安全可靠等。

3. 机床精度与刚度

加工中要保证被加工工件达到要求的精度和表面粗糙度，并能在机床长期使用中持续满足这些要求。机床本身必须具备的精度称为机床精度，包括几何精度、运动精度、传动精度、定位精度、工作精度以及精度保持性等几个方面。

① 几何精度。空载条件下，机床在不运动（机床主轴不转或工作台不移动等情况下）或运动速度较低时各主要部件的形状、相互位置和相对运动的准确程度。如导轨的直线度、主轴径向跳动及轴向窜动、主轴中心线对滑台移动方向的平行度或垂直度等。几何精度直接影响加工工件的精度，是评价机床质量的基本指标。它主要取决于机床的机构设计、制造和装配质量。

② 运动精度。机床空载并以工作速度运动时，其主要零部件的几何位置精度。如高速回转主轴的回转精度。对于高速精密机床，运动精度是评价机床质量的一个重要指标，它与机床的结构设计与制造等因素有关。

③ 传动精度。是指机床传动系统各末端执行件之间运动的协调性和均匀性。影响传动精度的主要因素是传动系统的设计、传动元件的制造和装配精度。

④ 定位精度。是指机床的定位部件运动到规定位置的精度。定位精度直接影响被加工工件的尺寸精度和形状位置精度。机床构件和进给控制系统的精度、刚度以及其动态特性，机床测量系统的精度都将影响机床的定位精度。

⑤ 工作精度。加工规定的试件，用试件的加工精度来表示机床的工作精度。工作精度是各种因素综合影响的结果，包括机床自身的精度、刚度、热变形和刀具、工件的刚度及热变形等。

⑥ 精度保持性。在规定的工作期间内保持机床所要求的精度，称为精度保持性。影响精度保持性的主要因素是磨损。磨损的影响因素十分复杂，与结构设计、工艺、材料、热处理、润滑、防护、使用条件等均相关。

机床刚度是指机床系统抵抗受力变形的能力。作用在机床上的载荷有重力、夹紧力、切削力、传动力、摩擦力、冲击振动等。按照载荷的性质不同，可分为静载荷和动载荷。其中，不随时间变化或变化极为缓慢的力称为静载荷，如重力、切削力的静力部分等；随时间变化的力，如冲击振动及切削力的交变部分等称为动载荷。故机床的刚度相应地又可分为静刚度和动刚度。

4. 机床的分类与型号编制

（1）金属切削机床的分类

金属切削机床的品种和规格繁多，有多种分类方法。按通用性程度分类，机床可分为通用机床、专门化机床和专用机床。通用机床的工艺范围宽，可加工一定尺寸范围内各类型零件和完成多种加工工序，这类机床结构较复杂，通常适合于单件、小批生产。典型的通用机床如卧式车床、万能外圆磨床、摇臂钻床、万能升降台铣床等。专门化机床的工艺范围较窄，只能用于加工某一类（或少数几类）零件的某一道（或少数几道）特定工序，如曲轴机床、凸轮轴磨床、轧辊机床等。专用机床的工艺范围最窄，是为加工特定零件的特定工序而设计制造的机床，适于大批量生产，如机床主轴箱专用镗床，汽车制造中的各种钻、铣、镗等组合机床。

按自动化程度分类，机床可分为手动机床、机动机床、半自动机床和自动机床。自动机床具有完整的自动工作循环，能够自动装卸工件，连续地自动加工出工件。半自动机床也有完整的自动工作循环，但装卸工件还需人工完成，因此不能连续地加工。

按工作精度分类，机床可分为普通精度机床、精密机床和高精度机床。

按质量和尺寸分类，机床可分为仪表机床、中型机床、大型机床（质量大于 10 t）、重型机床（质量大于 30 t）、超重型机床（质量大于 100 t）。

现代机床向着数控化、智能化方向发展，数控机床的功能多样化，工序高度集中。例如，车削加工中心集合了数控车、钻、铣、镗等类型机床的功能。机床的数控化和智能化也会引起机床传统分类方法的变化，使机床品种趋向于综合。

（2）金属切削机床的型号

机床的型号是赋予机床产品的代号，用以表示机床的类型、主要技术参数、使用及结构特性等。我国现行机床型号的编制方法是按照2008年颁布的国家标准GB/T 15375—2008《金属切削机床　型号编制方法》实施的。机床型号由一组汉语拼音字母和阿拉伯数字按一定规律组合而成。通用机床型号的表示方法如下：

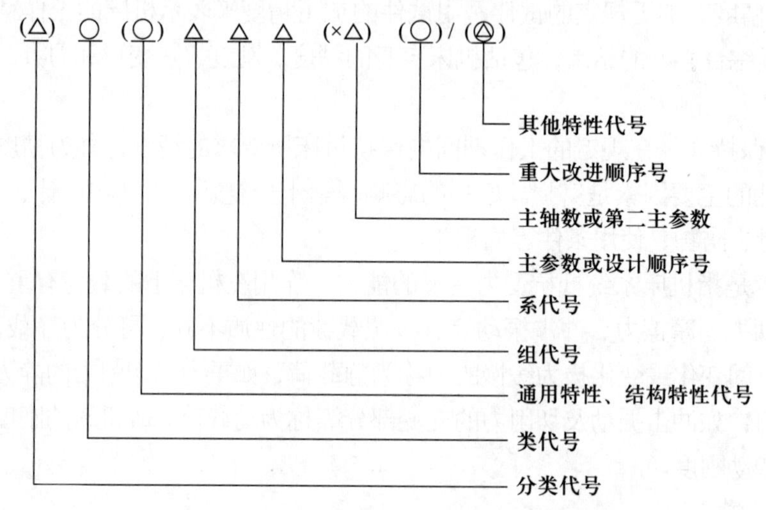

注：① 有“(　)”的代号或数字，当无内容时，则不表示；若有内容，则不带括号。② 有“○”符号者，为大写的汉语拼音字母。③ 有“△”符号者，为阿拉伯数字。④ 有“◎”符号者，为大写的汉语拼音字母，或阿拉伯数字，或两者兼有。

1）机床的分类代号。机床的分类代号用大写的汉语拼音字母表示。机床按其工作原理分为车床、钻床、镗床、磨床、齿轮加工机床、螺纹加工机床、铣床、刨插床、拉床、锯床、其他机床共11个大类。必要时，每类又可分为若干分类，分类代号用阿拉伯数字表示。机床类别代号见表3-1。

表3-1　机床类别代号

类别	车床	钻床	镗床	磨床			齿轮加工机床	螺纹加工机床	铣床	刨插床	拉床	锯床	其他机床
代号	C	Z	T	M	2M	3M	Y	S	X	B	L	G	Q
读音	车	钻	镗	磨	二磨	三磨	牙	丝	铣	刨	拉	割	其

2）机床的通用特性代号、结构特性代号。机床的通用特性代号、结构特性代号用大写的汉语拼音字母表示，位于类代号之后。通用特性代号有统一的规定含义，对于各类机床的意义相同，见表3-2。例如，CM6132型精密普通车床型号中的“M”表示通用特性为“精密”。

对主参数相同而结构、性能不同的机床，在型号中加结构特性代号予以区别，如A、D、E、L、N、P、…，排在类代号之后，或排在通用特性代号之后。例如，CA6140型卧式车床型号中有“A”，即在结构上区别于C6140型卧式车床。

表3-2 机床的通用特性代号

通用特性	高精度	精密	自动	半自动	数控	加工中心（自动换刀）	仿形	轻型	加重型	柔性加工单元	数显	高速
代号	G	M	Z	B	K	H	F	Q	C	R	X	S
读音	高	密	自	半	控	换	仿	轻	重	柔	显	速

3）机床的组、系代号。为了编制机床型号，将每类机床划分为若干组，同一组机床的结构性能基本相同。每个组又划分为若干系（型），同一系机床的基本结构及布局型式相同。机床的组、系代号用阿拉伯数字表示，第一位数字表示组代号，第二位数字表示系代号，组、系代号位于类代号或通用特性代号、结构特性代号之后，系代号位于组代号之后。例如，CA6140型普通车床型号中的“61”，说明它属于车床类型6组、1型。

4）主参数或设计顺序号。机床主参数代表机床规格的大小，直接反映机床的加工能力，通常以主参数乘以1/10或1/100的折算值来表示，位于组、系代号之后。例如，CA6140型普通车床型号中的“40”，说明该机床床身上的最大工件回转直径为400 mm。某些通用机床，当无法用一个主参数表示时，在型号中用设计顺序号表示。设计顺序号由01开始。

5）主轴数或第二主参数。第二参数一般指最大跨距、最大工件长度、最大模数、最大车削（磨削、刨削）长度及工作台面长度等。当机床的第二主参数改变会引起机床结构、性能发生较大变化时，可将第二主参数用折算值表示，列于型号后部，并以“×”分开。

6）重大改进顺序号。当机床的性能及结构布局有重大改进，并按新产品重新试制和鉴定后，在原机床型号之后按A、B、C…字母顺序加入改进顺序号，以区别于原型号机床。

7）其他特性代号。其他特性代号反映各类机床的特性。例如加工中心的其他特性代号可反映不同的控制系统、联动轴数、自动交换工作台等；一般机床的其他特性代号可反映同一型号机床的变型等。

综合上述通用机床型号的编制方法，举例如下。

例3-1 CA6140型机床型号的含义：

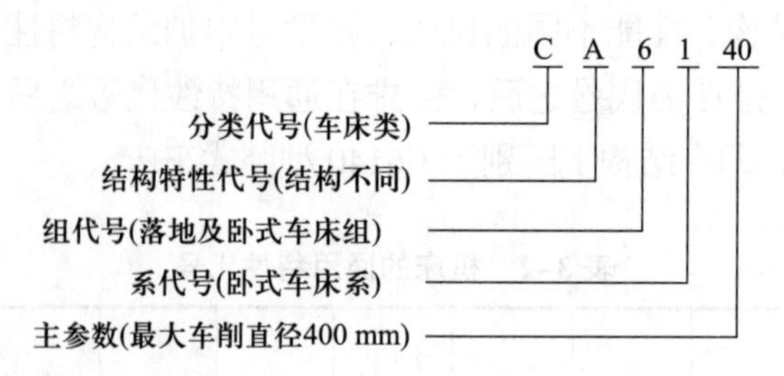

例 3–2 MG1432A 机床型号的含义：

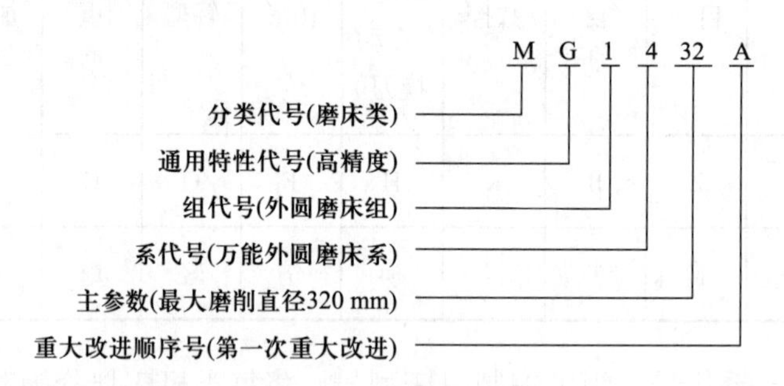

3.2 机床的运动分析

机床运动是实现金属切削加工所需的各种运动的基础，其分析的一般过程：首先，根据机床上加工的各种表面和使用的刀具类型，分析得到加工这些表面的方法和所需的运动。在此基础上，分析为了实现这些运动，机床必须具备的传动联系、实现这些传动的机构以及机床运动的调整方法。这个次序可以总结为“表面—运动—传动—机构—调整”。

1. 机床的运动分类

机床的运动包括表面成形运动与各种辅助运动。

（1）表面成形运动

前面章节中分析了加工各种典型表面时机床所需的表面成形运动。表面成形运动根据其复杂程度分为简单运动和复合运动。简单运动是指简单独立的成形运动，如车削外圆时刀具直线移动和工件旋转，它们之间是互为独立的，无须相对运动联系。复合运动是指各成形运动之间必须有相互联系，从而组成一个复合的成形运动，如用车刀切削螺纹，螺纹车刀是成形刀，其截面与螺纹沟槽的截面一致，形成螺纹面只需要形成一条作为导线的空间螺旋线。根据螺旋线形成的原理，切削点必须既作旋转运动，又作直线运动，且它们之间必须保持严格的运动关系，以获得准确的螺距。在车床上切削螺纹时，工件每转一转，刀具直线移动的距离等于螺纹的导程。

（2）辅助运动

机床上除了表面成形运动外，还需要各种辅助运动，主要包括以下运动。

1）各种空行程运动。空行程运动是指进给前后的快速运动和各种调位运动。例如，装卸工件时，为避免碰伤操作者，刀具与工件应相对退离；在进给开始前刀具快进，使刀具与工件接近；进给结束后应快退。车床的刀架或铣床的工作台，在进给前后都有快进或快退运动。调位运动是在调整机床的过程中，把机床的有关部件移到要求的位置。例如摇臂钻床，为使钻头对准被加工孔的中心，可转动摇臂使主轴箱在摇臂上移动；龙门式机床，为适应工件的不同高度，可使横梁升降。

2）切入运动。使刀具由待加工表面逐渐切入到设定的切削位置。

3）分度运动。加工若干个完全相同的均匀分布的表面时，为使表面成形运动得以周期地继续进行的运动称为分度运动。如车削多头螺纹时，在车完一条螺纹后，工件相对于刀具要回转 $1/K$ 转（K 是螺纹头数）才能车削另一条螺纹表面，这个工件相对于刀具的旋转运动就是分度运动。多工位机床的多工位工作台或多工位刀架也需要分度运动。

4）操纵和控制运动。包括启动，停止，变速，换向，部件与工件的夹紧、松开、转位以及自动换刀、自动测量、自动补偿等。

2. 机床的传动原理

（1）机床的传动联系

为了实现加工过程中所需的各种运动，机床必须具备如下三个基本部分。

1）执行件。执行运动的部件，如主轴、刀架以及工作台等。其任务是带着工件或刀具完成旋转或直线运动，并保持准确的运动轨迹。

2）动力源。提供动力的装置。普通机床常用三相异步交流电动机，数控机床常用直流或交流调速电动机或伺服电动机、步进电动机等。

3）传动装置。传递动力和运动的装置。通过它把动力源的动力传递给执行件，或把一个执行件的运动传递给另一个执行件。传动装置通常还包括改变运动速度、运动方向和运动形式（从旋转运动改变为直线运动）等机构，并且使它们之间保持某种确定的运动关系。

传动装置有机械、液压、电气、气动等多种形式。电气传动有变频调速系统，机械传动包括带传动、齿轮副、螺母副、蜗杆副等。它们可分为两大类：一类是传动比及运动方向固定不变的定比传动机构；另一类是可根据加工要求改变速比或运动方向的换置机构，如挂轮变速机构、滑移齿轮变速机构等。

“动力源—传动装置—执行件”或“执行件—传动装置—执行件”，构成机床的传动联系。

（2）机床的传动链

为了得到机床所需要的运动，需要通过一系列的传动件把执行件和动力源（例如主轴和电动机），或者把执行件和执行件（例如主轴和刀架）连接起来，以构成传动联系。构成一个传动联系的一系列传动件称为传动链。根据传动联系的性质，传动链可分为以下两类：

1）外联系传动链：联系动力源（如电动机）和机床执行件（如主轴、刀架和工作台等），使执行件得到预定速度和方向的运动，并传递一定的动力。外联系传动链传动比的变化，只影响生产率或表面粗糙度，不影响发生线的性质。因此，该链中不要求动力源与执行件间有严格的传动比关系。如在车床上用轨迹法车削圆柱面时，主轴的旋转和刀架的移动就是两个互相独立的成形运动，有两条外联系传动链。主轴的转速和刀架的移动速度只影响生产率和表面粗糙度，不影响圆柱面的性质。外联系传动链的传动比不要求很准确，工件的旋转和刀架的移动之间也没有严格的相对运动关系。

2）内联系传动链：联系复合运动内的各个运动分量，因而传动链所联系的执行件之间的相对速度和相对位移量有严格的要求，以保证运动的轨迹。例如，在卧式车床上用螺纹车刀车螺纹时，为了保证所加工螺纹的导程，主轴（工件）每转1转，车刀必须移动1个导程。联系主轴和刀架之间的螺纹传动链，就是一条内联系传动链。内联系传动链有严格的传动比要求，否则不能保证被加工表面的性质。如果传动比不准确，车螺纹时就不能得到要求的导程，加工齿轮时就不能展成正确的渐开线齿形。因此，为了保证准确的传动比，在内联系传动链中不能使用由于打滑会引起传动比变化的摩擦传动或瞬时传动比有变化的传动件，如带传动、链传动等。

（3）传动原理图

为便于研究机床的传动联系，常用一些简明的符号把传动原理和传动路线表示出来，这就是传动原理图。图3-1为传动原理图常使用的一些示意符号。其中，表示执行件的符号还没有统一的规定，一般采用较直观的图形表示。

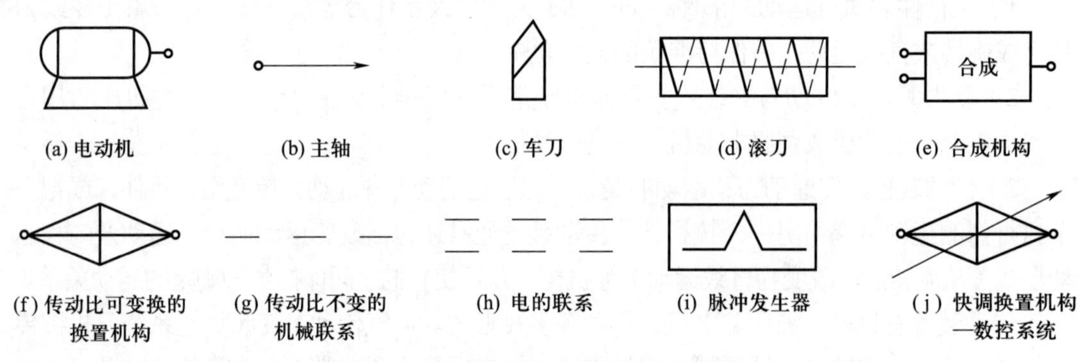

图3-1 传动原理图中常用的示意符号

下面举例说明传动原理图的画法及所表示的内容。

图3-2表示在普通卧式车床上用螺纹车刀车螺纹时的传动原理图。车床在形成螺旋表面时需要一个复合成形运动，即刀具与工件间的相对螺旋运动，它可分解为两部分：主轴的旋转运动B_{11}和车刀的纵向移动A_{12}。因此，车床应有两条传动链：① 联系复合运动两部分B_{11}和A_{12}的内联系传动链，主轴—4—5—i_f—6—7—丝杠，其中4—5、6—7之间的传动比是固定不变的，而5—6之间是一个传动比可以改变的换置机构（挂轮架和进给箱），其传动比i_f应满足所车削螺纹导程的需要；② 联系动力源与这个复合运动的外联系传动链，它给执行件提供运动和动力，表示为电动机—1—2—i_v—3—4—主轴，其中1—2、3—4之间的传动比固定不变，2—3之间是传动比可改变的换置机构（主轴箱），其传动比决定了主轴旋转的速度。

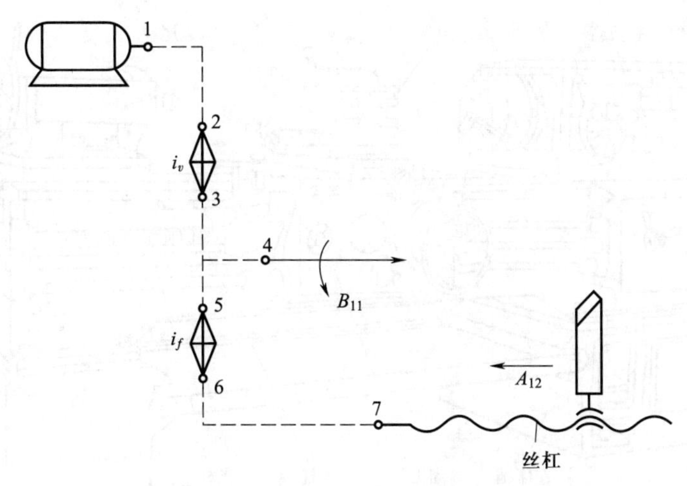

图 3-2 卧式车床的传动原理图

3.3 车床的传动原理分析

机床的种类繁多，车床是其中应用最为广泛的，往往可占机床总台数的 20%~35%。下面以 CA6140 型卧式车床为例介绍车床的运动。

3.3.1 CA6140 型卧式车床

CA6140 型卧式车床可用于加工各种回转表面，如内、外圆柱表面，圆锥表面，成形回转表面，回转体的端面，螺纹面等。CA6140 型卧式车床是普通精度级机床，通用性较好，但结构复杂且自动化程度较低，在加工形状比较复杂的工件时，需要频繁换刀，耗费辅助时间，适合于单件小批生产，适合于机修、工具车间使用。图 3-3 是 CA6140 型卧式车床的外形图，其主要组成部分包括主轴箱、刀架、尾座、进给箱、溜板箱和床身等。

① 主轴箱。主轴箱固定在床身的左端，内部装有主轴和变速及传动机构。工件通过卡盘等夹具装夹在主轴前端。主轴箱的功用是支承主轴并把动力经变速传动机构传给主轴，使主轴带动工件按规定的转速旋转，以实现主运动。

② 刀架。刀架可沿床身上的运动导轨作纵向移动。刀架的功用是装夹车刀，实现纵向、横向或斜向运动。

③ 尾座。尾座安装在床身右端的尾座导轨上，可沿导轨纵向调整其位置，它的功用是用后顶尖支承长工件，也可以安装钻头、铰刀等孔加工刀具，进行孔加工。

④ 进给箱。进给箱固定在床身的左端前侧。进给箱内装有进给运动的变换机构，用于改变机动进给的进给量或加工螺纹的导程。

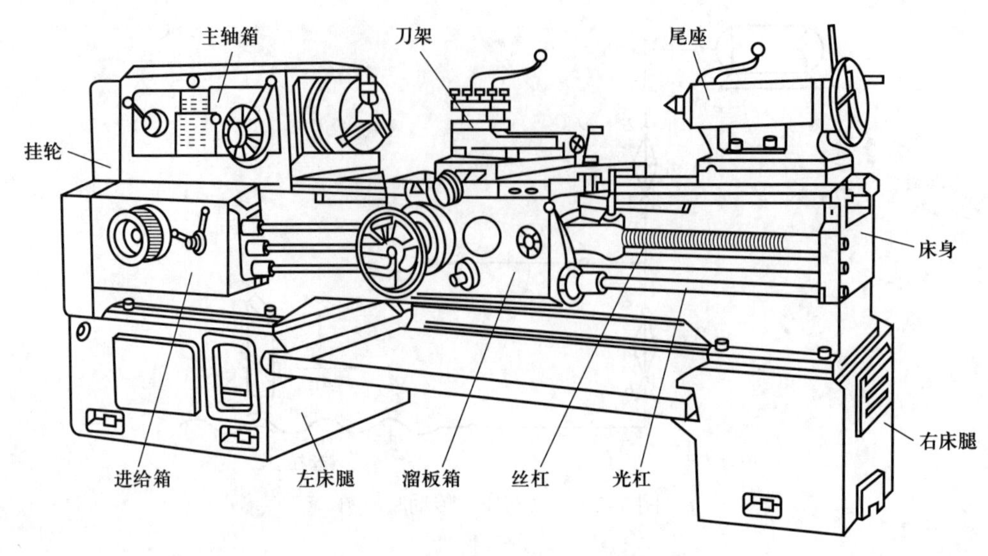

图 3-3 CA6140 型卧式车床外形

⑤ 溜板箱。溜板箱与刀架的最下层——纵向溜板相连，与刀架一起作纵向运动，功用是把进给箱传来的运动传递给刀架，使刀架实现纵向和横向进给或快速移动，或车螺纹。溜板箱上装有各种操纵手柄和按钮。

⑥ 床身。床身固定在左、右床腿上。在床身上安装着车床的各个主要部件，使它们在工作时保持准确的相对位置或运动轨迹。

3.3.2 CA6140 型卧式车床的传动系统

1. 传动系统图

图 3-4 所示为 CA6140 型卧式车床的传动系统图。图中各种传动元件用简单的规定符号代表，各齿轮所标数字表示齿数。机床的传动系统图画在一个能反映机床基本外形和各主要部件相互位置的平面上，并尽可能绘制在机床外形的轮廓线内。各传动元件按运动传递的先后顺序，以展开图的形式绘制，并标注传动件参数，如齿轮、蜗轮、蜗杆的齿（头）数（有时也注明编号或模数），带轮直径，丝杠螺距及头数，电动机的转速及功率，传动轴及离合器的编号等。该图只表示传动关系，不代表各传动元件的实际尺寸和空间位置。

2. 主运动传动链

机床的主运动传动链是指传递主运动的传动链，其功能是把动力源（电动机）的运动及动力传给主轴，使主轴带动工件旋转，实现车削主运动，并满足卧式车床主轴变速和换向的要求。主运动由主电动机经主换向机构、主变速机构拖动主轴。主换向机构主要用于改变运动方向。如切削螺纹时，一次走刀切削结束，换向机构使主轴连同刀架一起反方向运动，回到切削起始位置，以便准确地进行第二次走刀。主变速机构用于改变主轴的速度，主变速机构至主轴为定比机构。

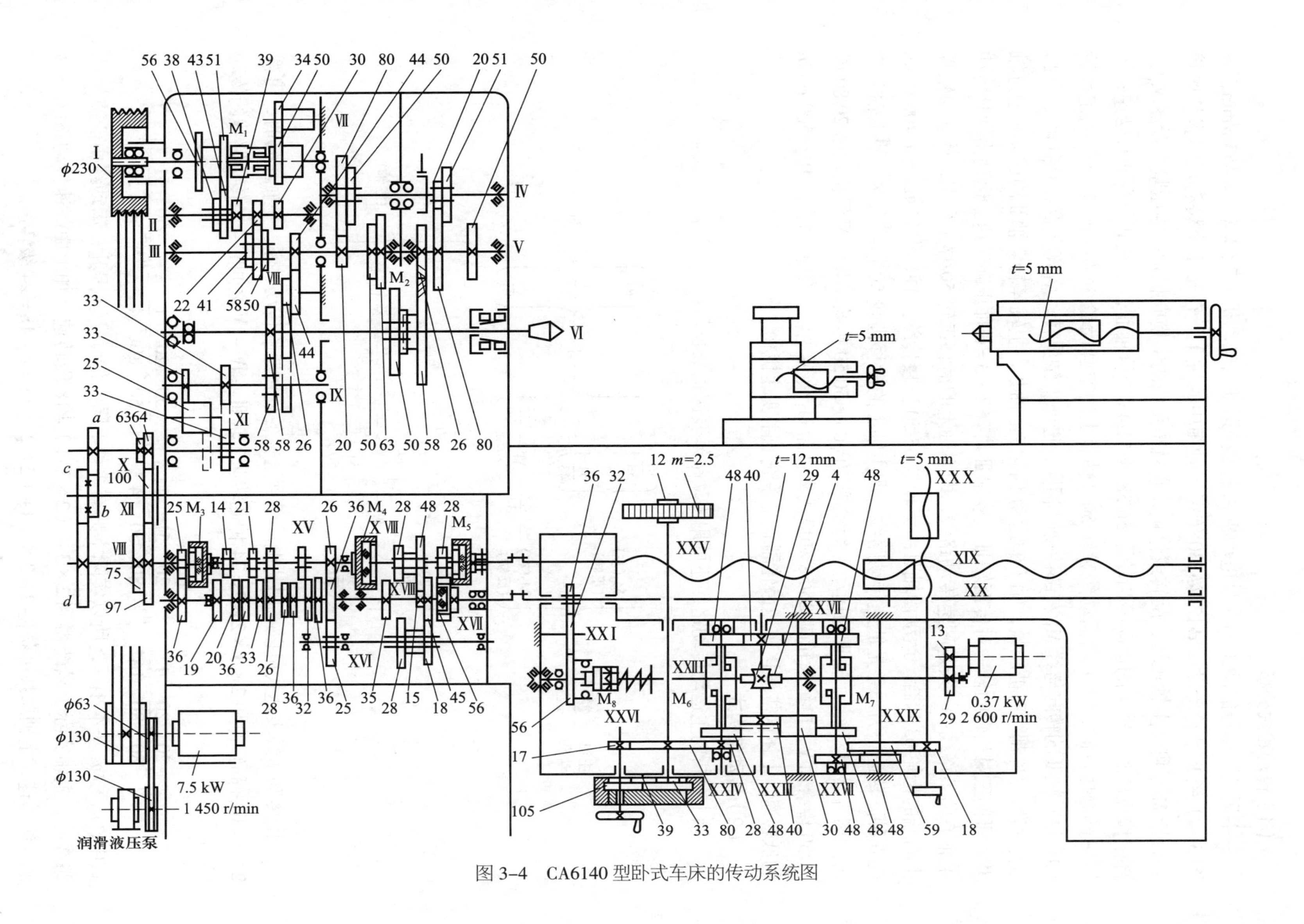

图 3-4　CA6140 型卧式车床的传动系统图

（1）传动路线分析

主运动传动链的两末端件是电动机和主轴。运动由电动机（7.5 kW，1 450 r/min，见图 3–4）经 V 带轮传动副 $\phi130/\phi230$ 传至主轴箱中的轴Ⅰ。在轴Ⅰ上装有双向多片摩擦离合器 M_1，可使主轴正转、反转或停止，它就是系统的主换向机构。当压紧离合器 M_1 左部的摩擦片时，轴Ⅰ的运动经齿轮副 56/38 或 51/43 传给轴Ⅱ，使轴Ⅱ获得两种转速；压紧右部摩擦片时，轴Ⅰ的运动经齿轮 50、轴Ⅶ上的空套齿轮 34 传给轴Ⅱ上的固定齿轮 30。这时轴Ⅱ的转向与经 M_1 左部传动时相反，进而主轴反转；当离合器处于中间位置时，左、右摩擦片都没有被压紧，轴Ⅰ的运动不能传至轴Ⅱ，主轴停转。轴Ⅱ的运动可通过轴Ⅱ、Ⅲ间三对齿轮的任一对传至轴Ⅲ，故轴Ⅲ共有 $2\times3=6$ 种正向转速。运动由轴Ⅲ传往主轴有两条路线：一条是高速传动路线，即主轴上的滑移齿轮 50 移至左端，使之与轴Ⅲ上右端的齿轮 63 啮合。运动由轴Ⅲ经齿轮副 63/50 直接传给主轴，得到 450～1 400 r/min 的 6 种高转速。另一条是低速传动路线，即主轴上的滑移齿轮 50 移至右端，使主轴上的齿式离合器 M_2 啮合。轴Ⅲ的运动经齿轮副 20/80 或 50/50 传给轴Ⅳ，又经齿轮副 20/80 或 51/50 传给轴Ⅴ，再经齿轮副 26/58 和齿式离合器 M_2 传至主轴，使主轴获得 10～500 r/min 的低转速。上述这些滑移变速齿轮副就是系统的主变速机构。

（2）传动结构式

以上分析的主运动传动路线还可用传动路线表达式来表示：

$$
\begin{matrix}\text{主电}\\\text{动机}\end{matrix}-\frac{\phi130}{\phi230}-\text{Ⅰ}-\left\{\begin{matrix}\begin{matrix}M_1(\text{左})\\(\text{正转})\end{matrix}-\left\{\begin{matrix}\frac{56}{38}\\\frac{51}{43}\end{matrix}\right\}-\\\begin{matrix}M_2(\text{右})\\(\text{反转})\end{matrix}-\frac{50}{34}-\text{Ⅵ}-\frac{34}{30}\end{matrix}\right\}-\text{Ⅱ}-\left\{\begin{matrix}\frac{39}{41}\\\frac{30}{50}\\\frac{22}{58}\end{matrix}\right\}-\text{Ⅲ}-
$$

$$
\left\{\begin{matrix}-\frac{63}{50}-\\\left\{\begin{matrix}\frac{20}{80}\\\frac{50}{50}\end{matrix}\right\}-\text{Ⅳ}-\left\{\begin{matrix}\frac{20}{80}\\\frac{51}{50}\end{matrix}\right\}-\text{Ⅴ}-\frac{26}{58}-M_2(\text{右移})\end{matrix}\right\}-\begin{matrix}\text{Ⅵ}\\(\text{主轴})\end{matrix}
$$

由传动路线表达式可以看出从电动机到主轴各种转速的传动关系。主轴正转时，可得 $2\times3=6$ 种高转速和 $2\times3\times2\times2=24$ 种低转速。轴Ⅲ－Ⅳ－Ⅴ之间的 4 条传动路线的传动比为

$$
u_1=\frac{20}{80}\times\frac{20}{80}=\frac{1}{16},\quad u_2=\frac{20}{80}\times\frac{51}{50}\approx\frac{1}{4},\quad u_3=\frac{50}{50}\times\frac{20}{80}=\frac{1}{4},\quad u_4=\frac{50}{50}\times\frac{51}{50}\approx1
$$

式中，u_2 和 u_3 基本相同，所以实际上只有 3 种不同的传动比。因此，运动经由低速传动路线时，主轴实际上只能得到 $2\times3\times(2\times2-1)=18$ 级转速。加上由高速传动路线获得的 6 级转速，主轴总共可获得 $2\times3\times[1+(2\times2-1)]=6+18=24$ 级转速。

同理，主轴反转时，有 3×［1+（2×2-1）］=12 级转速。

主轴的各级转速，可根据各滑移齿轮的啮合状态求得。如图 3-4 所示的啮合位置时，主轴的转速为

$$n_{主}=1\ 450\times\frac{130}{230}\times\frac{51}{43}\times\frac{22}{58}\times\frac{20}{80}\times\frac{20}{80}\times\frac{26}{58}\approx 10(\text{r/min})$$

同理，可以计算出主轴正转时的 24 级转速为 10～1 400 r/min，反转时的 12 级转速为 14～1 580 r/min。主轴反转通常不是用于切削，而是用于车削螺纹时，切削完一刀后使车刀沿螺旋线退回，所以转速较高，以节约辅助时间。

（3）主传动系统的转速图

在分析机床的传动系统和进行机床传动系统设计时，为简化计算，常采用图解分析法，即用转速图表示机床各轴的转速和传动比。通过转速图可以了解该机床主轴的每一级转速是通过哪些传动副得到的，这些传动副之间的关系如何，各传动轴的转速等。

图 3-5 是 CA6140 型卧式车床主传动系统的转速图。转速图由以下 3 部分组成：

1）距离相等的一组竖线代表各轴。轴号写在上面。竖线间的距离不代表中心距。

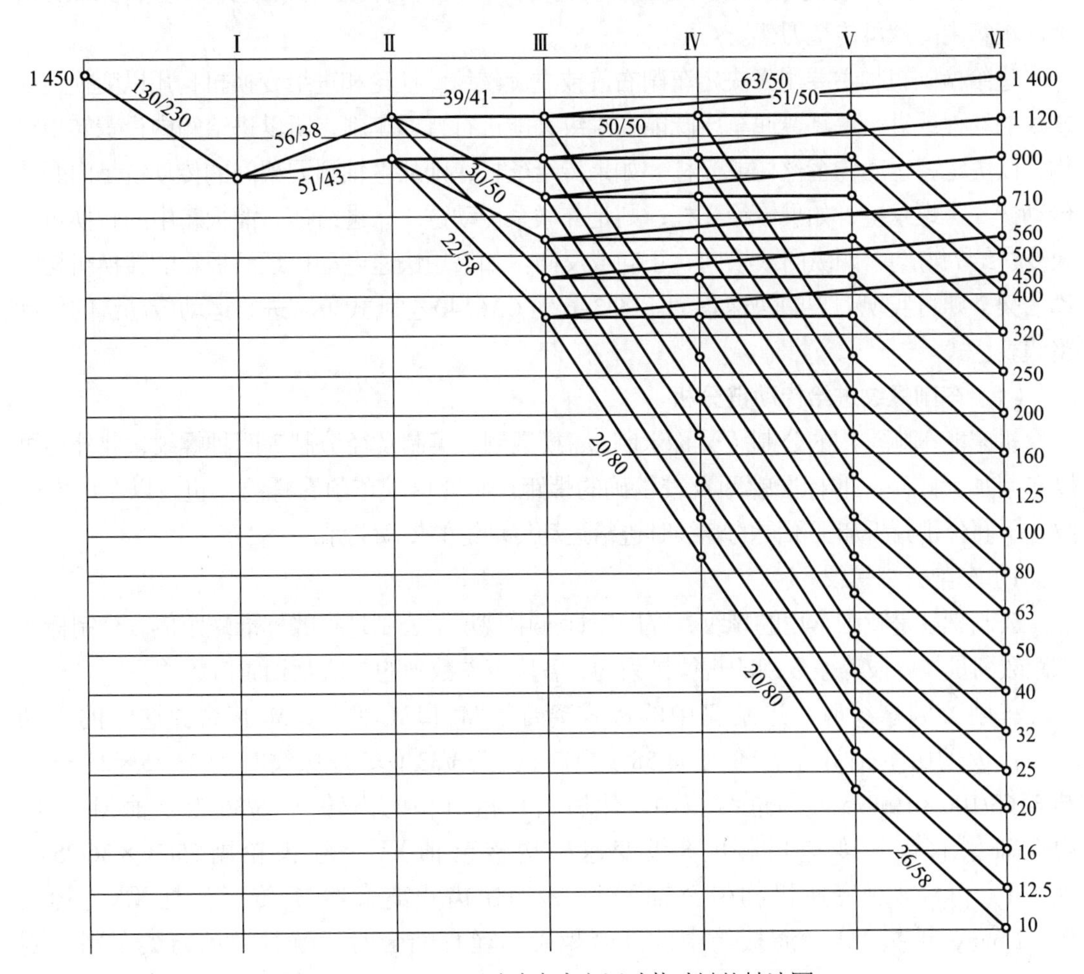

图 3-5　CA6140 型卧式车床主运动传动链的转速图

2）距离相等的一组水平线代表各级转速。与各竖线的交点代表各轴的转速。由于分级变速机构的转速一般是按等比数列排列的，故转速采用了对数坐标。相邻两水平线之间的间隔为 $\lg\varphi$，其中 φ 为相邻两级转速之比，称为公比。为简化起见，转速图中省略了对数符号。

3）各轴之间连线的倾斜方式代表了传动副的传动比，升速时向上倾斜，降速时向下倾斜。斜线向上倾斜 x 格表示传动副的实际传动比为 $u=Z_{主}/Z_{被}=\varphi^{x}$；斜线向下倾斜 x 格表示传动副的实际传动比为 $u=Z_{主}/Z_{被}=\varphi^{-x}$。如CA6140型车床的公比 $\varphi=1.26$，在轴Ⅱ与轴Ⅲ之间的传动比 $30/50\approx1/\varphi^{2}$，基本下降2格；$22/58\approx1/\varphi^{4}$，基本下降4格。

3. 进给运动传动链

车床进给运动传动链的功用是实现刀具纵向或横向移动，或车削螺纹。进给传动链（车螺纹时为螺纹链）从主轴开始，经进给换向机构、挂轮和进给箱内的进给变换机构、转换机构到光杠（普通车削），或经溜板箱内的转换机构传至刀架或到丝杠（车螺纹），经溜板箱内的螺母传至刀架。

进给换向机构主要用来决定车削右旋或左旋螺纹。挂轮和进给变换机构用以变换被切螺纹的导程或进给量。普通车床既能切螺纹又能进行普通车削，所以进给箱内设置转换机构，以决定将运动传至丝杠或光杠。如果传给丝杠，则从主轴到刀架间的传动链是内联系传动链——螺纹链；如果传给光杠，则是外联系传动链——进给链。溜板箱中的转换机构改变进给的方向，即纵向或横向、正向或反向。如果用快速电动机经溜板箱的转换机构驱动刀架，则可实现刀架的快速移动。图3-6为CA6140型卧式车床进给运动传动链的传动路线表达式。

（1）车削螺纹进给传动链分析

机床能车削常用的公制（又称米制）、模数制、英制及径节制等四种螺纹，此外还可以车削加大螺距、非标准螺距及较精确的螺距。它既可以车削右螺纹，也可以车削左螺纹，下面分别分析加工不同的螺线时进给运动传动链的传动关系。

1）车削公制螺纹

公制螺纹是我国常用的螺纹，在国家标准中规定了公制螺纹的标准螺距值。公制标准螺距数列是按分段等差数列的规律排列的，各段等差数列的差值互相成倍数关系。

车削公制螺纹时，进给箱中的齿式离合器 M_3 和 M_4 脱开，M_5 接合。这时的传动路线：运动由主轴Ⅵ经齿轮副58/58，换向机构33/33（车左螺纹时为33/25×25/33）、挂轮63/100×100/75传到进给箱中，然后由移换机构的齿轮副25/36传至轴ⅩⅣ，再由两轴滑移齿轮变速机构的8级变速机构传至轴ⅩⅤ，经齿轮副25/36×36/25至轴ⅩⅥ，再经4级变速机构传至轴ⅩⅧ，最后由齿式离合器 M_5 传至丝杠ⅩⅨ（螺距 $P=12$ mm，单头），当溜板箱中的开合螺母与丝杠啮合时，就可带动刀架车削公制螺纹。

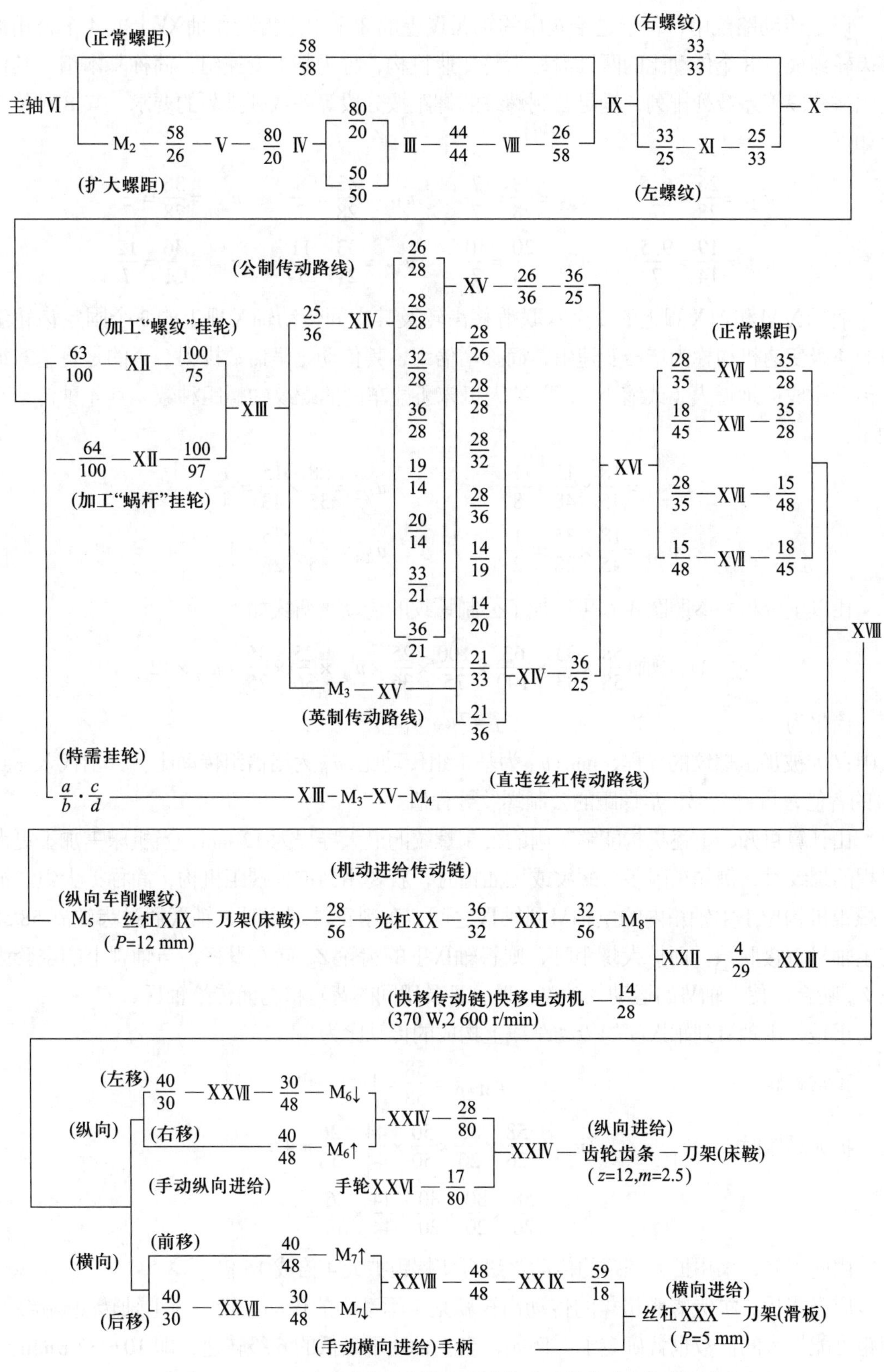

图 3-6 CA6140 型卧式车床进给运动传动链的传动路线表达式

以上传动路线中，位于进给箱中的轴XⅣ上的8个固定齿轮和轴XⅤ上的4个公用滑移齿轮组成有8个传动比的两轴滑移齿轮变速机构，称为基本变速组，简称基本组。其传动比按分段等差数列排列，满足公制螺纹的螺距按分段等差数列排列的要求。其8种传动比如下：

$$u_{基1}=\frac{26}{28}=\frac{6.5}{7}\qquad u_{基2}=\frac{28}{28}=\frac{7}{7}\qquad u_{基3}=\frac{32}{28}=\frac{8}{7}\qquad u_{基4}=\frac{36}{28}=\frac{9}{7}$$

$$u_{基5}=\frac{19}{14}=\frac{9.5}{7}\qquad u_{基6}=\frac{20}{14}=\frac{10}{7}\qquad u_{基7}=\frac{33}{21}=\frac{11}{7}\qquad u_{基8}=\frac{36}{21}=\frac{12}{7}$$

而轴XⅥ和轴XⅧ上的2个双联滑移齿轮及其中间传动轴XⅦ上的3个固定齿轮组成的4级变速机构称为增倍变速组，简称增倍组，其传动比呈倍数排列，目的是将基本组的传动比成倍地增大（或缩小），以扩大机床所能车削的螺纹的螺距种数。其4种传动比如下：

$$u_{倍1}=\frac{18}{45}\times\frac{15}{48}=\frac{1}{8}\qquad u_{倍2}=\frac{28}{35}\times\frac{15}{48}=\frac{1}{4}$$

$$u_{倍3}=\frac{18}{45}\times\frac{35}{28}=\frac{1}{2}\qquad u_{倍4}=\frac{28}{35}\times\frac{35}{28}=1$$

由以上分析并参照图3–6可得加工公制螺纹的传动平衡式如下

$$f=1(主轴)\frac{58}{58}\times\frac{33}{33}\times\frac{63}{100}\times\frac{100}{75}\times\frac{25}{36}\times u_{基}\times\frac{25}{36}\times\frac{36}{25}\times u_{倍}\times 12$$

简化为

$$f=7u_{基}\,u_{倍}$$

式中：f为被加工螺纹的导程，mm；$u_{基}$为基本组传动比；$u_{倍}$为增倍组传动比。分别代入$u_{基}$、$u_{倍}$的各值，可得全部正常螺距的公制螺纹导程值。

由计算可知，上述机构能够车削的公制螺纹的最大导程为12 mm，当机床需加工更大导程的螺纹时，例如车削多头螺纹或拉油槽时，就要用到扩大螺距机构，简称扩大组。扩大螺距机构位于主轴箱内的主轴Ⅵ到轴Ⅸ之间。车削正常螺距时，轴Ⅸ通过齿轮副58/58与主轴Ⅵ直接联系，而扩大螺距时，则将轴Ⅸ上的齿轮Z_{58}向右滑移，与轴Ⅷ上的空套齿轮Z_{26}啮合，使主轴Ⅵ的运动经轴Ⅴ、Ⅳ、Ⅲ及Ⅷ间的背轮机构而传给轴Ⅸ。

于是，主轴Ⅵ到轴Ⅸ间的传动路线上构成的传动比为

正常螺距时：

$$u_{Ⅵ-Ⅸ}=\frac{58}{58}=1$$

扩大螺距时：

$$u_{扩1}=\frac{58}{26}\times\frac{80}{20}\times\frac{50}{50}\times\frac{44}{44}\times\frac{26}{58}=4$$

$$u_{扩2}=\frac{58}{26}\times\frac{80}{20}\times\frac{80}{20}\times\frac{44}{44}\times\frac{26}{58}=16$$

由此可知，采用扩大螺距的传动路线可使螺距扩大4倍或16倍。

应当指出，扩大螺距机构的传动齿轮就是主运动中的传动齿轮，当主轴转速确定后，螺距可能扩大的倍数也就确定了。例如，当主轴处于最低的6级转速，即10～32 r/min运行时，若欲车削扩大螺距的螺纹，则其螺距必扩大16倍；当主轴转速为40～125 r/min

时，其螺距只能扩大4倍；而当主轴转速为160~500 r/min时，即使接通扩大螺距机构也不再具有扩大螺距的功能。这说明车削大螺距螺纹时，只允许选用较低的主轴转速。

2）车削模数制螺纹

模数制螺纹主要指公制蜗杆（个别丝杠也有采用模数制螺纹的），因车削蜗杆的方法与车削螺纹相同，故称其为模数制螺纹。

模数制螺纹以模数 m 表示螺距参数，而螺距 $t_m=\pi m$（mm）。国家标准规定了模数的标准值，也是一个分段等差数列，与加工公制螺纹时相似，所以两者可采用同一条传动路线。但是 t_m 包含 π 这个因子，因此要改变挂轮传动比，即将挂轮更换为64/100×100/97，可得传动平衡式

$$1(\text{主轴})\times\frac{58}{58}\times\frac{33}{33}\times\frac{64}{100}\times\frac{100}{97}\times\frac{25}{36}\times u_{\text{基}}\times\frac{25}{36}\times\frac{36}{25}\times u_{\text{倍}}(M_5\ \text{合})\times 12=\pi m(\text{mm})$$

化简为
$$1\times\frac{64}{97}\times\frac{25}{36}\times u_{\text{基}}\times u_{\text{倍}}\times 12=\pi m(\text{mm})$$

因为64/97×25/36×12×4/7=3.141 875，用此值代替 π（取 $\pi=3.141\ 593$），则其绝对误差 $\Delta=0.000\ 282$，其相对误差 $\delta\approx 0.000\ 09$，故上式可简化为

$$\frac{7}{4}\pi u_{\text{基}}\ u_{\text{倍}}=\pi m$$

即
$$m=(7/4)\cdot u_{\text{基}}\cdot u_{\text{倍}}$$

分别代入 $u_{\text{基}}$、$u_{\text{倍}}$的各值，可得各模数螺纹的螺距值。

加工模数制螺纹时，如果应用扩大螺距机构，也可车削出大导程的模数制螺纹。

3）车削英制螺纹

英制螺纹来源于英寸制国家，我国主要用于部分管接头。英制螺纹以每英寸长度上的螺纹扣（牙）数 a 表示（a/in），标准的 a 值也是分段等差数列。由于车床的丝杠是公制螺纹，车削英制螺纹时，需要将 a 值换算成以mm为单位的螺距值，即

$$T_a=1/a(\text{in})=25.4/a(\text{mm})$$

可见，英制螺纹的螺距是分段调和数列（分母为分段等差数列）。因此，要求传动链中的基本组的传动比也应为分段调和数列，故车削英制螺纹时需把车削公制螺纹的基本组的传动路线颠倒过来，即主动轴与被动轴对换，还要改变部分传动副的传动比，使其包含特殊因子25.4。于是可得CA6140卧式车床车削英制螺纹的传动路线为：操纵移换机构，使进给箱中的齿式离合器 M_3 及 M_5 啮合，M_4 脱开，轴XⅥ左端的滑移齿轮 Z_{25} 向左移动，与轴XⅣ上的空套齿轮 Z_{36} 脱开，与其上的固定齿轮 Z_{36} 啮合。这样就使运动由轴XⅢ经 M_3 先传到轴XⅤ，然后再经过基本组传至轴XⅣ，轴XⅣ的运动再由其右端的固定齿轮 Z_{36} 经滑移齿轮 Z_{25} 传至轴XⅥ。其余的传动路线与车削公制螺纹时相同，包括挂轮也一样。由此可得传动平衡式

$$1(\text{主轴})\times\frac{58}{58}\times\frac{33}{33}\times\frac{63}{100}\times\frac{100}{75}\times\frac{1}{u_{\text{基}}}\times\frac{36}{25}\times u_{\text{倍}}\times 12=\frac{25.4}{a}(\text{mm})$$

整理为
$$1\times\frac{63}{75}\times\frac{1}{u_{基}}\times\frac{36}{25}\times u_{倍}\times12=\frac{25.4}{a}$$

因为 63/75 × 36/25 × 12 × 7/4 = 25.401 6，用此值代替 25.4，则其绝对误差 $\Delta=0.001\ 6$，其相对误差 $\delta\approx0.000\ 063$。于是，可简化为

$$\frac{4}{7}\times25.4\times\frac{1}{u_{基}}\times u_{倍}=\frac{25.4}{a}\quad 即\quad a=\frac{7}{4}\times\frac{u_{基}}{u_{倍}}$$

由此可知，将基本组中的主动轴和被动轴对换以后，利用原来的基本组和增倍组就可以得到 a 值按分段等差数列规律排列的英制螺纹。

4）车削径节制螺纹

径节制螺纹是一种英制蜗杆，它是用径节数 DP（DP/in）表示的。DP 也是分段等差数列。英制螺纹的径节 DP 相当于公制蜗杆模数 m 的倒数，它代表齿轮或蜗轮折算到每 1 英寸分度圆直径上的齿数，所以径节制螺纹的螺距为

$$T_{DP}=\pi/DP(\text{in})=25.4\pi/DP(\text{mm})$$

由此可知，车削径节制螺纹时进给箱中的传动路线应与车削英制螺纹时相同，挂轮采用模数制螺纹的那组齿轮组，这样就可使车削出来的螺距值中包含特殊因子 25.4π，并使各螺距值按分段调和数列的规律排列。

车削径节制螺纹的传动平衡式为

$$1(主轴)\times\frac{58}{58}\times\frac{33}{33}\times\frac{64}{100}\times\frac{100}{97}\times\frac{1}{u_{基}}\times\frac{36}{25}\times u_{倍}\times12=\frac{25.4}{DP}\pi(\text{mm})$$

整理为
$$1\times\frac{64}{97}\times\frac{1}{u_{基}}\times\frac{36}{25}\times u_{倍}\times12=\frac{25.4}{DP}\pi(\text{mm})$$

因为 64/97 × 36/25 × 12 × 7 ≈ 25.4π，用此值代替 25.4π，其绝对误差 $\Delta=0.012\ 206$，其相对误差 $\delta\approx0.000\ 153$。在此基础上可简化为

$$\frac{25.4\pi}{7}\times\frac{1}{u_{基}}\times u_{倍}=\frac{25.4\pi}{DP}\quad 即\quad DP=7u_{基}/u_{倍}$$

5）车削非标准螺距的螺纹

当需要加工非标准螺纹时，传动路线需作如下变换：使齿式离合器 M_3、M_4 和 M_5 全部啮合，运动由轴XIII传入进给箱后，经轴XV和轴XVIII直接带动丝杠XIX。需加工的非标准螺距值则通过选配挂轮架上的配换齿轮 a、b、c、d 的齿数来保证。这时的传动链的传动平衡式为

$$1(主轴)\times\frac{58}{58}\times\frac{33}{33}\times\frac{a}{b}\times\frac{c}{d}\times12=t(\text{mm})$$

简化上式得配换挂轮传动比

$$u_{配}=\frac{a}{b}\cdot\frac{c}{d}=\frac{t}{12}$$

由此式即可配算出挂轮架上 a、b、c、d 齿轮的齿数。

加工非标准螺距的传动路线比加工标准螺距的传动路线大为缩短，从而减少了传动件

误差对螺纹螺距精度的影响。如果 $u_{配}$选配得足够精确，则可加工出精度较高的螺纹螺距。利用这条传动路线即可加工较精确螺距的螺纹。

（2）机动进给传动链分析

车削加工时刀架的纵向和横向机动进给运动是由光杠经溜板箱中的传动机构分别传至齿轮齿条机构或横向进给丝杠XXVII而实现的。机动进给时，由主轴至进给箱轴XVII的传动路线，与车削公制和英制螺纹时相同，但离合器 M_5 脱开，齿轮 Z_{28} 与轴XIX上的齿轮 Z_{56} 啮合，从而将运动传至光杠XIX。溜板箱中两个双向牙嵌式离合器 M_6、M_7 和齿轮副 $\frac{40}{48}$、$\frac{40}{30}\times\frac{30}{48}$用于变换纵向和横向进给运动的方向。利用进给箱中的基本螺距机构和增倍螺距机构，以及进给传动链的不同传动路线，可以获得纵向和横向进给量各 64 级。

1）纵向机动进给量计算

当进给运动经公制常用螺纹路线传动时，传动平衡式为

$$f_{纵}=1(\text{主轴})\times\frac{58}{58}\times\frac{33}{33}\times\frac{63}{100}\times\frac{100}{75}\times\frac{25}{36}\times u_{基}\times\frac{25}{36}\times\frac{36}{25}\times u_{倍}\times\frac{28}{56}\times\frac{36}{32}\times\frac{32}{56}\times\frac{4}{29}\times\frac{40}{30}\times\frac{30}{48}\times\frac{28}{80}\times\pi\times2.5\times12(\text{mm/r})$$

化简后可得
$$f_{纵}=0.71u_{基}\cdot u_{倍}(\text{mm/r})$$

变换 $u_{基}$和 $u_{倍}$，可以得到 32 级进给量，其范围为 0.08 ~ 1.22 mm/r。

当进给运动经英制常用螺纹路线传动时，传动平衡式为

$$f_{纵}=1(\text{主轴})\times\frac{58}{58}\times\frac{33}{33}\times\frac{63}{100}\times\frac{100}{75}\times\frac{1}{u_{基}}\times\frac{36}{25}\times u_{倍}\times\frac{28}{56}\times\frac{36}{32}\times\frac{32}{56}\times\frac{4}{29}\times\frac{40}{30}\times\frac{30}{48}\times\frac{28}{80}\times\pi\times2.5\times12(\text{mm/r})$$

化简后得
$$f_{纵}=14.7u_{倍}/u_{基}(\text{mm/r})$$

变换 $u_{基}$并使 $u_{倍}=1$，可以得到 0.86 ~ 1.59 mm/r 的 8 级较大的进给量。当 $u_{倍}$为其他值时，所得到的$f_{纵}$值与上一条传动路线重复。

通过以上两条传动路线，共可获得 40 级常用的纵向进给量。此外，在某些特定的主轴转速下，通过调整轴IX上滑移齿轮 Z_{58} 的啮合位置，还可以获得细进给量和加大进给量。

当主轴转速为 450 ~ 1 400 r/min（其中 500 r/min 除外）时，如果将轴IX上齿轮 Z_{58} 右移，使其与轴VIII上的齿轮 Z_{26} 啮合，同时将进给箱的移换机构调整为公制螺纹路线，增倍机构调整为 $u_{倍}=1/8$，此时由于轴IX与主轴通过齿轮副 $\frac{50}{63}\times\frac{44}{44}\times\frac{26}{58}$ 实现传动联系，因而可获得 8 级可供高速精车用的细进给量。此时传动平衡式为

$$f_{纵}=1(\text{主轴})\times\frac{50}{63}\times\frac{44}{44}\times\frac{26}{58}\times\frac{33}{33}\times\frac{63}{100}\times\frac{100}{75}\times\frac{25}{36}\times u_{基}\times\frac{25}{36}\times\frac{36}{25}\times\frac{1}{8}\times\frac{28}{56}\times\frac{36}{32}\times\frac{32}{56}\times\frac{4}{29}\times\frac{40}{30}\times\frac{30}{48}\times\frac{28}{80}\times\pi\times2.5\times12(\text{mm/r})$$

化简得
$$f_{纵}=0.031\,5u_{基}(\text{mm/r})$$

将 $u_{基}$的值代入，可得$f_{纵}=0.028\sim0.054$ mm/r 的 8 种细进给量。

当主轴以 10～125 r/min 的 12 级低速运转（即主轴Ⅵ上的离合器 M_2 处于合上位置），且运动由主轴经 $u_{扩}=4$（倍）或 16（倍）的扩大螺距机构、并经英制螺纹传动路线传动时，可获得 16 种加大进给量。传动平衡式为

$$f_{纵}=1(\text{主轴})\times\frac{58}{26}\times\frac{80}{20}\times\left\{\begin{matrix}\frac{50}{50}\\\frac{80}{20}\end{matrix}\right\}\times\frac{44}{44}\times\frac{26}{58}\times\frac{33}{33}\times\frac{63}{100}\times\frac{100}{75}\times\frac{1}{u_{基}}\times\frac{36}{25}\times u_{倍}\times$$
$$\frac{28}{56}\times\frac{36}{32}\times\frac{32}{56}\times\frac{4}{29}\times\frac{40}{48}\left(\text{或}\frac{40}{30}\times\frac{30}{48}\right)\times\frac{28}{80}\times\pi\times2.5\times12(\text{mm/r})$$

简化后的运动平衡式为

$$f_{纵}\approx1.474\times\begin{pmatrix}4\\16\end{pmatrix}\times u_{倍}/u_{基}(\text{mm/r})$$

将 $u_{基}$及 $u_{倍}$的值代入，可得$f_{纵}=1.71\sim6.33$ mm/r 的 16 种加大进给量。

2）横向机动进给量计算

横向机动进给的四种传动路线与纵向机动进给相对应，只是从轴ⅩⅫ以后，传动路线有所不同。例如，横向机动进给量处于正常进给量范围内时，其传动路线应为正常螺距的公制螺纹传动路线，即

$$f_{横}=1(\text{主轴})\times\frac{58}{58}\times\frac{33}{33}\times\frac{63}{100}\times\frac{100}{75}\times\frac{25}{36}\times u_{基}\times\frac{25}{36}\times\frac{36}{25}\times u_{倍}\times$$
$$\frac{28}{56}\times\frac{36}{32}\times\frac{32}{56}\times\frac{4}{29}\times\frac{40}{48}\left(\text{或}\frac{40}{30}\times\frac{30}{48}\right)\times\frac{48}{48}\times\frac{59}{18}\times5(\text{mm/r})$$

将$f_{横}$与$f_{纵}$相比较可得

$$\frac{f_{横}}{f_{纵}}=\frac{\frac{48}{48}\times\frac{59}{18}\times5}{\frac{28}{80}\times\pi\times2.5\times12}\approx\frac{1}{2}\quad\text{即}\quad f_{横}\approx0.5f_{纵}$$

3）刀架的快速移动

当需要刀架机动地快速接近或退离工件的加工部位时，可按快移按钮，使快速电动机（370 W，2 600 r/min）启动。这时快速电动机的运动经齿轮副 14/28 使轴ⅩⅫ高速转动，再经蜗杆蜗轮副 4/29 传到溜板箱内的传动机构，使刀架实现纵向或横向的快速移动。

刀架快移的方向仍由溜板箱内双向离合器 M_6 和 M_7 控制。刀架纵向快移的速度为 $v_{纵,快}\approx$ 4.9 m/min，横向快移的速度为 $v_{横,快}\approx$ 2.45 m/min。

为了缩短辅助时间和简化操作，在刀架作快速移动的过程中光杠ⅩⅩ仍可继续转动，不必脱开进给运动链。这时，为了避免光杠和快速电动机同时驱动轴ⅩⅫ造成损坏，在齿轮 Z_{56} 与轴ⅩⅫ之间装有单向超越离合器。当刀架作机动进给时，由光杠传来的运动通过单向超越离合器传给溜板箱，运动经过安全离合器 M_8 传至轴ⅩⅫ，使其旋转。这时若将进给方向操纵手柄扳到相应的位置，便可使刀架作相应的纵向或横向机动进给。当按下快移按钮时，快速电动机的运动由齿轮副 14/28 传至轴ⅩⅫ，光杠ⅩⅩ及齿轮 Z_{56} 虽仍在旋

转，但不再驱动轴XXII。因此，刀架快移时无须停止光杠的运动。

3.4 齿轮加工原理及运动分析

齿轮是机械传动中应用最广泛的一种重要零件，齿轮的主要作用是传递动力，传递并改变运动的速度和方向。齿轮加工按其形成齿形的原理可分为两大类，即成形法和展成法。用成形法加工齿轮时，刀具的齿形应与被加工齿轮的齿间（齿槽）形状相同。成形法采用的刀具是盘状模数铣刀和指状模数铣刀，可以利用分度头在一般铣床上或用夹具在刨床上进行加工，需要两个简单成形运动：刀具的旋转运动（主运动）和直线移动（进给运动）。用成形法进行齿轮加工，所需的运动简单，不需要专门的机床，但生产率低，加工精度也低，适用于单件小批生产。在工业生产中广泛采用的是展成法，其原理相当于一对相啮合的、轴线交叉的螺旋齿（斜齿）齿轮传动。展成法的主要优点是齿轮刀具与被切齿轮的齿数无关，一种模数对应一把刀具，就可以加工各种不同齿数的齿轮，并有较高的加工精度和生产效率。

圆柱齿轮的加工方法主要有滚齿、插齿等；锥齿轮的加工方法有加工直齿锥齿轮的刨齿、铣齿、拉齿，加工弧齿轮的铣齿。精加工齿轮齿面方法有研齿、剃齿、磨齿等。下面以常见的滚齿、插齿和磨齿为例介绍齿轮加工的原理及所需的运动。

3.4.1 滚齿加工

1. 滚齿加工原理

滚齿是根据展成法原理来加工齿轮轮齿表面的，即相当于一对相啮合的、轴线交叉的螺旋齿（斜齿）齿轮传动（图 3–7）。以其中的一个螺旋齿轮为刀具，即齿轮滚刀，另一个与其相啮合的螺旋齿轮即为工件。齿轮滚刀的实质就是一个螺旋角很大（即螺旋升角很小）、齿数极少（常用齿数为 1，即单头滚刀的头数）、轮齿很长的斜齿圆柱齿轮，也就是蜗杆。但作为刀具，在它的圆柱面上等分地开有一定数量的容屑槽，并通过淬火及铲磨各刀齿的前、后刀面而形成刀刃，这样就形成一把分布在蜗杆螺纹表面上的齿轮滚刀。在齿轮滚刀与被切齿轮作一定速比的啮合运动中，其刀刃在齿坯上就铣切出轮齿的齿形。

齿轮滚刀在齿轮制造中应用很广泛，可以用来加工外啮合的直齿轮、斜齿轮、标准齿轮和变位齿轮。加工齿轮的范围很大，从模数大于 0.1 mm 到小于 40 mm 的齿轮，均可用齿轮滚刀加工。滚齿加工的齿轮，其精度一般达 7 ~ 9 级，在使用超高精度滚刀和严格的工艺条件下也可以加工 5 ~ 6 级精度的齿轮。用一把齿轮滚刀可以加工模数相同的任意齿数的齿轮。

2. 滚切直齿圆柱齿轮的运动分析

图 3–8 为滚切直齿圆柱齿轮的传动原理图。从图中可见滚切直齿圆柱齿轮的工作状态及切削加工时所需运动。在加工直齿圆柱齿轮的滚齿机上需要有以下运动。

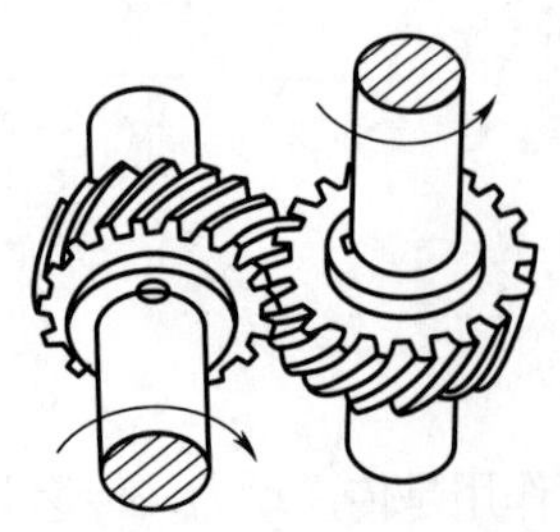

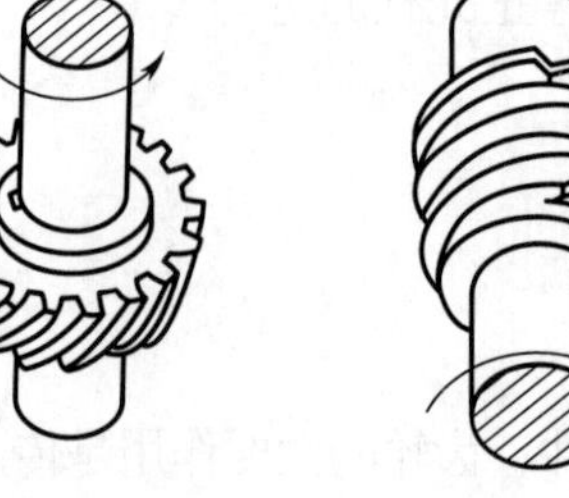

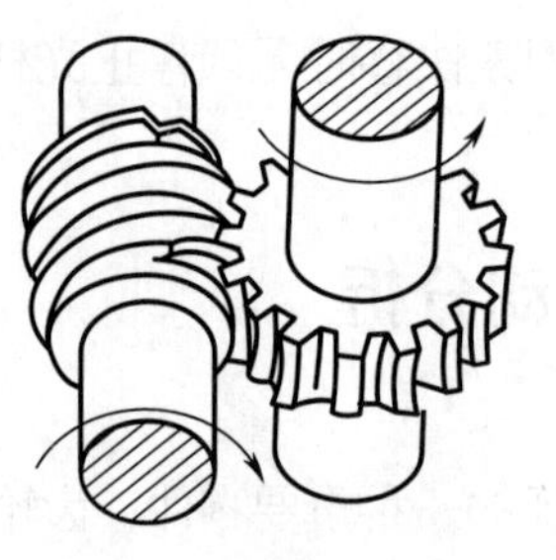

(a) 一对轴线交叉的螺旋齿轮啮合　(b) 其中一个齿轮的齿数减少到一个或几个，螺旋角很大，成了蜗杆　(c) 将蜗杆开槽并铲背(铲磨)，就是齿轮滚刀

图 3-7　滚齿原理

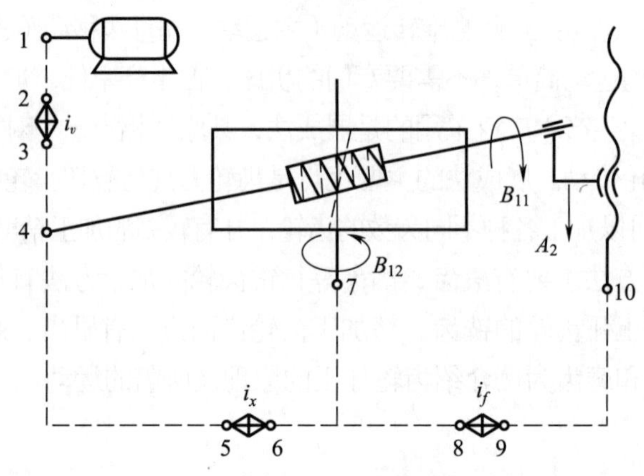

图 3-8　滚切直齿圆柱齿轮的传动原理图

① 主运动。即齿轮滚刀的旋转运动 B_{11}，属外联系传动。其传动联系是电动机—1—2—i_v—3—4—齿轮滚刀。从切削的角度分析，齿轮滚刀的旋转是主运动。这条传动链称为主运动链。

② 展成运动。即滚刀与工件间的啮合运动，是一个复合的表面成形运动。这个运动可分解为两部分：齿轮滚刀的旋转运动 B_{11} 和工件的旋转运动 B_{12}。复合运动的两部分 B_{11} 和 B_{12} 之间需要有一个内联系传动链，用以保持 B_{11} 和 B_{12} 之间的相对运动关系。设齿轮滚刀的头数为 K，工件齿数为 z、则齿轮滚刀每转 $1/K$ 转，工件应转 $1/z$ 转。在图 3-8 中，这条传动链是齿轮滚刀—4—5—i_x—6—7—工件。

由于滚齿应用了螺旋齿轮的啮合原理，所以滚齿时齿轮滚刀与工件齿坯两轴线的相对位置应当相当于两个螺旋齿轮相啮合时轴线的相对位置，即齿轮滚刀的安装角必须使它的螺旋方向准确地与被加工齿轮轮齿方向一致（图 3-9）。而工件的回转方向则是由齿轮滚刀的螺旋线方向和回转方向确定的。如图 3-8 中，当右旋滚刀按图示 B_{11} 方向回转时，工件应按 B_{12} 方向回转，以展成工件轮齿的齿廓。

③ 垂直进给运动。为了形成直齿齿面，齿轮滚刀需沿工件轴线方向作连续的进给运动 A_2。由于工件轴线是垂直方向的，所以一般常用的立式滚齿机是由齿轮滚刀刀架作垂直进给运动的。A_2 是一个简单运动，可以使用独立的动力源驱动。但工件转速和刀架移动速

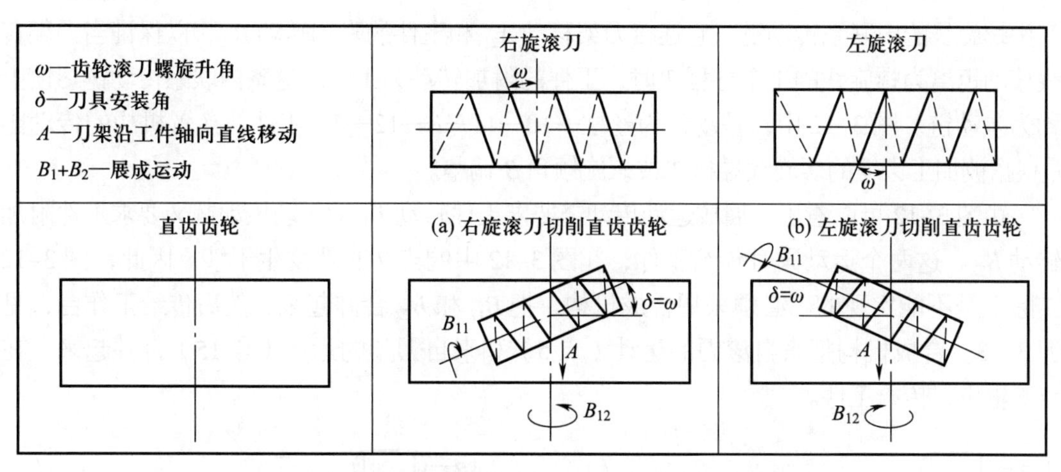

图 3–9 滚切直齿圆柱齿轮时齿轮滚刀的安装角度

度之间的相对关系会影响齿面加工的表面粗糙度。因此，滚齿机的进给以工件每转滚刀架的轴向移动量计，单位为 mm/r。在图 3–8 中，这条传动链为工件—7—8—i_f—9—10—刀架升降丝杠。这是一条外联系传动链，称为进给传动链。

3. 滚切斜齿圆柱齿轮的运动分析

斜齿圆柱齿轮的轮齿端面上的齿廓是渐开线，而在轮齿的齿长方向为一螺旋线，这在图 3–10 所示的一个较宽的斜齿圆柱齿轮中是显而易见的。因此，机床在滚切直齿与斜齿圆柱齿轮齿面时的差别仅在于齿轮轮齿在齿长方向的齿线形状不同：前者为直线，后者为螺旋线。因此，加工斜齿圆柱齿轮时，进给运动是螺旋运动，是一个复合运动，如图 3–11 所示。这个运动可分解为两部分，滚刀架的直线运动和工作台的旋转运动，工作台要同时完成 B_{12} 和 B_{22} 两种旋转运动，B_{22} 常称为附加转动。

图 3–10 斜齿圆柱齿轮

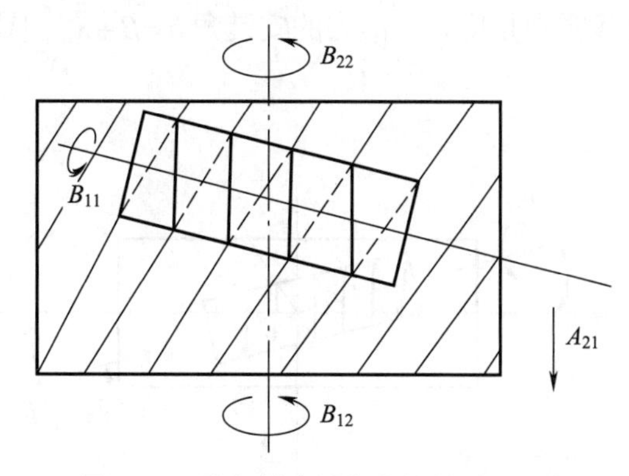

图 3–11 滚切斜齿圆柱齿轮所需的运动

滚切斜齿圆柱齿轮时的两个成形运动都各需一条内联系传动链和一条外联系传动链，如图 3–12 所示。展成运动的传动链与滚切直齿时完全相同。产生螺旋运动的外联系传动——进给链，也与切削直齿圆柱齿轮时相同。但这时的进给运动是复合运动，还需一条产生螺旋线的内联系传动链。它连接刀架移动 A_{21} 和工件的附加转动 B_{22}，以保证当刀架直线移动距离为螺旋线的 1 个导程 T 时，工件的附加转动为 1 转。这条内联系传动链习惯上称为差动链。图 3–12 中，差动链为丝杠—10—11—i_y—12—7—工件。换置机构的传动比 i_y 根据被加工齿轮的螺旋线导程 T 或螺旋倾角 β 调整。

由图 3–12 可以看出，展成运动传动链要求工件转动 B_{12}，差动传动链又要求工件附加转动 B_{22}。这两个运动同时传给工件，在图 3–12 中的点 7 必然发生干涉。因此，图 3–12 实际上是不能实现的。必须采用合成机构，把 B_{12} 和 B_{22} 合并起来，然后传给工作台，见图 3–13。合成机构把来自滚刀的运动（点 5）和来自刀架的运动（点 15）合并起来，在点 6 输出，传给工件。

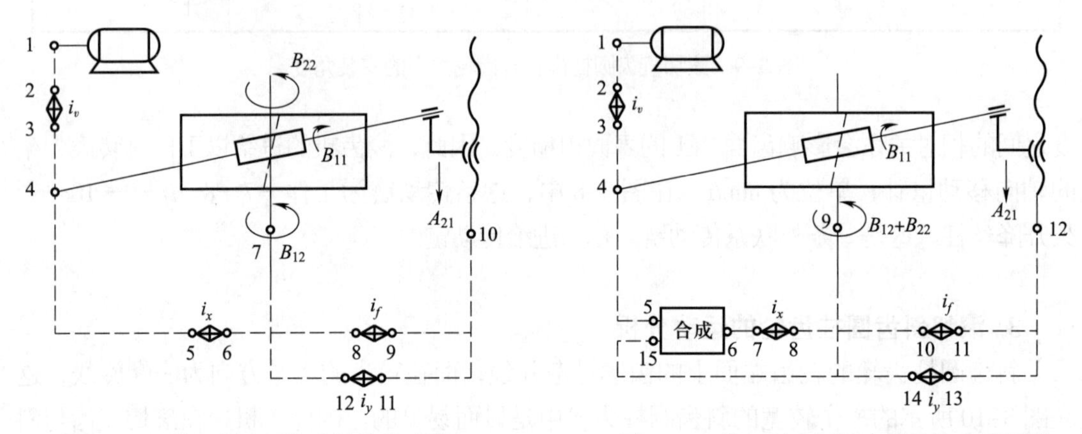

图 3–12 滚切斜齿圆柱齿轮的传动链

图 3–13 滚切斜齿圆柱齿轮的传动原理图

滚切斜齿圆柱齿轮时，滚刀的安装角 δ 不仅与滚刀的螺旋线方向及螺旋升角 λ_o 有关，而且还与被加工齿轮的螺旋线方向及螺旋角 β 有关。当滚刀与齿轮的螺旋线方向相同时，滚刀的安装角 $\delta=\beta-\lambda_o$。图 3–14（a）表示右旋滚刀加工右旋齿轮的情况。当滚刀与齿轮的螺旋线方向相反时，滚刀的安装角 $\delta=\beta+\lambda_o$，图 3–14（b）表示右旋滚刀加工左旋齿轮的情况。

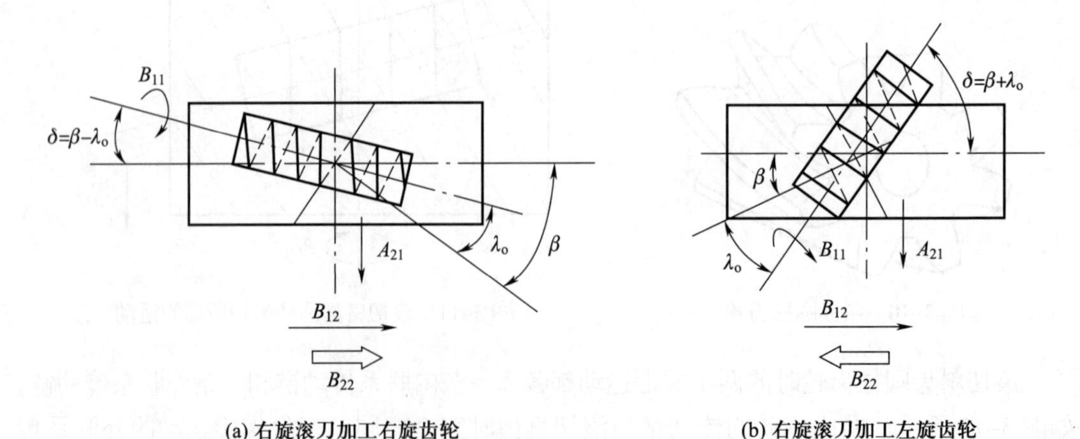

(a) 右旋滚刀加工右旋齿轮

(b) 右旋滚刀加工左旋齿轮

图 3–14 滚切斜齿圆柱齿轮时滚刀的安装角

3.4.2 插齿加工

1. 插齿原理及所需的运动

插齿机用插齿刀来加工内、外啮合的圆柱齿轮，尤其适合于加工内齿轮和多联齿轮。插齿刀为一齿轮形的刀具，它的模数和压力角分别与被加工齿轮的模数和压力角相同，但在每个渐开线齿的齿廓和齿顶上，做出两个侧刃和一个顶刃。插齿加工时，类似一对相啮合的圆柱齿轮。图 3-15 表示插齿的原理及加工时所需的成形运动。展成运动——插齿刀和工件的相对转动是一个复合运动，以形成渐开线齿廓。展成运动可以被分解成两部分：插齿刀的旋转 B_{11} 和工件的旋转 B_{12}。插齿刀的上下往复运动 A_2，是一个简单的成形运动，用以形成轮齿齿面的导线——直线。这个运动是主运动。

插齿开始时，插齿刀和工件除作展成运动外，还要作相对的径向切入运动，直到切入全齿深为止；然后，工件再转过一圈，全部轮齿就切削完毕；插齿刀与工件分开，机床停止。插齿刀在往复运动的回程时不切削，为了减少刀刃的磨损，还需要有让刀运动，即刀具在回程时径向退离工件，切削时复原。

2. 插齿机的传动分析

用齿轮形插齿刀插削直齿圆柱齿轮时，机床的传动原理图如图 3-16 所示。B_{11} 和 B_{12} 是一个复合运动，需要一条内联系传动链和一条外联系传动链。图中点 8 到点 11 之间的传动链是内联系传动链——展成链。圆周进给以插齿刀每往复一次，插齿刀所转过的分度圆弧长计。因此，外联系传动链以驱动插齿刀往复的曲柄偏心轮为间接动力源来联系插齿刀旋转，图中为点 4 到点 8。

插齿刀的往复运动 A_2 是一个简单运动，它只有一个外联系传动链，即由电动机轴处的点 1 至曲柄偏心轮处的点 4。这条传动链是主运动链。

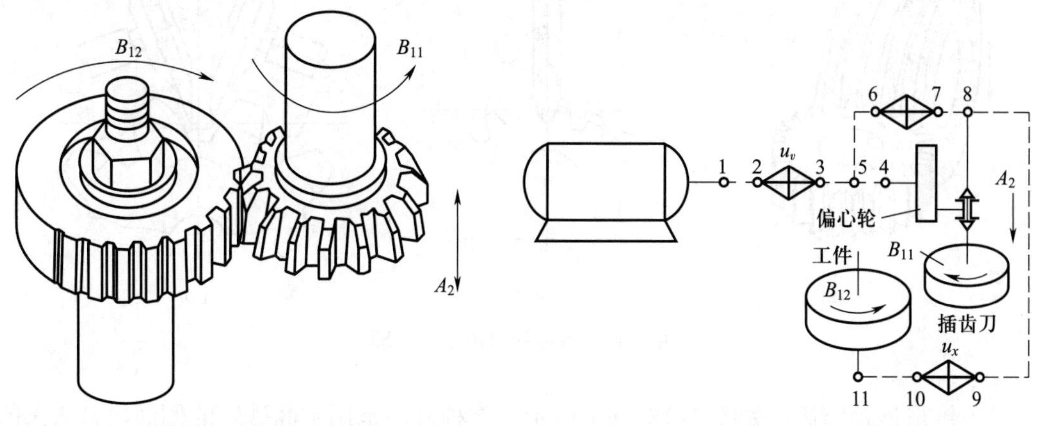

图 3-15 插齿原理及加工时所需的运动　　图 3-16 插齿机的传动原理图

3.4.3 磨齿加工

磨齿机多用于对淬硬的齿轮进行齿廓的精加工。有的磨齿机也能用来直接在齿坯上磨出模数不大的轮齿。磨齿机能消除齿轮淬火后的变形，加工精度较高。磨齿后，齿轮精度最低为6级。有的磨齿机可磨3级或4级齿轮。

磨齿机有两大类，即用成形砂轮磨齿和展成法磨齿。成形砂轮磨齿应用较少，多数磨齿机采用展成法。

1. 成形砂轮磨齿机的原理和运动

成形砂轮磨齿机的砂轮截面形状修整得与齿谷形状相同（图3–17）。磨齿时，砂轮高速旋转并沿工件轴线方向作往复运动。一个齿磨完后分度，再磨第二个齿。砂轮对工件的切入运动，由砂轮与安装工件的工作台作相对径向运动得到。这种机床的运动比较简单。

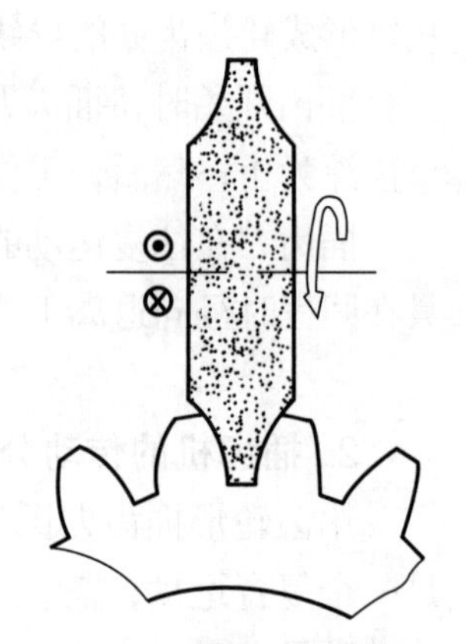

图3–17 成形砂轮磨齿的工作原理图

2. 展成法磨齿机的原理和运动

展成法是广泛使用的磨齿方法，展成法磨齿分以下几类：

① 蜗杆砂轮磨齿。如图3–18（a）所示，这种方法的工作原理和滚齿加工相似。采用这种方法，磨齿机的生产率较高，但要将砂轮修整成蜗杆形状，需用较大的金刚石，修整机构比较复杂，磨齿精度较低。

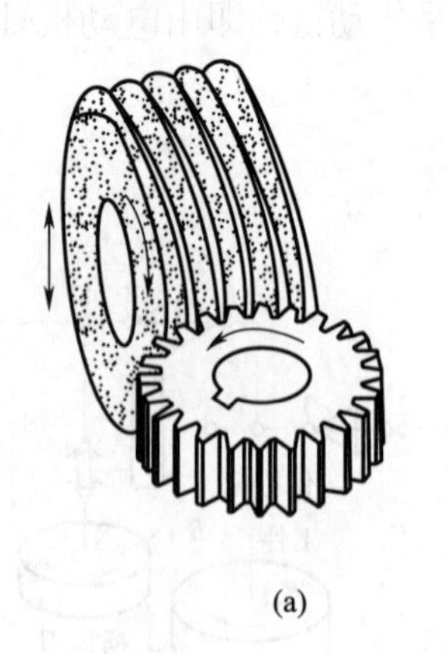
(a)

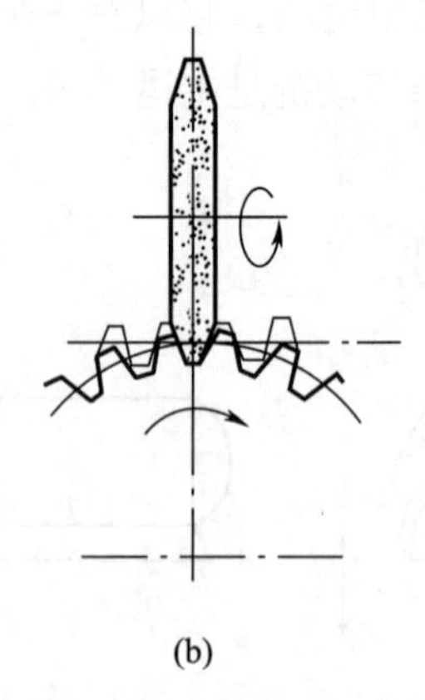
(b)

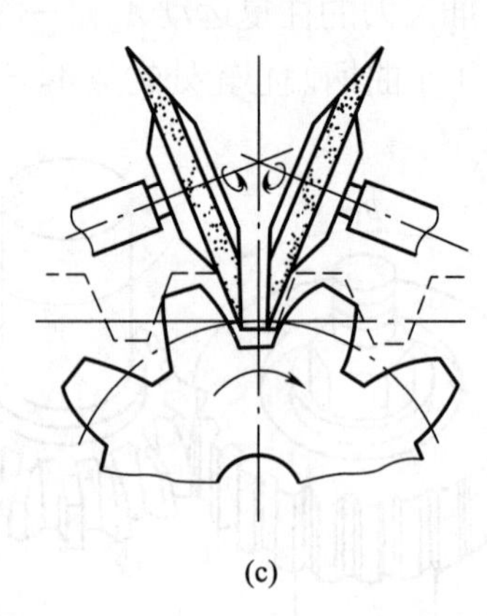
(c)

图3–18 展成法磨齿工作原理

② 锥形砂轮磨齿。如图3–18（b）所示，这种方法是用锥面砂轮的侧面代替齿条的一个齿的齿侧，当砂轮一边旋转一边沿齿向方向作往复直线运动时，锥面的母线就构成了假想齿条的齿形。若工件在此假想齿条的节线上作纯滚动，即工件转动一个齿（$1/z$ 转）

的同时，工件轴心移动 πm，则可展成渐开线齿形。因此，齿形的展成运动是由工件的旋转与移动组成的复合成形运动。齿向的形成采用相切法，由砂轮的旋转和砂轮与工件的相对直线移动来实现。

锥形砂轮是分别磨削一个齿间的两边齿形的，工件向左滚动时，磨削左边齿形，工件向右滚动时，磨削右边齿形，在每磨完一个齿后，工件还需要进行分度。

③ 双碟形砂轮磨齿。如图 3-18（c）所示，这种方法是将两个碟形砂轮轴线倾斜一个角度对称安装，用来代替齿条的两个齿侧面，同时磨削齿间的左、右齿形。其成形运动和分度运动与锥形砂轮磨齿完全相同。这种方法能得到较高的齿轮精度。但是，这种砂轮薄，刚性差，磨削用量小，故生产率较低。

第4章 机床夹具设计基础

4.1 机床夹具概述

机床夹具是一种安装在机床上，对工件实施安装（或装夹），使工件相对于刀具或机床有正确的位置，并使其在加工过程中保持正确位置不变的工艺装备。夹具在机械加工中具有重要作用，直接影响工件的加工质量、工人劳动强度、生产效率和生产成本等。因此，夹具设计是机械加工工艺准备中的一项重要工作。

4.1.1 工件在机床上的安装方法

工件在各种不同的机床上进行加工时，由于工件的尺寸、形状、加工要求和生产批量的不同，其安装方法也不相同。安装一般有两层含义，即定位和夹紧。工件在机床上加工时，首先要把工件安放在机床工作台上或夹具中，使它和刀具之间有正确的相对位置，这个过程称为定位。定位后，应将工件固定，使其在加工过程中保持定位位置不变，这个过程称为夹紧。工件从定位到夹紧的整个过程称为安装。正确的安装是保证工件加工精度的重要条件。工件在机床上或夹具中的安装一般有三种方式。

（1）直接找正安装

由操作工人直接在机床上利用百分表、划针等工具，找正某些有相互位置要求的表面，然后夹紧工件，这种工件定位过程称为直接找正安装。如图4-1所示，在内圆磨床上磨削与外圆表面有很高同轴度要求的筒形工件的内孔时，为保证加工时工件外圆表面轴心线与磨床头架回转轴一致，加工前可先把工件装在四爪卡盘上，把百分表表头顶在工件外圆上，慢慢回转卡盘，调整四个卡爪和工件的位置。如表针基本不动，则说明工件外圆和工作台的回转中心是同轴的，这就保证了工件外圆和其内孔的同轴度。

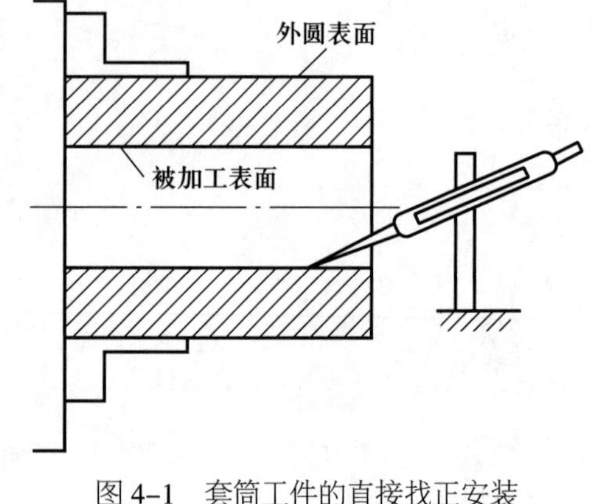

图4-1 套筒工件的直接找正安装

直接找正安装的生产效率低，一般用于单件小批量生产。如果用精密量具找正，而且被找正的工件表面加工精度又很高，则可以达到很高的定位精度，因此在精度要求特别高的生产中往往用直接找正安装。

（2）划线找正安装

按加工要求预先在工件表面上划出位置线、加工线和找正线。安装工件时，先在机床上按找正线找正工件的位置，然后夹紧工件。例如，要在长方形工件上镗孔（图 4–2），可先在划线平台上划出孔的十字中心线，再划出加工线和找正线（找正线和加工线之间的距离一般为 5 mm）。然后将工件安放在四爪单动卡盘上轻轻夹住，转动四爪单动卡盘，用划针检查找正线，找正后夹紧工件。

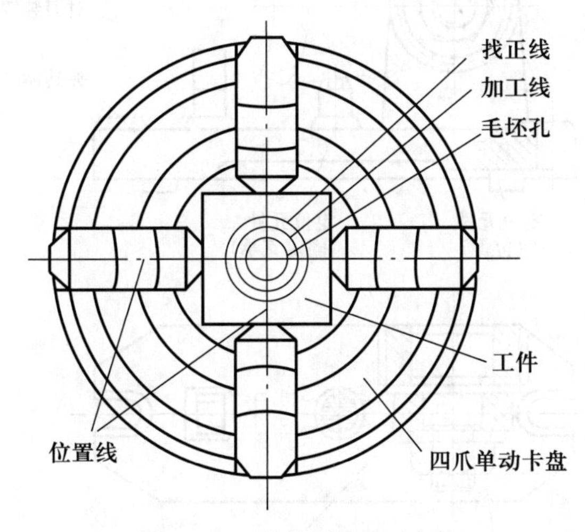

图 4–2 工件的划线找正安装

划线找正安装不需要其他专门设备，通用性好，但生产效率低，精度不高，通常划线找正安装的精度只能达到 0.1 ~ 0.5 mm。该方法适用于单件、中小批生产中的复杂铸件或精度较低的铸件粗加工工序。

（3）夹具安装

为保证加工精度要求和提高生产率，通常多采用夹具安装，用夹具安装工件，不再需要划线和找正，直接由夹具保证工件在机床上的正确位置，并在夹具上直接夹紧工件。一般情况下，夹具安装操作简单，也比较容易保证加工精度要求，在各种生产类型中都有应用，特别是成批和大量生产中。

4.1.2 机床夹具的组成及作用

机床夹具的功能是对工件进行定位、夹紧，将刀具进行导向或对刀，以保证工件和刀具之间的相对位置关系。图 4–3 为加工拨叉零件的铣床夹具，图 4–4 为加工拨叉零件的钻床夹具。从这两个夹具可以看出，一般夹具是由下列几部分组成的。

① 定位元件：起定位作用，保证工件相对于夹具的位置，可用六点定位原理分析其所限制的自由度。

② 夹紧装置：将工件夹紧，保证工件在加工过程中位置不变。夹紧装置通常由夹紧元件、传力机构和动力装置三部分组成。根据动力源的不同，可分为手动、气动、液动和电动等夹紧方式。

③ 导向元件和对刀装置：用来保证刀具相对于夹具的位置，对于钻头、扩孔钻、铰刀、镗刀等孔加工刀具用导向元件，对于铣刀、刨刀等用对刀装置。

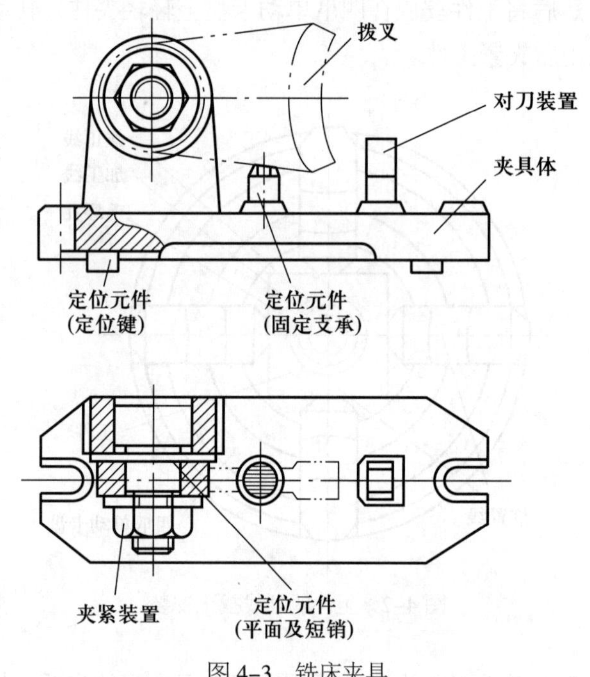

图 4-3 铣床夹具

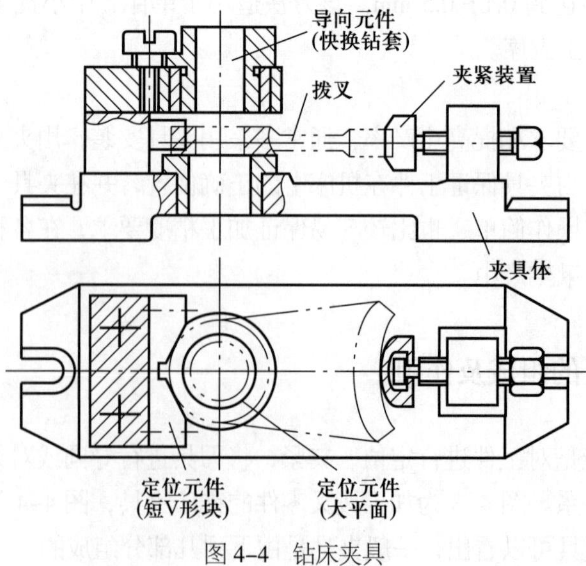

图 4-4 钻床夹具

④ 夹具体：连接夹具上各元件、装置及机构使之成为一个整体的基础件。夹具体一般都比较复杂，它保证了各元件之间的相对位置，对精度要求一般也比较高。

⑤ 其他元件及装置：根据夹具的特殊功能需要而设置的元件或装置，如分度、转位装置，动力装置的操作系统等。

应当指出，并不是每个夹具都必须具备上述的各组成部分，一般而言，定位元件、夹紧装置和夹具体是夹具应具备的基本组成部分。

机床夹具的主要作用如下：

① 保证加工精度。采用夹具安装可以准确确定工件与机床和刀具之间的相对位置以及精度的一致性等。

② 提高生产率。用夹具来定位、夹紧工件，避免了手工操作用划线等方法定位工件，缩短了工件安装的辅助时间。

③ 降低对工人的技术要求和减轻其劳动强度。采用夹具安装，工件的定位精度由夹具保证，不需要操作者有较高的技术水平；快速装夹和机动夹紧可减轻工人的劳动强度。

④ 扩大机床的工艺范围。在机床上安装夹具可以扩大其工艺范围，实现一机多能。如在铣床上加一个转台或分度装置，可以加工有等分要求的零件；在车床上加上三爪自定心卡盘，可以方便地加工短轴类、套筒类零件等。

4.1.3 机床夹具的分类

机床夹具按通用化程度和使用范围，可分为以下几类。

① 通用夹具。与通用机床配套，作为通用机床的附件。如车床上的三爪自定心卡盘、四爪单动卡盘等；铣床上的虎钳、分度头和回转工作台等；平面磨床上的电磁吸盘等。

② 专用夹具。根据零件工艺过程中某工序的要求专门设计的夹具，此夹具只为该零件用，一般都是成批和大量生产中所需的，零件数量较大。

③ 成组夹具。适用于一组零件（一般都是同类零件）的夹具，经过调整（如更换、增加元件）可用来定位、夹紧一组零件。

④ 组合夹具。由许多标准件组合而成，可根据零件加工工序的需要拼装，用完后再拆卸，可用于单件、小批生产。

⑤ 随行夹具。用于自动线上，工件安装在随行夹具上，随行夹具由运输装置送往各机床，并在机床夹具或机床工作台上进行定位夹紧。

4.2 工件在夹具中的定位

工件在夹具中的定位对保证加工精度起着十分重要的作用。实际上，由于定位基准和定位元件存在着误差，故同批工件在夹具中所占据的位置不可能精确一致，这种位置的变化将引起有关加工尺寸的变化。因此，定位方案是否合理，将直接影响加工质量。一般说来，工件的定位需考虑下列问题：① 正确处理工件定位与加工精度之间的关系，找到合适的正确位置；② 选择和设计合理的定位方法及相应的定位装置；③ 保证有足够的定位精度。

4.2.1 六点定位原理

任何一个工件，在空间直角坐标系中均具有6个独立的自由度，即沿三个直角坐标轴 X，Y，Z 的平移运动自由度，记为 $\vec{X}$、$\vec{Y}$、$\vec{Z}$；绕 X、Y、Z 轴的转动自由度，记为 $\widehat{X}$、$\widehat{Y}$、$\widehat{Z}$，如图4–5所示。

要使工件在机床和夹具上正确定位，必须限制或约束工件的这些自由度。如图4–6所示，长方体工件定位时，可在其底面布置3个不共线的约束点1、2、3，在侧面布置2个约束点4、5，并在端面布置1个约束点6，则约束点1、2、3可限制 $\vec{Z}$、$\widehat{X}$ 和 $\widehat{Y}$ 3个自由度；约束点4、5可限制 $\vec{Y}$ 和 $\widehat{Z}$ 自由度；约束点6可限制 $\vec{X}$ 自由度。这就完全限制了长方体工件的6个自由度。

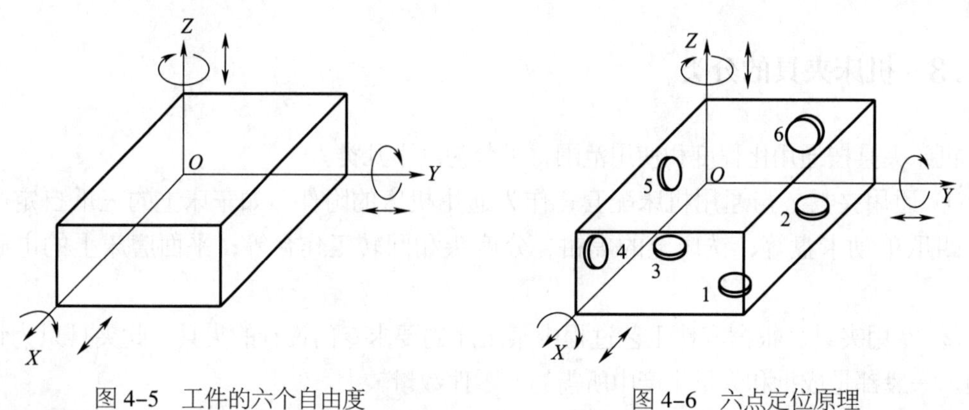

图4–5 工件的六个自由度　　图4–6 六点定位原理

在实际应用中，将接触面积很小的支承钉看作约束点，并按上述位置布置6个支承钉，可限制长方体工件的6个自由度，实现完全定位，称为六点定位原理。

4.2.2 完全定位和不完全定位

根据工件加工面的位置（包括位置尺寸）要求，有时需要限制6个自由度，有时仅需要限制1个或几个（少于6个）自由度。前者称为完全定位，后者称为不完全定位。完全定位和不完全定位在实际生产中都有应用，如图4–7中所列举的6种情况。其中，图4–7（a）要求在球上铣平面，由于是球，所以3个转动自由度不必限制，此外该平面在 X 方向和 Y 方向均无位置尺寸要求，因此这两个方向的移动自由度也不必限制。因为 Z 方向有位置尺寸要求，所以必须限制 Z 方向的移动自由度（$\vec{Z}$），即球铣平面（通铣）只需限制 1 个自由度。图 4–7（b）要求在球上钻通孔，只需要限制 2 个自由度（$\vec{X}$和$\vec{Y}$）；图 4–7（c）要求在长方体上通铣上平面，需限制 3 个自由度（$\vec{Z}$、$\widehat{X}$和$\widehat{Y}$）；图 4–7（d）要求在圆轴上通铣键槽，需限制 4 个自由度（除$\vec{X}$和$\widehat{X}$外）；图 4–7（e）要求在长方体上通铣槽，只需限制 5 个自由度（除$\vec{X}$外）；图 4–7（f）要求在长方体上铣不通槽，则需限制 6 个自由度。

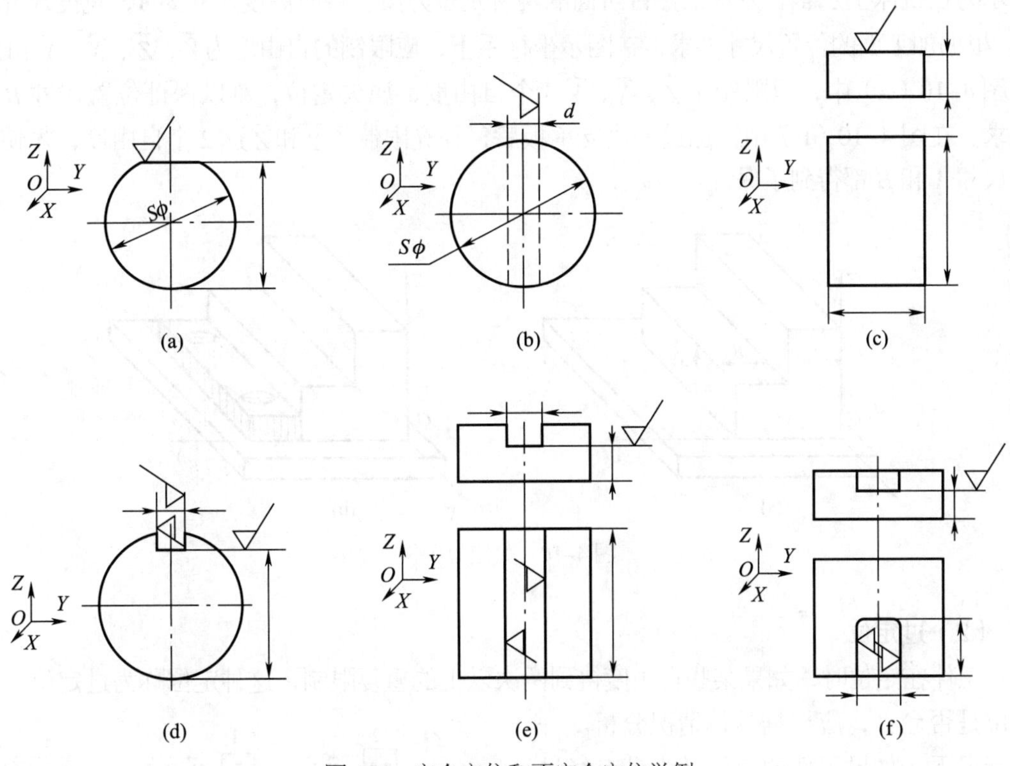

图 4–7　完全定位和不完全定位举例

需要指出，有时为了使定位元件帮助承受切削力、夹紧力，或为了保证一批工件的进给长度一致，常常对无位置尺寸要求的自由度也加以限制。例如在图 4–7（a）中，虽然从定位分析上看，球上通铣平面只需限制 1 个自由度，但是在决定定位方案时，往往会考虑要限制 2 个自由度（图 4–8）或限制 3 个自由度（图 4–9）。

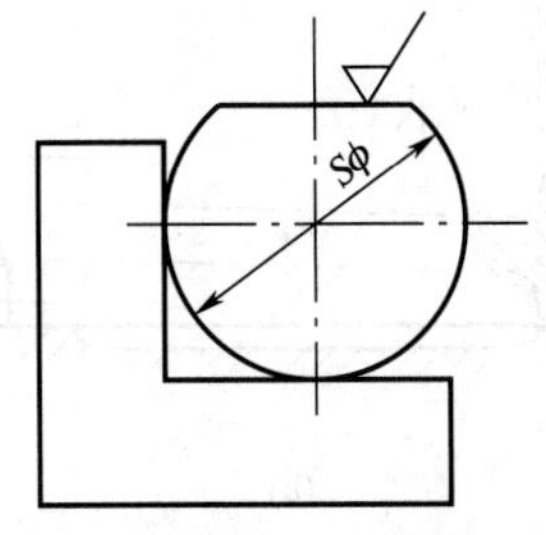

图 4–8　球上通铣平面限制两个自由度

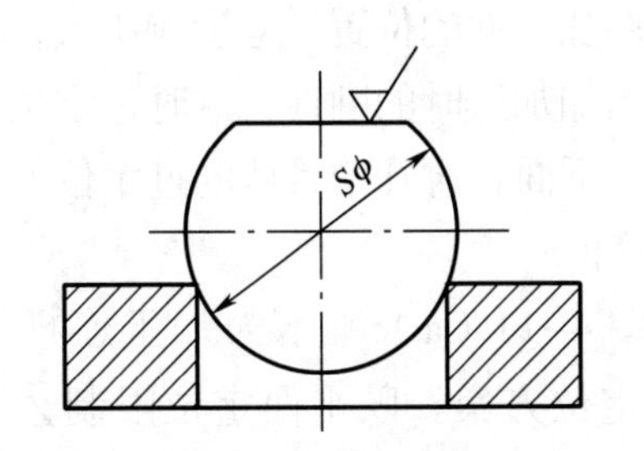

图 4–9　球上通铣平面限制三个自由度

4.2.3　欠定位和过定位

（1）欠定位

工件在加工过程中应该限制的自由度没有得到限制，这样的定位称为欠定位。工件的欠定位将引起有关加工尺寸或精度无法得到保证，欠定位是不允许的。例如，图4–10所示为在铣床上加工长方体工件台阶面的两种定位方案。台阶高度尺寸为A，宽度尺寸为B，根据加工面的位置尺寸要求，在图示坐标系下，应限制的自由度为$\vec{Y}$、$\vec{Z}$、$\widehat{X}$、$\widehat{Y}$和$\widehat{Z}$。在图4–10（a）中，只限制了$\vec{Z}$、$\widehat{X}$、$\widehat{Y}$ 3个自由度，属欠定位，难以保证位置尺寸B的要求。在图4–10（b）中，加进一块支承板后，补充限制了$\vec{Y}$和$\widehat{Z}$这2个自由度，才使位置尺寸A和B都得到了保证。

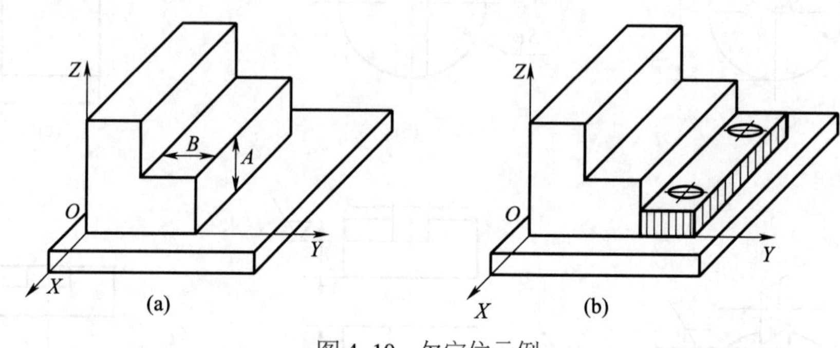

图4–10　欠定位示例

（2）过定位

工件在定位时，如果某些自由度得到两次以上的重复限制，这种定位称为过定位。过定位是否允许，应根据具体情况分析。一般情况下，如果工件的定位面为没有经过机械加工的毛坯面或虽经过了机械加工，但仍然很粗糙，这时过定位是不允许的。如果工件的定位面经过了机械加工，并且定位面和定位元件的尺寸、形状和位置都做得比较准确，比较光整，则过定位不但对工件加工面的位置尺寸影响不大，反而可以增加加工时的刚性，这时过定位是允许的。下面针对几个具体的过定位例子做简要分析。

图4–11（a）所示为加工连杆孔的正确定位方案。以平面定位限制$\vec{Z}$、$\widehat{X}$、$\widehat{Y}$ 3个自由度，以短圆柱销2限制$\vec{X}$、

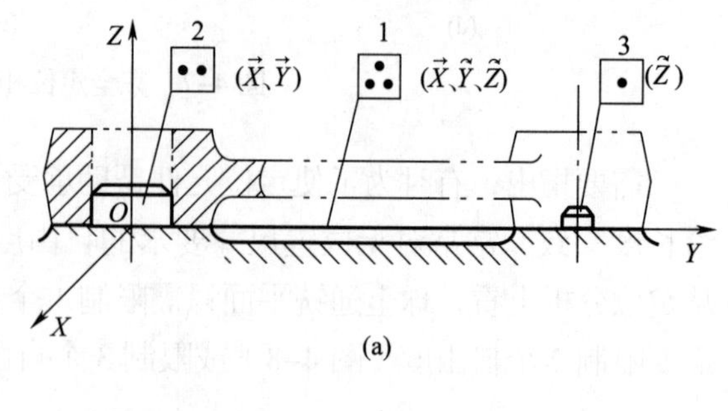

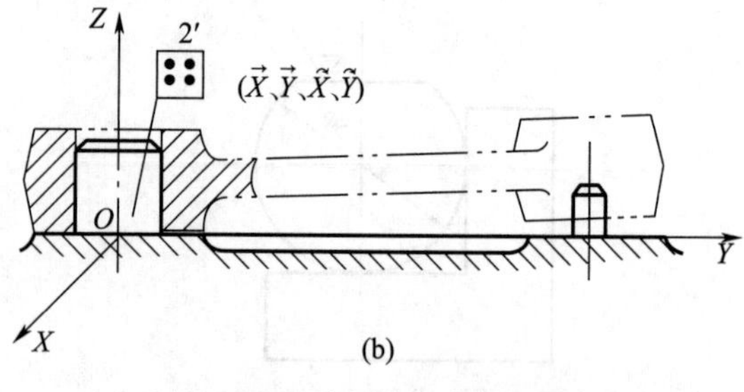

图4–11　连杆的过定位示例

$\vec{Y}$ 2个自由度，以防转销3限制$\widehat{Z}$自由度，属完全定位。但是，假如用长销代替短销2［图4–11（b）］，由于长销限制了$\vec{X}$、$\vec{Y}$、$\widehat{X}$、$\widehat{Y}$ 4个自由度，其中限制的$\widehat{X}$、$\widehat{Y}$与平面1所限制的自由度重复，因而会产生干涉现象。由于工件孔与端面、长销外圆与凸台面均存在垂直度误差，若长轴刚性很好，将造成工件与底面为点接触而出现定位不稳定，或在夹紧力作用下使工件变形；若长销刚性不足，则将弯曲，而使夹具损坏，这两种情况都是不允许的。

图4–12（a）为孔与端面组合定位的情况。其中，长销的大端面可以限制$\vec{Y}$、$\widehat{X}$和$\widehat{Z}$ 3个自由度，长销可限制$\vec{Z}$、$\vec{X}$、$\widehat{Z}$和$\widehat{X}$ 4个自由度。显然，$\widehat{X}$和$\widehat{Z}$自由度被重复限制，出现了两个自由度过定位。在这种情况下，若工件端面和孔的轴线不垂直，或长销的轴线与长销的大端面有垂直度误差，则在轴向夹紧力作用下，将使工件或长销产生变形。为此，可以采用小平面与长销组合定位［图4–12（b）］，也可以采用大平面与短销组合定位［图4–12（c）］，还可以采用球面垫圈与长销组合定位［图4–12（d）］。

由上述分析可知，形成过定位的根本原因是由于定位副存在着制造误差，而这种误差是不可避免的。在这种情况下，夹具上的定位元件同时重复限制工件的一个或几个自由度，就将引起工件的定位不稳定，破坏一批工件位置的一致性，使工件或定位元件在夹紧力的作用下产生变形，甚至使定位副遭到破坏。

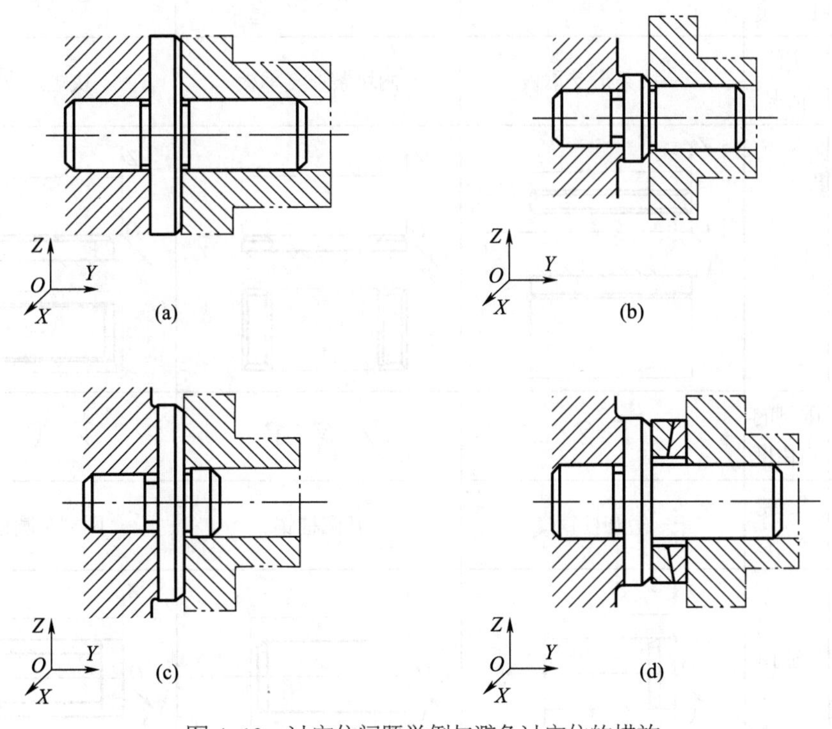

图4–12　过定位问题举例与避免过定位的措施

4.2.4 常见的定位方式与定位元件

表4–1列出了一些典型的定位元件及其限制的自由度情况。按照工序要求，确定好工件在安装时应限制的自由度后，应按工件的结构形式选择相应的定位方式和定位元件。

表4–1 典型定位元件及其限制的自由度情况

工件的定位面	夹具的定位元件				
平面	支承钉	定位情况	1个支承钉	2个支承钉	3个支承钉
		图示	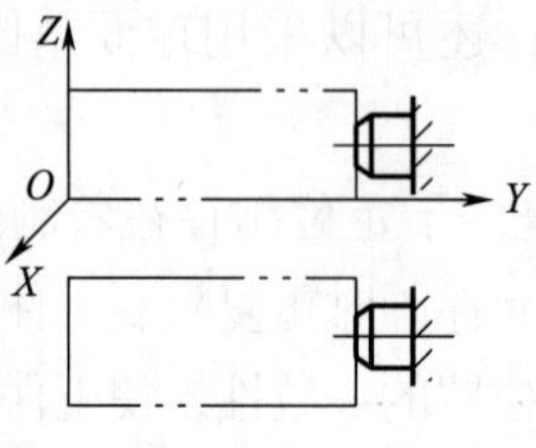	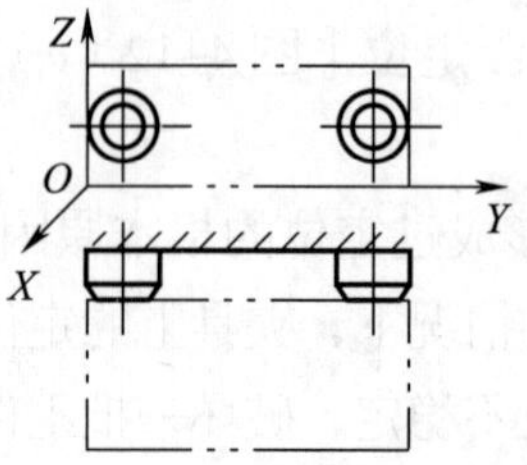	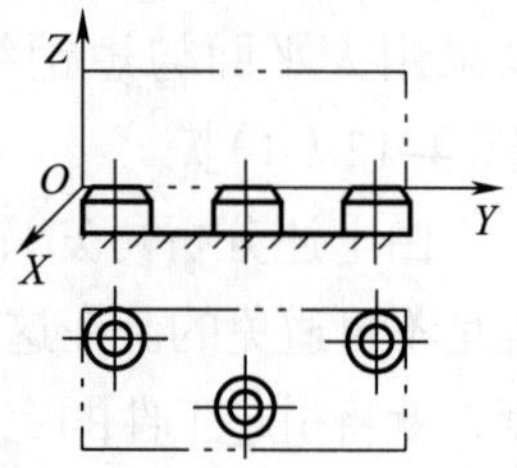
		限制的自由度	$\overrightarrow{Y}$	$\overrightarrow{X}$ $\overset{\curvearrowright}{Z}$	$\overrightarrow{Z}$ $\overset{\curvearrowright}{X}$ $\overset{\curvearrowright}{Y}$
	支承板	定位情况	一块条形支承板	两块条形支承板	一块矩形支承板
		图示	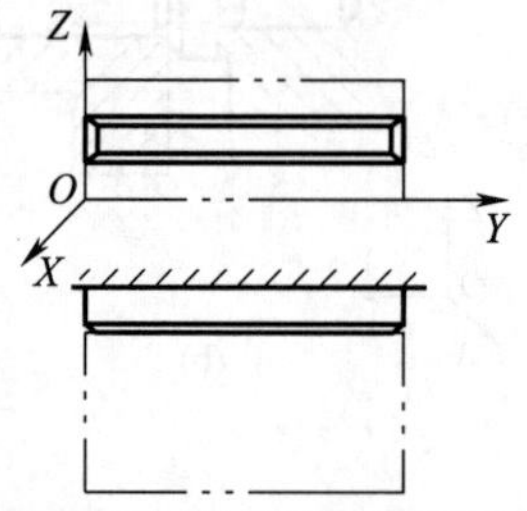	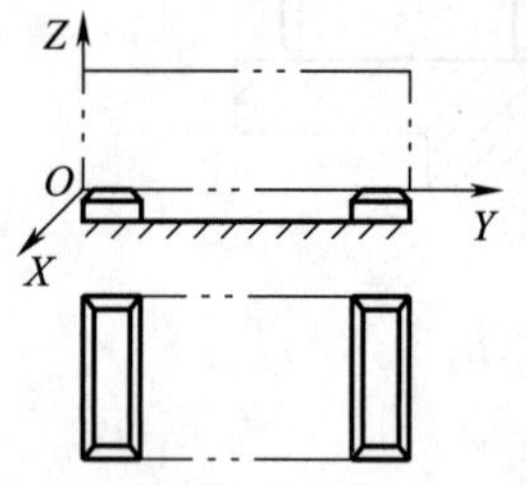	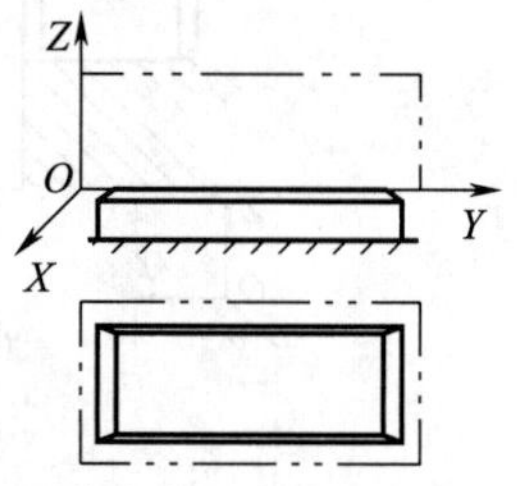
		限制的自由度	$\overrightarrow{X}$ $\overset{\curvearrowright}{Z}$	$\overrightarrow{Z}$ $\overset{\curvearrowright}{X}$ $\overset{\curvearrowright}{Y}$	$\overrightarrow{Z}$ $\overset{\curvearrowright}{X}$ $\overset{\curvearrowright}{Y}$
圆孔	圆柱销	定位情况	短圆柱销	长圆柱销	两端短圆柱销
		图示	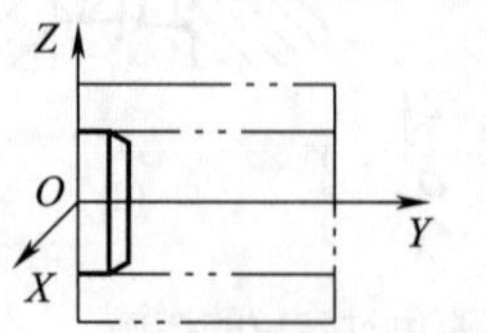	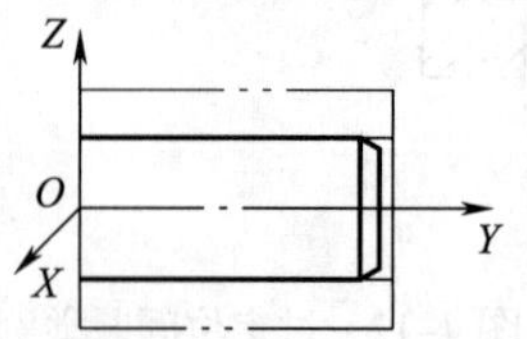	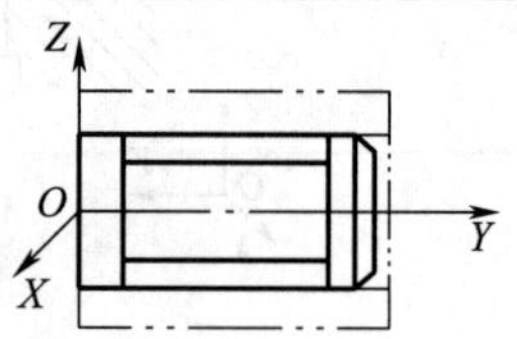
		限制的自由度	$\overrightarrow{X}$ $\overrightarrow{Z}$	$\overrightarrow{X}$ $\overrightarrow{Z}$ $\overset{\curvearrowright}{X}$ $\overset{\curvearrowright}{Z}$	$\overrightarrow{X}$ $\overrightarrow{Z}$ $\overset{\curvearrowright}{X}$ $\overset{\curvearrowright}{Z}$

续表

工件的定位面	夹具的定位元件				
圆孔	圆柱销	定位情况	菱形销	长销小平面结合	短销大平面结合
		图示	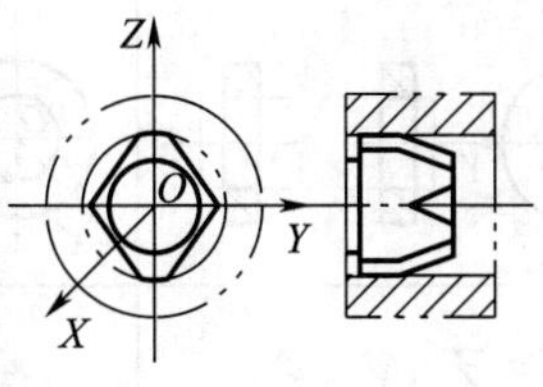	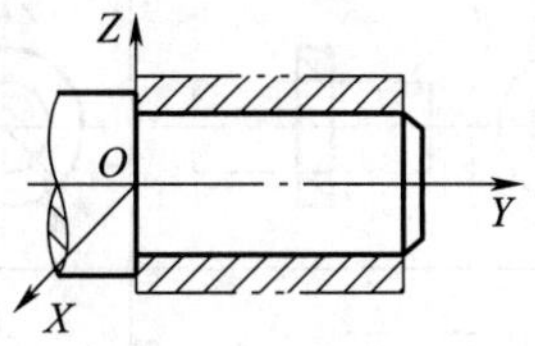	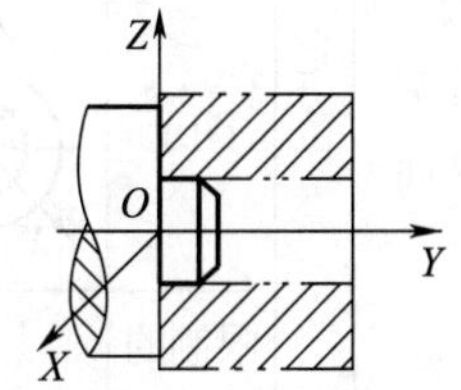
		限制的自由度	$\vec{Z}$	$\vec{X}$ $\vec{Y}$ $\vec{Z}$ $\widehat{X}$ $\widehat{Z}$	$\vec{X}$ $\vec{Y}$ $\vec{Z}$ $\widehat{X}$ $\widehat{Z}$
	圆锥销	定位情况	固定锥销	浮动锥销	固定锥销与浮动锥销组合
		图示	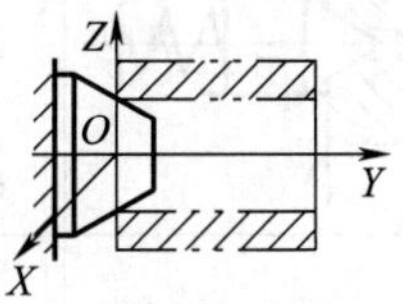	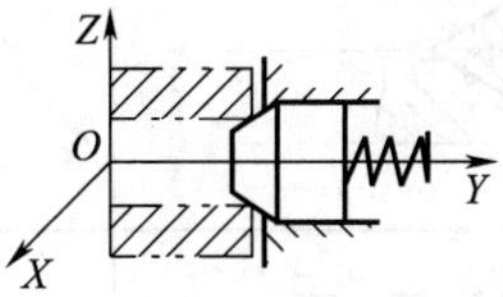	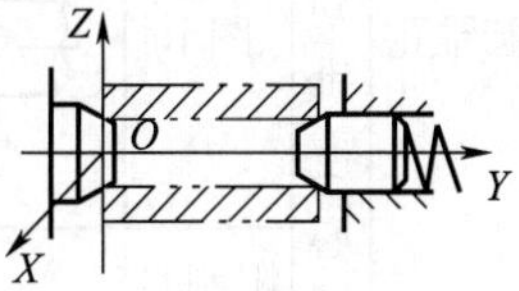
		限制的自由度	$\vec{X}$ $\vec{Y}$ $\vec{Z}$	$\vec{X}$ $\vec{Z}$	$\vec{X}$ $\vec{Y}$ $\vec{Z}$ $\widehat{X}$ $\widehat{Z}$
	心轴	定位情况	长圆柱心轴	短圆柱心轴	小锥度心轴
		图示	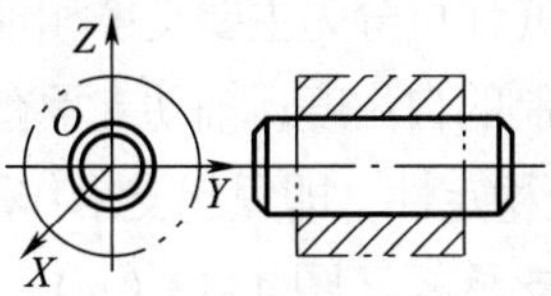	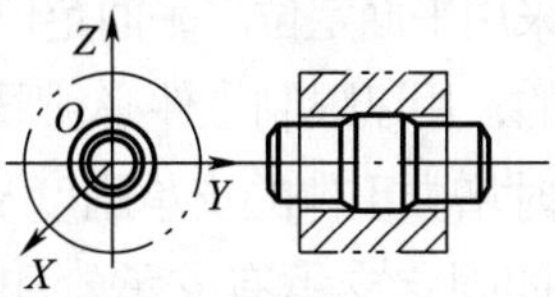	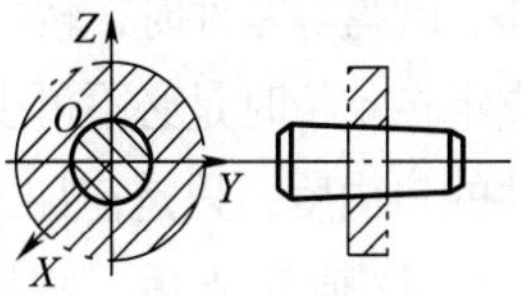
		限制的自由度	$\vec{X}$ $\vec{Z}$ $\widehat{Y}$ $\widehat{Z}$	$\vec{Y}$ $\vec{Z}$	$\vec{Y}$ $\vec{Z}$
外圆柱面	V形块	定位情况	一块短 V 型块	两块短 V 型块	一块长 V 型块
		图示	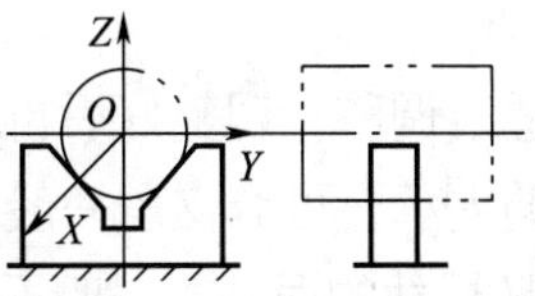	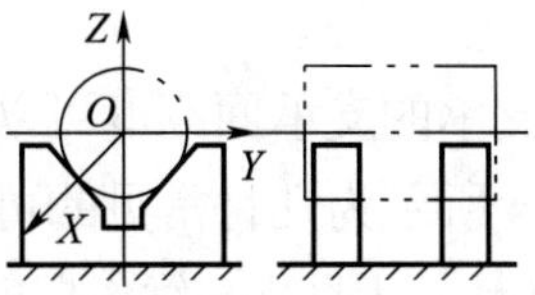	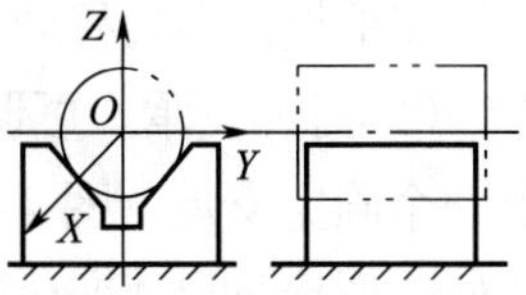
		限制的自由度	$\vec{Y}$ $\vec{Z}$	$\vec{Y}$ $\vec{Z}$ $\widehat{Y}$ $\widehat{Z}$	$\vec{Y}$ $\vec{Z}$ $\widehat{Y}$ $\widehat{Z}$

续表

工件的定位面	夹具的定位元件				
外圆柱面	定位套	定位情况	一个短定位套	两个短定位套	一个长定位套
		图示			
		限制的自由度	$\overrightarrow{Y}$ $\overrightarrow{Z}$	$\overrightarrow{Y}$ $\overrightarrow{Z}$ $\overset{\frown}{Y}$ $\overset{\frown}{Z}$	$\overrightarrow{Y}$ $\overrightarrow{Z}$ $\overset{\frown}{Y}$ $\overset{\frown}{Z}$
圆锥孔	锥顶尖和锥度心轴	定位情况	固定顶尖	浮动顶尖	锥度心轴
		图示			
		限制的自由度	$\overrightarrow{X}$ $\overrightarrow{Y}$ $\overrightarrow{Z}$	$\overrightarrow{X}$ $\overrightarrow{Z}$	$\overrightarrow{X}$ $\overrightarrow{Y}$ $\overrightarrow{Z}$ $\overset{\frown}{X}$ $\overset{\frown}{Z}$

1. 工件以平面定位

最常见的定位方式是工件以平面定位，其主要形式是支承定位。例如加工箱体、床身、机座、圆盘等零件时，较多采用平面定位。平面定位元件可分为主要支承和辅助支承两种。主要支承在定位时是必不可少的，用以限制工件必须限制的自由度；辅助支承在定位时并不限制工件的自由度，只是在加工时增强工件的支承刚度及稳定性，即只起支承作用而不起定位作用。

① 固定支承。常用的固定支承有支承钉和支承板。图4-13（a）、（b）、（c）所示为常用的3种支承钉，其中A型多用于精基准面的定位，B型多用于粗基准面的定位，C型多用于工件侧面的定位。图4-13（d）、（e）所示为常用的两种支承板，支承板一般用于大工件或流水线、自动线上的定位。根据工件结构选用若干块支承板，然后用螺钉固定在夹具体上。图中A型支承板结构简单；B型支承板上面开有斜槽，易于排屑，并有利于工件沿支承板方向的移动。

② 可调支承。可调支承的支承面高度可以适当调整，调整好后再锁紧，其作用相当于一个固定支承。图4-14所示为几种常见的可调支承。可调支承一般用于毛坯制造精度较低，形状及尺寸变化较大，以调节补偿各批毛坯尺寸的误差。一般不是对每一个加工工件进行一次调整，而是一批毛坯调整一次。所有的可调支承其高度调整好后都必须锁紧，以防止加工中松动。

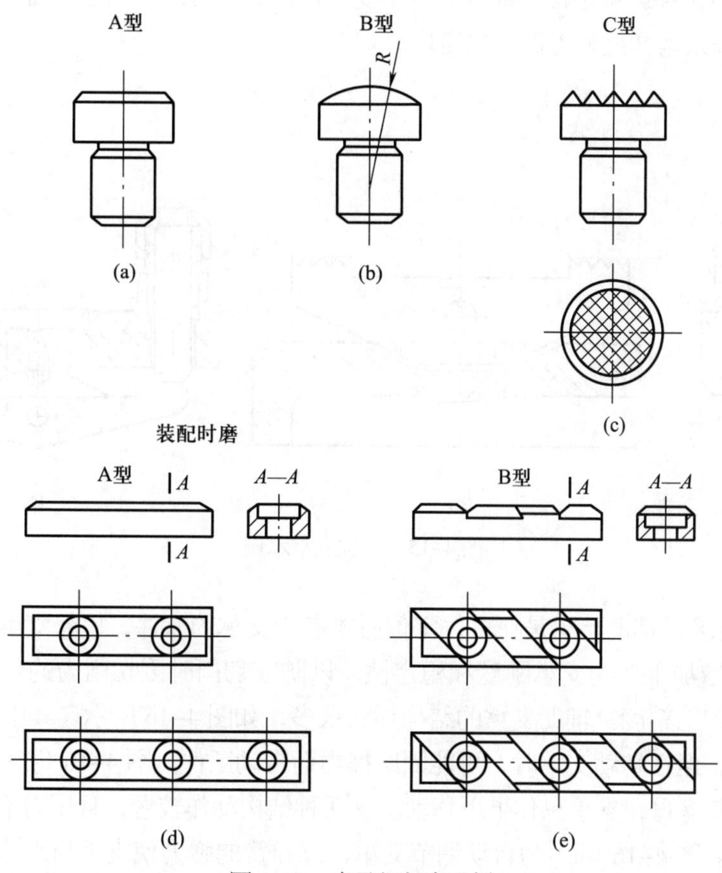

图 4-13 支承钉与支承板

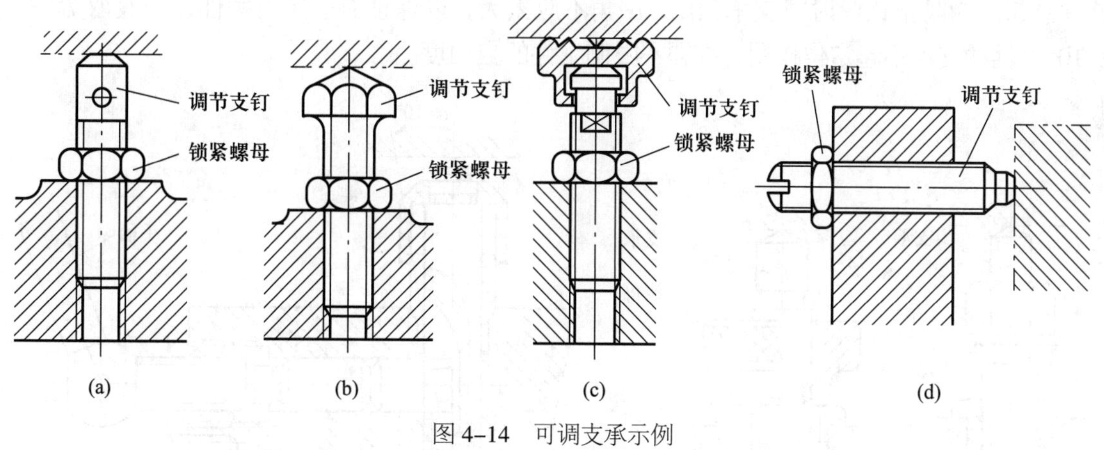

图 4-14 可调支承示例

③ 自位支承。对于大尺寸、刚性差或平面误差较大的毛坯面，为增加支承点，又不造成重复定位，有时采用自位支承，自位支承又称浮动支承。图 4-15 所示的几种常见的自位支承中，(a)、(b) 为两点式自位支承，(c) 为三点式自位支承。自位支承一般只限制一个自由度的定位作用，即一点定位，通过增加接触点以减小压力强度，达到增强工件

刚度的目的，但又不影响定位所限制的自由度。自位支承常用于毛坯表面、断续表面、阶梯表面的定位以及有角度误差的平面定位。

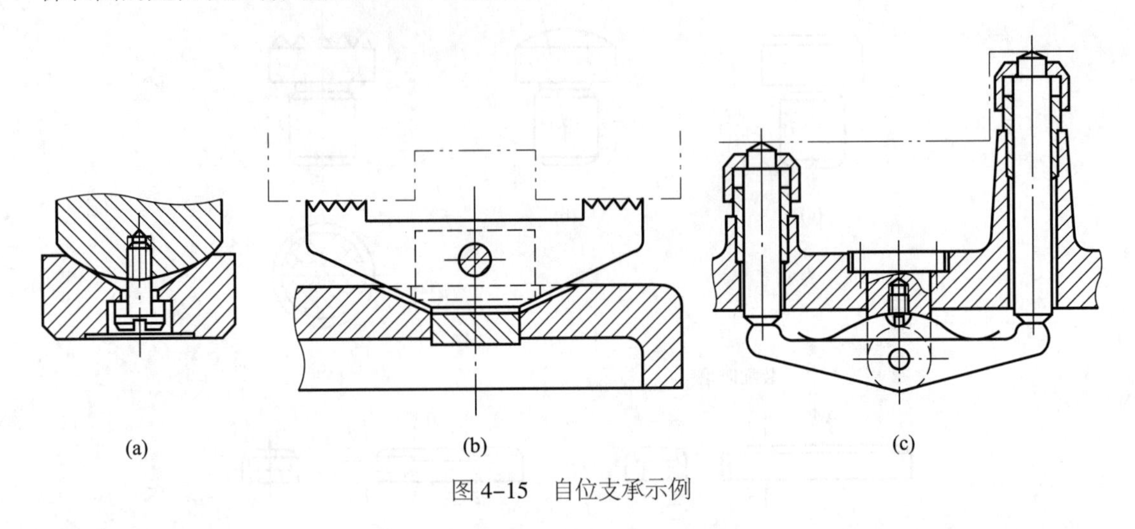

图 4–15　自位支承示例

④ 辅助支承。辅助支承是在工件定位后才参与支承的元件，仅起支承作用，不起定位作用，用于增加工件的支承刚度和稳定性，以防在切削时因切削力的作用而使工件发生变形，影响加工精度。辅助支承的结构形式很多，如图 4–16 所示。其中，图 4–16（a）的结构最简单，但在转动支承时，可能因摩擦力而带动工件。图 4–16（b）的结构避免了上述缺点，调整螺母，支承只作上下移动。这两种结构动作较慢，且用力不当会破坏工件已定好的位置。图 4–16（c）为自动调节支承，靠弹簧的弹力使支承与工件接触，转动手柄将支承锁紧。因弹簧力可以调整，所以作用力适当而稳定，从而避免了操作失误而将工件顶起。为防止锁紧时将支承顶出，α 角不应太大，以保证有一定自锁性，一般取 7° ~ 10°。辅助支承不起定位作用，亦即不限制工件的自由度。

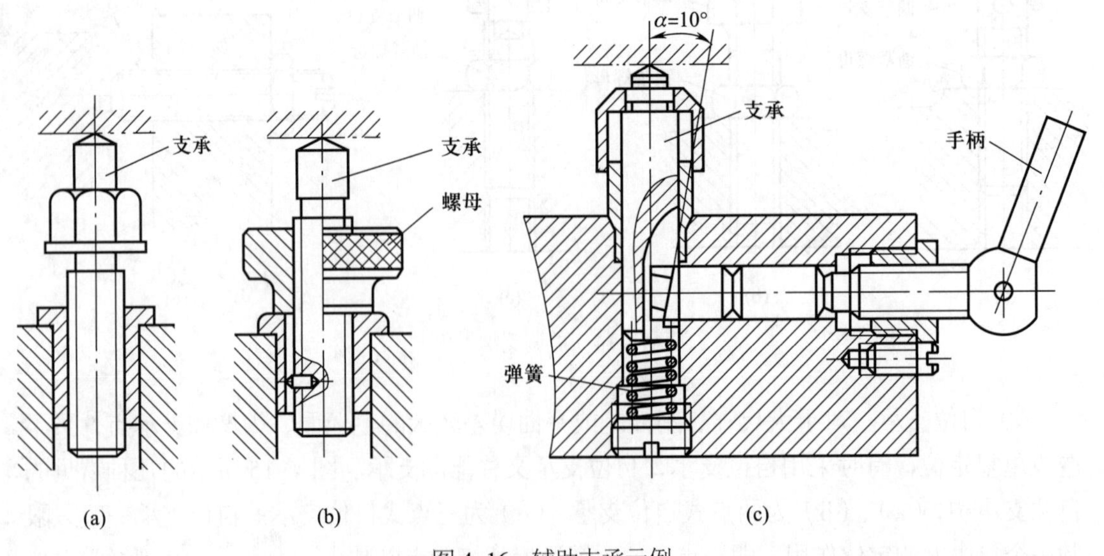

图 4–16　辅助支承示例

2. 工件以圆柱孔定位

工件以圆柱孔定位，常见的零件有套筒、法兰盘、杠杆、拨叉、齿轮等，常采用的定位元件有定位销、定位心轴、定心夹紧装置等。下面简单介绍定位销和定位心轴。

（1）定位销

定位销有圆柱销和圆锥销两类，圆柱销又有长定位销和短定位销两种。短定位销一般限制 2 个移动自由度，长定位销可限制 2 个移动自由度和 2 个转动自由度。图 4–17 为常用圆柱定位销结构示例。当工件定位内孔直径 $D>3\sim10$ mm 时，为增加刚度，避免销因撞击而折断，或热处理时淬裂，通常采用有根结构，为使其不影响定位，通常采用沉孔安装［图 4–17（a）］。图 4–17（d）所示为带衬套的结构，便于更换定位销。

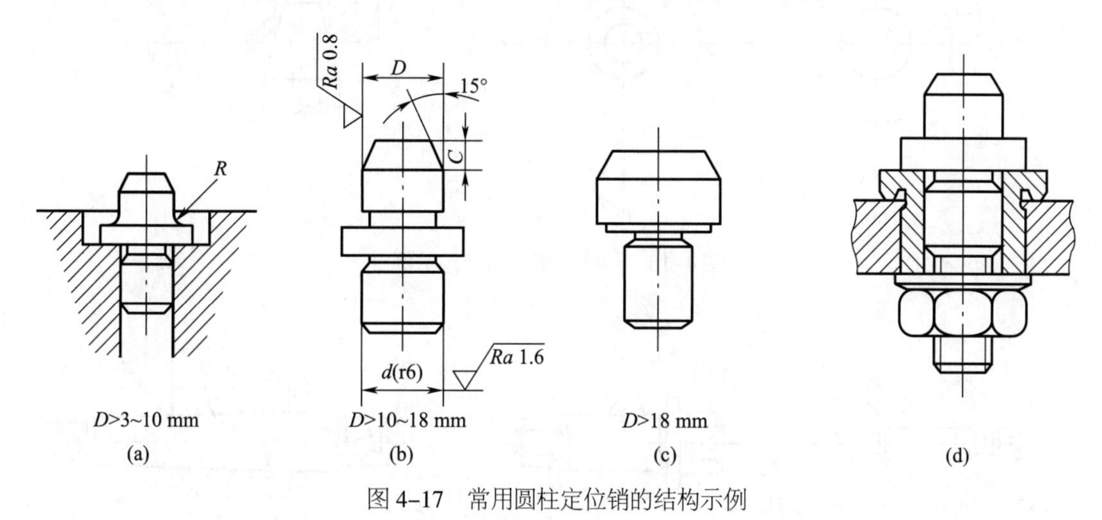

图 4–17 常用圆柱定位销的结构示例

定位销工作部分的直径公差，应根据工件的加工要求和安装方便，按 g5、g6、f6、f7 制造。定位销与夹具体的连接可用过盈配合［图 4–17（a）、（b）、（c）］，也可采用间隙配合［图 4–17（d）］。常用的定位销已标准化，设计时可参阅有关手册。

工件以圆柱孔在圆锥销上定位时，孔端边缘与圆锥销的斜面相接触，如图 4–18 所示。图 4–18（a）所示为用固定式圆锥销定位，可限制 3 个移动自由度；图 4–18（b）所示为用活动式圆锥销定位，只限制 2 个移动自由度；图 4–18（c）所示为固定式圆锥销和活动式圆锥销组合定位，共限制 5 个自由度，这种情况在车床、磨床上加工圆柱类零件时应用广泛。

（2）定位心轴

定位心轴的结构形式很多，图 4–19 为几种常见的定位心轴，其中图 4–19（a）为过盈配合心轴，图 4–19（b）为间隙配合心轴，图 4–19（c）为锥度心轴。工件在心轴上的定位通常限制了工件除绕自身轴线转动和沿自身轴线移动以外的 4 个自由度，是四点定位。锥度心轴的锥度为 1∶5 000 ~ 1∶1 000。工件安装时轻轻敲入或压入，通过孔和心轴接触表面的弹性变形夹紧工件。锥度心轴可限制除绕轴线旋转以外的其余 5 个自由度。锥度心轴定心精度较高，但工件孔径的公差会引起工件轴向位置变化很大，且不易控制。

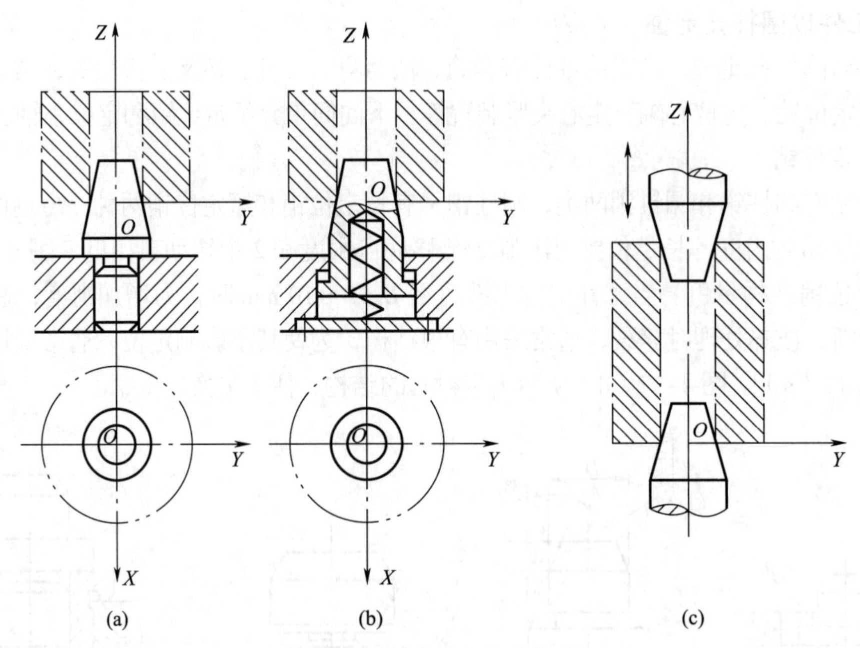

图 4-18　圆锥销定位的结构示例

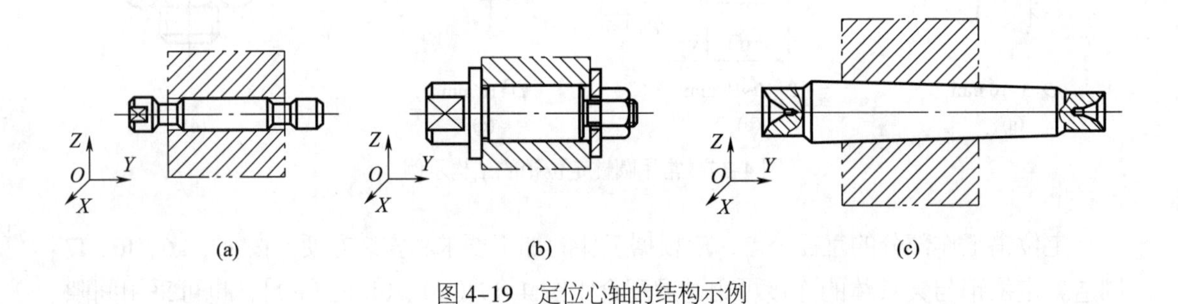

图 4-19　定位心轴的结构示例

3. 工件以外圆表面定位

工件以外圆表面定位时，常见的定位元件有定心定位和支承定位两种基本形式。

（1）定心定位元件

定心定位以外圆柱面的轴心线为定位基准，而与定位元件实际接触的是其上的点、线或面。常见的定心定位装置有各种形式的三爪自定心卡盘、弹簧夹头以及其他自动定心机构。套筒定位也是常见的一种。图 4-20（a）所示为工件以轴心线作为第一定位基准，为了便于装入工件，套筒端部作成引导锥面。图 4-20（b）所示为工件以端面作为第一定位基准，轴心线为第二定位基准。图 4-20（c）所示为径向均布 3 个弹性爪的外圆定位盘。

（2）支承定位元件

工件以外圆表面支承定位常用的定位元件是 V 形块。不论定位基准是否经过加工，不论是完整的圆柱面还是局部的圆弧面，都可采用 V 形块定位。V 形块定位的优点是它

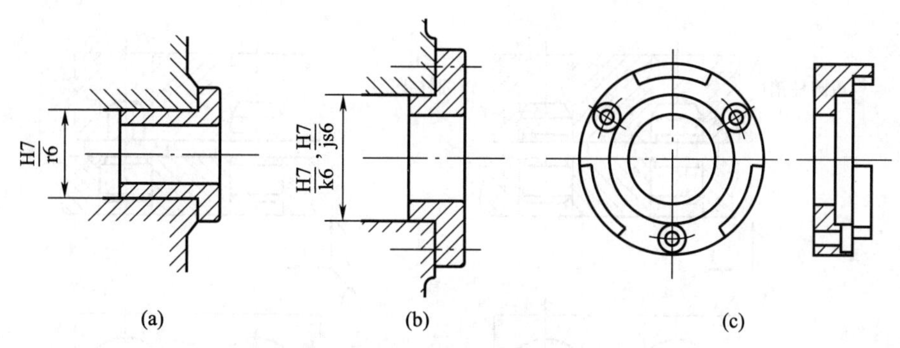

图 4–20 外圆表面的定位示例

具有自动对中性，而不受定位基准直径误差的影响，并且安装方便。V 形块两斜面之间的夹角一般选为 60°、90° 和 120°，其中以 90° 为最多。90° 夹角 V 形块结构已标准化，见图 4–21。

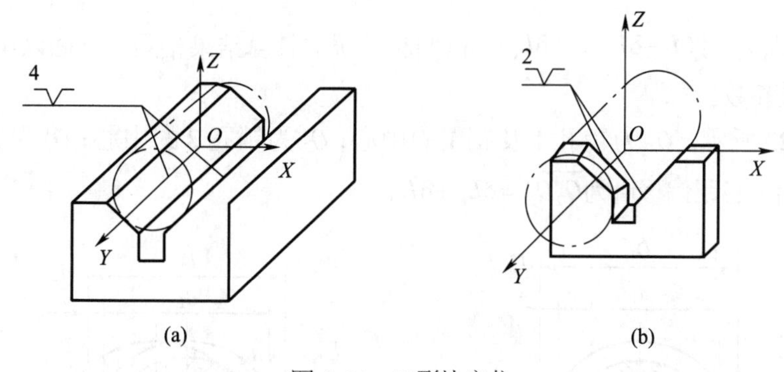

图 4–21 V 形块定位

V 形块有长短之分，长 V 形块（或两个短 V 形块的组合）限制工件的 4 个自由度，短 V 形块一般限制 2 个自由度。

4. 一面两销定位

利用工件上的一个大平面及与平面垂直的两个销孔定位，简称为一面两销定位，如图 4–22 所示。这种定位方式简单可靠，夹紧方便，广泛应用在大中型零件的加工或组合机床加工中。平面限制 $\overrightarrow{Z}$、$\widehat{X}$、$\widehat{Y}$ 3 个自由度，短圆柱销 1 限制 $\overrightarrow{X}$ 和 $\overrightarrow{Y}$ 2 个自由度，短圆柱销 2 限制 $\overrightarrow{Y}$ 和 $\widehat{Z}$ 2 个自由度，于是 Y 方向的移动自由度被重复限制，产生过定位。这种情况下，会因为工件的孔心距误差以及两定位销之间的中心距误差使得两定位销无法同时进入工件孔内。为解决这一过定位问题，通常是将两圆柱销之一在定位干涉方向，即 Y 方向削边，做成削边销或菱形销［图 4–22（b）］，使它不限制 Y 方向的移动自由度，从而消除 Y 方向的定位干涉问题。

两销孔直径为 D_1、D_2；两销直径为 d_1、d_2；间隙为 $\Delta_1 = D_1 - d_1$、$\Delta_2 = D_2 - d_2$；销孔中心距及偏差为 $L \pm \delta L_g$；销中心距及偏差 $L \pm \delta L_x$。则可能出现定位干涉的最危险情况为

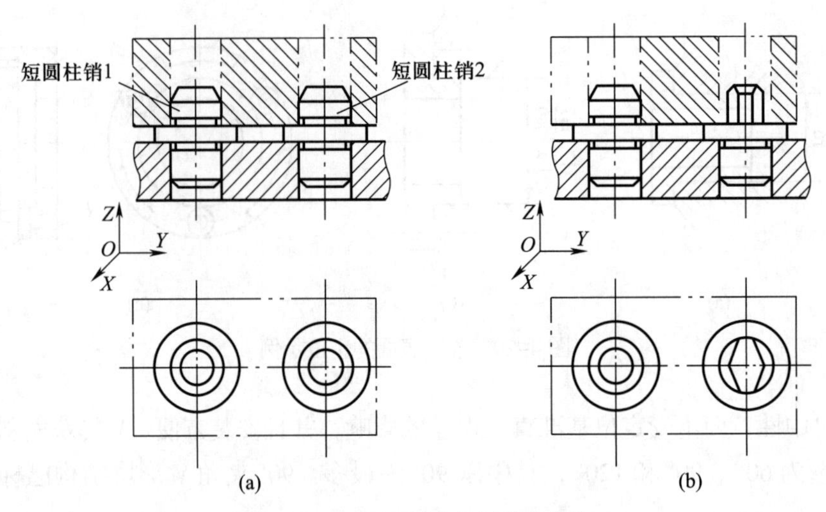

图 4-22 一面两销中的过定位情况

$(L+\delta L_g$、$L-\delta L_x)$、或$(L-\delta L_g$、$L+\delta L_x)$。这两种情况的计算结果相同。下面以第一种情况为例，计算有关参数。

如图 4-23 所示，O_1 为销孔 1 及销 1 的中心；O_2 为销孔 2 的中心；O_2' 为销 2 的中心。此时，孔与销中心距偏移量为$\overline{O_2O_2'}=\delta L_g+\delta L_x$。

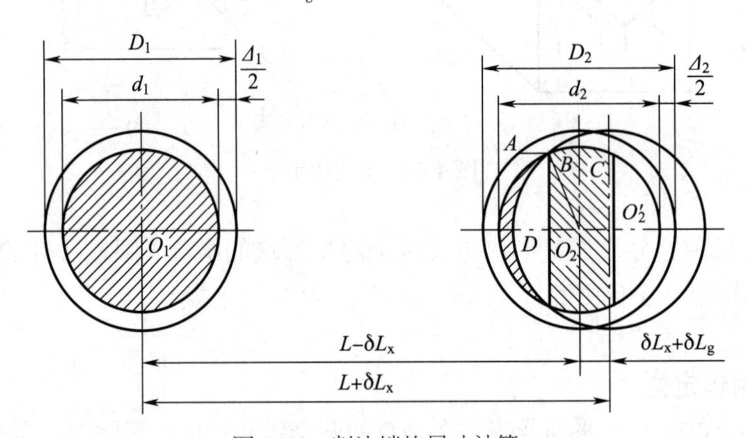

图 4-23 削边销的尺寸计算

由于这一偏移量，将使销孔 2 与销 2 产生新月形的干涉区（图 4-23 中的阴影部分）。为了避免干涉，应将销 2 削边，使销在中心距方向的宽度 $b \leqslant BC$。注意直角三角形 $\triangle BDO_2$ 和 $\triangle BDO_2'$ 等高，则可推导出关于销宽 b 的计算式为

$$\overline{BO_2}^2-\overline{O_2D}^2=\overline{BO_2'}^2-(\overline{O_2D}+\overline{O_2O_2'})^2$$

其中，$\overline{BO_2}=\dfrac{d_2}{2}$；$\overline{BO_2'}=\dfrac{D_2}{2}=\dfrac{d_2+\Delta_2}{2}$；$\overline{O_2D}=\dfrac{b}{2}$；$\overline{O_2O_2'}=\delta L_g+\delta L_x$

则
$$\left(\frac{d_2}{2}\right)^2-\left(\frac{b}{2}\right)^2=\left(\frac{d_2+\Delta_2}{2}\right)^2-\left(\delta L_g+\delta L_x+\frac{b}{2}\right)^2$$

解得

$$b=\frac{\Delta_2(d_2+\Delta_2/2)}{2(\delta L_g+\delta L_x)}-(\delta L_g+\delta L_x)$$

略去高阶小量，得近似计算式

$$b\approx\frac{\Delta_2 D_2}{2(\delta L_g+\delta L_x)} \tag{4-1}$$

在实际生产中，由于削边销的尺寸已标准化，因而常按下面步骤进行两销设计。

① 确定两销中心距尺寸及偏差。取工件上两孔中心距的公称尺寸为两销中心距的公称尺寸，其偏差可取为：$\delta L_x=(1/5\sim1/3)\delta L_g$，$\delta L_g$ 为对称分布形式的销孔中心距偏差值。若图纸上此项偏差按非对称形式给出时，应先将它转化为对称形式。

② 确定销 1 的公称尺寸及偏差。由于销孔一般为基孔制的孔，因此销与孔的公称尺寸应相同，配合种类一般选 H/g 或 H/f，销的精度等级应比孔的精度等级高 1～2 级。

③ 确定削边销的公称尺寸、宽度及偏差。削边销的有关尺寸列在表 4–2 中，按孔的公称尺寸 D_2，可查出尺寸 b、B，然后再由式（4–1）计算出间隙 $\Delta_2=\dfrac{2(\delta L_g+\delta L_x)}{D_2}$。

则削边销公称尺寸为 $d_2=D_2-\Delta_2$。其配合种类选为 g，精度等级应比孔的精度等级高 1～2 级。

表 4–2　削边销尺寸表　　mm

D_2	3～6	>6～8	>8～20	>20～25	>25～32	>32～40	>40～50
b	2	3	4	5	6	7	8
B	D_2–0.5 mm	D_2–1 mm	D_2–2 mm	D_2–3 mm	D_2–4 mm	D_2–5 mm	

4.3　定位误差的分析与计算

在夹具设计过程中确定工件定位方案时，除根据定位原理选用相应的定位元件外，还必须对所选定的工件定位方案能否满足工序加工精度要求做出判断，为此，需要对可能产生的定位误差进行分析与计算。

4.3.1　定位误差及其产生的原因

定位误差是由于工件在夹具上（或机床上）定位不准确，而产生的工序尺寸的加工误差。

工件在夹具中的位置是由定位元件确定的，工件上的定位表面一旦与夹具上的定位元件相接触或相配合，工件的位置也就相应确定了。在加工一批工件时，由于各个工件的有关表面之间存在尺寸及位置上的差异（在公差范围内），并且夹具定位元件本身和各定位元件之间也具有一定的尺寸和位置公差，工件虽已定位，但工件在某些表面上都会有位置变动量，这就造成了工件工序尺寸的加工误差。

根据性质的不同定位误差分为两部分：① 基准不重合误差（ε_C）。由于工件的工序基准与定位基准不重合，造成工序基准相对于定位基准在工序尺寸方向上的最大可能变化量引起的定位误差，通常称为基准不重合误差。② 基准位移误差（ε_W）。由于工件的定位表面或夹具上的定位元件制造不准确引起的定位误差，通常称为基准位移误差。当定位误差（ε_D）$\leqslant 1/(3T)$（T为本工序要求保证的工序尺寸公差）时，一般认为选定的定位方案可行。

4.3.2 定位误差的计算

计算定位误差时，可根据定位方式分别计算基准位移误差和基准不重合误差，然后按照一定的规律将它们合成，也可以按几何关系直接求出加工尺寸的最大变动范围。下面分析计算常见定位形式的定位误差。

1. 以支承或平面定位

（1）用平面定位平面

如图4-24所示情况，加工一个缺口，如果要求的尺寸为A_1，则定位误差$\varepsilon_{DA_1}=\delta A_2$，是由于基准不重合造成的。

（2）用支承定位平面

如图4-25所示情况，加工一个缺口，纵向用一个支承定位，如果要求的尺寸为A_3，则定位误差$\varepsilon_{DA_3}=2(H-h)\tan\Delta\alpha$（$\alpha=90°$）。这种情况基准是重合的，定位误差是由于工件定位面不准确造成的，工件的两个定位面不垂直，有角度误差$\pm\Delta\alpha$，因此产生基准位移误差。这个误差的大小不仅和$\Delta\alpha$的角度值有关，同时和支承在高度上的位置有关，由于左端面上部与缺口B相对的区段是确定A_3尺寸的关联区段（例如用游标卡尺测量A_3尺寸的情况），因此（$H-h$）值等于缺口深度的1/2较好。

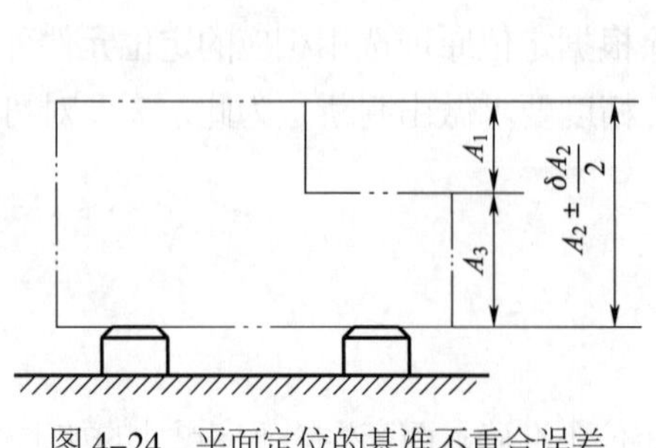

图4-24 平面定位的基准不重合误差

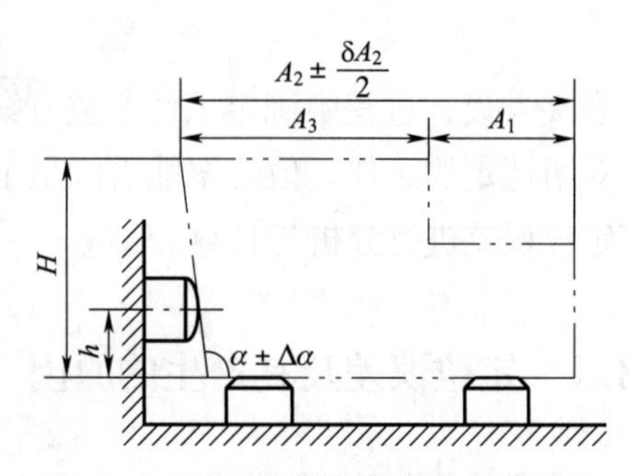

图4-25 支承定位时的基准位移误差

对于尺寸 A_1，则不仅有基准不重合误差 δA_2，同时还有由于定位不准确所造成的基准位移误差 $2(H-h)\tan\Delta\alpha$（$\alpha=90°$），其定位误差 $\varepsilon_{DA_1}=\delta A_2+2(H-h)\tan\Delta\alpha$。

2. 以内孔定位

（1）内孔和心轴或定位销无隙配合

如图 4–26（a）所示，在套类零件上铣一平面，要求保持与内孔中心 O 的距离为 H_1 或与外圆侧母线 A 的距离为 H_2，现来确定采用刚性心轴定位的定位误差。

一批工件定位时可能出现的两种极端位置，如图 4–26（b）所示。由图可知，工序尺寸 H_1 的工序基准为 O，工序尺寸 H_2 的工序尺寸基准为 A，加工时定位基准均为工件内孔 O。

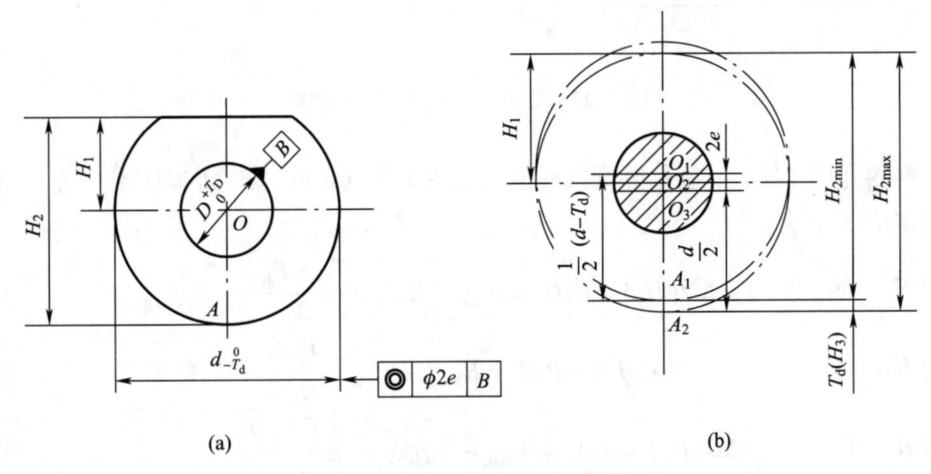

图 4–26　套类零件铣平面工序简图

当一批工件的内孔和心轴为无间隙配合时，每个工件定位后的内孔中心 O 均与定位心轴中心 O' 重合。显然，一批工件的定位基准在定位时不会有位置变动，即 $\Delta Y_{H_1}=0$。对于工序尺寸 H_1，由于工序基准又与定位基准重合，则 $\Delta B_{H_1}=0$。故而得 $\Delta D(H_1)=0$。

对于工序尺寸 H_2，由于工件外圆尺寸及其对内孔中心位置均有误差，故工序基准 A 相对定位基准理想位置的最大变动量为工件外圆半径误差与同轴度误差之和。即

$$\Delta D(H_2)=\Delta B_{H_2}=H_{2max}-H_{2min}=T_d/2+2e \tag{4–2}$$

（2）工件内孔与心轴定位为间隙配合

这种配合可分两种情况来考虑。一种是定位元件水平放置，如图 4–26（a）所示；一种是定位元件垂直放置，如图 4–27 所示。在套类零件上加工一键槽，要求保证尺寸分别为 H_1、H_2、H_3，现在来分析计算它们定位时的定位误差。

由于定位销水平放置且与工件定位孔有间隙，这时工件在自重的作用下使其内孔上母线与定位销单边接触。由于对刀元件相对定位销中心的位置由夹具设计确定，且定位销、工件内孔、工件外圆等均存在制造误差，故对一批工件定位可能出现的两个极限位置：定位销尺寸最大、工件内孔尺寸最小及工件外圆尺寸最小［图 4–27（b）］，定位销尺寸最

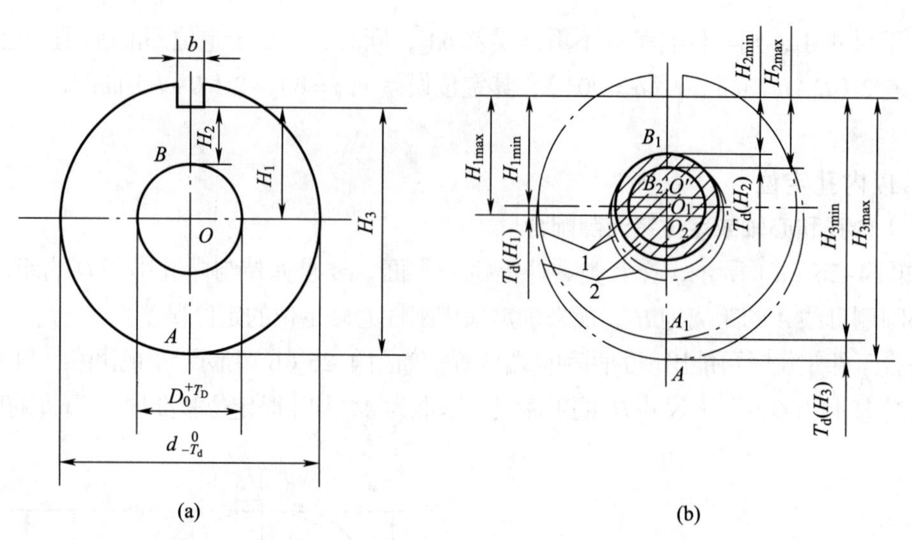

图 4–27 套筒零件键槽加工示意图

小、工件内孔尺寸最大、工件外圆尺寸最大［图 4–27（b）］。由它们的几何关系可计算出各自的定位误差。

对 H_1，有
$$\Delta D(H_1)=O_1O_2=H_{1\max}-H_{1\min}=\frac{T_D+T_{d_1}}{2} \tag{4-3}$$

对 H_2，有
$$\Delta D(H_2)=B_1B_2=H_{2\max}-H_{2\min}=\frac{T_{d_1}}{2} \tag{4-4}$$

对 H_3，有
$$\Delta D(H_3)=A_1A_2=H_{3\max}-H_{3\min}=\frac{T_D+T_{d_1}}{2}+\frac{T_d}{2} \tag{4-5}$$

当定位销垂直放置时，应考虑的两个极限情况是（对 H_1 或 H_2）：取定位销尺寸最小、工件内孔尺寸最大、工件内孔分别与定位销上、下母线接触，如图 4–28（a）所示。它们的定位误差分别为（$\Delta_{\min}$ 为最小间隙）：

$$\Delta D(H_1)=O_1O_2=H_{1\max}-H_{1\min}=T_D+T_{d_1}+\Delta_{\min} \tag{4-6}$$
$$\Delta D(H_2)=B_1B_2=H_{2\max}-H_{2\min}=T_D+T_{d_1}+\Delta_{\min} \tag{4-7}$$

对于尺寸 H_3，可考虑定位销尺寸最小、工件内孔尺寸最大且与定位销下母线接触、工件外圆尺寸最小和定位销尺寸最小、工件内孔尺寸最小且与定位销上母线接触、工件外圆尺寸最大两种极限位置，如图 4–28（b）所示。

$$\Delta D(H_3)=A_1A_2=H_{3\max}-H_{3\min}=T_D+T_{d_1}+\Delta_{\min}+\frac{T_d}{2} \tag{4-8}$$

上面诸式中，T_D 为工件外圆的公差，T_{d_1}为定位销的公差。

3. 以外圆表面定位

当工件的外圆在 V 形块上定位时，如果将工件的上部铣去一块或铣键槽，铣去尺寸的标注方法有 H_1、H_2、H_3 3 种（图 4–29），现分别求算这 3 个尺寸的定位误差（不考虑定位元件的制造误差）。

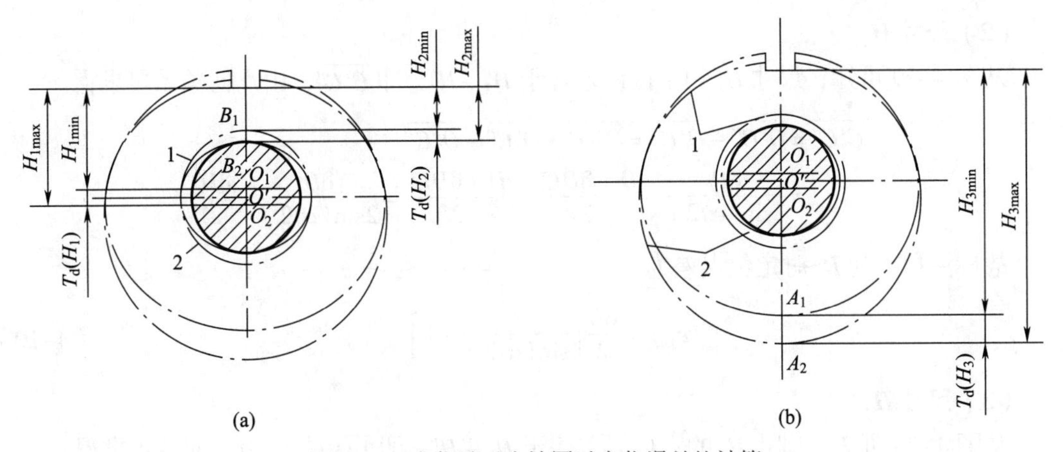

图 4-28 定位销垂直放置时定位误差的计算

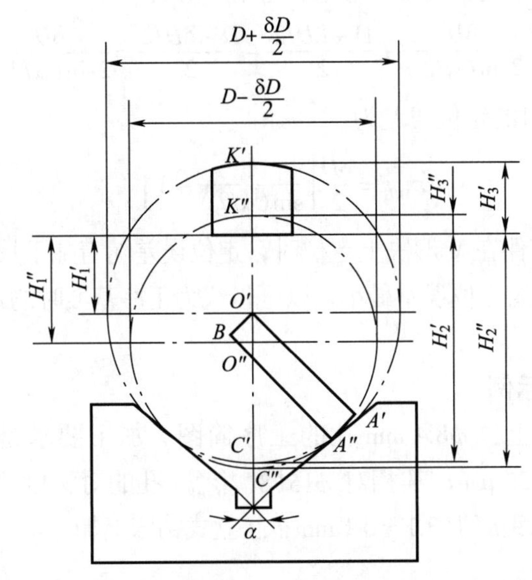

图 4-29 加工外圆顶面或铣键槽槽底时的尺寸关系图

（1）尺寸 H_1

可用作图法画出工件的最大直径 $D+\delta D/2$ 和最小直径 $D-\delta D/2$，则对尺寸 H_1，其定位误差的大小就等于 $H_1''-H_1'$，即 $\overline{O'O''}$。作 $O'B$ 线与 $A'A''$ 平行，交 $O''A''$ 的延长线于 B。

由△ $O'BO''$ 得

$$\overline{BO''}=\frac{D+\delta D/2}{2}-\frac{D-\delta D/2}{2}=\frac{\delta D}{2},\angle BO'O''=\frac{\alpha}{2}$$

$$\sin(\alpha/2)=\frac{\overline{BO''}}{\overline{O'O''}},\quad \overline{O'O''}=\frac{\delta D/2}{\sin(\alpha/2)}=\frac{\delta D}{2\sin(\alpha/2)}$$

故标注尺寸为 H_1 时的定位误差为

$$\varepsilon_{DH_1}=\frac{\delta D}{2\sin(\alpha/2)} \tag{4-9}$$

（2）尺寸 H_2

从图 4–29 可知，尺寸 H_2 的定位误差等于 $H_2''-H_2'$，即 $\overline{C'C''}$，由几何关系可求得。

$$\overline{C'C''}=\overline{O'C''}-\overline{O'C'}=\overline{O'O''}+\overline{O''C''}-\overline{O'C'}$$

$$=\frac{\delta D}{2\sin(\alpha/2)}+\frac{D-\delta D/2}{2}-\frac{D+\delta D/2}{2}=\frac{\delta D}{2\sin(\alpha/2)}-\frac{\delta D}{2}$$

故标注尺寸为 H_2 时定位误差为

$$\varepsilon_{DH_2}=\frac{\delta D}{2}\left[\frac{1}{\sin(\alpha/2)}-1\right] \tag{4-10}$$

（3）尺寸 H_3

从图 4–29 可知，尺寸 H_3 的定位误差等于 $H_3'-H_3''$，即 $\overline{K'K''}$，可由几何关系求得。

$$\overline{K'K''}=\overline{O''K'}-\overline{O''K''}=\overline{O'O''}+\overline{O'K'}-\overline{O''K''}$$

$$=\frac{\delta D}{2\sin(\alpha/2)}+\frac{D+\delta D/2}{2}-\frac{D-\delta D/2}{2}=\frac{\delta D}{2\sin(\alpha/2)}+\frac{\delta D}{2}$$

故标注尺寸为 H_3 时的定位误差为

$$\varepsilon_{DH_3}=\frac{\delta D}{2}\left[\frac{1}{\sin(\alpha/2)}+1\right] \tag{4-11}$$

由此可见，轴类零件在 V 形快上定位时，定位误差随着加工尺寸的不同标注法而异，以下母线为工序基准时的定位误差最小，以上母线为工序基准时的定位误差最大。

4. 定位装置设计示例

图 4–30 为一拨叉上钻 ϕ8.4 mm 孔的工序简图。加工要求是 ϕ8.4 mm 孔为自由尺寸，表面粗糙度 Ra 为 25 μm；其相对 $\phi15F8(^{+0.043}_{+0.018})$ 孔的对称度要求为 0.2 mm；相对于 $14.2^{+0.1}_{0}$ mm 槽的对称面距离为 3.1 ± 0.1 mm；在立式钻床上加工。

现设计步骤如下：

（1）确定所需限制的自由度、选择定位基准并确定各基准面上支承点分布

为保证所需钻孔 ϕ8.4 mm 与 ϕ15F8 mm 中心线对称并垂直，需限制工件的 $\vec{X}$、$\widehat{X}$、$\widehat{Z}$ 三个由度；为保证其在对称面（Z 面）内，还需限制自由度 $\widehat{Y}$；为满足尺寸 3.1 ± 0.1 mm，还需限制 $\vec{Y}$ 自由度。由此可见，工件应限制 5 个自由度。

定位基准的选择应尽可能遵循基准重合原则。故此以 ϕ15 孔作为主要定位基准，它限制工件的 $\vec{X}$、$\vec{Z}$、$\widehat{X}$、$\widehat{Z}$ 4 个自由度，以保证所钻孔与基准孔的对称度和垂直度要求；以 $51^{+0.1}_{0}$ 槽面作定位基准，设置一点，限制 $\vec{Y}$ 自由度，由于它离 ϕ15 较远，可使定位准确且稳定可靠；以槽面 A、B 或端面 C 作止推定位基准，设置一点，限制 $\vec{Y}$ 自由度。在 A、B、C 面上定位元件的布置有三种方案：一是以 C 面定位；二是以槽面 A、B 中的一个面定位；三是以槽面 A、B 的对称面定位。

若以 C 面定位，因工序基准即设计基准为 $14.2^{+0.1}_{0}$ mm 槽的对称面（对称面至 B 面距离为 $7.1^{+0.05}_{0}$ mm），使定位基准与设计基准不重合。由此引起的基准不重合误差为

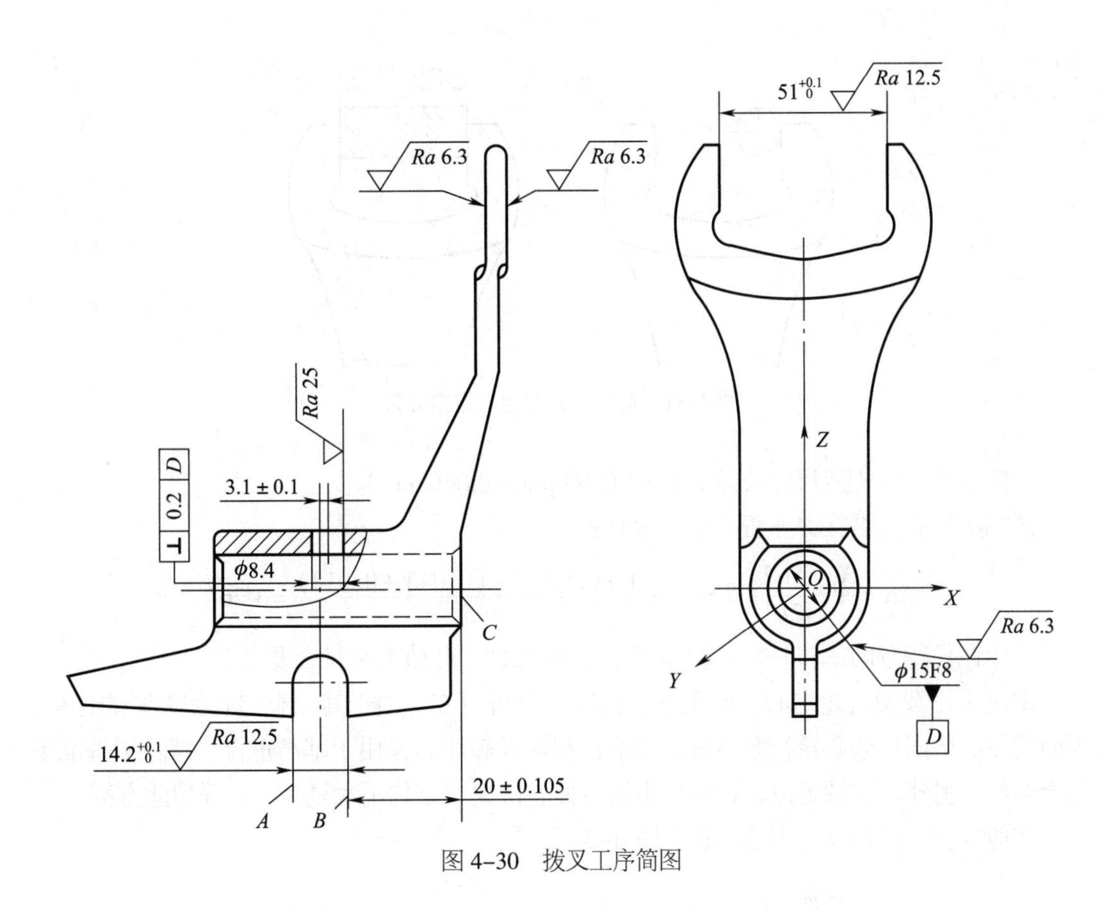

图 4–30 拨叉工序简图

$\Delta B_1 = 0.05\ \text{mm} + 0.105 \times 2\ \text{mm} = 0.26\ \text{mm}$。这一误差已超过尺寸（3.1 ± 0.1）mm 的加工公差（0.2 mm），显然不能采用。

若以 *A*、*B* 面的一个侧面定位，则引起基准不重合误差为槽宽公差的一半，即：$\Delta B_2 = 0.05\ \text{mm}$；

若以 *A*、*B* 面的对称平面定位，使定位基准与设计基准重合，即：$\Delta B_3 = 0\ \text{mm}$，显然这种定位最好。

（2）选择定位元件结构

对 $\phi 15$ 孔采用长圆柱销定位，其配合选为 ϕ15F8/h7。

$51^{+0.1}_{0}$ mm 槽面的定位可采用两种方案，见图 4–31。一种方案是在其中一个槽面上布置一个防转销［图 4–31（a）］；另一方案是利用两侧面布置一个大配合块［图 4–31（b）］。从定位稳定性及有利于夹紧等考虑，后一种方案较好。

为限止工件的 $\vec{Y}$ 自由度，可采用如图 4–32 所示的圆偏心轮定心夹紧装置，以实现对 *A*、*B* 的对称面定位。如以 *A* 面或 *B* 面定位，为了装卸工件，应采用可伸缩式定位销。这将会增加夹具结构的复杂性。

（3）定位误差计算

注意到 *D* 和 *d* 分别表示孔和销，则由它们的配合引起的对称度的定位误差为

$$\Delta D = D_{\max} - d_{o\min} = (15 + 0.043)\ \text{mm} - (15 - 0.018)\ \text{mm} = 0.061\ \text{mm}$$

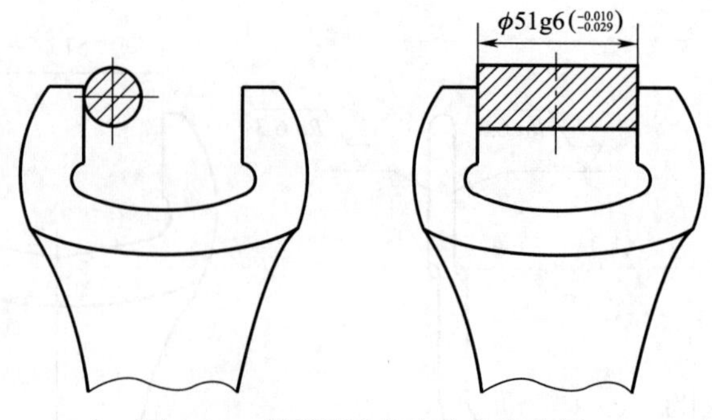

图 4–31　钻拨叉孔的定位方案分析

此值小于工件相应尺寸公差的 1/3（0.2/3 mm = 0.066 mm）。

影响所钻孔是否在 Z 平面上的角度误差为

$$\Delta\alpha = \frac{X_{1\max} + X_{2\max}}{2L} = \frac{(0.01 + 0.029) + (0.043 + 0.018)}{2 \times 95} = 3'26''$$

工件在任意方向偏转时，总转角误差为 $\pm 3'26''$。此值完全符合要求。

本例采用圆偏心轮定心夹紧装置。由以上分析可知，由于其兼有定心和夹紧的作用，因而能保证槽面与偏心轮接触良好，基准位移误差较小；又由于基准重合，消除了基准不重合误差。另外，这种定位装置操作也较方便、快捷，结构不太复杂，故采用此方案。

其他定位元件在夹具中的布置见图 4–32。

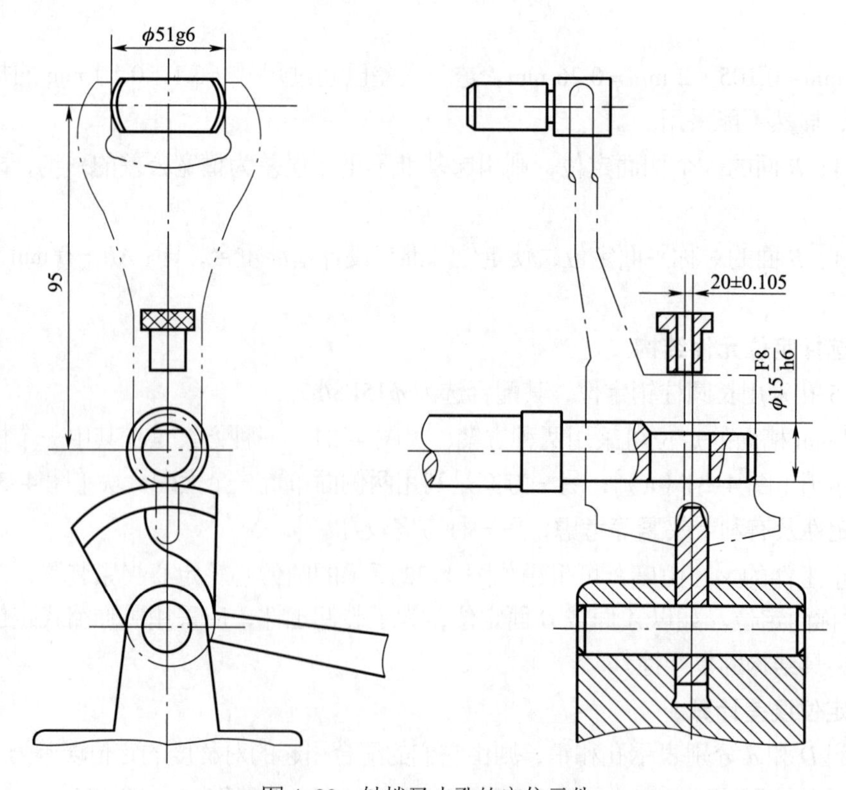

图 4–32　钻拨叉小孔的定位元件

4.4 工件在夹具中的夹紧

工件定位完成后，往往还不能直接进行加工，而必须使用一定的结构将其牢固地固定在定位元件上，使其在加工过程中不致因切削力、重力、离心力和惯性力等外力作用而发生位移或振动，以保证加工精度和生产安全。

4.4.1 夹紧装置的组成与基本要求

夹紧装置是夹具的重要组成部分，可分为手动夹紧装置和机动夹紧装置，一般由力源装置、中间传力机构和夹紧元件三部分组成。力源装置是产生夹紧力的动力源，若夹紧装置的夹紧力来自人力，称为手动夹紧装置；若夹紧力来自气动、液压和电力等动力源，称为机动夹紧装置。中间传力机构是变原始动力为夹紧力的中间传力环节。常用的中间传力机构有铰链杠杆、斜楔机构、偏心机构、螺旋机构等中间传力机构，它们的作用主要是改变夹紧力的大小、方向和实现自锁。夹紧元件是执行夹紧的最终元件，常用的夹紧元件有螺钉、压板等。

生产实际应用中对夹紧装置有下列基本要求。

① 在夹紧过程中应能保持工件定位时所获得的正确位置。

② 夹紧应可靠和适当。夹紧机构一般要有自锁作用，保证在加工过程中不会产生松动或振动。夹紧工件时，不允许工件产生不适当的变形和表面损伤。

③ 夹紧装置应操作安全、省力、方便。

④ 夹紧机构在满足要求的情况下应尽可能简单，自动化程度应与工件的产量和批量相适应。

4.4.2 夹紧力的确定

设计夹具的夹紧装置时，必须正确确定夹紧力的作用点、方向和大小。

1. 夹紧力方向的选择

① 夹紧力的作用方向应有利于工件的准确定位，而不能破坏定位。为此，一般要求主要夹紧力应垂直指向主要定位面。如图 4-33 所示，在直角支座零件上镗孔，要求保证孔与端面的垂直度，则应以端面 A 为第一定位基准面，此时夹紧力的作用方向应如图中 F_{j1} 所示。若要

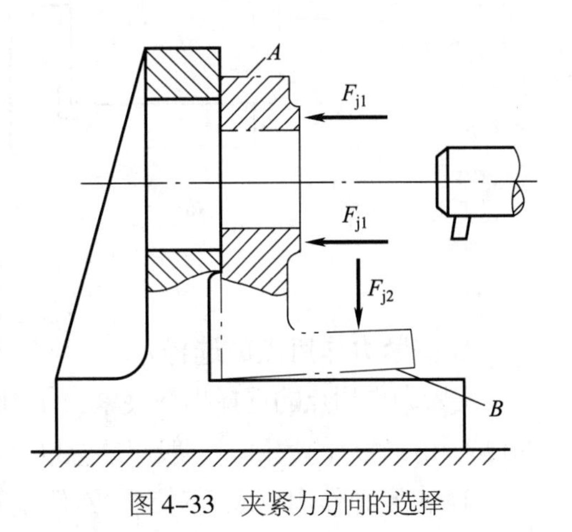

图 4-33 夹紧力方向的选择

求保证被加工孔轴线与支座底面平行，应以底面 B 为第一定位基准面，此时夹紧力方向应如图中 F_{j2} 所示。否则，由于面 A 与面 B 的垂直度误差，将会引起被加工孔轴线相对于面 A（或面 B）的位置误差。实际上，在这种情况下，由于夹紧力作用不当，将会使工件的主要定位基准面发生转换，从而产生定位误差。

② 夹紧力的作用方向应使工件的夹紧变形最小。如图 4–34 所示，薄壁圆筒轴向刚度比径向刚度大。若如图 4–33（a）所示，用三爪自定心卡盘径向夹紧套筒，将使工件产生较大变形；若改成图 4–33（b）的形式，用螺母轴向夹紧工件，则不易产生变形。

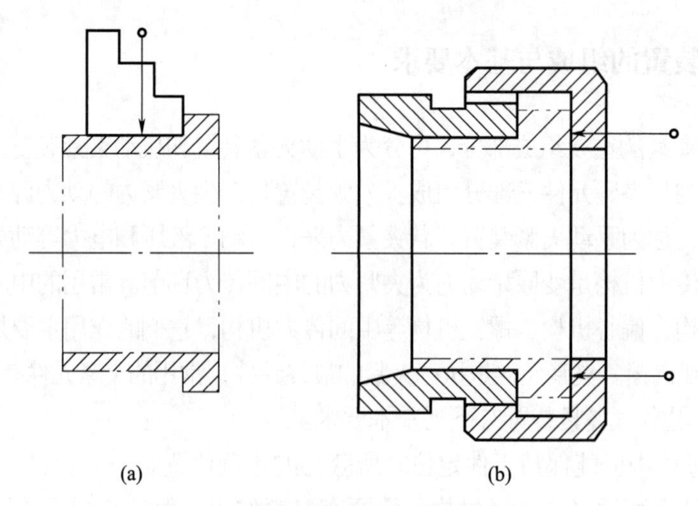

(a)　　(b)

图 4–34　夹紧力方向与工件刚性的关系

③ 夹紧力的作用方向应尽可能与切削力、工件重力方向一致，以减小所需夹紧力。如图 4–35（a）所示，夹紧力与主切削力方向一致，切削力由夹具的固定支承承受，所需夹紧力较小。若如图 4–35（b）所示，则夹紧力至少要大于切削力。

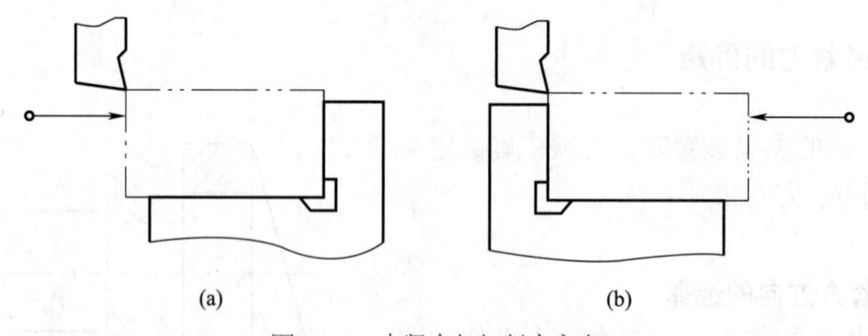

(a)　　(b)

图 4–35　夹紧力与切削力方向

2. 夹紧力作用点的选择

夹紧力作用点的选择指在夹紧力作用方向已定的情况下，确定夹紧元件与工件接触点的位置和接触点的数目。一般应注意以下几点。

① 夹紧力作用点应正对支承元件或位于支承元件所形成的支承面内，以保证工件已

获得的定位不变。如图 4-36 所示，夹紧力作用点不正对支承元件，产生了使工件翻转的力矩，破坏了工件的定位。夹紧力作用点的正确位置应如图 4-36（b）中点画线箭头所示。

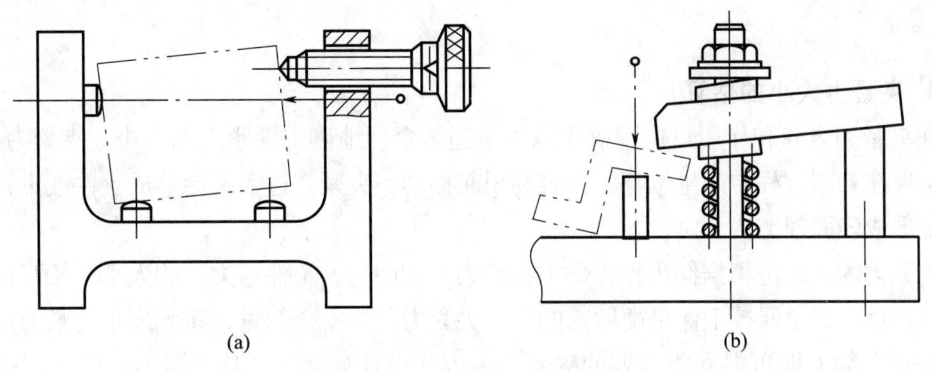

图 4-36 夹紧力作用点的位置

② 夹紧力作用点应处在工件刚性较好的部位，以减小工件的夹紧变形。如图 4-37（a）所示，夹紧力作用点在工件刚度较差的部位，易使工件发生变形。如改为图 4-37（b）所示情况，不但作用点处的工件刚度较好，而且夹紧力作用在工件两侧，工件不易变形，较为合理。对于薄壁零件，增加均布作用点的数目常常是减小工件夹紧变形的有效方法。

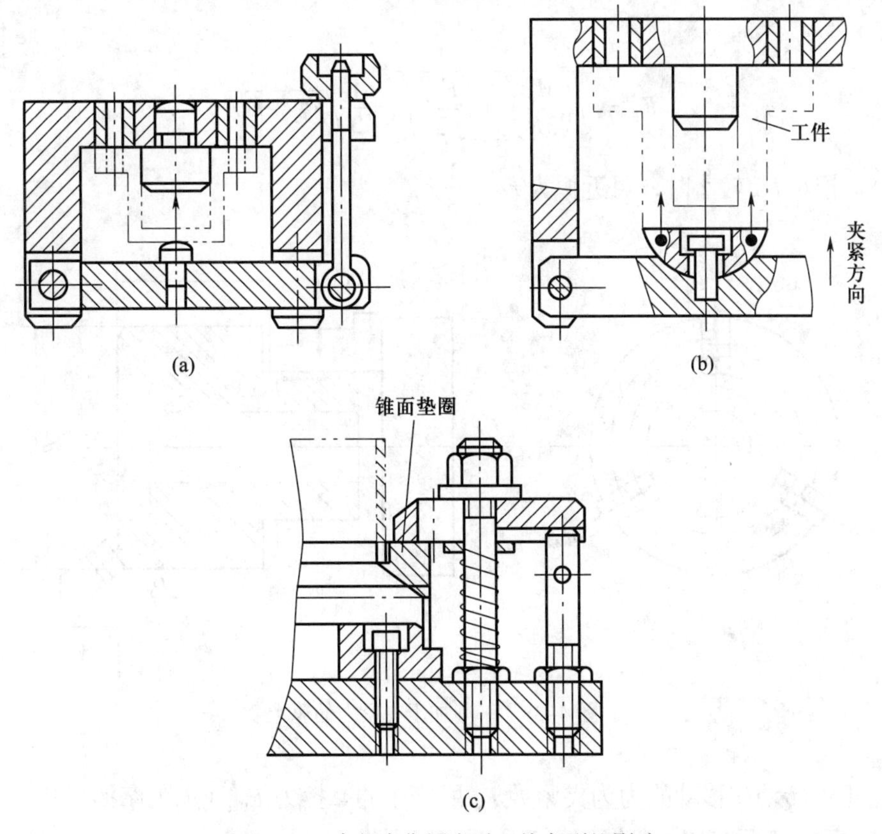

图 4-37 夹紧力作用点对工件变形的影响

③ 夹紧力作用点应尽可能靠近被加工表面，以便减小切削力对工件造成的翻转力矩，必要时应在工件刚度差的部位增加辅助支承并施加夹紧力，以减小切削过程中的振动和变形。

3. 夹紧力大小的估算

在夹紧力方向和作用点位置确定以后，还需合理地确定夹紧力的大小。夹紧力不足，会使工件在切削过程中产生位移，并容易引起振动；夹紧力过大又会造成工件或夹具不应有的变形或表面损伤。

夹紧力的大小可根据作用在工件上各种力（切削力、工件重力）的大小和相互位置方向具体计算，确定保持工件平衡所需的最小夹紧力。为安全起见，将此最小夹紧力乘以适当的安全系数 K 即可得到所需要的夹紧力。因此设计夹具时，其夹紧力一般比理论值大 2～3 倍。

图 4–38 所示为在车床上用三爪自定心卡盘安装工件加工外圆表面的情况，这时夹紧力的作用是防止工件在切削力矩 M_c 的作用下发生转动和在轴向切削力 F_{Py} 作用下发生轴向移动。为简化计算，近似地按三爪受力相同考虑，每个爪的夹紧力为 F_W。在每个夹紧点上使工件转动的力为 $M_c/3R$（R 为工件半径；M_c 为切削力矩），按最大值计算 $M_c=F_{Pz}R$；F_{Pz} 为主切削力；使工件移动的力为 $F_{Py}/3$。这两个力之间的夹角为 90°，有

$$F_P=\sqrt{\left(\frac{M_c}{3R}\right)^2+\left(\frac{F_{Py}}{3}\right)^2}=\frac{1}{3}\sqrt{F_{Pz}^2+F_{Py}^2}$$

当 F_{Py} 相对 F_{Pz} 较小时，可近似为 $F_P=\frac{1}{3}F_{Pz}$。

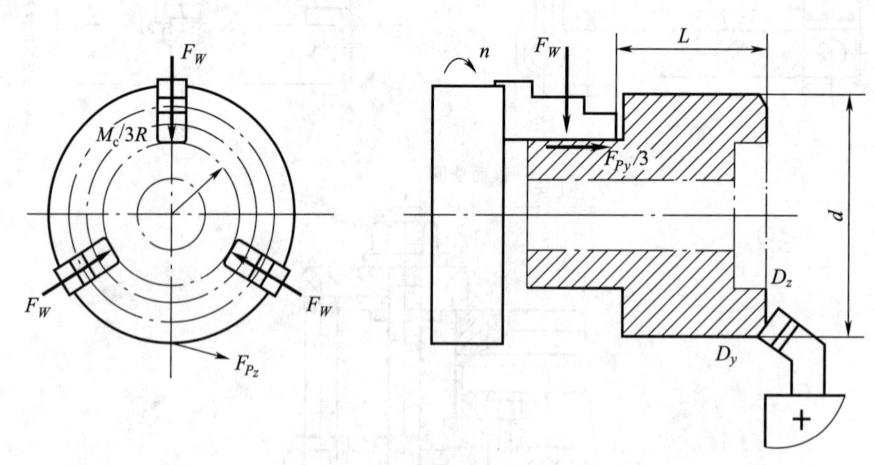

图 4–38 车削加工夹紧力估算

阻止工件转动和移动的力为夹紧力 F_W 所产生的摩擦力 $F_W\mu$（μ 为摩擦系数）。由静力平衡，考虑到安全系数 K，可得每个爪所需夹紧力为

$$F_W = \frac{KF_P}{\mu} = \frac{KF_{Pz}}{3\mu}$$

安全系数 K 通常取 1.5 ~ 2.5，精加工和连续切削时取较小值，粗加工或断续切削时取较大值。当夹紧力与切削力方向相反时，K 值可取 2.5 ~ 3。摩擦系数 μ 主要取决于工件与支承件或夹紧件之间的接触形式，具体数值可查有关手册。

4.4.3　常用的夹紧机构

机床夹紧机构中绝大多数利用斜面楔紧作用的原理夹紧工件，其中常用的有斜楔夹紧机构、螺旋夹紧机构、偏心夹紧机构。

1. 斜楔夹紧机构

斜楔夹紧机构的原始动力为斜楔，图 4-39 所示为一种简单的斜楔夹紧机构，向右推动斜楔，使滑柱下降，滑柱上的摆动压板同时压紧两个工件。

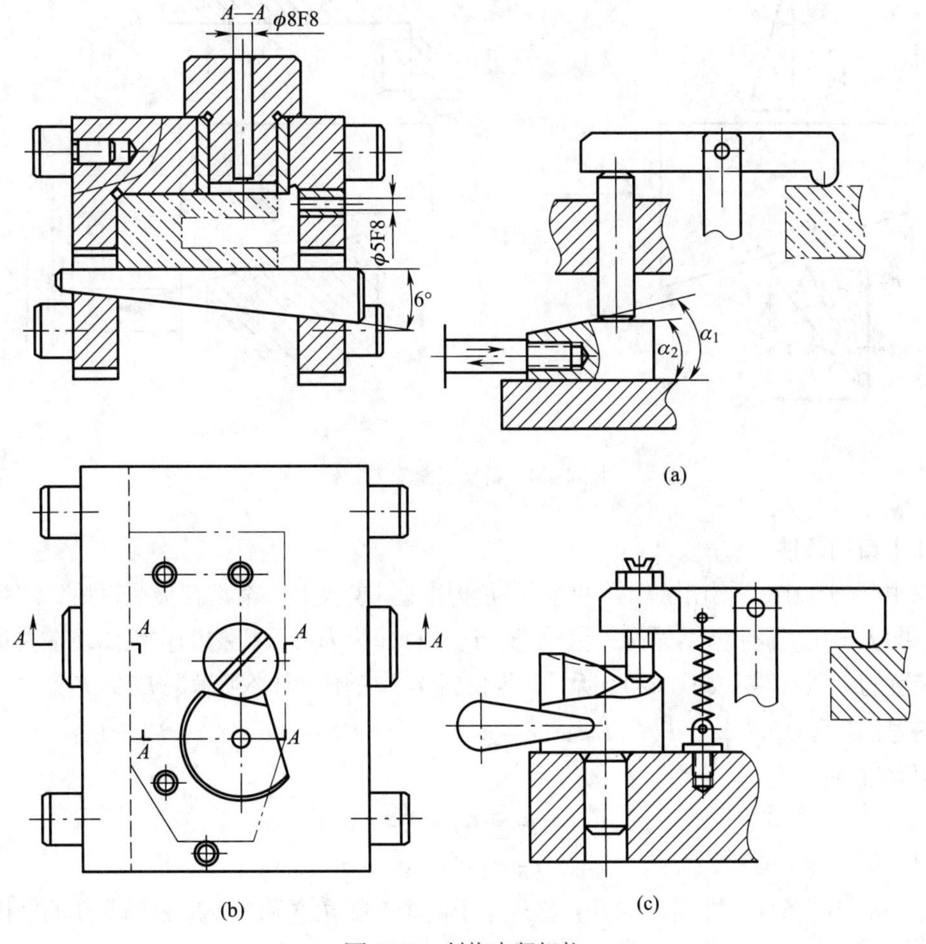

图 4-39　斜楔夹紧机构

(1)夹紧力计算

最简单的斜楔夹紧是单楔夹紧，其夹紧受力分析如图4-40所示。夹紧时以 F_Q 力作用于斜楔的大端，在它作用下，斜楔楔入工件和夹具体之间，使工件得到压紧。这里，斜楔所受的力有原始作用力 F_Q，工件的反作用力 F_W（等于斜楔对工件的夹紧力，但方向相反），夹具体的反作用力 F_N。另外，在夹紧过程中，斜楔楔入运动时 F_N、F_W 产生摩擦力 F_2 和 F_1。设 F_N 和 F_2 的合力为 F_R。根据静力平衡条件，如图4-40（a）的几何关系可得

$$F_Q = F_1 + F_R\sin(\alpha+\varphi_2)$$

$$F_1 = F_W\tan\varphi_1$$

$$F_W = F_R\cos(\alpha+\varphi_2)$$

解得

$$F_W = \frac{F_Q}{\tan\varphi_2 + \tan(\alpha+\varphi_2)} \tag{4-12}$$

式中：F_W 为斜楔夹紧所产生的夹紧力（N）；φ_1，φ_2 分别为斜楔与工件，斜楔与夹具体的摩擦角；α 为斜楔升角；F_Q 为原始作用力。

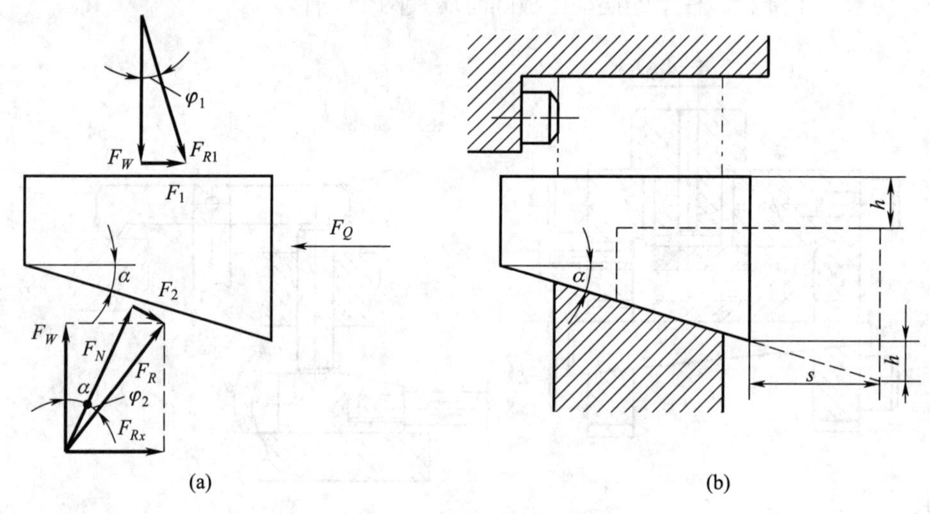

图4-40 斜楔夹紧受力分析

(2)自锁条件

在生产实际中，原始力 F_Q 不可能长期作用在斜楔块上。常常在夹紧以后，原始力就撤除，即 $F_Q=0$，工件仍然保持夹紧状态，这种特性称为夹紧机构的自锁。现在讨论斜楔夹紧装置的自锁条件。如图4-41所示，为使斜楔不松开，则必须满足 $F_1 \geqslant F_{Rx}$。

这里：$F_1 = F_W\tan\varphi_1$，$F_{Rx} = F_R\sin(\alpha-\varphi_2)$，$F_{Ry} = F_R\cos(\alpha-\varphi_2)$，$F_W = F_{Ry}$。

由此可得

$$F_W\tan\varphi_1 \geqslant F_W\tan(\alpha-\varphi_2)$$

即

$$\varphi_1 \geqslant \alpha-\varphi_2,\ \alpha \leqslant \varphi_1+\varphi_2$$

这就是自锁条件。即斜楔的升角必须小于两个摩擦角之和。一般钢制零件的摩擦系数为0.1～0.15。故得摩擦角 $\varphi = 5°43'～8°28'$。

相应可得 $\alpha<11^\circ\sim17^\circ$。通常为可靠起见，取 $\alpha=8^\circ\sim10^\circ$。

（3）斜楔夹紧机构的增力比 i_p 为

$$i_p=\frac{F_W}{F_Q}=\frac{1}{\tan\varphi_2+\tan(\alpha+\varphi_1)}$$

如取 $\varphi_1=\varphi_2=6^\circ$，即 $\alpha=10^\circ$ 代入上式得 $i_p=2.6$，即夹紧力 F_W 为原始作用力 F_Q 的 2.6 倍。

斜楔夹紧机构的优点是结构简单，易于制造，具有良好的自锁性，并有增力作用；缺点是增力比小，夹紧行程小，效率低。因此，斜楔夹紧机构很少用于手动夹紧机构中，而在机动夹紧机构中应用较广。

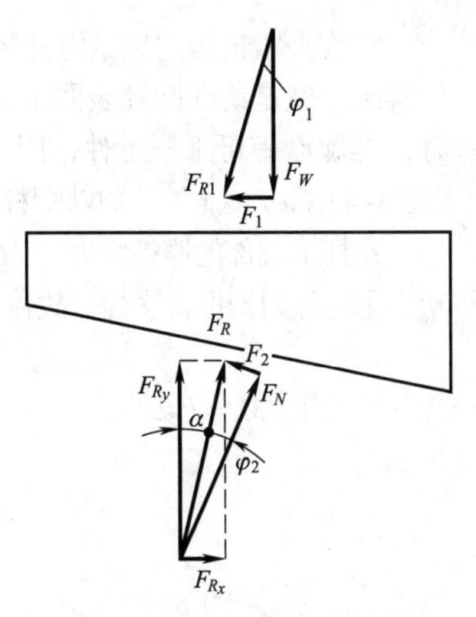

图 4-41 斜楔夹紧机构自锁条件

2. 螺旋夹紧机构

采用螺钉、螺母、垫圈、压板等元件组成的夹紧机构称为螺旋夹紧机构。螺旋夹紧机构不仅结构简单、容易制造，而且自锁性能好，夹紧力大，是夹紧机构中应用最广泛的一种机构，如图 4-42 所示。

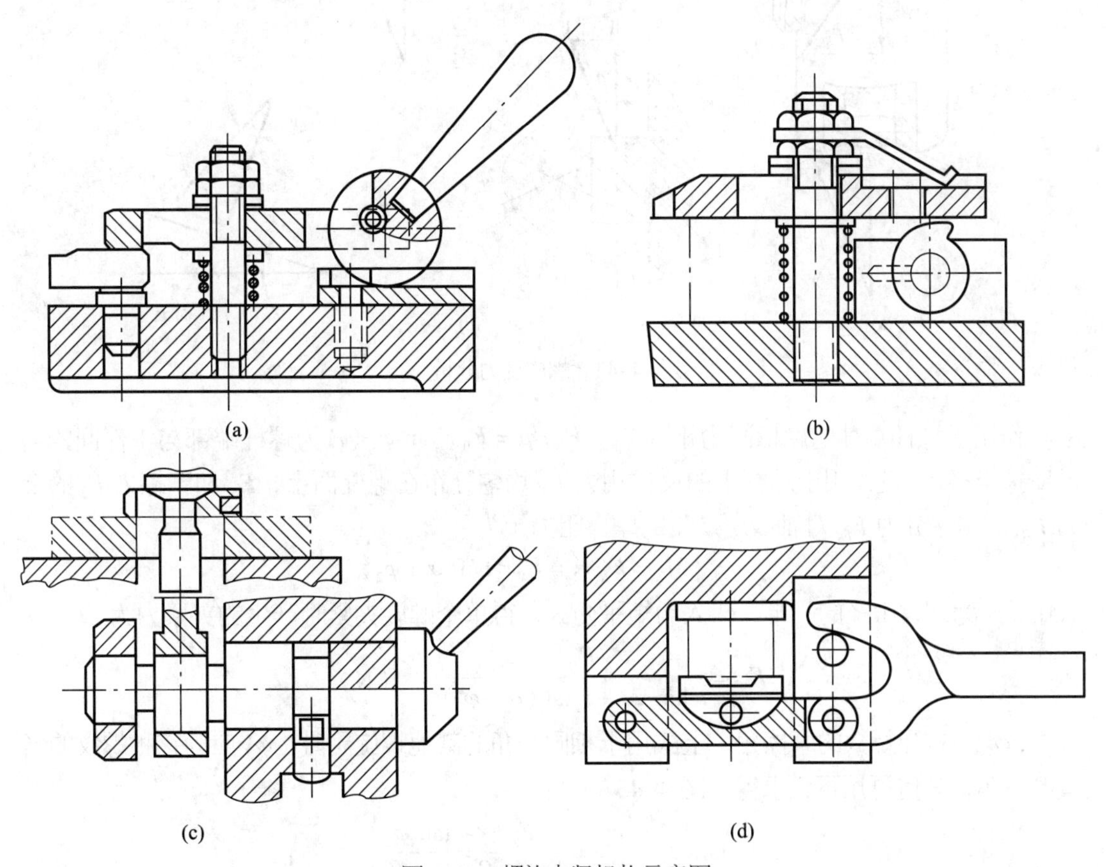

图 4-42 螺旋夹紧机构示意图

螺旋夹紧机构的夹紧力分析计算与斜楔相似。螺旋夹紧是斜楔夹紧的一种变形，螺杆实际上就是绕在圆柱表面上的斜楔。以方牙螺旋副为例［图4–43（a）］，当转动手柄时，螺旋沿螺母下压工件，因而可把单个螺旋夹紧的受力关系看成滑块与斜楔的关系［图4–43（a）、（b）］。如以螺杆为受力平衡体，则在外力矩 M_t 的作用下，引起的工件作用于螺杆下端部的摩擦阻力矩 M_1，以及螺母作用于螺杆上的摩擦阻力矩 M_2 之和，在夹紧状态下与外力矩保持平衡。故得

$$M_t = M_1 + M_2$$

外力矩：$M_t = F_Q L$

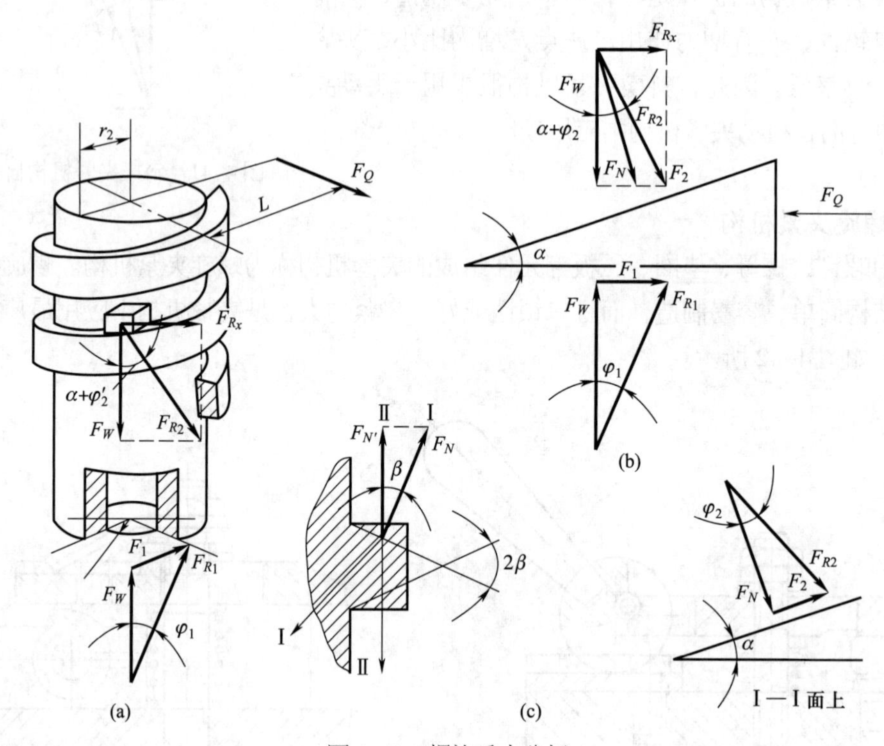

图4–43 螺旋受力分析

作用于螺杆端部的摩擦阻力矩为$M_1 = F_W r'\mu = F_W r' \tan \varphi_1$（$r'$ 为螺杆端部与工件间的当量摩擦半径）。设作用于螺杆上的反作用力 F_N 均匀分布在螺旋面上，F_N 和摩擦力 F_2 的合力 F_{R_2} 的水平分力 F_{R_x} 对轴线所产生的摩擦阻力矩为

$$M_2 = F_{R_x} r_2 = F_W r_2 \tan(\alpha + \varphi_2)$$

式中，r_2 为螺纹中径的一半，代入力矩平衡式，得单个螺旋夹紧时产生的夹紧力为

$$F_W = \frac{F_Q L}{r' \tan \varphi_1 + r_2 \tan(\alpha + \varphi_2')} \quad (\mathrm{N})$$

式中：φ_2' 为方牙螺数的摩擦角，上式用于相同升角的其他螺旋副时，φ_2' 应为该种螺纹的当量摩擦角，其值可用下式求得［图4–43（c）］

$$\tan \varphi_2' = \frac{F_2}{F_{N'}} = \frac{F_2}{F_N \cos \beta} = \frac{\tan \varphi_2}{\cos \beta}$$

$$\varphi_2' = \frac{\mu_2}{\cos\beta}$$

式中：φ_2' 为螺旋副的当量摩擦角；φ_2 位螺旋副的摩擦角，对方形螺纹 $\varphi_2=\varphi_2'$；φ_1 为螺杆端部与工件间的摩擦角；α 为螺纹升角；β 为螺纹半角，对三角螺纹 $\beta=30°$，梯形螺纹 $\beta=15°$，方形螺纹 $\beta=0$；r' 值由螺杆端部的结构形式而定。

由于标准夹紧螺钉的螺旋升角一般都比较小，因此螺旋夹紧机构都满足自锁条件。

3. 偏心夹紧机构

偏心夹紧机构利用转动中心与几何中心偏移的圆盘，或轴对工件直接夹紧，或与其他元件组合，实现对工件的夹紧。偏心零件一般有圆偏心和曲线偏心两种，由于曲线偏心零件常采用阿基米德螺旋线或对数螺旋线作为轮廓曲线，虽有升角变化均匀的优点，但制造复杂，所以应用较少。常用的偏心零件是圆偏心零件，如偏心轮或偏心轴，如图 4–44 所示。

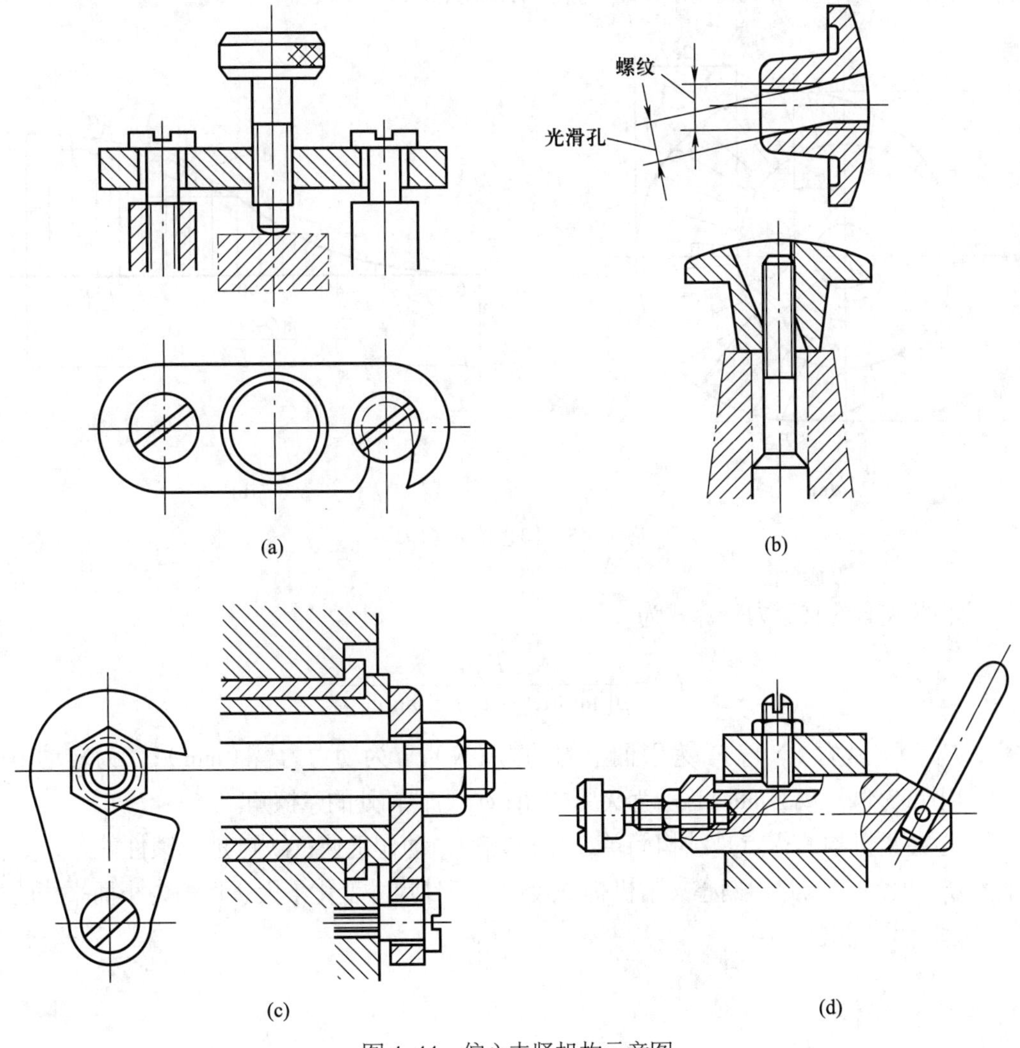

图 4–44 偏心夹紧机构示意图

以偏心轮夹紧机构为例，其夹紧原理与斜楔夹紧机构依斜面高度增加而产生夹紧力相似，只是斜楔夹紧机构的楔角不变，而偏心轮夹紧机构的楔角是变化的。图 4–45（a）所示的偏心轮，展开后如图 4–45（b）所示，不同位置的楔角可根据下式求出

$$\alpha = \arctan\left(\frac{e\sin\gamma}{R - e\cos\gamma}\right)$$

式中，α 是偏心轮的楔角；e 为偏心轮的偏心距（mm）；R 为偏心轮的半径（mm）；γ 为偏心轮作用点 X 与起始点 O 之间的圆心角。

当 $\gamma = 90°$ 时，α 接近最大值，即 $\alpha = \arctan(e/R)$。

根据斜楔自锁条件，偏心轮工作点 P 处的楔角 $\alpha_p \leqslant \varphi_1 + \varphi_2$，$\varphi_1$ 和 φ_2 为摩擦角。考虑最不利情况，偏心轮夹紧自锁条件为

$$\frac{e}{R} \leqslant \tan\varphi_1 = \mu_1$$

式中，φ_1 为轮周作用点的摩擦角；μ_1 为轮周作用点的摩擦系数。

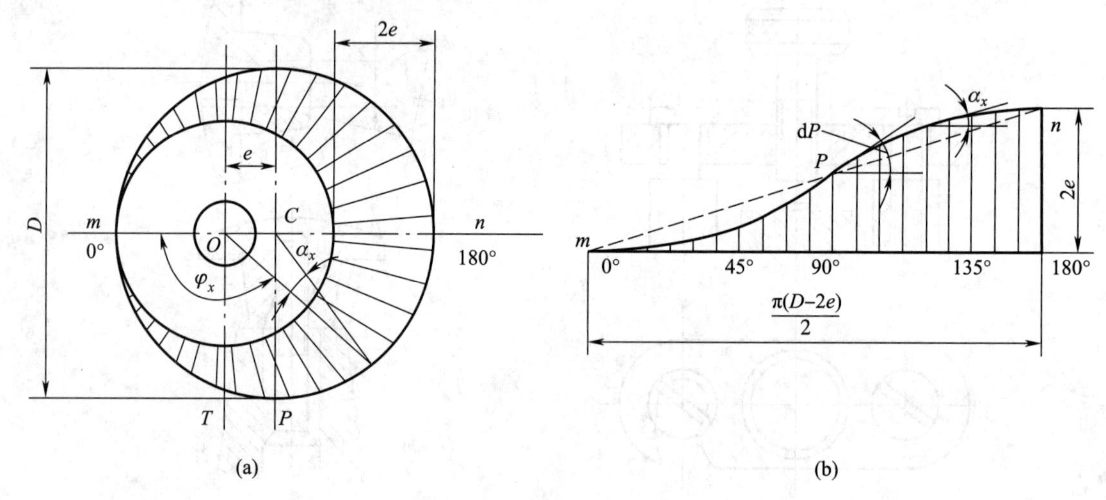

图 4–45 偏心轮夹紧原理

偏心轮夹紧的夹紧力计算式为

$$F_W = \frac{F_Q L}{\rho[\tan(\alpha_p + \varphi_2) + \tan\varphi_1]}$$

式中，F_W 为夹紧力（N）；F_Q 为手柄上的动力（N）；L 为动力力臂（mm）；ρ 为转动中心 O_2 到作用点 P 间距离（mm）；α_P 为夹紧楔角；φ_2 为转轴处的摩擦角。

偏心夹紧机构的优点是结构简单，操作方便，动作迅速；缺点是自锁性能差，夹紧行程和扩力比小。因此，偏心夹紧机构一般用于工件尺寸变化不大、切削力小而平稳的场合，不适合用于粗加工中。

第5章 机械加工质量及其控制

5.1 机械加工质量的基本概念

产品质量主要取决于零件质量和装配质量，而零件质量既与所用的材料性能有关，也与加工过程有关。机械加工的首要任务是保证零件的加工质量要求，主要体现在机械加工精度和机械加工表面质量这两方面。

5.1.1 机械加工精度

1. 机械加工精度与加工误差

机械加工精度是指零件在机械加工后的几何参数（尺寸、几何形状及相互位置）与零件理想几何参数的符合程度。符合程度越高，加工精度也就越高；它们之间的差异即为加工误差。精度和误差是对同一问题的两种不同的说法，两者是相互关联的，即误差愈小，精度愈高；反之，误差愈大，精度愈低。

所谓零件的理想几何参数，对表面几何形状而言，主要是指绝对的圆柱面、平面和锥面等；对表面之间的相互位置而言，主要为绝对的平行、垂直和同轴等；对尺寸而言，则是零件的公差带中心。因此，零件的加工精度包含三方面的内容：① 尺寸精度，限制加工表面与其基准间尺寸误差不超过一定的范围。② 形状精度，限制加工表面宏观几何形状误差，如圆度、圆柱度、平面度、直线度等。③ 位置精度，限制加工表面与其基准间的相互位置误差，如平行度、垂直度、同轴度、位置度等。

零件各表面本身和相互位置的尺寸精度在设计时是以公差（公差代号或数值）表示的，公差的数值具体说明了这些尺寸的加工精度要求和允许的加工误差大小。几何形状精度和相互位置精度常用专门的符号在零件图纸的技术要求中用文字说明。

2. 获得机械加工精度方法

（1）获得尺寸精度的方法

1）试切法。将刀具与工件的相对位置作初步调整并试切一次，测量试切所得尺寸，然后根据测得的试切尺寸与所规定要求尺寸之间的差值调整刀具与工件之间的相对位置，然后再试切，再测试，直到试切尺寸符合要求为止。试切法的生产率低，要求工人的技术水平较高，否则质量不易保证，因此多用于单件、小批量生产。

2）定尺寸刀具法。用刀具（如钻头、铰刀、扩孔钻、丝锥、拉刀等）的相应尺寸保证工件加工尺寸的方法。影响尺寸精度的主要因素有刀具的尺寸精度、刀具与工件的位置精度等。这种方法的生产率较高，在刀具磨损尚未造成已加工表面超出公差前，能有效地保证尺寸精度，可用于各种生产类型。另外，用成形刀具加工也属于这一类。

3）调整法。按零件规定的尺寸预先调整好刀具与工件相对于机床的位置，然后进行加工，并在一批零件加工过程中保持这个位置不变。调整法比试切法的加工精度稳定性好，并有较高的生产率。零件的加工精度主要取决于调整精度，如调整装置的精度、测量精度和机床精度等。调整法广泛应用于成批和大量生产中。

4）自动控制法。用测量装置、进给装置和控制系统等组成自动控制加工系统，使加工过程中的尺寸测量、刀具补偿调整和切削加工等自动完成，从而自动获得所要求的尺寸精度。例如，具有自动测量的自动机床、数控机床和加工中心等。自动控制法加工质量稳定，生产率高，加工柔性好，能适应多种生产，是目前机械制造的发展方向。

（2）获得位置精度的方法

1）一次装夹法。将有相互位置精度要求的零件各表面在同一次安装中加工出来。位置精度主要取决于机床的精度。例如，车削断面与轴线的垂直度与机床中滑板运动精度有关。

2）多次装夹法。在加工零件时，虽经多次安装，但其表面的位置精度是由加工表面与定位基准面之间的位置精度决定的。例如，车床上使用双顶尖两次装夹轴类零件，以完成不同表面的加工。不同安装中加工的外圆表面之间的同轴度，通过使用相同顶尖孔轴心线及同一工件定位基准来实现。

此外，工件的形状精度主要是通过刀具和工件作相对的成形运动获得的，有轨迹法、成形法、相切法、展成法等，这里不再赘述。

5.1.2 机械加工表面质量

机械加工表面质量是指零件机械加工后在已加工表面上几微米至几百微米表面层所产生的物理性能的变化以及表面层微观几何形状误差。

1. 表面层的几何形状特征

加工表面微观几何形状误差分为表面粗糙度和表面波纹度。表面粗糙度是指已加工表面的微观几何形状误差，表现为刀刃切削后在被加工表面上形成的峰谷不平的痕迹。表面波纹度是指介于加工精度（宏观几何形状误差）和表面粗糙度之间的周期性几何形状误差，它主要是由加工过程中工艺系统的振动所引起的。

2. 表面层的物理性能

表面层的金属材料在切削加工时会产生物理、机械以及化学性质的变化，主要有：

① 表面层机械加工硬化。工件在机械加工过程中，表面层金属产生强烈的塑性变形，使晶格扭曲、畸变，晶粒间产生滑移，晶粒被拉长等，使表面层金属的硬度提高，这种现象称为加工硬化。

② 表面层内残余应力。在切削或磨削加工过程中，由于切削变形和切削热的综合影响，加工表面层会产生残余应力，其应力状态（拉应力或压应力）和大小对零件使用性能有很大影响。

③ 表面层金相组织改变。这种改变包括晶粒大小和形状、析出物和再结晶等的变化。例如磨削淬火零件时，由于磨削烧伤引起表面层金相组织由马氏体转变为屈氏体、索氏体，表面层硬度降低。

④ 表面层内其他物理性能的变化。这种变化包括极限强度、疲劳强度、导热性和磁性等的变化。

3. 机械加工表面质量对零件使用性能的影响

表面质量对零件使用性能（如耐磨性、耐疲劳性、耐腐蚀性、配合质量等）都有一定程度的影响。

（1）耐磨性

零件的耐磨性主要与摩擦副的材料、热处理情况和润滑条件有关，在这些条件已确定的情况下，零件的表面质量起决定性作用。

零件的磨损一般分为初期磨损、正常磨损和急剧磨损三个阶段，其中表面粗糙度对初期磨损的影响最为显著。这是因为当两个零件表面互相接触时，实际上只是一些凸峰顶部接触，当零件上有了载荷作用时，凸峰处的单位面积压力很大，表面越粗糙，实际接触面积越小，单位面积上的压力就越大。当两个零件发生相对运动时，在接触的凸峰处就产生了弹性变形、塑性变形及剪切等，造成零件表面的磨损。但也不是零件表面粗糙度值越小，耐磨性就越好。表面粗糙度值过小，不利于润滑油的贮存，易使接触表面间形成半干摩擦甚至干摩擦，表面粗糙度值太小还会增加零件接触表面之间的吸附力等，这些都会使摩擦阻力增加，加速磨损。在一定的工作条件下，一对摩擦表面通常有一个最佳表面粗糙度的配对关系。

表面粗糙度的轮廓形状及加工纹路方向也对零件的耐磨性有影响。轻载时，摩擦副的两个表面纹路方向与相对运动方向一致时磨损较小；重载时，由于压强、分子亲和力和贮存润滑油等因素的变化，摩擦副的两个表面纹路相垂直，且运动方向平行于下表面的纹路方向时磨损较小，而两个表面纹路方向均与相对运动方向一致时容易发生咬合，故磨损量反而较大。

表面加工硬化对磨损量也有影响，一般能提高耐磨性 0.5 ~ 1 倍。但也不是冷作硬度越高越好，因为过高的硬度会使局部金属组织疏松发脆，甚至有细小裂纹出现，此时，在外力作用下，表面层易产生剥落现象而使磨损加剧。同样，冷作硬化也存在一个最佳硬化硬度。

（2）耐疲劳性

在交变载荷作用下，零件表面的粗糙度、划痕和微观裂纹等缺陷容易引起应力集中，使疲劳裂纹扩展，致使零件疲劳损坏。

1）表面粗糙度值大（特别是在零件上应力集中区的表面粗糙度参数值大）将大大降低零件的耐疲劳强度。试验表明，减小表面粗糙度可以使疲劳强度提高30% ~ 40%。另外，刀纹方向与受力方向一致时零件的耐疲劳性较好。

2）表面残余应力对疲劳强度的影响极大。当表面层的残余应力为压应力时，能部分抵消外力产生的拉应力，起到阻碍疲劳裂纹扩展和新裂纹产生的作用，因而能提高零件的疲劳强度；而当残余应力为拉应力时，则与外力施加的拉应力方向一致，加剧疲劳裂纹的扩展，从而使疲劳强度降低。

3）适当的冷作硬化使表面层金属强化，可减小交变载荷引起的交变变形幅值，阻止疲劳裂纹的扩展，因此能提高零件的耐疲劳强度。钢材中的含碳量愈高，冷作硬化提高耐疲劳强度的作用也愈大。采用冷作硬化，钢比铸铁、铜、铝等材料提高耐疲劳强度的程度更大，但冷作硬化过度将出现疲劳裂纹，会降低零件的耐疲劳强度。

（3）耐腐蚀性

零件工作时，不可避免地受到潮湿空气和其他腐蚀性介质的侵入，这就会引起化学和电化学腐蚀。由于表面粗糙度的存在，在表面凹谷处容易积聚腐蚀性介质而产生腐蚀，且凹谷越深，渗透与腐蚀作用越强烈；而在粗糙表面的凸峰处则因摩擦剧烈而容易产生电化学腐蚀。因此，减小表面粗糙度和波纹度值可提高零件的耐腐蚀能力。

零件表面存在残余压应力时，会使零件表面紧密而使腐蚀性物质不易侵入，从而提高耐腐蚀能力，但残余拉应力则相反，会降低耐腐蚀性。

对某些敏感金属或合金，在静拉应力与特定环境共同作用下，会导致零件脆性断裂，从而加速腐蚀作用，此即为应力腐蚀。

（4）配合质量

相互配合零件的配合性质是由它们之间的过盈量或间隙量表示的。由于表面微观不平度的存在，使得实际有效过盈量或有效间隙量发生改变，从而引起配合性质和配合精度的改变。

当零件之间为间隙配合时，若表面粗糙度过大，将引起初期磨损量增大，使配合间隙变大，导致配合性质变化，从而使运动不稳定，或使气压、液压系统的泄漏量增大。当零件之间为过盈配合时，如果表面粗糙度过大，则实际过盈量将减少，这也会使配合性质改变，降低联接强度，影响配合的可靠性。因此，在选取零件间的配合时，应考虑表面粗糙度的影响。

5.2 影响机械加工精度的因素

在机械加工中，零件的加工精度从根本上讲取决于工件和刀具在加工过程中相互位置的关系。在加工时，工件安装于夹具中，夹具又安装在机床上，刀具则通过刀杆和夹头等与机床连接或直接装在机床上，机床提供刀具与工件的相对运动。因此，机械加工时，机床、夹具、刀具和工件构成了一个机械加工工艺系统。工艺系统中的各种误差，以不同的程度反映为零件的加工误差。为保证零件达到规定的精度要求，必须将加工误差控制在一定范围内。加工误差大致可分成以下五个方面：① 工艺系统的几何误差。包括加工方法的原理性误差，机床、夹具、刀具的磨损和制造误差，工件、夹具、刀具的安装误差，以及工艺系统的调整误差；② 工艺系统受力变形产生的误差；③ 工艺系统热变形产生的误差；④ 残余应力引起的变形误差；⑤ 测量误差。

下面重点介绍工艺系统的几何误差、受力变形产生的误差和热变形产生的误差。

5.2.1 工艺系统的几何误差

1. 原理误差

原理误差是由于机械加工采用了近似的成形运动或者近似的刀具轮廓而产生的。为了获得规定的加工表面，刀具和工件之间必须作相对成形运动。圆柱面可以由一根直线围绕与该直线平行的中心线旋转一周来形成。它也可由一个圆，使其圆心沿一直线运动来得到（圆柱拉刀拉削内孔即是一例）。复杂一点的表面，如螺旋面和渐开线齿形面的表面成形则要求刀具与工件间分别完成准确的螺旋运动和渐开线展成运动。从理论上讲，加工中应采用完全正确的刀刃形状并作相应的成形运动，以获得准确的零件表面。但是，这往往会使机床、夹具和刀具的结构变得复杂，造成制造上的困难；或者由于机构环节过多，增加运动中的误差，结果反而得不到高的精度。因此，在生产实际中常采用近似的加工原理来获得规定范围的加工精度，这样做有时会提高生产率，或使加工过程更为经济。

在加工复杂的曲线表面时，要把刀具刃口制成完全符合理论曲线的轮廓，有时非常困难。为此，常采用圆弧、直线等简单的型线代替轮廓线。例如，考虑到加工渐开线齿轮的滚刀制造上的困难，常用阿基米德基本蜗杆或法向直廓基本蜗杆代替渐开线基本蜗杆。这种滚刀产生两种原理误差：一是形状近似的原理误差；二是由于滚刀刃数有限，所切出的齿轮齿形实际上并不是光滑的渐开线，而是一根渐近折线。所以，滚切齿轮的加工原理是近似的。

2. 机床的几何误差

机床误差对加工精度有显著影响，它是决定工艺系统误差的主要因素。机床误差主要来自机床本身的制造、安装和磨损三方面，其中尤其以机床本身制造误差影响最大。下面着重分析机床几何误差中对加工精度影响最大的主轴误差和导轨误差。

（1）主轴误差

机床主轴是工件或刀具的位置基准和运动基准，它的误差直接影响工件的加工精度。对于机床主轴，主要要求在回转情况下能保持其轴线位置的变动不超出规定的范围，即要求机床主轴具有一定的回转精度。通常，主轴回转精度可定义为主轴的实际回转轴线相对其理想回转轴线在误差敏感方向上的最大变动量。主轴理想回转轴线是一条假定的在空间位置不变的回转轴线。主轴的回转精度不但与主轴部件的制造精度（包括加工精度和装配精度）有关，而且还与受力后主轴的变形有关。随着主轴转速的增加，还需要解决主轴轴承的散热问题。

由于主轴部件在加工和装配过程中存在多种误差，如主轴轴颈的圆度误差，轴颈或轴承间的同轴度误差，轴承本身的各种误差，主轴的挠度和支承端面对轴颈、轴线的垂直度误差以及主轴回转时力效应和热变形所产生的误差等，因而主轴在每一瞬时回转轴心线的空间位置都是变动的，即存在回转误差。主轴的回转误差可以分为3种基本形式：径向跳动、轴向窜动、倾角摆动，如图5-1所示。不同形式的主轴回转误差对加工精度的影响不同；同一形式的回转误差在不同的加工方式（如车削和镗削）中对加工精度的影响也不一样。

1）径向跳动。又称径向漂移，是指主轴瞬时回转中心线相对平均回转中心线所作的公转运动。如图5-1所示，车外圆时，主轴径向跳动误差会影响工件圆柱面的形状精度，如圆度误差。

2）轴向窜动。又称轴向漂移，是指主轴瞬时回转中心线相对于平均回转中心线在轴线方向上的周期性移动。如图5-1所示。主轴轴向窜动，不影响加工圆柱面的形状精度，但会影响端面与内、外圆的垂直精度。加工螺纹时，主轴的轴向窜动使螺纹导程产生周期性误差。

3）倾角摆动。又称角度漂移，是指主轴瞬时回转中心线相对于平均回转中心线在角度方向上的周期性漂移，如图5-1所示。主轴倾角摆动误差主要影响工件的形状精度，车削外圆时产生锥度误差；镗削时，镗出的孔则将呈椭圆形误差。

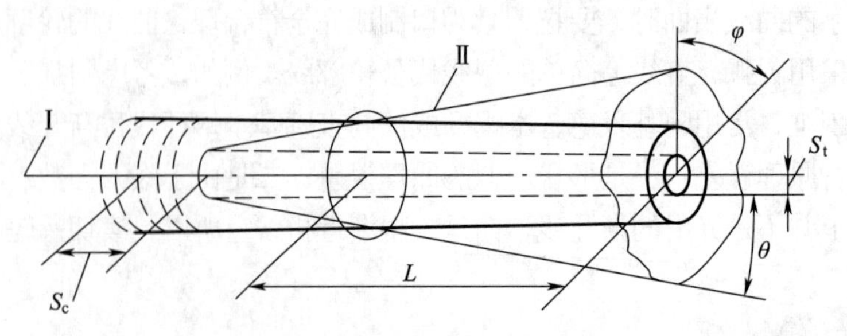

图5-1 主轴回转误差的基本形式

Ⅰ——平均回转轴线；Ⅱ——瞬时回转轴线；φ——回转位置；L——支承距离；S_c——轴向窜动；S_t——径向跳动；θ——倾角摆动

（2）导轨误差

导轨是机床中确定主要部件的位置基准和运动基准，它的各项误差直接影响工件的加工精度。在导轨误差中，对加工精度影响最大的是导轨本身的直线度误差、前后两导轨在垂直平面内的平行度误差（扭曲）、垂直导轨与水平导轨间的垂直度误差、两平面导轨之间的平行度误差以及导轨面与主轴间的相对位置误差等。

如果车床导轨在水平面内有直线度误差，使得刀尖在水平面内产生位移 δy，从而引起工件在半径上的误差 $\delta R'$，如图 5-2（a）所示。因 $\delta R'=\delta y$，所以在工件直径上的加工误差将为 $\delta D=2\delta y$。

如果车床导轨在垂直面内有直线度误差，使刀尖在垂直面内产生位移量 δz，从而引起工件上的半径误差 δR，如图 5-2（b）所示，则

$$(R+\delta R)^2=(\delta z)^2+R^2$$

忽略 δR^2 项，得 $\delta R\approx\dfrac{(\delta z)^2}{2R}$。

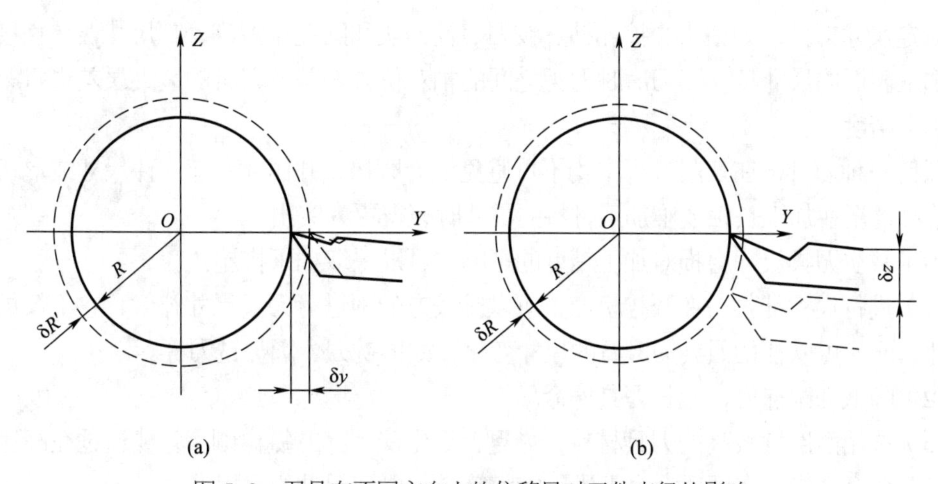

图 5-2　刀具在不同方向上的位移量对工件直径的影响

即工件上的直径误差为

$$\delta D\approx\frac{(\delta z)^2}{R} \tag{5-1}$$

现假设 $\delta y=\delta z=0.1\ \text{mm}$，$D=40\ \text{mm}$，则

$$\delta R\approx\frac{(\delta z)^2}{2R}=\frac{0.1^2}{40}\ \text{mm}=0.000\ 25\ \text{mm}$$

$$\delta R'=\delta y=0.1\ \text{mm}=400\ \delta R$$

可见 $\delta R'$ 为 δR 的 400 倍。这就是说，在垂直面内导轨的直线度误差对加工精度的影响很小，可以忽略不计；而在水平面内同样大小的导轨直线度误差就不能忽视。因此，在分析机床的运动误差时，常将对加工精度影响最大的方向称为误差敏感方向，这个方向上的误差影响因素应受到重视。

机床导轨的精度不仅与制造精度、安装调整有关，机床在使用过程中导轨的不均匀磨损也是影响精度的一个重要因素。由于导轨工作区常常集中在某一范围内，故导轨在全长上磨损很不均匀，使用一段时间后，会造成机床精度超出公差，应注意及时修复。

3. 刀具误差

刀具误差主要为刀具的制造和磨损误差，其影响程度与刀具的种类有关。

一般刀具，如车刀、铣刀、单刃镗刀和砂轮等，它们的制造误差对工件的加工精度没有直接影响，而加工过程中刀刃的磨损和钝化则会影响工件的加工精度。如用车刀车削外圆时，车刀的磨损将使被加工外圆增大；当用调整法加工一批零件时，车刀的磨损将会扩大零件尺寸的变动范围。随着刀刃的不断磨损和钝化，切削力和切削热也会有所增加，从而对加工精度带来一定的影响。

采用成形刀具加工时，刀刃的形状误差以及刃磨、装夹等的误差将直接影响工件的加工精度。

对定尺寸刀具，如钻头、扩孔钻、铰刀、镗刀块和圆孔拉刀等，其尺寸误差直接关系到被加工表面的尺寸精度。刃磨时刀刃之间的相对位置偏差及刀具的装夹误差也将影响工件的加工精度。

任何一种刀具，在切削过程中均不可避免地会磨损，并由此引起工件尺寸或形状的改变，这种情况在加工长轴或难加工材料的零件时显得更为突出。

为了减少刀具尺寸磨损对加工精度的影响，可以采取如下措施：

（1）进行尺寸补偿。在数控机床上可以比较方便地进行刀具尺寸补偿，它不仅可以补偿尺寸，而且可以补偿刀具刃磨后的尺寸变化，如棒铣刀、圆盘铣刀等。

（2）降低切削速度，延长刀具寿命。

（3）选用耐磨性较高的刀具材料，如复合氮化硅、立方氮化硼等，或通过在高速钢上进行多元合金共渗、在硬质合金上进行镀膜等措施提高刀具的耐用度。

4. 夹具误差与装夹误差

在加工工件时，必须把工件装夹在机床上或夹具中，装夹误差包含定位和夹紧产生的误差。夹具误差是指定位元件、刀具导向元件、分度机构和夹具体等的制造误差；夹具装配后，各元件的相对位置误差；夹具使用过程中其工作表面磨损所产生的误差。装夹误差和夹具误差主要影响工件加工表面的位置精度。

为了减少夹具误差及其对加工精度的影响，在设计和制造夹具时，对于那些影响工件精度的夹具尺寸和位置应严加控制。如对于 IT5 ~ IT7 级精度的零件，夹具精度一般是零件精度的 1/3 ~ 1/2。对于 IT8 级精度以下的零件，夹具精度可为零件精度的 1/10 ~ 1/5。

夹具的制造精度主要表现在定位元件、对刀装置和导向元件等本身的精度以及它们之间的相对位置精度。定位元件确定了工件与夹具之间的相对位置，对刀装置和导向元件确定了刀具与夹具之间的相对位置，通过夹具间接确定了工件和刀具之间的相对位置，从而保证了加工精度。

夹具中定位元件、对刀装置和导向元件的磨损直接影响加工精度。

5.2.2 工艺系统的受力变形

1. 工艺系统刚度的概念

由机床、夹具、刀具、工件所组成的工艺系统在外力作用下会产生变形，这种变形包括系统各组成环节本身的变形和各环节配合（或接合）处的接触变形，其变形量的大小除取决于外力的大小外，还取决于工艺系统抵抗变形的能力。

为了分析工艺系统的受力变形及其抵抗变形的能力，现引入刚度的概念。刚度还关系到工艺系统的振动或稳定性问题，是机械加工中十分重要的概念。刚度是指物体受力后抵抗外力的能力，也就是物体在受力方向上产生单位变形所需要的力，其值为

$$K=\frac{F_y}{y} \tag{5-2}$$

式中：F_y 为 Y 方向的外力，单位为 N；y 为在受力方向上的变形，单位为 mm。

柔度是物体受单位力时在受力方向的变形，它是刚度的倒数，即

$$G=\frac{y}{F_y} \tag{5-3}$$

物体在受力后产生变形，力和变形之间的关系不一定是线性的，这时刚度值也是变化的。

$$K=\frac{\Delta F_y}{\Delta y} \tag{5-4}$$

由于机械加工工艺系统是由机床、夹具、刀具和工件等组成，因此，工艺系统受力变形的总变形量 y_{xt} 是其各组成部分的法向变形量的叠加，即 $y_{xt}=y_{jc}+y_{jj}+y_{dj}+y_g$。根据刚度的定义，机床、夹具、刀具和工件的刚度分别为

$$K_{jc}=F_y/y_{jc},\ K_{jj}=F_y/y_{jj},\ K_{dj}=F_y/y_{dj},\ K_g=F_y/y_g$$

则工艺系统刚度的一般式为

$$K_{xt}=1\Big/\left(\frac{1}{K_{jc}}+\frac{1}{K_{jj}}+\frac{1}{K_{dj}}+\frac{1}{K_g}\right) \tag{5-5}$$

式中：y_{jc} 为机床的受力变形量；y_{jj} 为夹具的受力变形量；y_{dj} 为刀具的受力变形量；y_g 为工件的受力变形量。式（5-5）表明了工艺系统各部分的刚度与工艺系统刚度的关系。

2. 刚度曲线及影响刚度的因素

（1）工艺系统的变形曲线

1）加载变形曲线

图 5-3 所示为一台机器或一个部件的加载受力变形曲线，可以看出，施加的载荷与变

形之间不呈线性关系，这主要是由于接触变形的影响，也可能是由机器或部件中存在刚度很差的零件引起的。这种加载变形曲线又可分为两类：凹形曲线［图5-3（a）］；凸形曲线［图5-3（b）］。凹形曲线的特点是开始变形很大，刚度逐渐变好；凸形曲线的特点是开始刚度较好，随着载荷的加大，刚度愈来愈差。凹形曲线的情况可能是在机器或部件中存在刚度很差的零件，极易变形，一旦该零件变形变小，则整体刚度值将上升。凸形曲线的情况则可能是由于结构中有预紧力，当载荷超过预紧力时，工艺系统刚度急剧变差。

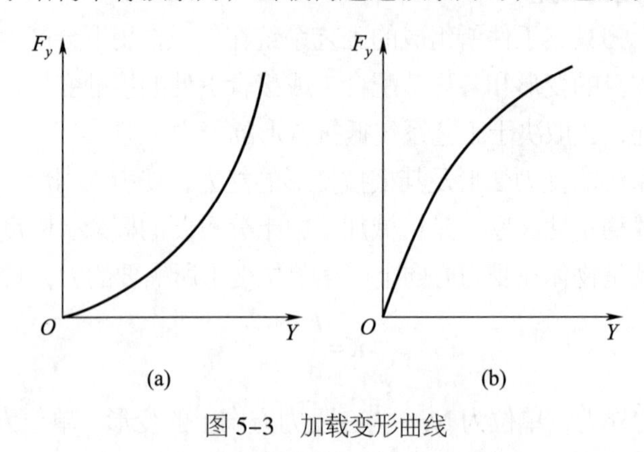

图5-3 加载变形曲线

2）正反向加卸载变形曲线

图5-4所示为某一结构的正反向加卸载变形曲线。先正方向加载，得到加载变形曲线，然后卸载，得到卸载变形曲线。加载变形曲线和卸载变形曲线并不重合，产生类似磁滞现象，这主要是由于接触面上的塑性变形、零件位移时的摩擦力消耗以及间隙的影响。同理在反方向加载和卸载，又可得到加载变形曲线和卸载变形曲线，两者也不重合。同时整个加卸载过程最后不回到原点，最终最大间隙量为 y。图5-4中正向加载曲线未从原点开始是考虑了结构间隙，这时加载很小，只要超过位移面间的摩擦力即可使零件产生位移。

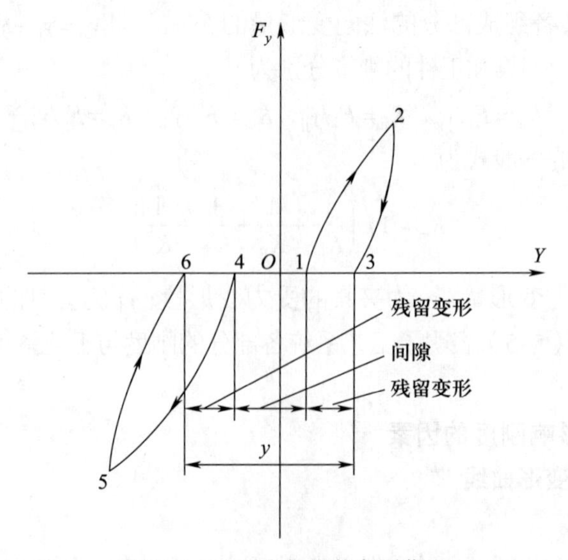

图5-4 正反向加卸载变形曲线

3）多次重复加卸载变形曲线

图 5–5 所示为某一结构的多次重复加卸载变形曲线，图中给出了 3 次加卸载的情况，第一次加卸载、“磁滞”现象最为严重，以后逐渐减小。因为结构经过第一次加卸载后，大部分间隙消除，接触面上的变形由于接触面积增大而减小，经过若干次重复加卸载，卸载曲线逐渐接近加载曲线，加载曲线的起始点和卸载曲线的终点也逐渐重合。由于摩擦力消耗，在相同外力的作用下，接触面变形越来越小，使得加卸载曲线逐渐接近。

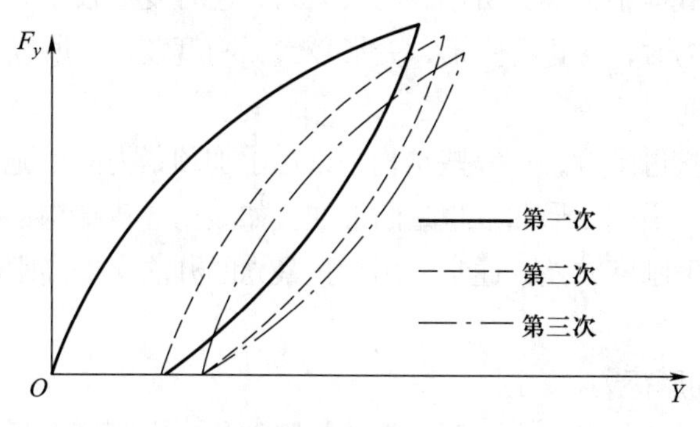

图 5–5 多次重复加卸载变形曲线

总结工艺系统的变形曲线，可以得到以下几点结论。

① 变形曲线是非线性的，有凸形和凹形两种。可根据曲线求某个特定加载条件下的刚度或某一加载变形范围内的平均刚度。

② 加载变形曲线与卸载变形曲线不重合，且不回到起始点。两曲线所包容的面积代表在加载和卸载过程中所损失的能量，即消耗在克服部件内各零件之间的摩擦功和接触面塑性变形所做的功。

③ 多次重复加卸载变形曲线不重合，随着重复次数的增加，加卸载变形曲线逐渐接近。

④ 单件零件的变形曲线与一个机器或部件的变形曲线相差很大。

（2）影响工艺系统刚度的因素

1）接触面间的表面质量与接触变形

接触面间的变形与零件的表面粗糙度、几何形状、接触面积和材料的物理性能有关。即使经过精密加工后的零件表面也不可能是理想平面，总是存在宏观的形状误差、波纹度和微观的表面粗糙度。所以零件之间的实际接触面积只是名义接触面积的一部分，真正处于接触状态的只是表面中的凸峰部分。在外力作用下，实际接触点处产生较大的接触应力，因而有较大的接触变形。在这类变形中，既有表面层的弹性变形，又有局部的塑性变形，造成刚度曲线不是直线而呈复杂的曲线，这也是部件刚度远比实际零件刚度低的原因。经多次加载、卸载后，凸峰点被逐渐压平，接触状态逐渐趋于稳定，不再产生塑性变形。

接触变形中的弹性变形在外力去除后就会恢复，而塑性变形会保留，这样就有能量的消耗和损失。这是造成加载与卸载曲线不重合的原因之一。

2）薄弱零件本身的变形

机器或部件中，经常采用镶条等连接零件。这些零件本身的刚度差，易变形，使整个系统刚度变差，变形曲线成凹形。

3）连接件夹紧力的影响

机器和部件中的许多零件多是用螺钉等连接起来的，当外加载荷方向与螺钉的夹紧力方向相反时，开始载荷小于螺钉所形成的夹紧力，这时变形较小，刚度较高；当载荷大于螺钉所形成的夹紧力时，螺钉将变形，变形较大，刚度较差。所以有连接件的一些结构中，多出现凸形变形曲线。

为了提高刚度和接触刚度，在一些结构中采用了加预紧力的措施，当载荷超过顶紧力时就会有较大的变形，因此变形曲线也是凸形的。如滚动导轨结构，有摩擦小、轻便灵活等优点，但刚度和接触刚度较差，通常采用加预紧力的办法来提高刚度。当然这种情况预紧力不能过大。

4）接触表面间的摩擦力

工艺系统在加载时，外摩擦力阻碍零件的间隙位移，内摩擦力阻碍变形增加；在卸载时，外摩擦力阻碍零件的间隙恢复，内摩擦力阻止变形减小。但是摩擦力总会造成能量的消耗，因此使得加载曲线与卸载曲线不重合。

5）间隙的影响

在机器或部件上进行正向加载，由于间隙的存在，当载荷大于零件间的摩擦力时，就会产生位移。反向加载时也是一样。因而造成正向加载曲线的起始点与反向卸载曲线的终结点不重合。由于接触变形会加大间隙量，使得间隙对刚度的影响更为严重，这种变形主要是塑性残留变形造成的。在结构上应考虑减小间隙。

3. 工艺系统受力变形对加工精度的影响

（1）切削力对加工精度的影响

工艺系统受切削力的作用将产生变形，当切削力变化时造成变形量的变化，因此将会影响工件的尺寸精度、形状精度及位置精度。切削力的变化主要是由于加工余量不均匀、材料的硬度不均匀以及机床、夹具、刀具等在不同受力部位刚度不同而产生的。

在车床上安装一个阶梯轴试件（图5-6），试件上有3组阶梯，阶梯的差值相等，一次走刀将这3个部位的阶梯车去后，因系统有弹性变形，故阶梯的高度差仍然存在，但数值大为减小，这种现象称为误差复映现象。

设原来的阶梯高度差为

$$\Delta_0 = a_{p1} - a_{p2}$$

式中，a_{p1} 为切削阶梯1时的切削深度；a_{p2} 为切削阶梯2时的切削深度。

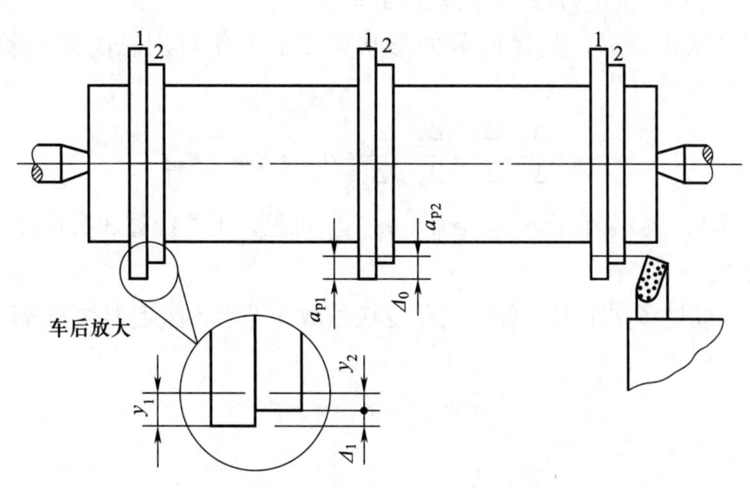

图 5-6　车床切削力对加工精度的影响

一次走刀车去阶梯后的高度差为

$$\Delta_1 = y_1 - y_2$$

式中，y_1 为切削阶梯 1 时的弹性变形，$y_1 = F_{y1}/K$；y_2 为切削阶梯 2 时的弹性变形，$y_2 = F_{y2}/K$。

由第 2 章 2.3.3 节中切削力与切削深度的关系可知

$$F_y = ca_p$$

式中 c 为系数。可以得到

$$\varepsilon = \frac{\Delta_1}{\Delta_0} = \frac{y_1 - y_2}{a_{p1} - a_{p2}} = \frac{F_{y1}/K - F_{y2}/K}{a_{p1} - a_{p2}} = \frac{c(a_{p1} - a_{p2})/K}{a_{p1} - a_{p2}} = \frac{c}{K} \tag{5-6}$$

比值 $\varepsilon = \Delta_1/\Delta_0$ 称为误差复映系数，显然它是小于 1 的，误差复映系数 ε 愈小，则系统刚度值愈高。对于切削工艺系统来说，不同切削处的系统刚度值不同。因此在图 5-6 中的试件上有 3 组阶梯，左边的阶梯表示车床主轴处，右边的阶梯表示车床尾架处，中间的阶梯表示中间处，分别用“主”“尾”“中”表示，可以得到该系统中 3 个不同切削处的误差复映系数分别为

$$\varepsilon_{主} = \frac{c}{K_{主}},\quad \varepsilon_{尾} = \frac{c}{K_{尾}},\quad \varepsilon_{中} = \frac{c}{K_{中}}$$

由于车床在主轴、尾架、中间 3 处的刚度是不同的，因此其误差复映系数也不同，但当工件一次走刀后，径向截面的精度都有所提高，其提高的程度可由误差复映系数 ε 表示，其表明了切削力对轴类零件径向截面形状精度的影响。系数 c 是一个与切削力有关系的数值。以中间处阶梯为例：

当工件第一次走刀时，其误差复映系数 ε 用 $\varepsilon_{中1}$ 来表示，$\varepsilon_{中1} = \Delta_1/\Delta_0 = c_1/K_{中1}$；

当工件第二次走刀时，其误差复映系数 ε 用 $\varepsilon_{中2}$ 来表示，$\varepsilon_{中2} = \Delta_2/\Delta_1 = c_2/K_{中2}$，这是考虑了第二次走刀可能是另一工步，所用的刀具和切削用量与第一次走刀不同，故用系数 c_2 表示，同时工件由于第一次走刀被切削掉一部分，故工艺系统刚度也不同。

同理，当工件第三次走刀时，$\varepsilon_{中3}=\Delta_3/\Delta_2=c_3/K_{中3}$。

工件经过3次走刀后，其径向截面形状精度的变化可用总的误差复映系数来表示，即

$$\varepsilon_{中}=\frac{\Delta_3}{\Delta_0}=\frac{\Delta_1}{\Delta_0}\cdot\frac{\Delta_2}{\Delta_1}\cdot\frac{\Delta_3}{\Delta_2}=\varepsilon_{中1}\cdot\varepsilon_{中2}\cdot\varepsilon_{中3} \tag{5-7}$$

由于$\varepsilon_{中i}$都小于1，故$\varepsilon_{中}$小于$\varepsilon_{中1}$、$\varepsilon_{中2}$、$\varepsilon_{中3}$。可见，工件经过3次走刀后，径向截面精度进一步提高。

因此，工件经过多次走刀，总的误差复映系数ε等于各次走刀误差复映系数ε_i的乘积，即

$$\varepsilon=\varepsilon_1\varepsilon_2\varepsilon_3\cdots\varepsilon_n$$

式中n为走刀次数。

综上所述，可知：

1）走刀次数（或工步次数）愈多，总的误差复映系数愈小，零件形状精度愈高，对于轴类零件则是径向截面的形状精度愈高。

2）系统刚度愈好，加工精度愈高。

3）切削深度a_p值的大小并不影响误差复映系数ε值，因为误差复映系数ε只与切削深度a_p的差值有关，因此切削深度a_p值的大小不影响径向截面的形状精度，但它会影响切削力的大小，使工件、机床等的变形产生变化，从而会影响工件的径向截面尺寸精度。所以工件进行多次走刀时，不论每次切削深度是多少（也许第二次走刀的切削深度比第一次走刀的大），每次走刀后的径向截面形状精度总会提高，而尺寸精度却不同，切削深度愈大，工件径向截面尺寸精度愈差。

4）可以根据零件所要求的形状精度和毛坯的情况来选择工艺系统刚度及走刀次数，也可根据现有工艺系统的刚度及走刀次数，计算工件可能达到的形状精度。

（2）传动力对加工精度的影响

在车床、磨床上加工轴类零件时，往往用顶尖孔定位，通过装在主轴上的拨盘、传动销拨动装在工件左端的夹头使工件回转，如图5-7（a）所示。拨盘上的传动销（爪）拨动装在工件上的夹头，使工件回转的力称为传动力。在拨盘转动的过程中，因为传动力的方向是变化的，传动力F与切削分力F_y有时同向，有时反向，有时成某一角度。当传动力F与切削分力F_y方向相同时、切削深度将减小；两者方向相反时，切削深度将增加。由于切削力不等，变形各异，因而引起加工误差。

图5-7（b）中表示了传动力对加工工件形状误差的影响。当传动销（爪）在位置1时，传动力F与切削分力F_y的方向垂直，它所引起工艺系统在尺寸敏感方向的变形y_1可以忽略。当传动销在位置2时，传动力F在尺寸敏感方向的分力为$F\sin\theta$（θ为位置2与水平轴的圆周夹角），它使工件在靠近刀具方向上产生的变形$y_2=(F\sin\theta)G$，G为柔度，这时工件的切削点在位置2′，即工件多切了一些，依此推算可知

$$y_i=(F\sin\theta)G$$

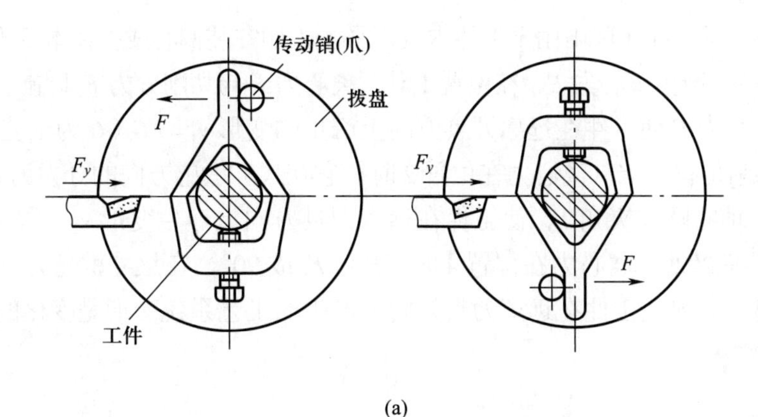

(a)

(b)　　(c)

图 5-7　传动力对加工精度的影响

式中，θ 为传动力所在位置与水平轴的圆周夹角，$\theta = 0° \sim 360°$；y_i 为传动力在各个位置时使工件在靠近刀具方向上产生的变形。当 $\theta = 0° \sim 180°$ 时，y_i 为正值，工件尺寸变小，当 $\theta = 180° \sim 360°$ 时，y_i 为负值，工件尺寸变大。

应该说明，传动力 F 与切削分力 F_y 不在同一作用线上，这将造成扭转变形，但对截面形状误差的影响很小。另外，传动力对工件径向截面形状误差的影响在靠近拨盘处较大，距拨盘愈远处，由于 F 与 F_y 不在同一径向截面，影响很小，如图 5-7（c）所示。

在精加工时，为了避免单爪拨盘传动力的影响，采用了双爪拨盘传动结构（图 5-8）。这时有两个拨爪同时拨动，两个传动力大小相等、方向相反，可以避免传动力引起切削深度的变化。如在外圆磨床、花键磨床上都用双爪拨盘。

（3）惯性力对加工精度的影响

高速回转零件的不平衡会产生离心力，离心力在零件回转过程中不断改变方向，有时与切削分力 F_y 同向，有时与之反向。二者同向时，减小了实际切削深度，二者反向时，增加了实际切削深度，由于工艺系统的受力变形，因此产生加工误差。

如图 5–9 所示，在车削中由于工件本身不平衡（如安装偏心或工件本身不对称所引起的重心偏移等），产生离心力 F，在位置 1 时，离心力 F 与切削分力 F_y 同向，减小了实际切削深度，离心力 F 使工件在远离刀具方向上产生的变形 $y_1=FG$（G 为工艺系统柔度），这时相应的切削位置在 1′。离心力在位置 2 时，它在尺寸敏感方向的分力为 $F\cos\theta$（θ 为离心力与水平轴的圆周夹角），使工件在远离刀具方向上产生变形 $y_2=(F\cos\theta)G$，相应的切削位置在 2′处。离心力在位置 4 时，F 与 F_y 成 90°，在尺寸敏感方向上的变形 y_4 可以忽略。离心力 F 使工件在远离刀具方向上产生的工艺系统变形是变化的，可表示为 $y_i=(F\cos\theta)G$。

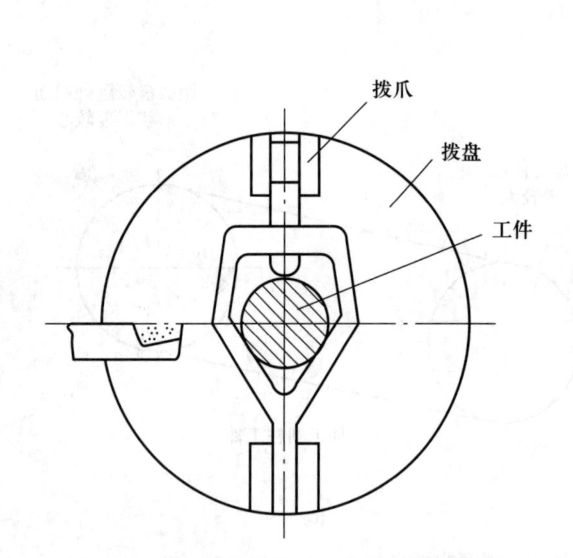

图 5–8 用双爪拨盘传动工件的结构示意图

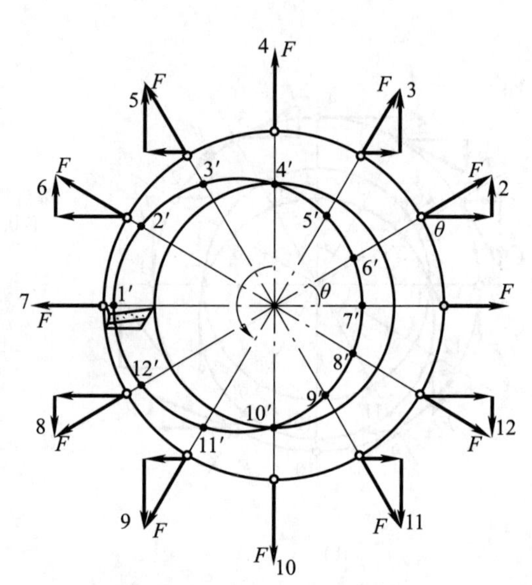

图 5–9 惯性力对加工精度的影响

从图 5–9 中可以看出，由于惯性力所造成的工件在径向截面上的形状误差与传动力对加工精度的影响相似。为了消除惯性力对加工精度的影响，常采用加配重进行平衡的方法（在车削或磨削中可以遇到）。

（4）夹紧力对加工精度的影响

对于刚度比较差的零件，在加工时由于夹紧力安排不当使零件产生弹性变形。加工完后，卸下工件，这时弹性变形恢复，结果造成形状误差。典型的例子是在车床或内圆磨床上，用三爪卡盘夹紧薄壁套筒零件加工其内孔。夹紧后，工件内孔变形成三棱形。内孔加工后成圆形，但是松开后因弹性变形恢复，该孔便呈三棱形［图 5–10（a）、(b）、(c）］。解决的方法是加大三爪的各自接触面，以减小压强［图 5–10（d）］，或用一开口垫套加大夹紧力的接触面积，如图 5–10（e）所示。

再如，在平面磨床上加工薄片零件，如薄垫圈、薄垫片等，由于零件本身原来有形状误差，当用电磁吸盘夹紧时，零件产生弹性变形。磨削后松开工件，弹性恢复，结果仍有形状误差。解决的办法是用导电磁填料垫平工件，使得工件在夹紧而不变形的状态下磨出一个平面，再以此平面定位夹紧，则可加工出不变形的平面。

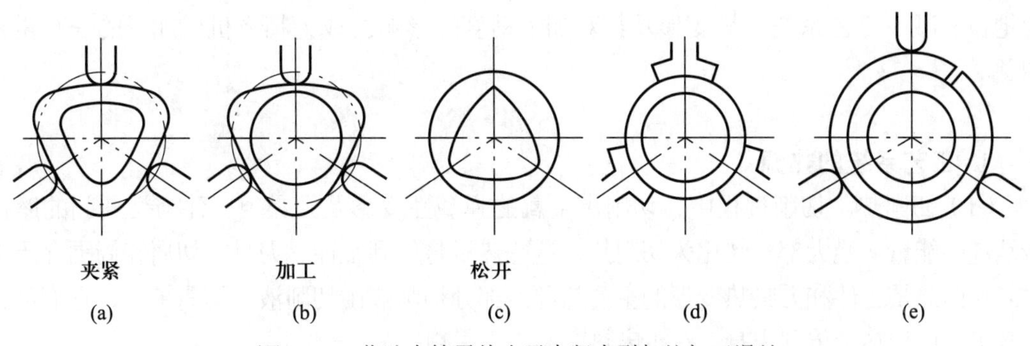

图 5-10　薄壁套筒零件由于夹紧力引起的加工误差

(5) 重力对加工精度的影响

在加工中，机床部件或工件产生移动时，其重力作用点的变化会使相应零件产生弹性变形。如大型立车、龙门铣床、龙门刨床等，其主轴箱或刀架在横梁上面移动时，由于主轴箱的重力使横梁的变形在不同位置是不同的，因而造成加工误差，这时工件表面将成中凹形（图 5-11）。为了减少这种影响，有时将横梁导轨面做成中凸形。当然，提高横梁本身的刚度是解决这一问题的根本措施。

铣床的床鞍在升降台上横向移动时，由于工作台、回转盘和床鞍的自重使升降台产生变形而低头。这个变形量随床鞍在升降台上的位置而变化（图 5-12）。这种情况也可以通过将升降台的导轨面做成前高后低（即抬头）来抵消。

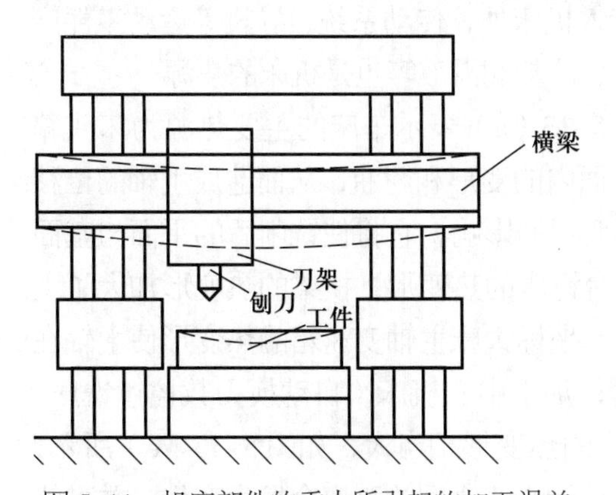

图 5-11　机床部件的重力所引起的加工误差

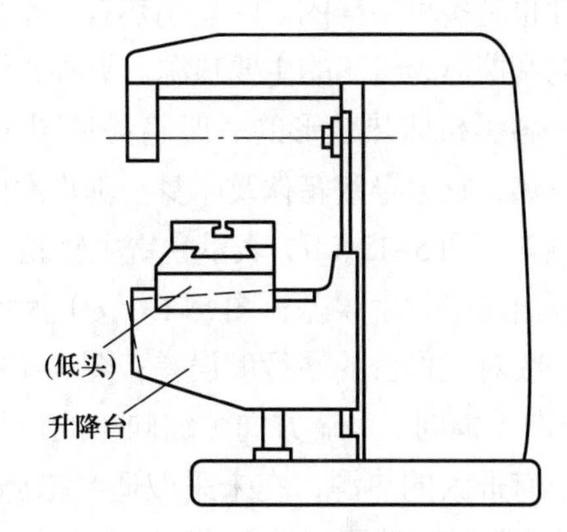

图 5-12　铣床床鞍等零件自重所引起的加工误差

5.2.3　工艺系统的热变形

在机械加工过程中，由于切削热、摩擦热以及环境温度等的影响，工件、刀具和机床都会因温度的升高而产生变形，使工件和刀具之间的相对位置发生变化。工艺系统的热变形对加工精度有显著影响。一些研究指出，在现代机床加工中，热变形引起的加工误差占总误差的 50%；在精密加工中，这种误差所占的比例还要大，占 40% ~ 70%。因为精密加工切削力小，工艺系统受力变形对加工精度的影响相对处于次要地位。减少工艺系统的热变形及其对加工精度的影响已成为精密机械加工的一个重要课题。

1. 工艺系统的热源

（1）切削热。切削过程中，切削层金属的弹塑性变形及刀具、工件与切屑间的摩擦所消耗的能量，绝大部分转化为切削热，这些热量将传到工件、刀具、切屑和周围介质中去。切削热是工件和刀具热变形的主要热源。部分切削热由切削液、切屑带走，它们落到床身上，再把热量传到床身，对机床热变形产生影响。

（2）摩擦热和传动热。轴承、齿轮副、摩擦离合器、溜板和导轨、丝杠和螺母等运动副的摩擦热以及动力源能量损耗（如电动机、液压系统的发热等）是机床热变形的主要热源。

（3）外部热源。主要是以热辐射和热传导方式由外界环境传入工艺系统的热量。这种热源来自周围环境，如空气对流的热量以及日光、灯光、加热器等产生的辐射热，对机床热变形也有很大影响。例如，在加工大工件时，常要昼夜连续加工。由于昼夜温度不同，引起工艺系统的热变形也不一样，从而影响了加工精度。

2. 机床的热变形

各类机床（包括夹具）的结构和工作条件相差很大，故引起机床热变形的热源和变形特性也是多种多样的。除切削热有一小部分会传入机床外，传动系统、导轨等运动零件产生的摩擦热为机床的主要热源。另外，液压系统、冷却润滑液等也是机床的热源。

各类机床热变形的一般趋势见图5-13。图5-13（a）表示车床的主要热源为床头箱的发热，它会导致箱体及床身在垂直面内和水平面内的变形和翘曲，从而造成主轴的位移和倾斜；图5-13（b）表示立铣主轴箱和主轴热变形的影响，它将使铣削后的平面与基面之间出现平行度误差；图5-13（c）为卧式升降台铣床的热变形，横梁的热变形加大了主轴轴线对工作台的平行度误差；图5-13（d）表示坐标镗床主轴变速箱的热变形使主轴在x方向（横向）和y方向（纵向）的位移和倾斜；加工中心机床（自动换刀数控镗铣床）内部有很大的热源，在未采取适当措施之前，它的热变形相当大，如图5-13（e）所示；在热变形的影响下，外圆磨床的砂轮轴心线与工件轴心线之间的距离会发生变化，并可能产生平行度误差，见图5-13（f）；双端面磨床的冷却液喷向床身中部的顶面，使其局部受热而产生中凸的变形，从而使两砂轮的端面产生倾斜，如图5-13（g）所示；大型导轨磨床因床身较长，车间温度的变化也会引起附加的变形，由于地面温度变化不大（因其热容量较大），若车间温度高于地面温度，则床身呈中凸形，反之呈中凹形，如图5-13（h）所示。

相对于工件和刀具来说，机床的质量和体积要大得多，其温升也不是很高（一般低于60℃），故其热变形比较缓慢。在一批零件的加工过程中，前、后零件由于机床的热变形所产生的加工误差都不一样。精密加工要求机床在热平衡后进行。

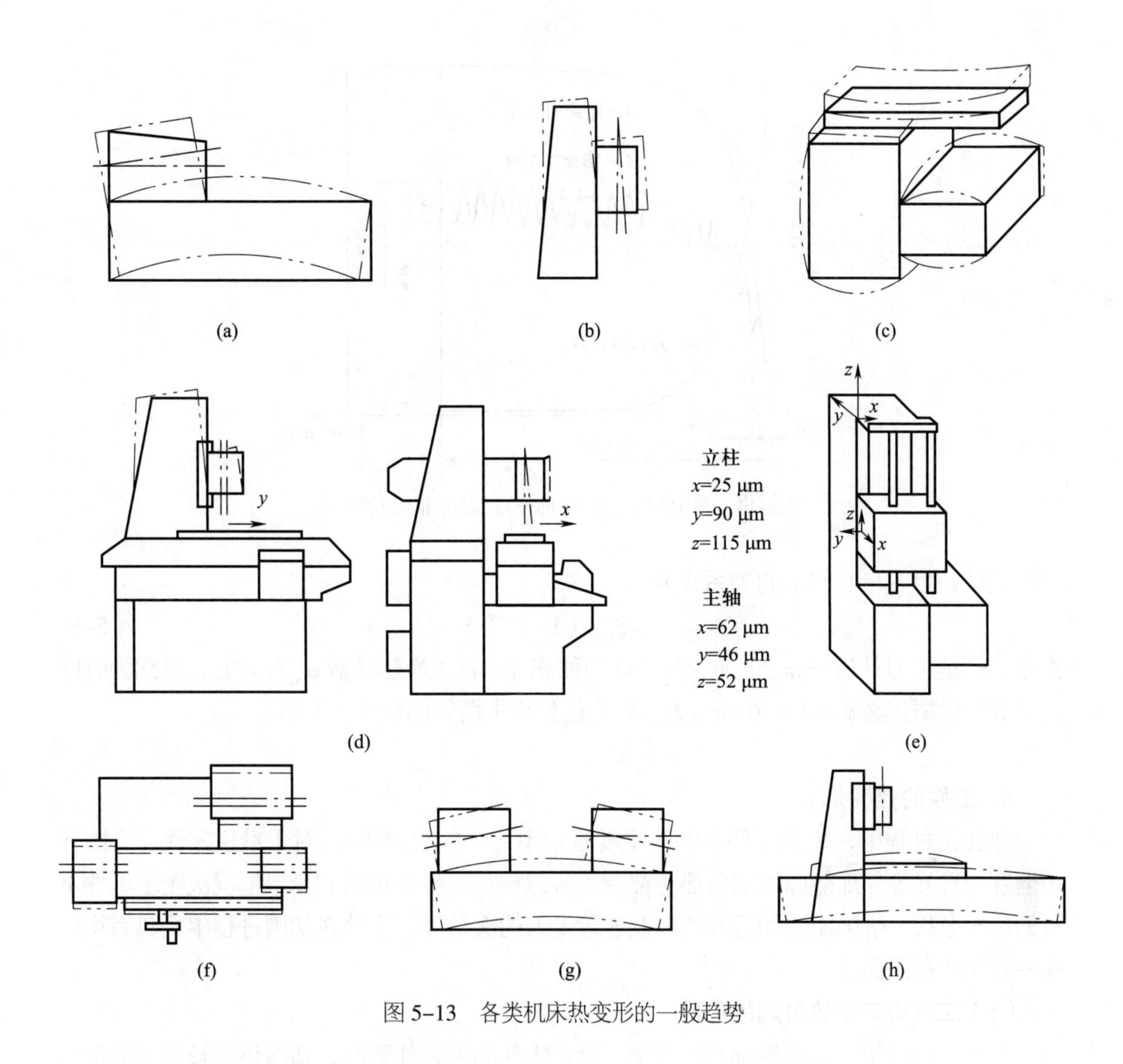

图 5-13 各类机床热变形的一般趋势

3. 刀具的热变形

使刀具产生热变形的主要热源是切削热。虽然只有大约不到 5% 的切削热传入刀具，但因刀具的体积小，其热容量也小，故其切削部分的温度急剧升高。高速钢车刀刀刃部分的温度约 700 ~ 800℃，刀具的热伸长量可达 0.03 ~ 0.05 mm；硬质合金刀刃部分的温度可达 1 000℃ 以上。由于切削热引起的刀具热伸长一般发生在被加工工件的误差敏感方向，因此其热变形对加工精度的影响是不可忽视的。

图 5-14 所示为车削时车刀的热伸长量与切削时间的关系。连续车削时，车刀的热变形情况如曲线 *A* 所示，经过 10 ~ 20 min 即可达到热平衡，此时车刀的热变形影响很小。停止切削后，刀具冷却变形过程如曲线 *B* 所示；断续切削时，车刀热变形曲线如曲线 *C* 所示。在开始切削阶段，车刀热变形显著；达到热平衡后，对加工精度的影响则不明显。

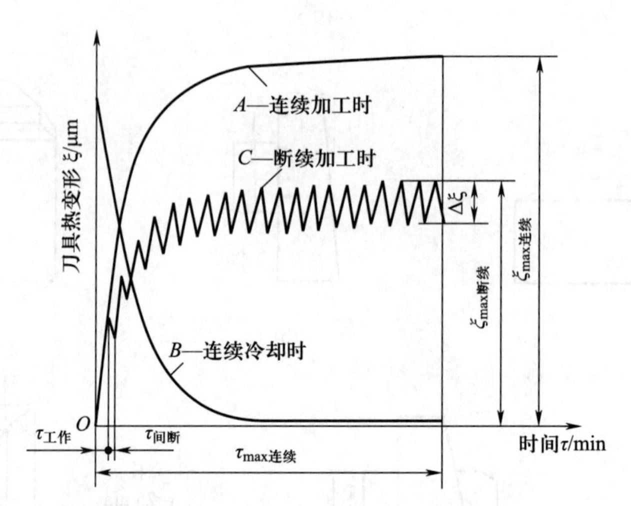

图 5-14 车削时车刀的热伸长量与切削时间的关系

热伸长量 ξ 与时间 τ 的关系式为

$$\xi=\xi_{\max}\left(1-e^{-\tau/\tau_c}\right) \tag{5-8}$$

式中，τ_c 是与刀具质量 m、比热容 c、截面面积 A、表面换热系数 α_s 有关的、量纲为时间的常数，根据实验 $\tau_c=3\sim6$ min；$\xi_{\max}$ 则为达到热平衡后的最大伸长量。

4. 工件的热变形

在加工过程中，传到工件上的热主要是切削热（或磨削热）。对于精密零件，周围环境温度和日光等外部热源的辐射热也往往不容忽视。工件受热后的变形情况决定于工件本身的结构形状、所采用的加工方法以及连续走刀的次数等。工件在切削过程中受热有均匀和不均匀两种情况。

（1）工件均匀受热引起的变形

加工一些形状较简单的轴类、套类、盘类零件的内、外圆时，切削热比较均匀地传入工件，如不考虑工件温升后的散热，其温度沿工件全长和圆周的分布都是比较均匀的，热变形也较均匀，它只引起工件尺寸的变化，而几何形状则不受影响。宽砂轮磨短轴时亦可认为是接近这种状况。

工件直径和长度方向的热膨胀分别为

$$\Delta D=\alpha D\Delta t \tag{5-9}$$

$$\Delta L=\alpha L\Delta t \tag{5-10}$$

例如，磨削钢轴直径为 100 mm，工件温度均匀地由室温 20℃ 升到 60℃，直径方向的热膨胀为 0.048 mm，相当于 IT8 精度的公差值。又如，车削一个长度为 300 mm、内径为 100 mm、外径为 140 mm、材料为 45 钢的钢管，由于在刚开始切削时工件温升为零，随着切削的进行，工件温度逐渐增加，使得直径上的差值为 37 μm，长度伸长量为 80 μm，在工件直径上将形成 0.037 : 300 的锥度。

（2）工件不均匀受热引起的变形

在加工时工件的温升与传入其间的热量、工件的质量、工件材料的热容量等有关，而传入工件的切削热主要决定于切削用量，由于加工条件的复杂性和多样性，大多数情况下工件不均匀受热。铣、刨、磨平面时，工件只在单面受切削热作用，上、下表面的温差导致工件拱起，中间被多切去，加工完毕冷却后，加工表面就产生中凹的误差。

图 5-15 示意了磨削时，薄片状零件上、下层有温度差，拱起变形的计算模型。对于长度为 L、厚度为 h 的薄板工件，上、下层温度分别为 t_1、t_2 时，设其拱起挠度为 $y_{\max}$。由于 φ 角很小，中性层的弦长可近似为原长 L，因此

$$y_{\max}=\frac{L}{2}\sin\frac{\varphi}{4}=\frac{L\varphi}{8}$$

作 $DF//OE'$，EF 为热应力变形，其值为 $\alpha(t_1-t_2)L$，$\varphi=\frac{EF}{ED}=\frac{\alpha(t_1-t_2)L}{h}$ 故

$$y_{\max}=\frac{\alpha(t_1-t_2)L^2}{8h} \tag{5-11}$$

例如，对于大型平板类零件，如在高 600 mm、长 2 000 mm 的机床床身上的磨削加工，工件的顶面与底面的温度差为 2.4℃，热变形可达 20 μm（中凸），因此要采用充足的冷却液或者提高工件的进给速度，以减少传给工件的热量。

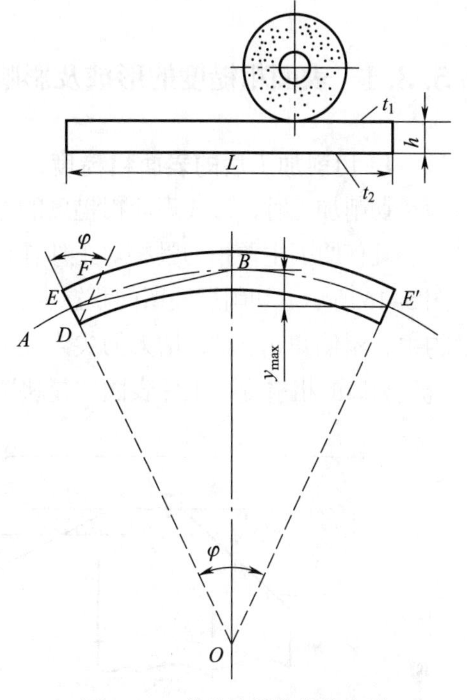

图 5-15 薄片状零件的热变形

5. 减小工艺系统热变形的措施

为了减小热变形对加工精度的影响，首先应从工艺装备的结构方面采取措施。例如，注意机床结构的热对称性，合理安排支承的位置，将热变形控制在不降低精度的方向上，外移热源和隔热等等。下面介绍从工艺方面减少热变形的途径。

① 加快热平衡。当工艺系统在单位时间内吸收的热量与其散发出的热量相等时，工艺系统达到热平衡，此时工艺系统的热变形趋于稳定。所以加速达到热平衡状态，有利于控制工艺系统的热变形。一般有两种方法：a. 加工之前，使机床高速空运转一段时间，进行预热；b. 在机床的适当部位安置辅助热源，通过调节这些热源的发热强度，实现对机床热变形的干预或补偿。

② 强制冷却，控制温升。切削加工时，在切削区域施加充分的切削液，可减少传入工件和刀具的热量，从而减小工件和刀具的热变形。对机床发热部位采取强制冷却，控制机床的温升和热变形。例如，加工中心内部有较大热源，可采用冷冻机冷却润滑液或采用循环冷却水环绕主轴部件的内腔，以控制发热和变形。

③ 控制环境温度。精密加工安排在恒温车间内进行。对于精密加工、精密计量和精密装配，恒温条件是必不可少的。恒温的精度应严格控制在一定范围内，一般为 ±1℃，精密级为 ±0.5℃，超精密级为 ±0.01℃。

5.3 机械加工表面质量的形成及影响因素

5.3.1 表面粗糙度的形成及影响因素

1. 切削加工后的表面粗糙度

切削加工时，形成表面粗糙度的主要原因，一般可分为几何原因和物理原因。

几何原因主要指刀具相对工件作进给运动时，在加工表面留下的切削层残留面积，如图 5-16 所示。切削层残留面积愈大，表面粗糙度就愈高。可通过减小进给量 f，减小刀具的主、副偏角 κ_r、κ_r'，增大刀尖半径 r_ε 减小切削层残留面积。此外，提高刀具刃磨质量，避免刃口的粗糙度在工件表面“复映”，也是降低表面粗糙度的有效措施。

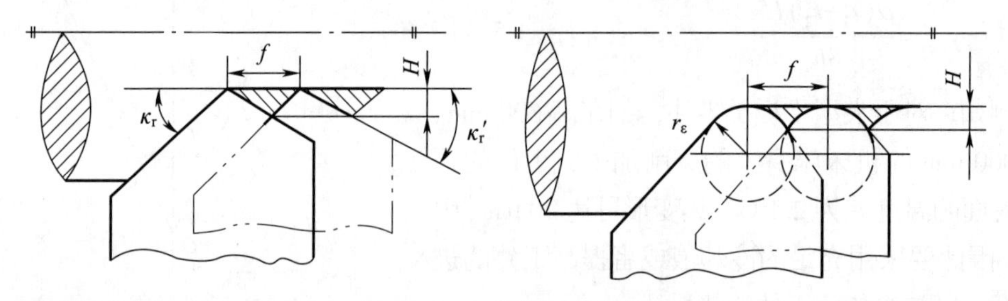

图 5-16 切削层残留面积

物理原因是指切削过程中的塑性变形、摩擦、积屑瘤、鳞刺以及工艺系统中的高频振动等。切削过程中，刀具刃口圆角及后刀面对工件的挤压与摩擦，会使工件已加工表面发生塑性变形，引起已有残留面积歪扭，使表面粗糙度变大。中速切削塑性金属时，在前刀面上易形成硬度很高的积屑瘤，随着积屑瘤由小变大和脱落，刀具的几何角度和切削深度将发生变化，并导致切削加工的不稳定性，从而严重影响表面粗糙度。鳞刺是已加工表面上的鳞片状毛刺。在较低的切削速度下，用高速钢、硬质合金或陶瓷刀具切削一些常用的塑性金属，如低碳钢、中碳钢、不锈钢、铝合金、紫铜等，在车、刨、插、钻、拉、滚齿、螺纹车削、板牙铰螺纹等工序中，都可能出现鳞刺。鳞刺对表面粗糙度有严重的影响，是切削加工中获得较低粗糙度的一大障碍。工艺系统中的高频振动使工件与刀具之间的相对位置发生微幅变动，从而使工件表面的粗糙度增大。

由表面粗糙度的形成原因可以看出，影响切削加工表面粗糙度的工艺因素主要有下列几方面。

（1）刀具几何参数

刀具的前角 γ_o 对切削过程中工件的塑性变形有很大影响。γ_o 值增大时，塑性变形程度减小，表面粗糙度就能降低。γ_o 为负值时，塑性变形增大，表面粗糙度也将增大。当前角一定时，后角越大，切削刃钝圆半径越小，刀刃越锋利，同时还能减小后刀面与加工表面间的摩擦挤压，故有利于减小表面粗糙度。但后角过大，对刀刃强度不利，易产生切削振动，结果反而增大表面粗糙度。

为了减小切削残留面积高度，以减小表面粗糙度，可适当增大刀尖圆弧半径 r_ε 和减小主偏角 κ_r、副偏角 κ_r'。

（2）工件材料

工件材料的塑性、金相组织和热处理性能对加工表面的粗糙度有很大影响。一般而言，材料的塑性越大，加工表面越粗糙。低碳钢工件加工表面粗糙度就不如中碳钢低，合金钢不如碳钢，黑色金属不如有色金属。脆性材料易于得到较小的表面粗糙度。

工件的金相组织的晶粒越均匀、粒度越细，加工后的表面粗糙度越小。因此，为了减小加工后的表面粗糙度，常在切削加工前进行调质处理，以得到均匀细密的晶粒组织和适当的硬度。

（3）切削用量

提高切削速度 v，可减小加工表面的粗糙度，这是由于高速切削时能防止积屑瘤、鳞刺的产生，同时也可使切屑和加工表面层的塑性变形程度减小。另外，采用很低的切削速度也有利于表面粗糙度的降低。

进给量的大小对加工表面粗糙度有较大影响。进给量大时，不仅切削层残留面积的高度大，而且切屑变形也大，切屑与前刀面摩擦以及后刀面与已加工表面的摩擦都加剧，这些都使加工表面粗糙度增大。因此，减小进给量对降低表面粗糙度非常有利。

切削深度在一定范围内对表面粗糙度的影响不明显，但切削深度太大和太小对表面粗糙度的降低不利。切削深度太大时，易产生振动；切削深度太小时，正常切削往往不能维持，刀刃会在工件表面打滑，产生剧烈摩擦，把已加工表面划伤，从而引起表面粗糙度的恶化。

（4）切削液

切削液的主要作用为润滑、冷却和清洗排屑。在切削过程中，切削液能在刀具的前、后刀面上形成一层润滑油膜，减小金属表面间的直接接触，减轻摩擦及黏结现象，降低切削温度，从而减小切屑的塑性变形，抑制积屑瘤与鳞刺的产生。故切削液对减小加工表面粗糙度有很大作用。

2. 磨削加工后的表面粗糙度

磨削是多数零件精加工的主要方法。磨削过程比其他切削加工过程复杂。磨削加工的表面粗糙度与其他切削加工有很大的不同，这是由砂轮结构和磨削特点所决定的。砂轮是由大量磨粒用黏合剂黏结而成，在磨料和黏合剂之间存在一定间隙。磨削加工主要有以下特点。

① 切削刃的形状和分布带有随机性。磨粒形状是不规则的，它们在砂轮表面上的分布也是杂乱无章的，砂轮经金刚石修整后，磨粒上形成微小的等高棱角，每个棱角相当于一个切削刃，一般具有负前角和一定范围的后角。

② 切削微刃在磨削过程中变化。在磨削过程中，磨粒要磨损。一般磨粒的磨损可分为磨耗性磨损、磨粒破碎和磨粒脱落三种形式。磨耗性磨损主要是由于磨粒表面受机械和化学作用，使切削刃磨损和钝化而形成小平面。这种磨损占整个砂轮面积的比例很小，但对磨削性能影响很大。磨粒破碎大多是瞬时热作用及局部应力集中所引起的，这种磨损是砂轮磨损的主要形式；磨粒破碎后就会形成新的切削刃。对于磨料脱落这种磨损，在正常情况下是比较少的。

在磨削过程中，比较尖锐的磨粒能切下一定厚度的金属，随着磨粒的钝化，切削作用逐渐减弱，直至只能对工件表面起挤压和刻划作用。由于砂轮表面参与磨削的磨粒数目极多，砂轮的线速度又比工件线速度高得多，因此在工件表面上的任意一块小面积上，都受到很多磨粒的切削和刻划作用，最终形成光滑的表面。

由以上特点可见，磨削过程是比较复杂的，影响磨削表面粗糙度的主要因素有：

① 砂轮的粒度。砂轮的粒度愈细，则砂轮单位面积上的磨粒数愈多，在工件上的刻痕也愈密而细，所以表面粗糙度愈低。

② 砂轮的硬度。砂轮太软，则磨料易脱落，不易加工出表面粗糙度值小的表面；若砂轮太硬，则磨粒钝化后不易脱落（即自锐能力差），此时砂轮和工件会产生强烈摩擦，导致工件表面烧伤，这也不利于降低工件的表面粗糙度，因而宜选用中硬砂轮。

③ 砂轮的修整。用金刚石笔修整砂轮相当于在砂轮上形成一道螺纹，修整导程和切削深度愈小，修出的砂轮就愈光滑，磨削刃的等高性也愈好，因而磨出的工件表面粗糙度也就愈低。修整用的金刚石笔是否锋利影响也很大。

④ 磨削用量。提高砂轮速度可以增加在工件单位面积上的刻痕，同时塑性变形造成的隆起量随着速度的增大而下降。这是因为高速度下塑性变形的传播速度小于磨削速度，材料来不及变形，表面粗糙度可以显著降低。增大磨削切削深度和工件速度将增加塑性变形的程度，从而增大表面粗糙度值。通常在磨削过程中，开始采用较大的磨削切削深度，以提高生产率，而在最后采用小切削深度或“无火花”磨削，以降低表面粗糙度。

5.3.2 加工表面物理性能的变化及影响因素

工件在加工过程中由于受到切削力和切削热的作用，其表面层的物理性能会产生很大的变化，导致表面层与基体材料性能有很大不同。最主要的变化是表面层的金相组织变化、显微硬度变化和在表面层中产生残余应力。

1. 加工表面的冷作硬化

在切削过程中，工件表面层由于受到切削力的作用而产生强烈的塑性变形，引起晶格间剪切滑移，晶格严重扭曲拉长、破碎和纤维化。这时，晶粒间的聚合力增加，表面层的强度和硬度增加。这种现象称为表面加工硬化（冷作硬化）。

加工硬化程度决定于产生塑性变形的力、变形速度和切削温度。切削力越大，则塑性变形越大，硬化程度越高；变形速度越大，塑性变形越不充分，硬化程度就越低。切削热提高了工件表面层的温度，会使已硬化的金属产生回复现象（称为软化）。切削温度高，持续时间长，则软化作用大。加工硬化最后取决于硬化和软化的综合效果。

影响工件表面冷作硬化的工艺因素如下：

① 刀具几何参数。刀具后刀面的磨损量增大，则其与工件表面的摩擦增大，使切削力增大，塑性变形增大，因而表面硬化程度也增大。刀刃圆弧半径增大，将使刀具对加工表面的挤压程度增加，引起表面硬化程度加大。减小刀具前角，将使已加工表面的变形程度增大，加工硬化程度和深度也将增加。

② 切削用量。切削速度增大时，刀具与工件的接触时间减少，塑性变形不充分；同时，切削速度增大会使切削温度升高，有助于冷硬回复，故使加工硬化程度减轻。进给量加大时，切削力将增大，塑性变形随之增大，引起冷硬程度增加。切削深度对加工硬化的影响较小，一般说来，切削深度越大，加工硬化越强。

③ 工件材料。加工硬化主要取决于材料的塑性变形，因此，工件材料的性能对加工硬化有很大影响。材料的塑性越大，加工硬化也越大。铸铁与钢相比，钢易于加工硬化；同样的道理，低碳钢比高碳钢易于硬化。

2. 加工表面的金相组织变化

工件表面层材料金相组织的变化主要受温度的影响。磨削加工是一种典型的容易产生加工表面金相组织变化（磨削烧伤）的加工方法。这主要是因为在磨削加工中，单位切削面积上产生的切削热比一般切削方法要大十几倍，并且约有 70% 以上的热量会传入工件，使工件加工表面层金属达到相变点。

当被磨工件表面层温度达到相变温度以上时，表面层金属材料将产生金相组织的变化，其强度和硬度发生变化，并伴随有残余应力产生，甚至出现微观裂纹，这种现象称为磨削烧伤。磨削淬火钢时，可能会产生以下三种磨削烧伤：

① 回火烧伤。如果磨削区温度超过马氏体转变温度（中碳钢为 250 ~ 300℃）而未超过其相变临界温度（碳钢约为 720℃），则工件表面原来的马氏体组织将产生回火现象，转化成硬度较低的回火组织（索氏体或屈氏体），一般称之为回火烧伤。

② 淬火烧伤。如果磨削区温度超过了相变温度，又由于冷却液的急冷作用，工件表面的最外层会出现二次淬火马氏体组织，硬度较原来的回火马氏体高，在它的下层因为冷却较慢，将出现硬度较低的回火组织，一般称之为淬火烧伤。

③ 退火烧伤。如果磨削区温度超过了相变温度，而磨削区又无切削液进入，如冷却条件不好，或不用冷却液进行干磨时，表面层材料将产生退火组织，表面硬度会急剧下降，则会产生退火烧伤。

无论是何种磨削烧伤，严重时都会使工件使用寿命成倍下降，甚至报废，所以磨削时需要尽量避免磨削烧伤。

防止磨削烧伤的途径如下：

① 选择合适的砂轮。选用脆性较大的磨料和硬度较软的砂轮，提高砂轮的自锐性，使其保持较好的切削能力，减少磨削时的能量消耗。在保证工件表面粗糙度的前提下，应选择较粗的砂轮粒度。

② 及时合理地修整砂轮。砂轮修整太细，容易引起工件烧伤；修整太粗，又影响工件表面粗糙度。因此，应合理选择砂轮修整参数。还可以采用开槽砂轮和瓦片砂轮，使砂轮的实际工作表面积减少，增大容屑空间，以防止砂轮表面堵塞。每颗磨粒的切削厚度增加，会减少滑擦能的消耗，使磨削冷却液容易进入磨削区，以改善散热条件。

③ 合理选用磨削用量。提高工件速度，可减少磨削热源与工件表面的接触时间，从而降低工件表面温度；磨削深度应适宜，太大则产生的热量大，太小将引起磨削时滑擦能的增加；工件纵向进给量增大，则因砂轮与工件表面的接触时间相对减少而使磨削区表面温度降低，磨削烧伤减少。为了防止纵向进给量增大而导致表面粗糙，可采用较宽的砂轮。

④ 改善冷却条件。改进磨削冷却液的配方，加大磨削液的流量，提高磨削液的压力，改进磨削液喷嘴结构及采用内冷却方式等，都能使磨削区的温度降低。

3. 加工表面层的残余应力

当切削过程中表面层组织发生形状变化和组织变化时，在表面层及里层就会产生互相平衡的弹性应力，称之为表面的残余应力。残余应力是表面质量的重要指标之一。残余应力的分布深度可达 25 ~ 30 μm。不同的加工方法和不同的工件材料所产的残余应力是不同的。例如，车削和铣削后的残余应力一般为 200 N/mm，高速切削及加工合金钢时可达 1 000 ~ 1 100 N/mm，磨削时约为 400 ~ 700 N/mm。残余应力对零件的使用性能影响较大，残余压应力可提高工件表面的耐磨性和疲劳强度，而残余拉应力则使其耐磨性和疲劳强度降低，若拉应力超过工作材料的疲劳强度极限，则会使工件表面产生裂纹，加速工件损坏。

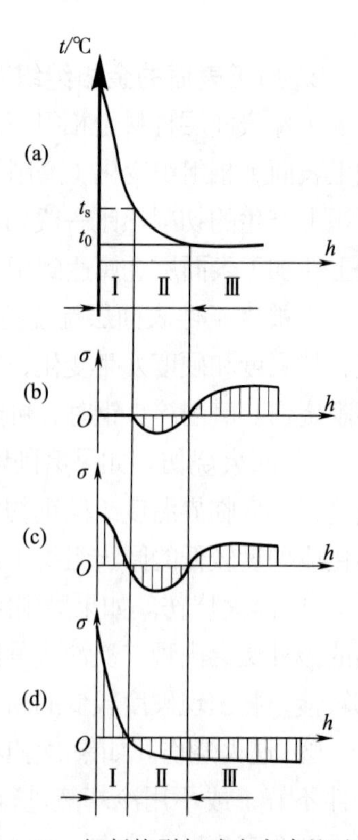

图 5–17　切削热引起残余应力的过程

产生表面层残余应力的原因有以下三方面。

① 切削加工时产生的切削热引起局部高温，其温度梯度很大，将导致产生残余应力，其过程如图 5–17 所示。图 5–17（a）为切削时从零件表面到内部的温度分布情况。Ⅰ区温度在材料的塑性温度 t_s 以

上，此时金属层产生热塑性变形；Ⅱ区为过渡区，温度在 t_s 与常温 t_0 之间，这时金属只产生弹性变形；Ⅲ区不受切削热的影响，故不产生变形。切削时由于Ⅰ区处于塑性状态，没有内应力，而Ⅱ区的弹性伸长受到Ⅲ区金属的限制，故产生压应力，同时使Ⅲ区产生拉应力，如图 5-17（b）所示。开始冷却时，Ⅰ区温度下降到Ⅱ区温度时，体积收缩受到Ⅱ区的阻碍而产生拉应力，并使Ⅱ区的压应力增大；由于Ⅱ区金属的收缩，Ⅲ区的拉应力有所减小，如图 5-17（c）所示。到完全冷却时，Ⅰ区继续收缩，形成较大的残余应力；Ⅱ区热变形消失，完全由Ⅰ区收缩而形成较小的残余压应力，Ⅲ区拉应力消失，也受Ⅰ区影响而形成不大的压应力，见图 5-17（d）。

② 冷塑性变形的影响。在切削力的作用下，已加工表面受到强烈的塑性变形，表面层金属体积发生变化，此时里层金属受到切削力的影响，处于弹性变形状态。切削力去除后，里层金属趋向复原，但受到已产生塑性变形的表面层的限制，回复不到原状，因而在表面层产生残余应力。一般说来，表面层在切削时受刀具后刀面的挤压和摩擦影响较大，其作用使表面层产生伸长塑性变形，表面积趋向增大，但受到里层的限制，会产生残余压应力，里层则会产生残余拉应力与其相平衡。

③ 金属组织变化的影响。切削加工时产生的高温会引起表面层金相组织的变化。不同的金相组织具有不同的比容（比容为单位质量所具有的体积），当金相组织的比容变化时，将产生不同方向和大小的残余应力。若相变后引起比容增大时，则将产生残余压应力；相反，当相变引起比容减小时，将产生残余拉应力。例如，淬火马氏体的比容比较大，奥氏体比容小，因此，若相变使淬火马氏体含量减少，则金属组织的体积将减小，结果产生残余拉应力，如果相变使奥氏体含量减少，则将引起金属体积增加，从而产生残余压应力。

实际上加工表面的残余应力是上述三方面综合作用的结果，在一定条件下，可能由某一种或两种原因起主导作用。例如在切削加工中，如果切削热不高，表面层中没有产生热塑性变形，而是以冷塑性变形为主，则表面层中将产生残余压应力。切削热较高以致在表面层中产生热塑性变形时，由热塑性变形产生的拉应力将与冷塑性变形产生的压应力相互抵消一部分。当冷塑性变形占主导地位时，表面层产生残余压应力；当热塑性变形占主导地位时，表面层产生残余拉应力。磨削时一般因磨削热较高，常以相变和热塑性变形产生的拉应力为主，所以表面层常带有残余拉应力。

5.3.3 振动对加工表面质量的影响及其控制

通常机械加工过程中的振动是一种破坏正常切削过程的有害现象。产生振动时，工艺系统的正常切削过程受到干扰和破坏，从而使零件加工表面出现振纹，降低零件的加工精度和表面质量。通常切削过程中的振动是不利的，主要表现在以下几个方面。

① 影响加工的表面粗糙度。振动频率低时会产生波度，频率高时会产生微观不平度。

② 影响生产率。加工中产生振动，会限制切削用量的进一步提高，严重时甚至会使切削不能继续进行。

③ 影响刀具寿命。切削过程中的振动可能使刀尖刀刃崩碎，特别是韧性差的刀具材料，如硬质合金、陶瓷等，要注意消振问题。

④ 对机床、夹具等不利。振动使机床、夹具等的零件连接部分松动，间隙增大，刚度和精度降低，同时使用寿命缩短。

机械加工中产生的振动，根据其产生的原因，可分为自由振动、强迫振动和自激振动3大类。

1. 自由振动及其控制

自由振动是当系统所受的外界干扰力去除后系统本身的衰减振动。由于工艺系统受一些偶然因素的作用（如外界传来的冲击力、机床传动系统中产生的非周期性冲击力、加工材料的局部硬点等引起的冲击力等），系统的平衡被破坏，只靠其弹性恢复力维持的振动属于自由振动，其振动的频率就是系统的固有频率。由于工艺系统的阻尼作用，这类振动会很快衰减。

2. 强迫振动及其控制

强迫振动是系统在外界周期性干扰力的作用下所引起的不衰减振动，其特征是工艺系统的振动频率与激振力的频率一致，且不会自行衰减或消失。强迫振动是在外界周期性干扰力的作用下产生的，但振动本身并不能引起干扰力的变化。当激励频率接近或等于工艺系统本身的固有频率时，就会发生共振，振幅急剧增大，造成对工艺系统的严重危害。

（1）切削加工中产生强迫振动的原因

切削加工中产生的强迫振动，其原因可从机床、刀具和工件3方面来分析。

1）机床中某些零件的制造精度不高，会使机床产生不均匀运动而引起振动。例如，齿轮的周节误差和周节累积误差，会使齿轮传动的运动不均匀，从而使整个部件产生振动。主轴与轴承之间的间隙过大、主轴轴颈的椭圆度、轴承制造精度不够，都会引起主轴箱以及整个机床的振动。另外，皮带接头太粗而使皮带传动的转速不均匀，也会产生振动。

2）在刀具方面，用多刃、多齿刀具切削时，由于刃口高度的误差，容易产生振动，如铣刀等断续切削的刀具。铣刀、拉刀和滚刀切削时也很容易引起振动。

3）被切削的工件表面上有断续表面或表面余量不均、硬度不一致等，都会在加工中产生振动。例如，车削或磨削有键槽的外圆表面就会产生强迫振动。

当然，工艺系统外部也有许多原因会造成切削加工中的振动。例如，相邻机床之间就会有相互影响，一台磨床和一台重型机床相邻，这台磨床就会受重型机床工作的影响而产生振动，影响其加工工件表面的粗糙度。当机床安装在不坚固的地基上时，就会遇到这种振动，防止的方法是加强地基和采用弹性垫板隔振。

（2）消除与控制强迫振动的措施

1）消振与隔振。消除强迫振动最有效的办法是找出外界的干扰力（振源）并将其去除。如果不能去除，则可以采用隔绝的方法。例如，机床采用防振地基，可以隔绝相邻机床的振动影响。精密机械、仪器采用空气垫等也是很有效的隔振措施。

2）减少或消除工艺系统中回转零件的不平衡。在工艺系统中高速回转的工件、机床主轴部件、电动机及砂轮等不平衡都会产生周期性干扰力。为了减少这种干扰力，对一般的回转件应做静平衡，对高速回转件应做动平衡。

3）提高系统传动件的精度。机床传动件中的齿轮、滚动轴承、带等，在高速传动时会产生冲击，解决的办法是提高零件的制造精度和装配精度以及选择耐冲击的材料。

4）提高系统刚度，增加阻尼。提高机床、工件、刀具的刚度都会增加系统的抗振性。增加阻尼是一种减小振动的有效办法，在结构设计上应该考虑到，也可以采用附加高阻尼板材的方法以达到减小振动的效果。

3. 自激振动及其控制

机械加工过程中，还常常出现一种与强迫振动完全不同形式的强烈振动。这种振动是由振动过程本身引起某种切削力的周期性变化，又由这个周期性变化的切削力反过来加强和维持振动，使振动系统补充了由阻尼作用消耗的能量，这种类型的振动被称为自激振动。切削过程中产生的自激振动是频率较高的强烈振动，通常又称为颤振，常常是影响加工表面质量和限制机床生产率提高的主要障碍。

（1）自激振动的原理

大多数情况下，自激振动频率与工艺系统的固有频率相近。由于维持振动所需的交变切削力是由工艺系统本身产生的，所以加工系统本身运动停止后，交变切削力也就随之消失，自激振动也就停止。

图 5-18 所示为金属切削过程中自激振动系统。它具有两个基本部分：切削过程产生交变力 ΔP，激励工艺系统；工艺系统产生振动位移 ΔY，再反馈给切削过程。维持振动的能量来源于机床的能源。

（2）自激振动的特点

1）自激振动是一种不衰减的振动。振动过程本身能引起某种力周期的变化，振动系统能通过这种力的变化，从不具备交变特性的能源中周期性地获得能量补充，从而维持这个振动。外部的干扰有可能在最初触发振动时起作用，但它不是产生这种振动的直接原因。

2）自激振动的频率等于或接近于系统的固有频率，也就是说，它由振动系统本身的参数所决定。

3）自激振动能否产生以及振幅的大小，决定于每一振动周期内系统所获得的能量与所消耗的能量的对比情况。若振幅为某一数值时，如果所获得的能量大于所消耗的能量，则振幅将不断增大；相反，如果所获得的能量小于所消耗的能量，则振幅将不断减小，振幅一直增加或减小到所获得的能量等于所消耗的能量时为止。若振幅在任何数值时获得的能量都小于消耗的能量，则自激振动根本就不可能产生。如图5-19所示，E^+为系统获得的能量，E^-为系统消耗的能量，可见只有当E^+和E^-的值相等时，振幅达到A_0，系统才处于稳定状态。所谓稳定，就是指一个系统受到干扰而离开原来的状态后仍能自动恢复到原来状态的现象。

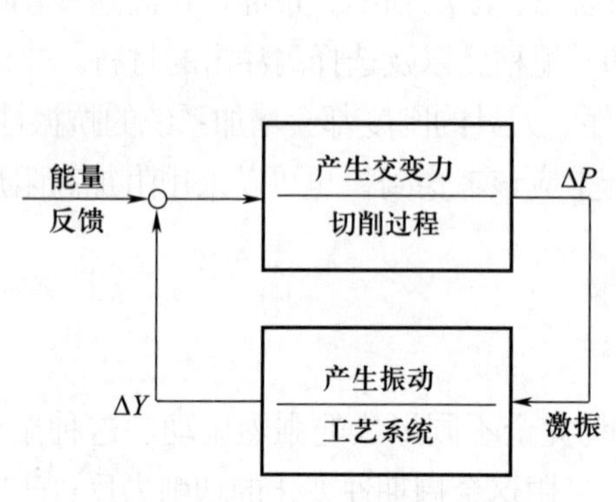

图5-18 机床自激振动系统

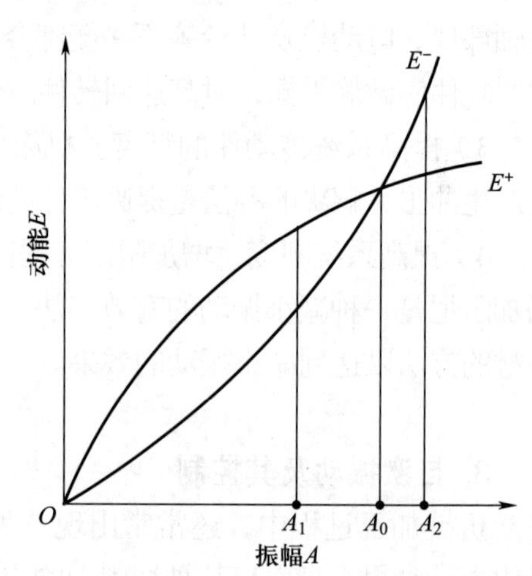

图5-19 自激振动系统的能量关系

4）自激振动的形成和持续是由于过程本身产生的激振和反馈作用，所以若停止切削（或磨削）过程，即使机床仍继续空运转，自激振动也就停止了，这也是它与强迫振动的区别之处。

（3）消除与控制自激振动的措施

工艺系统发生自激振动，既与切削过程有关，也与工艺系统的刚度有关。要控制自激振动，应从以下3个方面来进行。

1）合理选择与切削过程有关的参数。合理选择切削用量：车削过程中，切削速度可以选择高速或低速切削以避免自激振动；进给量f，通常当f较小时振幅较大，随着f的增大，振幅反而会减小，所以可以在加工表面粗糙度要求的许可条件下选取较大的进给量，以避免自激振动；切削深度a_p愈大，切削力愈大，愈易产生振动。合理选择刀具的几何参数：适当地增大前角γ_o和主偏角κ_r，能减小切削力而减小振动。后角α_o可尽量取小，但精加工中由于切削深度a_p较小，刀刃不容易切入工件，而且α_o过小时，刀具后刀面与加工表面间的摩擦可能过大，这样反而容易引起自激振动。

2）提高工艺系统本身的抗振性。提高机床的抗震性：机床的抗震性能往往是占主导地位的，可以从改善机床刚性、合理安排各部件的固有频率、增大其阻尼以及提高加工和装配的质量等方面提高其抗震性。提高刀具的抗震性：希望刀具具有高的弯曲与扭转刚度、高的阻尼系数，因此要求改善刀杆等的惯性矩、弹性模量和阻尼系数。例如，硬质合金虽有高弹性模量，但阻尼性能较差，所以可以和钢组合使用。提高工件安装时的刚性：主要是提高工件的弯曲刚性。例如，车削细长轴时，可以使用中心架、跟刀架，当用拨盘传动销拨动夹头传动时，要保持切削中传动销和夹头不发生脱离等。

3）使用特殊的减振装置，如各种摩擦消振器、冲击式消振器等。

5.4 加工误差的分析与控制

在了解了影响加工精度的各项工艺因素以后，就可以对加工中出现的精度问题进行分析研究。在实际生产中，影响加工精度的因素往往是错综复杂的，有的很难用单因素的分析方法寻找其因果关系。因此，需要用统计分析的方法对其进行综合分析，从而找出解决问题的途径。常用的统计法主要有分布曲线图分析法和点图分析法。

5.4.1 加工误差的性质

认识加工误差的性质是分析和解决加工精度问题的首要工作。对各种加工误差，按其在一批零件中出现的规律，可以分为两大类，即系统性误差和随机性误差。

1. 系统性误差

系统性误差是指在按顺序加工的一批工件中，大小和方向均保持不变，或按一定规律变化的误差。前者称常值系统性误差，后者称变值系统性误差。

加工原理误差及机床、夹具、量具等的制造误差和调整误差，以及工艺系统的静力变形等都是常值系统性误差，它们与加工顺序或加工时间无关。机床、夹具和量具等的磨损误差，由于其磨损速度很慢，所以在一定时间内也可以看作是常值系统性误差。

机床、夹具和刀具的热变形及刀具的磨损等都是随加工顺序（或加工时间）按一定规律变化的，因此属变值系统性误差。

系统性误差一般比较容易识别，通常可通过调整等方法将其减小或消除。

2. 随机性误差

在加工的一批工件中，随机性误差的大小和方向是不规律变化的。毛坯误差（余量大小不一致、硬度不均匀等）的复映、装夹误差（夹紧力大小或基准面精度不一致）、多次调整误差、残余应力引起的变形误差等都是随机性误差。

随机性误差是一种随机变量，也就是说无法确定在一批工件加工过程中某一时刻或某一顺序号的工件将出现的误差大小和方向。但可应用数理统计的方法找出一批工件加工误差的总体规律，并在工艺上采取相应措施加以控制。

5.4.2 分布曲线图分析法

1. 直方图和折线图

直方图的做法是，先将某一工序中加工的同一批工件按实际尺寸分组，各组的尺寸间隔（称组距）相等，每组的工件数目称为频数，频数与这批工件总数之比称为频率；以组距为横坐标，频数或频率为纵坐标，即可画出该工序加工尺寸的实际分布图——直方图，如图5–20所示。如在直方图上以每个组距中间尺寸的纵坐标作为代表点，并以直线连接这些点，便可得到折线图。当所取的工件数量很多、尺寸间隔很小（即组数分得很多）时，作出的折线图就很逼近光滑曲线图。在以上直方图或折线图中，若样本容量（工件总数）或尺寸间隔取得不同，则做得的图形高矮就不一样。为了便于比较，纵坐标应采用频率密度

$$频率密度=\frac{频率}{组距}=\frac{频数}{样本容量\times组距}$$

式中，样本容量和组距分别为所取的工件总数和尺寸间隔。此时

$$直方图上的矩形面积=频率密度\times组距=频率$$

根据频率的定义可知，各组频率之和等于100%，故直方图上全部矩形面积之和应等于1。画直方图时，组数的选择应适当。组数太少，则组内数据的变动情况反映不出来；组数太多，会使各组的高度参差不齐，从而看不出变化规律。

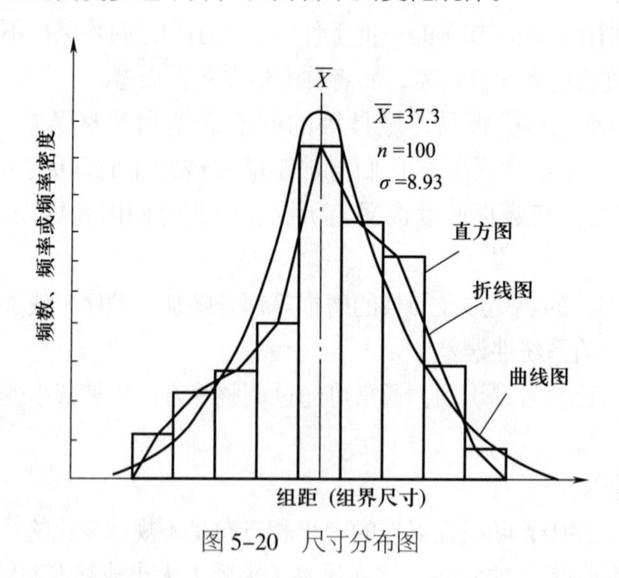

图5–20 尺寸分布图

2. 正态分布曲线图

在分析加工误差问题时，应用数理统计中的一些理论分布曲线近似地代替实际分布曲线，对简化问题是有好处的。实践表明，当一批工件的数目足够多，加工中的误差由许多相互独立的随机因素所引起，而这些误差因素中又都没有某种占优势的因素存在时，则

这批工件的尺寸分布曲线符合正态分布曲线。正态分布曲线（或称高斯曲线）的形态如图 5-21 所示，其方程式为

$$\varphi(x)=\frac{1}{\sigma\sqrt{2\pi}}\exp[-(x-\overline{X})^2/2\sigma^2] \tag{5-12}$$

式中：x 为工件的尺寸；$\overline{X}$ 为工件尺寸的算术平均值，表示加工尺寸的分布中心；y 为工件尺寸为加工尺寸时所出现的概率密度；σ 为工件尺寸分布的均方差，6σ 表示这批工件加工尺寸的分布范围。

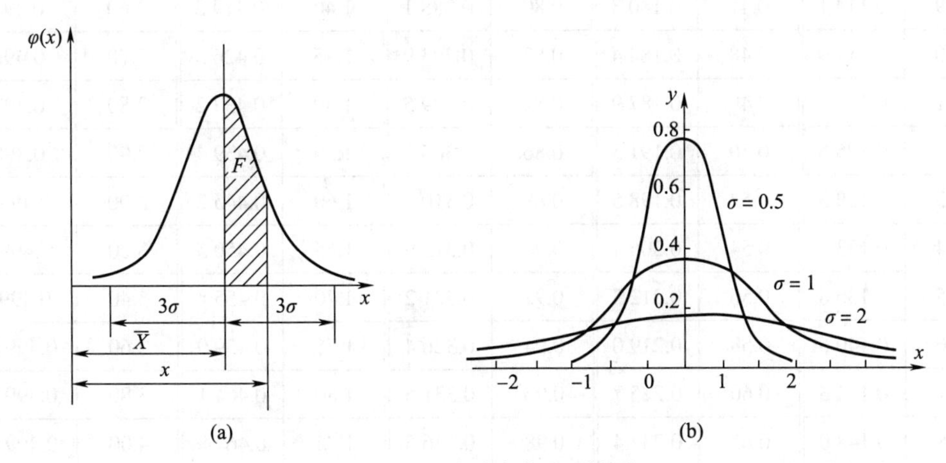

图 5-21　正态分布曲线的性质

正态分布曲线下的全部面积代表全部工件数的出现概率，为 100%。即

$$\int_{-\infty}^{+\infty}\varphi(x)\,\mathrm{d}x=1$$

图 5-18（a）中阴影部分的面积 F 为工件尺寸从 X 到 x 的工件的频率

$$F=\int_{-\infty}^{+\infty}\varphi(x)\,\mathrm{d}x=\frac{1}{\sigma\sqrt{2\pi}}\int_{\overline{X}}^{x}\mathrm{e}^{-(x-\overline{X})^2/2\sigma^2}\mathrm{d}x \tag{5-13}$$

实际计算时，F 值可直接从表 5-1 中查得。

表 5-1　正态分布表

$\frac{x-\overline{X}}{\sigma}$	F	$\frac{x-\overline{X}}{\sigma}$	F	$\frac{x-\overline{X}}{\sigma}$	F	$\frac{x-\overline{X}}{\sigma}$	F	$\frac{x-\overline{X}}{\sigma}$	F
0.00	0.000 0	0.05	0.019 9	0.10	0.039 8	0.15	0.059 6	0.20	0.079 3
0.01	0.004 0	0.06	0.023 9	0.11	0.043 8	0.16	0.063 6	0.21	0.083 2
0.02	0.008 0	0.07	0.027 9	0.12	0.047 8	0.17	0.067 5	0.22	0.087 1
0.03	0.012 0	0.08	0.031 9	0.13	0.051 7	0.18	0.071 4	0.23	0.091 0
0.04	0.016 0	0.09	0.035 9	0.14	0.055 7	0.19	0.075 3	0.24	0.094 8

续表

$\frac{x-\bar{X}}{\sigma}$	F	$\frac{x-\bar{X}}{\sigma}$	F	$\frac{x-\bar{X}}{\sigma}$	F	$\frac{x-\bar{X}}{\sigma}$	F	$\frac{x-\bar{X}}{\sigma}$	F
0.25	0.098 7	0.43	0.166 4	0.72	0.264 2	1.20	0.384 9	2.20	0.486 1
0.26	0.102 6	0.44	0.170 0	0.74	0.270 3	1.25	0.394 4	2.30	0.489 3
0.27	0.106 4	0.45	0.173 6	0.76	0.276 4	1.30	0.403 2	2.40	0.491 8
0.28	0.110 3	0.46	0.177 2	0.78	0.282 3	1.35	0.411 5	2.50	0.498 8
0.29	0.114 1	0.47	0.180 8	0.80	0.288 1	1.40	0.419 2	2.60	0.495 3
0.30	0.117 9	0.48	0.184 4	0.82	0.293 9	1.45	0.426 5	2.70	0.496 5
0.31	0.121 7	0.49	0.187 9	0.84	0.299 5	1.50	0.433 2	2.80	0.497 4
0.32	0.125 5	0.50	0.191 5	0.86	0.305 1	1.55	0.439 4	2.90	0.498 1
0.33	0.129 3	0.52	0.198 5	0.88	0.310 6	1.60	0.445 2	3.00	0.498 65
0.34	0.133 1	0.54	0.205 4	0.90	0.315 9	1.65	0.450 5	3.20	0.499 31
0.35	0.136 8	0.56	0.212 3	0.92	0.321 2	1.70	0.455 4	3.40	0.499 66
0.36	0.140 6	0.58	0.219 0	0.94	0.326 4	1.75	0.459 9	3.60	0.499 811
0.37	0.144 3	0.60	0.225 7	0.96	0.331 5	1.80	0.464 1	3.80	0.499 928
0.38	0.148 0	0.62	0.232 4	0.98	0.336 5	1.85	0.467 8	4.00	0.499 968
0.39	0.151 7	0.64	0.238 9	1.00	0.341 3	1.90	0.471 3	4.50	0.499 997
0.40	0.155 4	0.66	0.245 4	1.05	0.353 1	1.95	0.474 4	5.00	0.499 999 97
0.41	0.159 1	0.68	0.251 7	1.10	0.364 3	2.00	0.477 2		
0.42	0.162 8	0.70	0.258 0	1.15	0.374 9	2.10	0.482 1		

正态分布总体的算术平均值和均方差是求不出来的，因为工件的加工尚没有终结，所以一般通过其随机样本的算术平均值和均方差来估计

$$\bar{X}=\frac{\sum_{i=1}^{n}x_i}{n} \tag{5-14}$$

$$\sigma=\sqrt{\frac{\sum_{i=1}^{n}(x_i-\bar{X})^2}{n}} \quad 或 \quad \sigma=\sqrt{\frac{\sum_{i=1}^{n}(x_i-\bar{X})^2}{n-1}} \quad （用于 n 很小时） \tag{5-15}$$

式中：n 为样本工件的数量；x_i 为第 i 个工件的尺寸。

由图 5-21 可以看出，正态分布曲线具有以下特点：

① 曲线成钟形，中间高，两边低。这表示靠近分散中心 $\bar{X}$ 的工件尺寸出现的概率最大，而远离分散中心的工件尺寸出现的概率较小。

② 工件尺寸以通过 $\bar{X}$ 的纵轴左右对称，相对 $\bar{X}$ 的正偏差和负偏差的概率相等。

③ 标准差 σ 是决定分布曲线形状和分散范围的参数［图 5-22（b）］。σ 的大小由随机性误差及系统性误差所决定，这些误差越大，则 σ 越大，曲线越平坦，尺寸越分散，加工精度越低；反之，σ 越小，曲线越陡峭，尺寸分布越集中，加工精度越高。

④ 工件尺寸平均值 $\bar{X}$ 是确定曲线位置的参数。其值由常值系统性误差所决定，该误差越大，则 $\bar{X}$ 值也越大，整个曲线沿横坐标右移；反之，整个曲线左移。

⑤ 曲线下与 x 轴之间所包含的面积是 1，在对称轴的 $\pm 3\sigma$ 范围内所包含的面积为 99.73%。曲线下与 x 轴之间所包含的面积表示了某一尺寸范围工件出现的概率。由于曲线两端与 x 轴相交于无穷远，因此要达到 100% 的概率是不可能的，所以通常都以 $\pm 3\sigma$ 范围所出现的概率 99.73% 代表全部工件，实际上有 0.27% 未包含在内。

$\pm 3\sigma$（即 6σ）是一个重要的概念，它表征某种加工方法在一定的条件下（如毛坯余量，切削用量，正常的机床、夹具、刀具等）所能达到的加工精度。一般情况下，应该使所选择的加工方法的标准偏差 σ 与要求的公差带宽度 T 之间具有下列关系

$$6\sigma \leqslant T \tag{5-16}$$

3. 利用分布曲线研究加工精度

（1）工艺验证——工艺能力系数

在生产中，选用某种加工方法或加工设备进行加工时，能否胜任零件精度的要求，可以利用正态分布曲线进行工艺验证。将零件加工尺寸的公差 T 和实际分布曲线的尺寸分布范围 6σ 联系起来，T 表示加工所要求达到的精度，6σ 则表示实际上所能达到的精度，两者的比值称为工艺能力系数，表示为

$$C_p = \frac{T}{6\sigma} \tag{5-17}$$

工艺能力系数表示了工艺能力的大小，表示某种加工方法和加工设备能否胜任零件所要求精度的程度。如果 $T > 6\sigma$，则表示加工精度能够满足零件加工要求；但若 $T \gg 6\sigma$，则 σ 很小，表示所用加工方法精度过高，造成浪费。如果 $T = 6\sigma$，表示加工能力有些勉强，遇有外来因素或随机因素影响，就会产生不合格品。如果 $T < 6\sigma$，则加工能力不足，加工精度不能满足要求，一定要进行改进。利用工艺能力系数，可以把生产过程划分为 5 个等级，如表 5-2 所示。

表 5-2 生产过程等级

工艺能力系数 C_p	生产过程等级	特点
$C_p > 1.67$	特级	加工精度过高，可以作相应考虑，加工不经济
$1.67 \geqslant C_p > 1.33$	一级	加工精度足够，可以允许一定的外来波动
$1.33 \geqslant C_p > 1.00$	二级	加工精度勉强，必须密切注意
$1.00 \geqslant C_p > 0.67$	三级	加工精度不足，可能出少量不合格产品
$0.67 \geqslant C_p$	四级	加工精度完全不够，必须加以改进才能生产

（2）误差分析

从（尺寸）分布曲线的形状、位置，可以分析各种误差的影响。常值系统误差不会影响分布曲线的形状，只会影响它的位置，因此当分布曲线中心和公差带中心不重合时，说明加工中存在常值系统误差。

1）等概率密度分布曲线［图5–22（a）］。其特点是有一段曲线概率密度相等，这是由线性变值系统误差形成的。例如，刀具在正常磨损阶段就是一种线性变值系统误差，其磨损量与刀具的切削长度呈线性正比关系。

2）不对称分布曲线［图5–22（b）］。当用试切法或调整法获得加工尺寸时，为了避免出废品，轴的尺寸总是接近于公差上限，孔的尺寸总是接近于公差下限，因而造成不对称分布，这是由一种随机误差（主观误差）形成的。

3）多峰值分布曲线［图5–22（c）］。一般的分布曲线只有一个峰值，它表示尺寸分布中心。多峰值分布就是有几个分布中心，即存在着阶跃变值系统误差。例如，用调整法加工零件，将几次调整加工的零件合在一起画分布曲线，就会出现多峰值分布曲线。

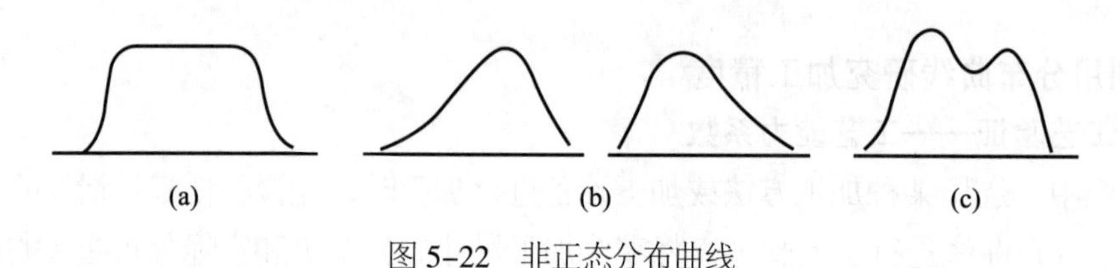

图5–22 非正态分布曲线

4. 运用分布曲线研究加工精度存在的问题

分布曲线只能在一批零件加工完成后画出，因此利用分布曲线研究加工精度存在以下问题。

① 不能看出误差的发展趋势和变化规律，因而不能主动控制精度。同时，分布曲线主要用于表示各工艺因素对精度的综合影响，很难分辨各因素的分别作用。

② 在大批大量生产中将一直加工下去，因此就不能得到母体的分布曲线，这时可以采用抽样检查的方法得到样本，根据样本的分布曲线分析母体加工情况，这是在分布曲线应用上的一个发展。因为样本和母体是有密切联系的，根据样本分布曲线算出合格率的大小，可以估算母体的合格率，样本的零件数量愈大就愈准确。从理论上说，母体的算术平均值和均方差与样本的算术平均值和均方差是不等的，所以只能从样本来估算母体。

③ 如果发现了问题（例如出了废品），那么对本批零件就已无法采取措施，分布曲线分析只能对下一批零件起作用。

例5–1 从一批精镗活塞销孔后的工件中抽查100件，按图样规定，销孔直径为$\phi 28_{-0.015}^{\ 0}$ mm。试：1）将测量所得的数据按尺寸大小分组，每组间隔取为0.002 mm，并列表说明各组的尺寸范围、中点尺寸、工件数及频率；

2）以频率为纵坐标，各组尺寸范围的中点尺寸x为横坐标，作尺寸分布折线图；

3）分析折线图，并提出工艺上的改进措施。

分析如下。

1）列测量结果如表 5–3。

表 5–3 活塞销孔直径的测量结果

组别	尺寸范围 /mm	中点尺寸 x/mm	组内工件数 m	频率 m/n
1	27.992 ～ 27.994	27.993	4	4/100
2	27.994 ～ 27.996	27.995	16	16/100
3	27.996 ～ 27.998	27.997	32	32/100
4	27.998 ～ 28.000	27.999	30	30/100
5	28.000 ～ 28.002	28.001	16	16/100
6	28.002 ～ 28.004	28.003	2	2/100

2）作尺寸分布折线图。按题意及表 5–3 可做得尺寸分布折线图，如图 5–23 所示。图中，虚线和实线分别表示理论和实际分布位置。

$$分散范围 = 最大孔径—最小孔径 = (28.004-27.992)\,\text{mm} = 0.012\ \text{mm}$$

$$分散范围中心（即平均孔径）= \frac{\sum mx}{n} = 27.997\,9\ \text{mm}$$

$$公差范围中心 = \left(28-\frac{0.015}{2}\right)\text{mm} = 27.992\,5\ \text{mm}$$

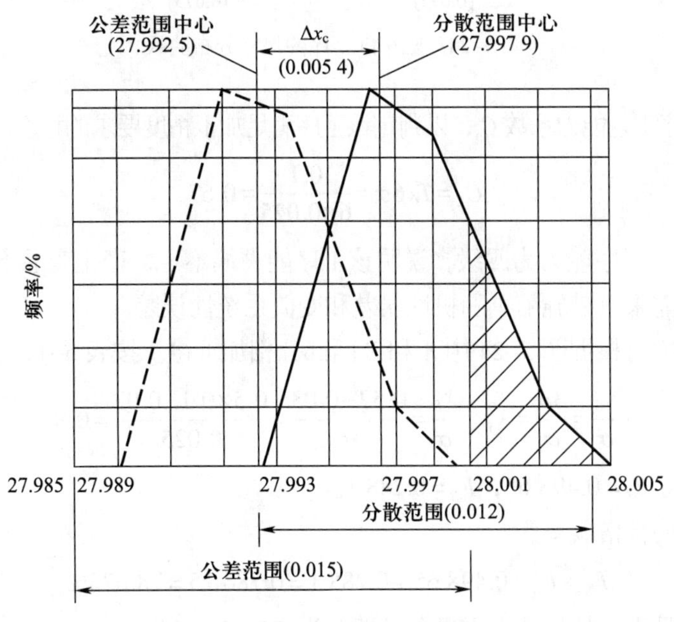

图 5–23 活塞销孔直径尺寸分布折线图

3）分析折线图。由图5–23可以看出，一部分工件尺寸已超出公差范围（28.000 ~ 28.004）mm，占18%，图中阴影部分的工件成了废品。但是加工尺寸的分散范围为（28.004 – 27.992）mm = 0.012 mm，而所要求的公差带为0.015 mm，故所用加工方法可以满足精度要求的公差。产生不合格部分的原因是由于尺寸分散范围中心与公差范围中心不重合。如果将分散范围中心调整到与公差范围中心相重合，则加工工件就全部合格。具体方法是将镗刀伸出量调整得短一些，以消除常值系统性误差 Δx_c 的影响。Δx_c 值为（27.997 9 – 27.992 5）mm = 0.005 4 mm。

例 5–2　车削一批轴径为 $\phi 20_{-0.10}^{\ 0}$ mm的工件。经测量知，其尺寸分布符合正态分布，标准偏差 $\sigma = 0.025$ mm，尺寸分散范围中心与公差带中心相差0.03 mm，且偏于量规的过端（图5–24）。试分析该工序的加工质量。

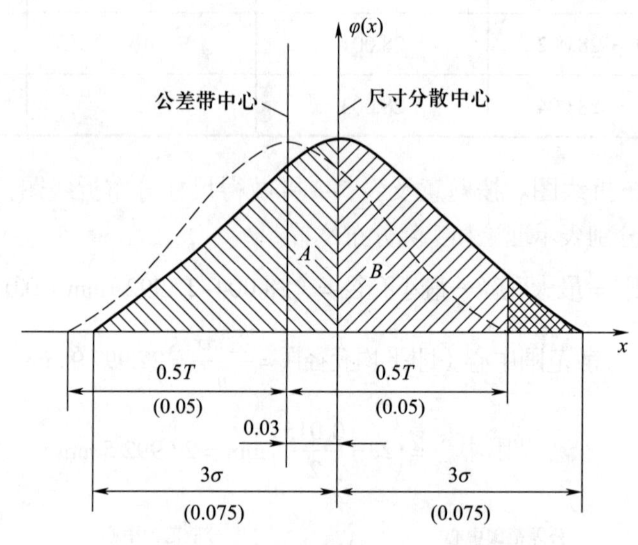

图5–24　轴车削工序的尺寸分布曲线

先计算该工序工艺能力系数 C_p，以判定该工序满足加工精度要求的程度。由式（5–17）得

$$C_p = T/6\sigma = \frac{0.1}{6\times 0.025} = 0.67$$

查表5–2知，工序能力为四级，说明该工序能力很不足，产生废品不可避免。要保证产品完全合格，需采取措施缩小随机性误差和变值系统性误差。

其合格的概率可根据图5–24中 A 和 B 两部分相加求得。按表5–1，计算方法为

$$\frac{x_A}{\sigma} = \frac{3\sigma}{\sigma} = 3,\quad \frac{x_B}{\sigma} = \frac{0.5T - 0.03}{\sigma} = \frac{0.5\times 0.1 - 0.03}{0.025} = 0.8$$

查表5–1，得 $F_A = 0.498\ 65$，$F_B = 0.288\ 1$。

故此批工件的合格概率为

$$F_A + F_B = 0.498\ 65 + 0.288\ 1 = 0.786\ 75 = 78.675\%$$

能修复的废品率（其尺寸大于量规过端）为 $0.5 - F_B = 0.5 - 0.288\ 1 = 0.211\ 9 = 21.19\%$

不能修复的废品率为 $0.5-F_A=0.5-0.49865=0.00135=0.135\%$

有时产生加工误差的因素相当复杂，不易从分布曲线中直接区分出不同性质的加工误差。又因分布曲线必须待一批工件加工完毕后才能得出分布情况，故不能在加工过程中及时暴露出误差变化规律，从而难以提供在线控制精度的资料。以下介绍的点图分析法可克服分布曲线图分析法的不足。

5.4.3　点图分析法

1. 单值点图

如果按加工顺序逐个测量一批工件的尺寸，并将这些尺寸记入以工件顺序号为横坐标、工件尺寸误差为纵坐标的图中，就可作出如图 5-25 所示的单值点图。

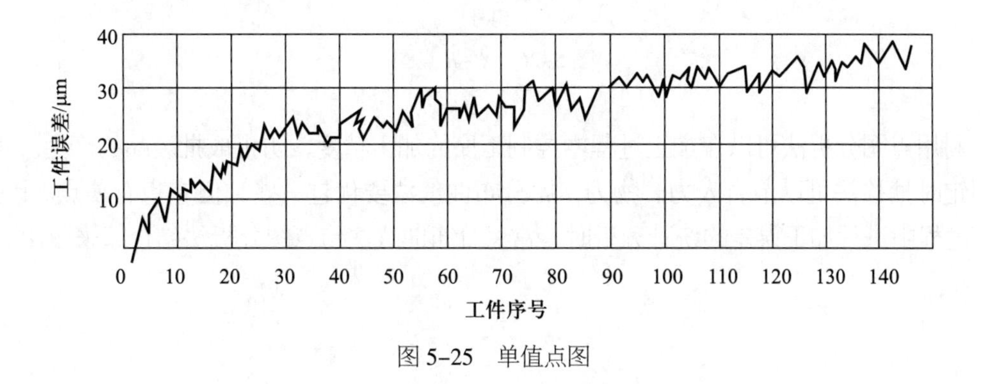

图 5-25　单值点图

2. $\bar{X}-R$ 点图

为了能更直接反映出变值系统性误差和随机性误差随加工时间的变化趋势，实际生产中常采用 $\bar{X}-R$ 点图（平均值 - 极差点图），如图 5-26 所示，

设以顺序加工的 m 个工件为一组，则每一样组的平均值 $\bar{X}$ 和极差 R 是

$$\bar{X}=\frac{1}{m}\sum_{i=1}^{m}x_i,\quad R=x_{\max}-x_{\min}$$

式中：$x_{\max}$、$x_{\min}$ 分别为同一样组中工件的最大和最小尺寸。

3. $\bar{X}-R$ 点图的应用

① 利用 $\bar{X}-R$ 点图可判断工艺过程的稳定性。工艺过程的稳定性用 $\bar{X}$ 和 R 两个统计参数表征，稳定的工艺过程 $\bar{X}$ 和 R 只有正常波动，正常波动是随机的，且波动幅值不大。不稳定的工艺过程 $\bar{X}$ 和 R 则存在明显的上升或下降趋势，或有很大的波动，或有点超出控制界线。

② $\bar{X}-R$ 点图用以显示 $\bar{X}$ 和 R 的大小和变化情况，因此，在 $\bar{X}-R$ 点图上可以有助于观察变值系统性误差和随机性误差的大小和变化情况。

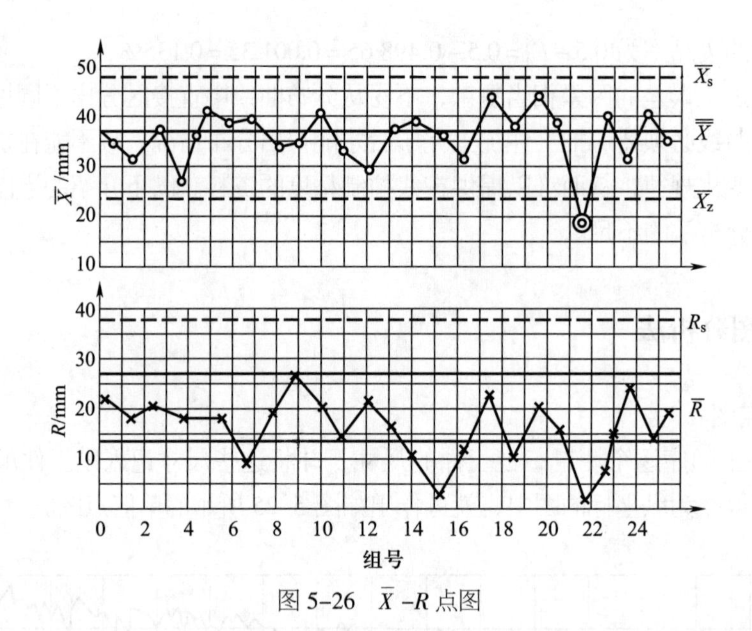

图 5-26 $\overline{X}$ -R 点图

利用点图分析法可以在加工过程中控制工序的加工精度，防止成批废品的产生。由于采用定时抽检法可以节省人力、物力，比分布曲线法要优越一些，但它也有缺点。因此，生产过程中进行加工误差的统计分析时，常将分布曲线法与点图分析法结合起来应用。

第6章 机械加工工艺规程设计

机械加工工艺规程是规定产品或零部件机械加工工艺过程和操作方法等的工艺文件。生产规模的大小、工艺水平的高低以及解决各种工艺问题的方法和手段都要通过机械加工工艺规程体现。机械加工工艺规程的制订是一项重要而又严格的工作，正确的机械加工工艺规程是在总结长期的生产实践和科学实验的基础上，依据科学理论和必要的工艺试验而制订的，并通过生产过程的实践不断得到改进和完善。

6.1 基本概念

6.1.1 机械产品生产过程与机械加工工艺过程

机械产品生产过程是指将原材料转变为成品的全过程，对机械制造而言，主要包括：① 原材料的运输、保管和准备；② 生产的准备工作；③ 毛坯的制造；④ 零件的机械加工和热处理；⑤ 零件装配成机器；⑥ 机器的质量检查及运行试验；⑦ 机器的涂装、包装和入库。因机械产品复杂程度不同，其生产过程可以由一个车间或一个工厂完成，也可由多个工厂联合完成。

在生产过程中凡是直接改变生产对象的形状、尺寸、相对位置和性质等，使其成为成品或半成品的过程，统称为工艺过程。如原材料经过铸造或锻造（或冲压、焊接等）制成铸件或锻件毛坯，这个过程就是铸造或锻造工艺过程，又可统称为毛坯制造工艺过程，该工艺过程主要是改变原材料的形状和性质；在机械加工车间，使用机床和刀具将毛坯制成合格的零件，其过程主要是改变毛坯的形状和尺寸，称之为机械加工工艺过程；将加工好的零件按一定的装配技术要求装配成部件或机器，其过程主要改变零件、部件之间的相对位置，称为装配工艺过程。

本章主要讨论机械加工工艺过程。

6.1.2 机械加工工艺过程的组成

为能具体确切地说明机械加工工艺过程，一般将其分为工序、安装、工位、工步和走刀。

1. **工序**

工序是组成机械加工工艺过程的基本单元，一个工序是指一个（或一组）工人在一个工作地点对同一（或同时对几个）工件所连续完成的那一部分加工过程。只要工人、工作地点、工作对象（工件）之一发生变化或不是连续完成，就应成为另一个工序。因此，对于同一个零件和同样的加工内容可以有不同的工序安排。例如，图6-1所示零件的加工内容是：① 加工小端面；② 对小端面钻中心孔；③ 加工大端面；④ 对大端面钻中心孔；⑤ 车大端外圆；⑥ 对大端倒角；⑦ 车小端外圆；⑧ 对小端倒角；⑨ 铣键槽；⑩ 去毛刺。这些加工内容可以安排在2个工序中完成（表6-1），也可以安排在4个工序中完成（表6-2）。工序安排和工序数目的确定与零件的技术要求、零件的数量和现有工艺条件等有关。

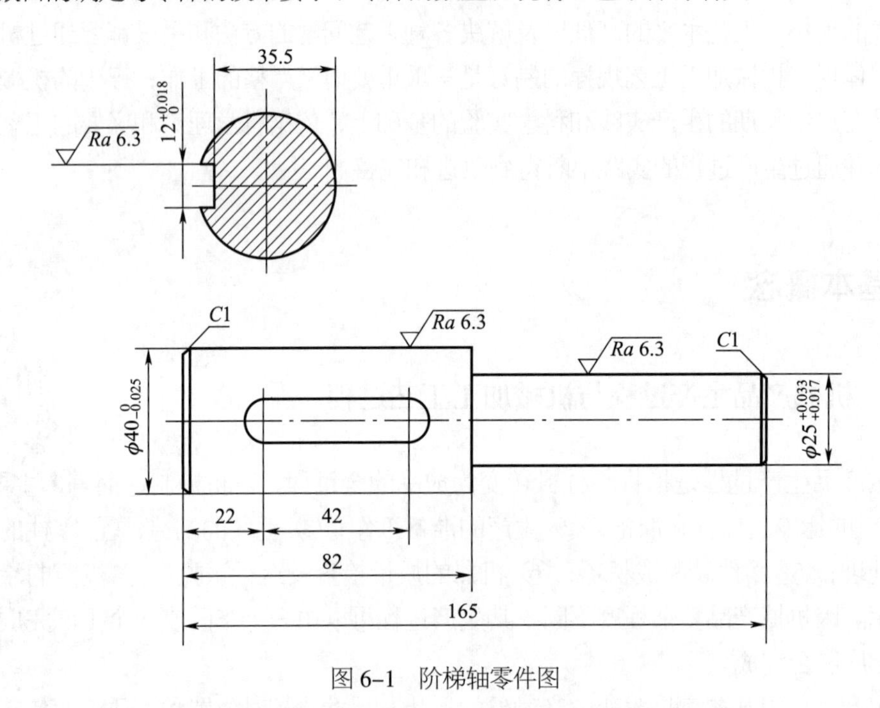

图6-1 阶梯轴零件图

表6-1 阶梯轴第一种工序安排方案

工序号	工序内容	设备
1	加工小端面，对小端面钻中心孔，粗车小端外圆，对小端倒角；加工大端面，对大端面钻中心孔，粗车大端外圆，对大端倒角；精车外圆	车床
2	铣键槽，手工去毛刺	铣床

2. **安装**

在同一个工序中，工件每定位和夹紧一次所完成的那部分加工称为一个安装。在一个工序中，工件可能只需要安装一次，也可能需要安装几次。例如，表6-1中的工序1需要4次定位和夹紧，才能完成全部工序内容，因此该工序共有4个安装；表6-1中工序2在1次定位和夹紧下完成全部工序内容，故该工序只有1个安装（表6-3）。

表 6–2 阶梯轴第二种工序安排方案

工序号	工序内容	设备
1	加工小端面，对小端面钻中心孔，粗车小端外圆，对小端倒角	车床
2	加工大端面，对大端面钻中心孔，粗车大端外圆，对大端倒角	车床
3	精车外圆	车床
4	铣键槽，手工去毛刺	铣床

表 6–3 工序和安装

<table>
<tr><th>工序号</th><th>安装号</th><th>安装内容</th><th>设备</th></tr>
<tr><td rowspan="4">1</td><td>1</td><td>卡盘夹持左端。车小端面，钻小端面中心孔；粗车小端外圆，倒角</td><td rowspan="4">车床</td></tr>
<tr><td>2</td><td>调头，卡盘夹持右端。车大端面，钻大端面中心孔；粗车大端外圆，倒角</td></tr>
<tr><td>3</td><td>两顶尖孔支承，鸡心夹头夹持左端转动。精车小端外圆</td></tr>
<tr><td>4</td><td>调头，两顶尖孔支承，鸡心夹头夹持右端转动。精车大端外圆</td></tr>
<tr><td>2</td><td>1</td><td>铣键槽，手工去毛刺</td><td>铣床</td></tr>
</table>

3. 工位

在一次安装中，通过分度（或移位）装置，使工件相对于机床床身变换加工位置，把每一个加工位置上所完成的工艺过程称为工位。在一个安装中，可能只有一个工位，也可能需要有几个工位。例如，车削多头螺纹，需要变换刀具与工件间的相对位置。如果一个工序只有一个安装，并且该安装中只有一个工位，则工序内容就是安装内容，同时也就是工位内容。图 6–2 是通过立轴式回转工作台使工件变换加工位置的例子，共有 4 个工位，依次为装卸工件、钻孔、扩孔和铰孔，实现了在一次安装中进行钻孔、扩孔和铰孔加工。

4. 工步

在一个工位中，在加工表面、切削刀具、切削速度和进给量都不变的情况下所完成的加工，称为一个工步。带回转刀架的机床（转塔车床、加工中心）其回转刀架的一次转位所完成的工位内容应属一个工步。如果刀具变化，此时若有几把刀具同时参与切削，则该工步称为复合工步。图 6–3 是立轴转塔车床回转刀架示意图，图 6–4 是用该刀架加工齿轮内孔及外圆的一个复合工步。

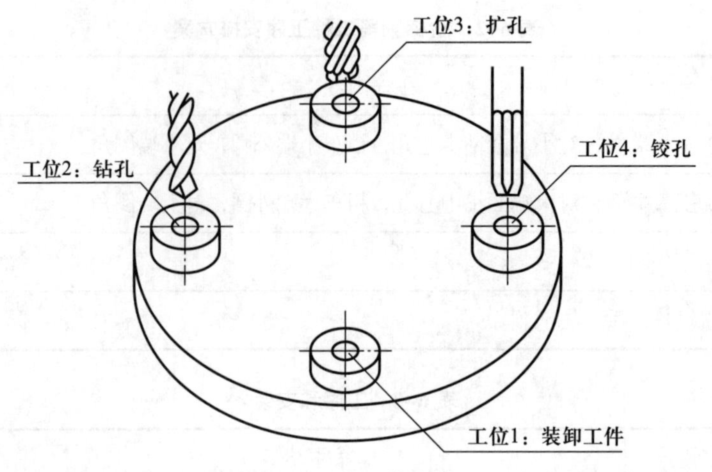

图 6-2　多工位安装

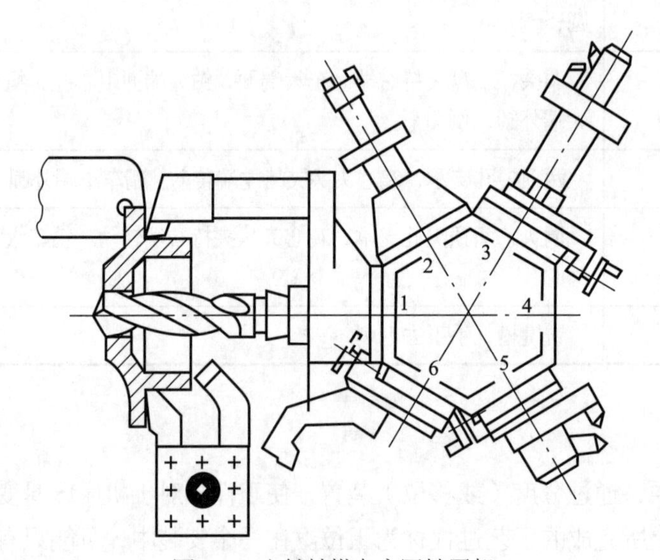

图 6-3　立轴转塔车床回转刀架

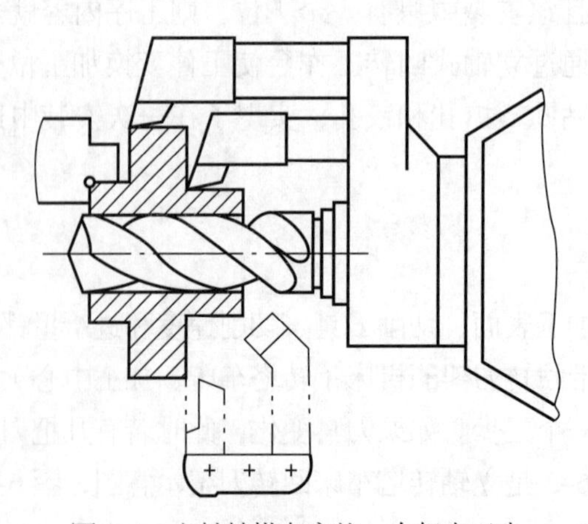

图 6-4　立轴转塔车床的一个复合工步

在工艺过程中，复合工步有着广泛的应用。图 6–5 是在龙门刨床上，通过多刀刀架将 4 把刨刀安装在不同高度上进行刨削加工；图 6–6 是在钻床上，用复合钻头进行钻孔和扩孔加工；图 6–7 是在铣床上，通过铣刀的组合，同时完成几个平面的铣削加工，等等。可以看出，应用复合工步主要是为了提高工作效率。

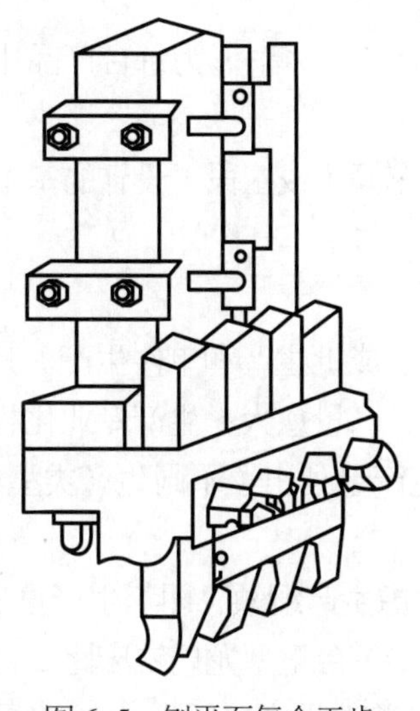

图 6–5 刨平面复合工步

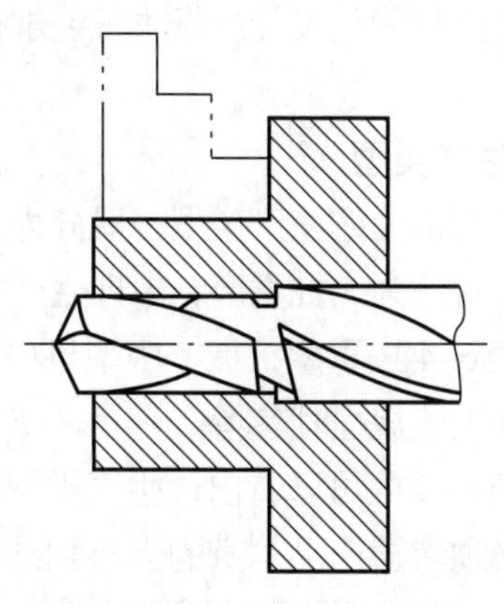

图 6–6 钻孔、扩孔复合工步

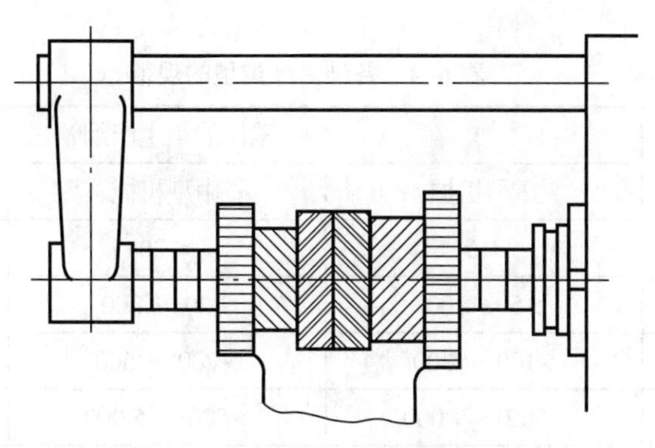

图 6–7 组合铣刀铣平面复合工步

5. 走刀

切削刀具在加工表面上切削一次所完成的工步内容，称为一次走刀。一个工步可包括一次或数次走刀。如果需要切去的金属层很厚，不能在一次走刀下切完，则需分几次走刀。走刀是构成工艺过程的最小单元。

6.1.3 生产类型与机械加工工艺规程

机械加工工艺规程的详细程度与生产类型有关，生产类型由产品的生产纲领确定。

1. 生产纲领

机械产品在计划期内应当生产的产品产量和精度计划称为该产品的生产纲领。生产纲领不同，生产规模也不同，工艺过程的特点也相应而异。机械零件的生产纲领通常按下式计算

$$N=Qn(1+\alpha+\beta) \tag{6-1}$$

式中，N 为零件的生产纲领，件 / 年；Q 为产品的年产量，台 / 年；n 为每台产品中该零件的数量，件 / 台；α 为备品率；β 为废品率。

年生产纲领是设计或修改工艺规程的重要依据，是车间（或工段）设计的基本文件。

2. 生产类型

机械制造业的生产类型一般分为 3 类，即大量生产、成批生产和单件生产。其中，成批生产又可分为大批生产、中批生产和小批生产。显然，产量愈大，生产专业化程度应该愈高。表 6–4 按重型机械、中型机械和轻型机械的年生产量列出了不同生产类型的规范，可供编制工艺规程时参考。

从表 6–4 中可以看出，生产类型的划分一方面要考虑生产纲领（即年生产量），另一方面还必须考虑产品本身的大小和结构的复杂性。例如，1 台重型龙门铣床比 2 台台钻要复杂得多，制造工作量也大得多。生产 20 台台钻只能是单件生产，而生产 20 台重型龙门铣床则属于小批生产。

表 6–4　各种生产类型的规范　　件 / 年

生产类型	零件的年生产纲领		
	重型机械	中型机械	轻型机械
单件生产	≤5	≤20	≤100
小批生产	>5 ~ 100	>20 ~ 200	>100 ~ 500
中批生产	>100 ~ 300	>200 ~ 500	>500 ~ 5 000
大批生产	>300 ~ 1 000	>500 ~ 5 000	>5 000 ~ 50 000
大量生产	>1 000	>5 000	>50 000

从工艺特点上看，单件生产的产品数量少，每年生产的产品的种类、规格较多（根据订货单位的要求确定），多数产品只能单个生产，大多数工作地的加工对象经常改变，很少重复。成批生产的产品数量较多，每年生产的产品的结构和规格可以预先确定，而且在某一段时间内是比较固定的，生产可以分批进行，大部分工作地的加工对象是周期轮换的。大量生产的产品数量很大，产品的结构和规格比较固定，产品生产可以连续进行，大部分工作地的加工对象是单一不变的。

按这 3 种生产类型，归纳它们的工艺特点，见表 6–5。可以看出，生产类型不同，其工艺特点有很大差异。

表 6-5 各种生产类型的工艺特点

特点	单件生产	成批生产	大量生产
加工对象	经常变换	周期性变换	固定不变
机床	通用机床	通用机床和专用机床	专用机床
机床布局	机群式布置	按零件分类的流水线布置	按流水线布置
夹具	通用夹具或组合夹具，必要时采用专用夹具	广泛使用专用夹具	广泛使用高效率的专用夹具
刀具	通用刀具	通用刀具和专用刀具	广泛使用高效率的专用刀具
量具	通用量具	通用量具和专用量具	广泛使用高效率的专用量具
毛坯制造方法	木模造型或自由锻（精度低）	金属模造型或模锻	金属模机器造型、压力铸造、特种铸造、模锻、特质型材（高精度）
安装方法	划线找正	划线找正和广泛使用夹具	不需划线，全部使用夹具
装配方法	零件不能互换，广泛采用修配法	普遍采用互换或选配	完全互换或分组互换
生产周期	没有一定	周期重复	长时间连续生产
生产率	低	一般	高
成本	高	一般	低
生产工人等级	高	一般	低，调整工人技术水平要求高
工艺文件	简单，一般为加工过程卡片	比较详细	详细编制

3. 机械加工工艺规程的作用

① 机械加工工艺规程是组织车间生产的主要技术文件。生产的计划、调度，工人的操作，质量检查等都是以机械加工工艺规程为依据的，一切生产人员都不得随意违反机械加工工艺规程。

② 机械加工工艺规程是生产准备和计划调度的主要依据。在产品投入生产前，需要做大量的生产准备和技术准备工作，如技术关键的分析与研究，刀具、夹具、量具的设计、制造或采购，原材料、毛坯件的制造或采购，设备改装或新设备的购置或定做等。这些工作都必须根据机械加工工艺规程展开，否则，生产将陷入盲目和混乱。

③ 机械加工工艺规程是新建或扩建工厂、车间的基本技术文件。生产中要新建或扩建工厂、车间时，只有根据机械加工工艺规程和生产纲领，才能准确确定生产所需机床的种类和数量，工厂或车间的面积，机床的布置和动力配置，生产工人的工种、等级、数量，以及各辅助部分的安排等。

机械加工工艺规程的修改与补充是一项严肃的工作，它必须经过认真讨论和严格的审批手续。不过，所有的机械加工工艺规程几乎都要经过不断的修改与补充才能得以完善，只有这样才能不断吸取先进经验，保持其合理性。

4. 机械加工工艺规程的格式

通常，机械加工工艺规程被填写成表格（卡片）的形式。在我国，各机械制造厂使用的机械加工工艺规程表格的形式不尽一致，但是其基本内容是相同的。在单件小批生产中，一般只编写简单的机械加工工艺过程卡片；在中批生产中，多采用机械加工工艺卡片；在大批大量生产中，则要求有详细和完整的工艺文件，要求各工序都要有机械加工工序卡片；对半自动及自动机床，还要求有机床调整卡；对检验工序则要求有检验工序卡等。表6-6 ~ 表6-8分别表示机械加工工艺过程卡片、机械加工工艺卡片、机械加工工序卡片的格式。

6.1.4 制订机械加工工艺规程的原始资料和步骤

1. 制订机械加工工艺规程的原始资料

① 零件工作图和产品装配图；

② 产品的生产纲领；

③ 现场生产条件，包括毛坯的制造条件和供应条件，现有设备的规格、性能和精度，刀具、夹具、量具的规格和使用情况，工人的技术水平，专用设备和工装的制造能力；

④ 有关手册、标准和指导性文件等。

2. 制订机械加工工艺规程的步骤

① 零件的工艺分析。认真分析零件的设计图和装配图，了解零件的结构和功用，分析零件的结构工艺性及各项技术要求，找出制订加工工艺的主要技术关键。

② 选择毛坯。确定毛坯的主要依据是零件在产品中的作用、生产纲领以及零件本身的结构。常用毛坯的种类有铸件、锻件、型材、焊接件、冲压件等。毛坯的种类和质量与机械加工关系密切。如精密铸件、压铸件、精锻件等，毛坯质量好，精度高，它们对保证加工质量、提高劳动生产率和降低机械加工工艺成本有重要作用。选择毛坯时，应从实际出发，除了要考虑零件的作用、生产纲领和零件的结构以外，还要充分考虑国情和厂情。

表 6–6　机械加工工艺过程卡片

	机械加工工艺过程卡片		产品型号		零（部）件图号			
			产品名称		零（部）件名称		共（　）页	第（　）页
材料牌号		毛坯种类		毛坯外形尺寸		每毛坯可制件数		每台件数	备注

	工序号	工序名称	工序内容	车间	工段	设备	工艺装备	工时	
								准终	单件
描图									
描校									
底图号									
装订号									

										设计（日期）	审核（日期）	标准化（日期）	会签（日期）	
	标记	处数	更改文件号	签字	日期	标记	处数	更改文件号	签字	日期				

表 6–7 机械加工工艺卡片

<table>
<tr><td rowspan="4">（工厂名）</td><td rowspan="4">机械加工
工业过程
卡片</td><td colspan="2">产品名称及型号</td><td></td><td colspan="2">零件名称</td><td></td><td colspan="2">零件图号</td><td colspan="2"></td></tr>
<tr><td rowspan="3">材料</td><td>名称</td><td></td><td rowspan="2">毛坯</td><td>种类</td><td></td><td rowspan="2">零件质量 /kg</td><td>毛</td><td></td><td>第 页</td></tr>
<tr><td>牌号</td><td></td><td>尺寸</td><td></td><td>净</td><td></td><td>共 页</td></tr>
<tr><td>性能</td><td></td><td colspan="2">每批坯料的件数</td><td></td><td>每台件数</td><td></td><td>每批
件数</td><td></td></tr>
</table>

<table>
<tr><td rowspan="2">工序</td><td rowspan="2">安装</td><td rowspan="2">工步</td><td>工序
内容</td><td>同时加工
零件数</td><td colspan="4">切削用量</td><td rowspan="2">设备名称
及编号</td><td colspan="3">工艺装备名称及
编号</td><td rowspan="2">技术
等级</td><td colspan="2">工时定额 /min</td></tr>
<tr><td></td><td></td><td>切削深度 /
mm</td><td>切削速度 /
（m/min）</td><td>转速 /（r/min）
或双行程数 /min</td><td>进给量 /
（mm/r）或
（mm/min）</td><td>夹具</td><td>刀具</td><td>量具</td><td>单件</td><td>准备—
终结</td></tr>
<tr><td colspan="3"></td><td></td><td></td><td></td><td></td><td></td><td></td><td></td><td colspan="3"></td><td></td><td></td><td></td></tr>
<tr><td colspan="3" rowspan="3">更改内容</td><td colspan="13"></td></tr>
<tr><td colspan="13"></td></tr>
<tr><td colspan="13"></td></tr>
<tr><td colspan="3">编制</td><td colspan="2"></td><td colspan="2">抄写</td><td colspan="2"></td><td>校对</td><td></td><td colspan="2">审核</td><td></td><td>批准</td><td></td></tr>
</table>

表 6-8 机械加工工序卡片

	机械加工工序卡片	产品型号		零（部）件图号			
		产品名称		零（部）件名称		共（ ）页	第（ ）页

车间	工序号	工序名称	材料牌号

毛坯种类	毛坯外型尺寸	每批坯料的件数	每台件数

设备名称	设备型号	设备编号	同时加工件数

夹具编号	夹具名称	切削液

工位器具编号	工位器具名称	工序工时	
		准终	单件

	工步号	工 步 内 容	工 艺 装 备	主轴转速 r/min	切削速度 m/min	进给量 mm/r	切削深度 mm	进给次数	工步工时	
									机动	辅助
描图										
描校										
底图号										
装订号										

										设计（日期）	审核（日期）	标准化（日期）	会签（日期）	
标记	处数	更改文件号	签字	日期	标记	处数	更改文件号	签字	日期					

③ 拟定机械加工工艺路线。确定零件由粗加工到精加工的全部加工工序，主要内容包括定位基准的选择、加工方法的确定、工序的划分和工序顺序的安排以及热处理、检验和其他辅助工序的安排等。机械加工工艺路线的最终确定，一般要提出几种可能的方案进行比较、论证，最后确定出一条适合本厂条件，确保加工质量、高效率和低成本的最佳工艺路线。

④ 选择加工设备。选择加工设备时，应使加工设备的规格与工件尺寸相适应；设备的精度与工件的精度要求相适应；设备的生产率要能满足生产类型的要求，同时也要考虑现场原有的加工设备，尽可能充分利用它们。

⑤ 确定刀具、夹具、量具和必要的辅助工具。

⑥ 确定各工序的加工余量，计算工序尺寸和公差。

⑦ 确定关键工序的技术要求及检测方法。

⑧ 确定切削用量及时间定额。

⑨ 编制有关工艺文件。

6.2 零件的工艺分析和毛坯选择

6.2.1 零件的技术要求分析

零件的技术要求主要包括以下内容：① 加工表面的尺寸精度；② 主要加工表面的形状精度；③ 主要加工表面的相互位置精度；④ 加工表面的表面粗糙度和力学性能；⑤ 热处理及其他要求。

首先应检查这些技术要求的完整性，在此基础上再审查各项技术要求的合理性。过高的精度和过低的表面粗糙度值都会使工艺过程过于复杂，从而造成加工困难。在满足零件工作性能的前提下，应尽可能降低零件的加工技术要求。如果发现问题，应及时提出，并会同有关设计人员共同讨论研究，按规定手续对图纸进行修改或补充。

6.2.2 零件的结构工艺性分析

零件的结构工艺性，是指所设计的零件在满足使用要求的前提下制造该零件的可行性和经济性。零件的结构对其机械加工工艺过程的影响很大，使用性能完全相同而结构不同的两个零件，它们的加工难易和制造成本可能有很大差别。所谓结构工艺性好，是指在现有工艺条件下既能方便制造，制造成本又较低。表6–9列举了一些机械加工结构工艺性好的零件。

表 6–9 零件结构工艺性举例

	A 结构工艺性不好	B 结构工艺性好	说明
1			在结构 A 中，工件 2 上的凹槽 a 不便于加工和测量。宜将凹槽 a 改在工件 1 上，如结构 B
2			键槽的尺寸、方位相同，则可在一次装夹中加工出全部键槽，提高生产率
3			结构 A 的加工面不便引进刀具
4			箱体类零件的外表面比内表面容易加工，应以外部连接表面代替内表面
5			结构 B 的三个凸台表面，可在一次走刀中加工完毕

续表

	A 结构工艺性不好	B 结构工艺性好	说明
6	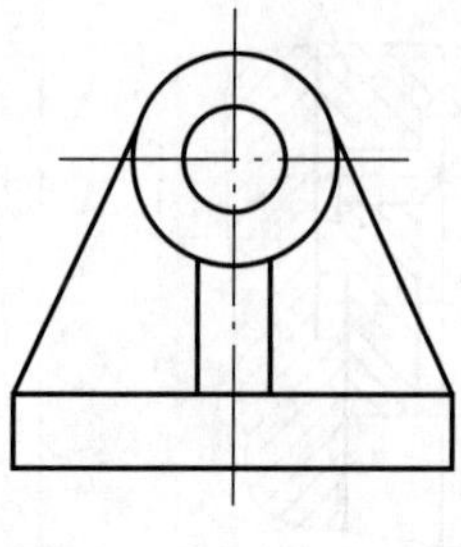	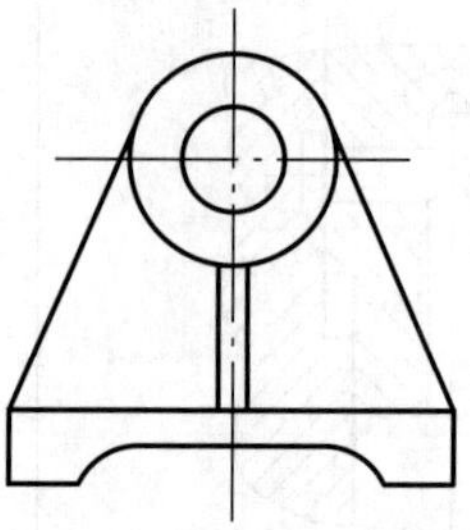	结构B底面的机械加工劳动量较小
7	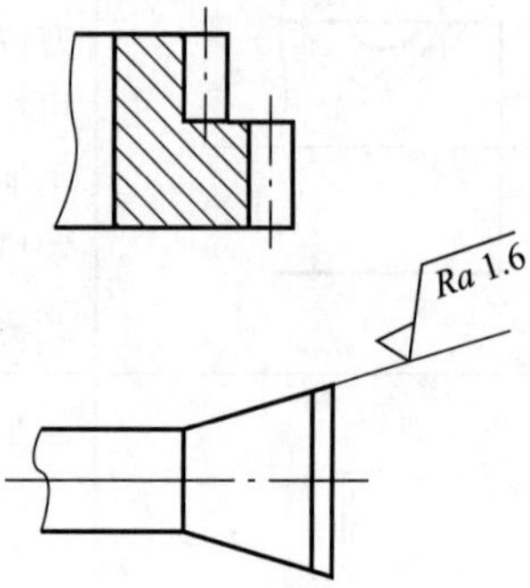 Ra 1.6	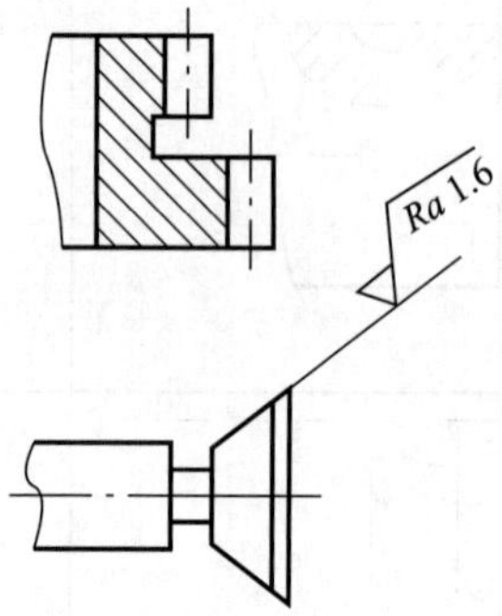 Ra 1.6	结构B有退刀槽，保证了加工的可能性，减少刀具（砂轮）的磨损
8	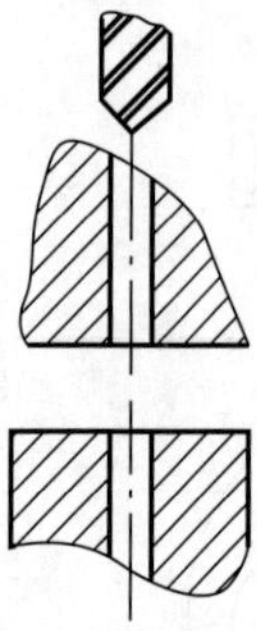	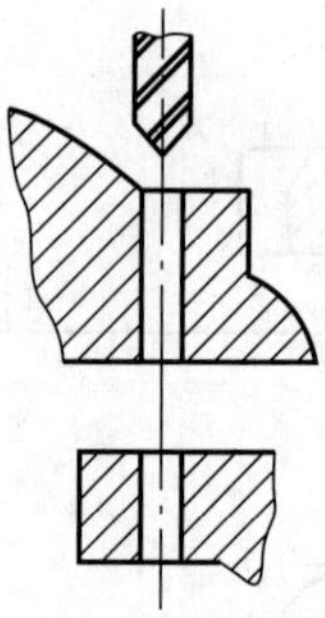	结构B可使钻孔时钻头不易引偏
9	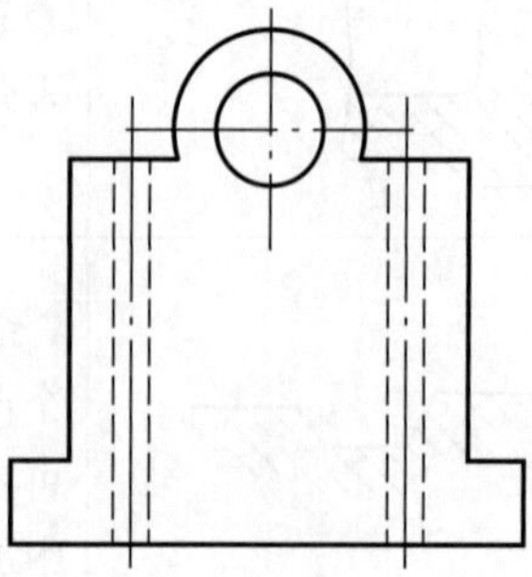	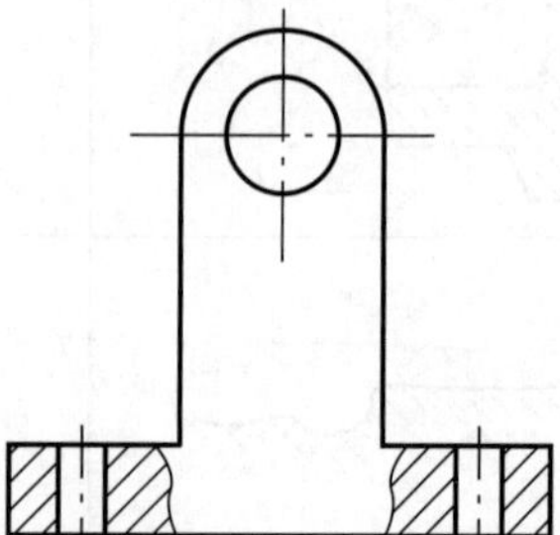	结构B避免深孔加工，节约零件材料

续表

	A 结构工艺性不好	B 结构工艺性好	说明
10	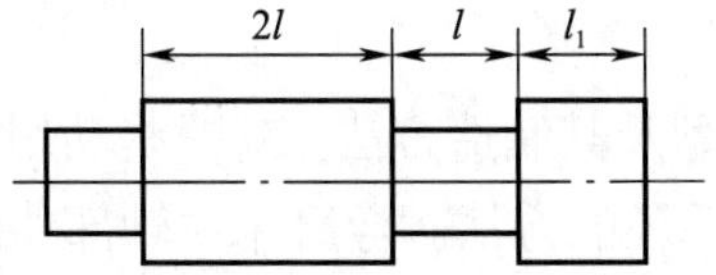 2l l l_1	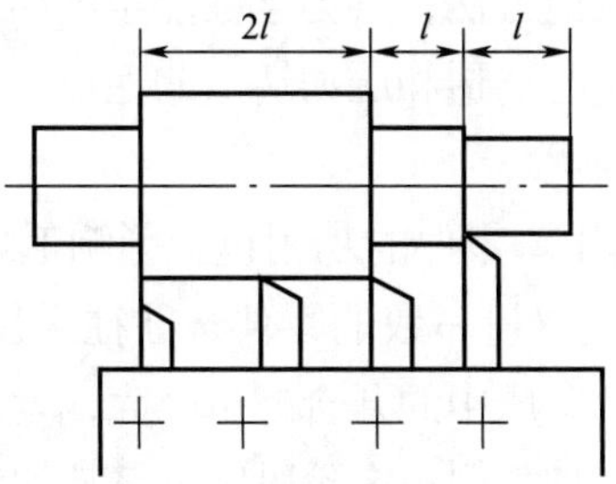 2l l l	应使加工表面长度相等或成倍数，直径尺寸沿一个方向递减，以便于布置刀具，也可在多刀半自动车床上加工
11	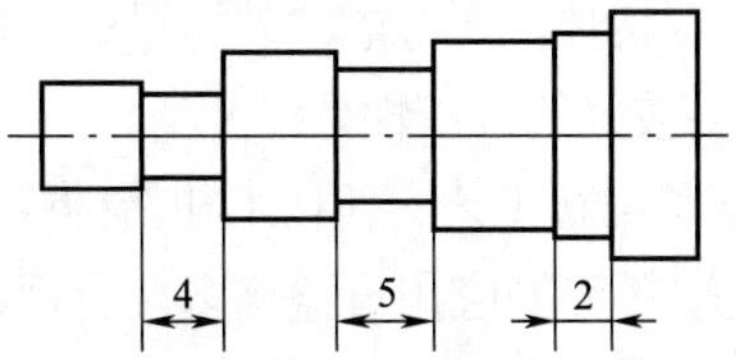 4 5 2	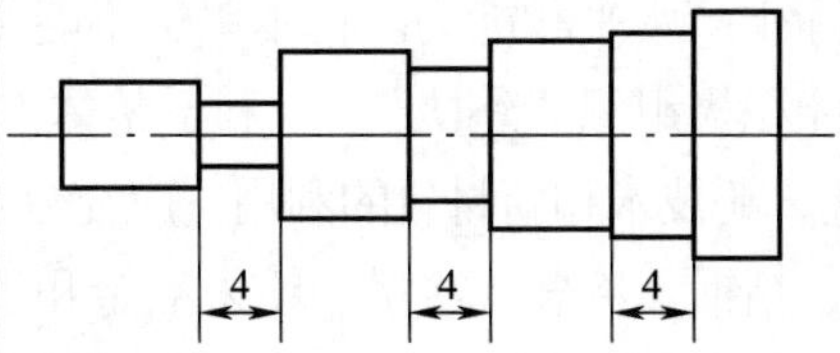 4 4 4	凹槽尺寸相同，可减少刀具种类，减少换刀时间

6.2.3 毛坯的选择

毛坯制造是零件生产过程中的一个重要部分，是由原材料变成成品的第一步。零件在加工过程中的工序数量、材料消耗、制造周期及制造费用等，在很大程度上与所选择的毛坯制造方法有关，工艺人员应根据零件的结构特点和功用，正确选择毛坯类型及其制造方法，设计出毛坯的结构，并制订有关技术要求。常用的毛坯种类有铸件、锻件、型材、焊接件、冲压件等，而相同种类的毛坯又可能有不同的制造方法。如铸件有砂型铸造、金属型铸造、离心铸造、压力铸造、熔模铸造等；锻件有自由锻、模锻等。选择零件毛坯时，应考虑的因素很多，具体有：

① 生产类型。生产类型在很大程度上决定采用哪一种毛坯制造方法是经济的。如生产规模大时，便可采用高精度和高生产率的毛坯制造方法。虽然这种方法一次性投资较大，但均分到每个毛坯上的成本较小。同时，精度、生产率较高的毛坯制造，既能减少原材料的消耗，又可明显减少机械加工劳动量，节约能源，改善工人劳动条件；另外，这种毛坯可使机械加工工艺过程缩短，最终降低产品的总费用。

② 零件的结构形状和尺寸。选择毛坯应考虑零件结构的复杂程度和尺寸大小。例如，形状复杂零件和薄壁零件的毛坯一般采用金属型铸造。零件尺寸较大时，往往不采用模锻和压铸等。再如，某些外形复杂的小型零件，由于机械加工困难，往往采用较精密的毛坯制造方法，如压铸、熔模铸造、精密模锻等。一般钢质阶梯轴零件，若各节直径相差不大，则可用棒料毛坯，若直径相差很大，宜采用锻件。箱体零件一般采用铸造的方法生产

其毛坯。

③ 零件的力学性能要求。零件的力学性能与其材料有密切的关系。材料不同，毛坯制造方法不尽相同。铸铁材料往往采用铸件，钢材则以锻件和型材为多。对相同的材料，采用不同的毛坯制造方法，其力学性能也不尽相同。例如，金属型浇注毛坯的机械强度优于砂型浇铸，而离心铸造和压力铸造的毛坯，其强度又高于金属型浇铸的毛坯，锻造的毛坯强度较型材的为优。

④ 零件的功用。零件的功用也会影响毛坯的类型及其制造方法。对一些功用相同而要求材料力学性能尽量一致的零件，往往采用合制毛坯的方法。像磨床主轴部件的三块瓦、四块瓦轴承，车床中的开合螺母外壳，发动机中的连杆体、盖等，常将这些零件毛坯先做成一个整体，加工到一定阶段后再将其切割分开。

⑤ 现有生产条件。选择毛坯时，应充分利用本单位的生产条件，使毛坯制造方法适合本单位的实际生产水平和能力。在本单位不能生产毛坯时，要考虑“外协”的可能性和经济性。尽可能积极组织“外协”，以利于整体上取得较好的经济性。

⑥ 新工艺、新技术和新材料的利用。应充分考虑利用新工艺、新技术和新材料的可能性。例如精铸、精锻、冷轧、冷挤、粉末冶金和工程塑料等的应用日益增多，应用这些毛坯制造方法可大大减少机械加工量，有时甚至不必再进行机械加工，经济效果十分显著。

6.3 定位基准及其选择

6.3.1 基准的概念及其分类

基准就其一般意义来说，是用来确定生产对象上几何要素间的几何关系所依据的那些点、线、面。机械产品从设计、制造到出厂经常要遇到基准问题——设计时零件尺寸的标注、制造时工件的定位、检查时尺寸的测量以及装配时零、部件的装配位置等都要用到基准的概念。从设计和工艺两个方面看基准，可把基准分为两大类，即设计基准和工艺基准。

1. 设计基准

设计基准是设计工作图上所采用的基准，常指零件工作图上的基准。设计人员常从零件的工作条件和性能要求出发，在零件图上以设计基准为依据标出一定的尺寸或相互位置要求（如平行度、垂直度、同轴度等）。图6-8所示的阶梯轴，端面是尺寸 a 的设计基准；中心线是尺寸 ϕD 的设计基准。

对于整个零件来说，有众多的位置尺寸和位置关系的要求，但在一个方向上往往只有一个主要设计基准。它是在这个方向上多个尺寸的起始点。主要设计基准往往是在装配时用来确定该零件在产品中的位置所依据的基准。

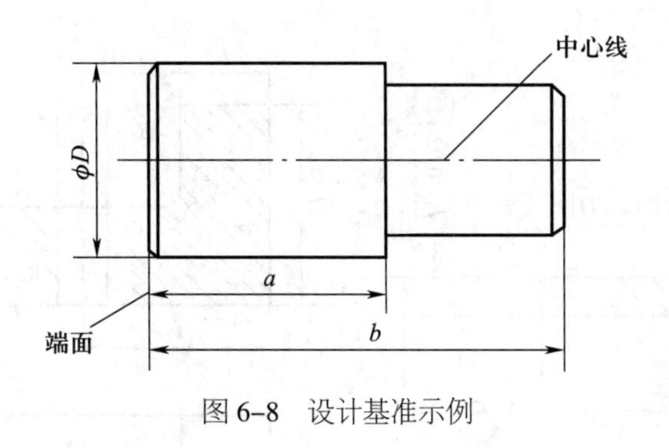

图 6-8 设计基准示例

2. 工艺基准

工艺基准是加工过程中所采用的基准，机械加工中的工艺基准有工序基准、定位基准和测量基准。

（1）工序基准

零件工序图上，用来确定本工序所加工表面加工后的尺寸、形状和位置的基准。图 6-9 所示为在工件上钻孔的工序简图，图 6-9 中（a）和（b）分别表示对被加工孔的工序基准的两种不同选择。

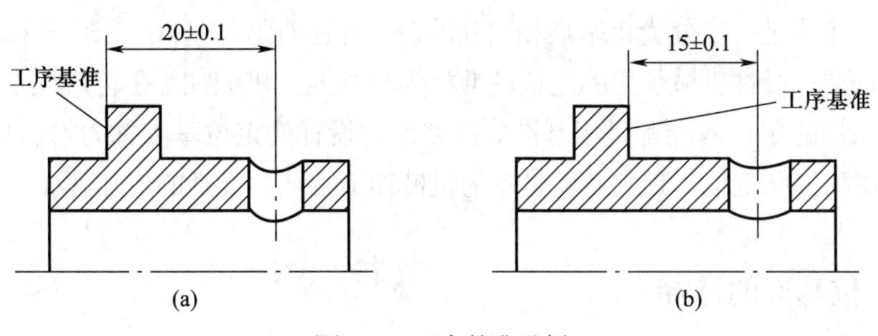

图 6-9 工序基准示例

（2）定位基准

加工时用于工件定位的基准称为定位基准。定位基准是获得零件尺寸的直接基准，在机械加工中占有很重要的地位。图 6-10（a）中零件套在心轴上磨削 ϕ40h6 外圆表面时，内孔轴线即为定位基准。图 6-10（b）所示零件，用底面 *F* 和左侧面 *A* 与夹具中的定位元件相接触磨削 *B*、*D* 表面，以保证相应的平行度和垂直度要求，平面 *F* 和左侧面 *A* 即为定位基准。

应当指出，作为定位基准的点、线、面，工件中并不一定具体存在，如表面的几何中心、对称面或对称线等。此时须选择具体的表面来确定定位基准，该具体的表面称为定位基面。如图 6-10（a）中的轴套内孔轴线为定位基准，内孔表面为定位基面。又如轴以两顶尖孔定位车削外圆时，其定位基准为轴的中心线，顶尖孔的锥面为定位基面。定位基准也可以是工件上实际存在的点、线、面，此时定位基准即为定位基面。如图 6-10（b），*F* 面和 *A* 面既为定位基准，又为定位基面。

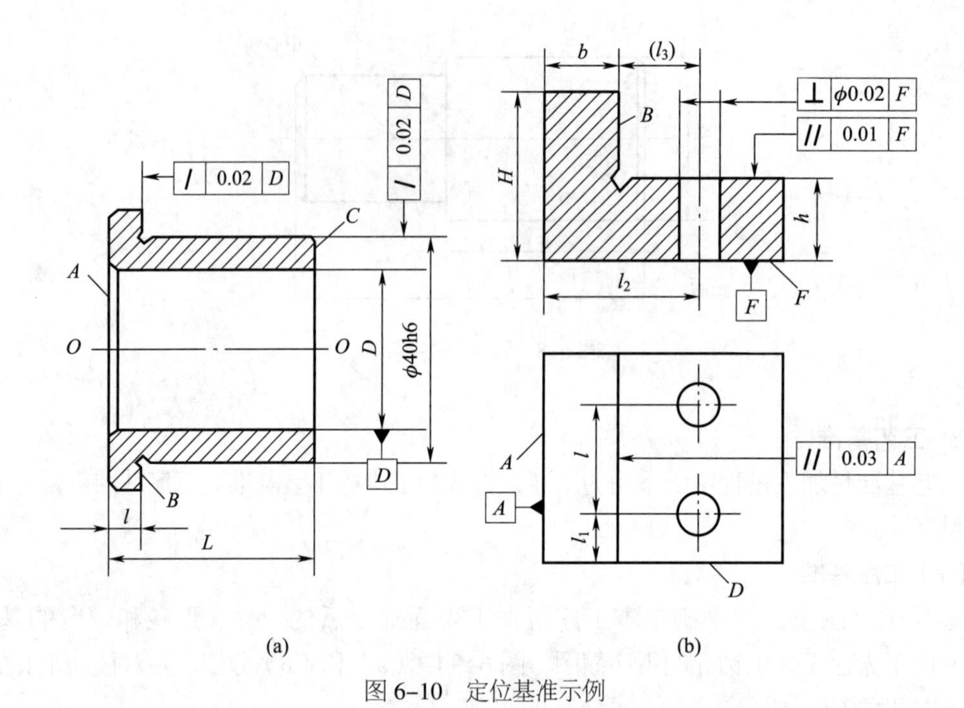

图 6-10　定位基准示例

定位基准还可进一步分为粗基准和精基准，另外还有附加基准。未经机械加工的定位基准称为粗基准；经过机械加工的定位基准称为精基准。机械加工工艺规程中第一道机械加工工序所采用的定位基准都是粗基准。需要专门设计的定位基准称为附加基准。例如，轴类零件常用顶尖孔定位，顶尖孔就是专为机械加工工艺而设计的附加基准。

6.3.2　定位基准的选择

定位基准的选择对零件的加工尺寸和位置精度、零件各表面的加工顺序及夹具结构等都会产生重要的影响，正确选择定位基准是制订机械加工工艺规程和进行夹具设计的重要工作内容。

1. 选择定位基准的基本方法

① 选最大尺寸的表面为安装面（限制 3 个自由度），选最长距离的表面为导向面（限制 2 个自由度），选最小尺寸的表面为支承面（限制 1 个自由度）。如图 6-11 所示的例子，如果要求所加工的孔与端面 M 垂直，显然用 N_1 面定位时加工精度高。

② 首先考虑保证空间位置精度，再考虑保证尺寸精度。加工中保证空间位置精度有时要比保证尺寸精度困难得多。如图 6-12 所示的主轴箱零件，其主轴孔要求与 M 面的距离为 z，与 N 面的距离为 x。由于主轴孔在箱体两壁上都有，并且要求与 M 面及 N 面平行，因此要以 M 面为安装面，限制 $\vec{Z}$、$\widehat{X}$、$\widehat{Y}$ 3 个自由度，以 N 面为导向面，限制 $\vec{X}$ 和 $\widehat{Z}$ 2 个自由度。要保证这些空间位置，M 面与 N 面必须有较高的加工精度。

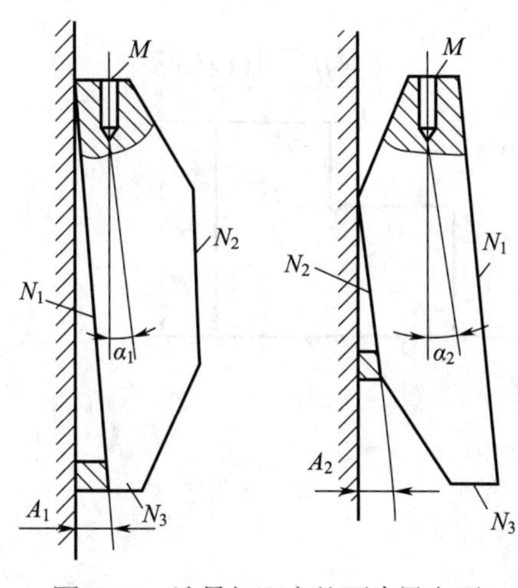

图 6–11 选最长距离的面为导向面

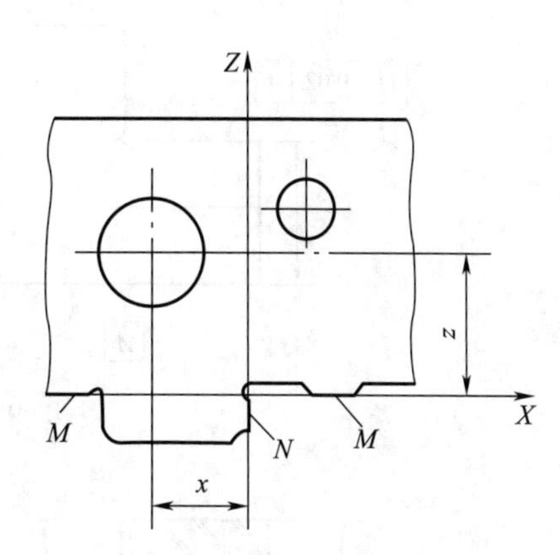

图 6–12 空间位置精度的保证

③ 应尽量选择零件上有重要位置精度关联的主要表面为定位基准，因为这样的表面是决定该零件其他表面的基准，也就是主要设计基准。如图 6–12 所示的主轴箱零件，*M* 面和 *N* 面就是主要表面，许多表面的位置都是由这两个表面决定的。选主要表面为定位基准，可使定位基准与设计基准重合。

④ 定位基准应有利于夹紧，在加工过程中稳定可靠。

2. 精基准的选择方法

精基准的选择主要应从保证零件的加工精度要求出发，同时考虑装夹准确和方便，以及夹具结构简单。选择精基准一般应遵循下列原则：

① 基准重合原则。零件加工时，尽量选择设计基准作为定位基准，即设计基准和定位基准重合，避免由于基准不重合带来的定位误差。图 6–13 所示的零件，当零件表面间的尺寸按图 6–13（a）中标注时，从基准重合原则出发，表面 *B* 和表面 *C* 的加工，应选择 *A* 面（设计基准）作为定位基准。加工后，表面 *B*、*C* 相对 *A* 面的平行度取决于机床的几何精度；尺寸公差 T_a 和 T_b 则取决于机床—刀具—工件所组成的工艺系统的各种工艺因素。当按调整法加工表面 *B* 和 *C* 时，尽管刀具相对定位面 *A* 的位置是按尺寸 a 和 b 预先调整好的，即在一批工件的加工过程中始终不变。但由于受工艺系统中各种工艺因素的影响，一批零件加工后尺寸 a 和 b 仍会产生误差 Δa 和 Δb，这种误差称为加工误差（即 $\Delta a \leqslant T_a$，$\Delta b \leqslant T_b$），零件加工就可能会产生废品。当零件的尺寸按图 6–13（b）标注时，如果仍选择 *A* 面为定位基准，并按调整法分别加工表面 *B* 和 *C*，则对于 *B* 面来说，仍符合“基准重合”原则，但表面 *C* 则不符合。

表面 *C* 的加工情况如图 6–14（a）所示，加工后尺寸 c 的误差分布见图 6–14（b）。可以看出，在加工尺寸 c 中，不仅包含本工序的加工误差（Δb），而且还包含由于基准不重合所引起的设计基准（*B*）与定位基准（*A*）之间的尺寸误差（Δa），此误差称为基准不重合误差，其最大允许值为定位基准与设计基准之间尺寸 a 的公差 T_a。为了保证加工尺寸 c 的

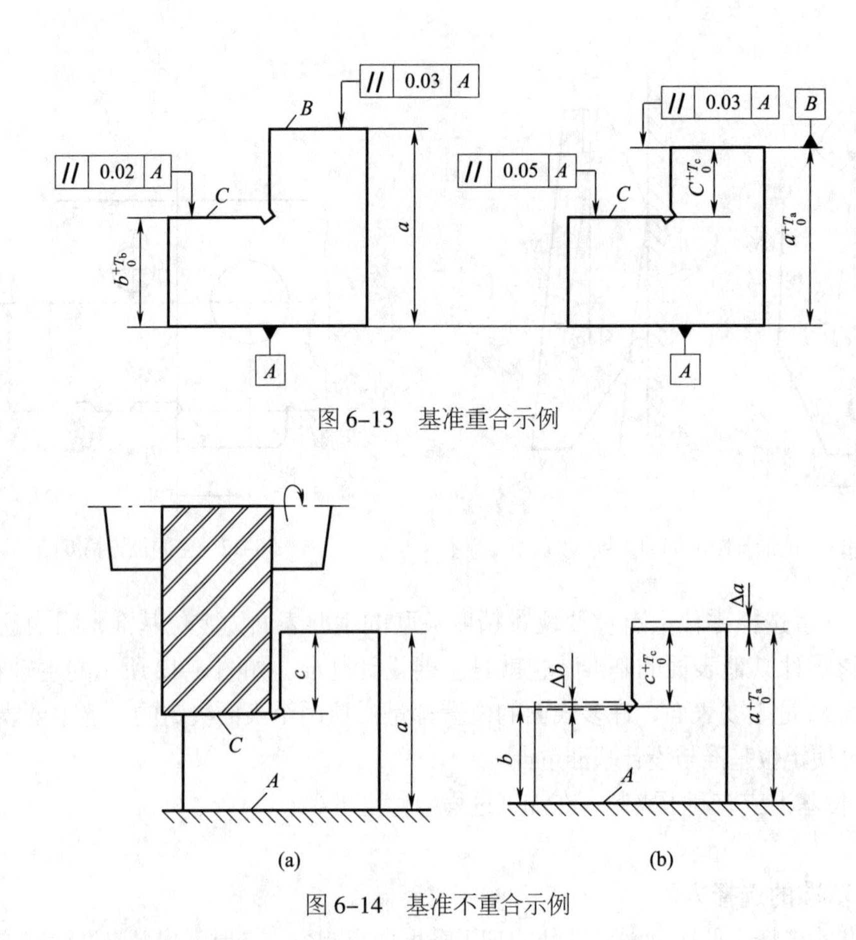

图 6–13 基准重合示例

图 6–14 基准不重合示例

精度，上述两个误差之和应小于或等于尺寸 c 的公差 T_c，即 $\Delta b+\Delta a \leqslant T_c$。可以看出，$T_c$ 为一定值，由于 Δa 的出现，势必要缩小 Δb，这意味着要提高该工序的加工精度。因此在选择定位基准时，应尽可能遵循“基准重合”原则。

② 基准统一原则。选用统一的定位基准加工工件上的各个加工表面。轴类零件的加工采用两端顶尖孔作精基准，加工圆盘类零件采用孔和端面作精基准，加工箱体类零件采用一面两孔作为精基准等，均属“基准统一”的实例。采用“基准统一”原则，可避免基准的转换带来的误差，有利于保证各表面的位置精度，也有利于工序集中。统一基准也有利于简化工艺规程的制订及夹具的设计和制造，缩短了生产准备周期。

③ 自为基准原则。当某些精加工表面要求加工余量小而均匀时，可选择该加工表面本身作为定位基准，称为“自为基准”。“自为基准”主要是为提高加工面本身的精度和表面质量，对加工表面相对其他表面的位置精度几乎没有影响。例如，磨削床身导轨，就是在磨头上装百分表，以导轨面本身作为精基准，移动磨头找正工件；连杆零件的小头孔加工，其最后一道工序是金刚镗孔，就是以小头孔本身进行定位的，如图 6–15 所示。

④ 互为基准原则。为保证某些重要表面间有较高的相互位置精度，同时使加工余量小而均匀，可采用“互为基准”进行多次反复加工。例如，精密齿轮的加工，当用高频淬火把齿面淬硬，需再进行磨齿时，因其淬硬层较薄，所以要求磨削余量小而均匀。此时，

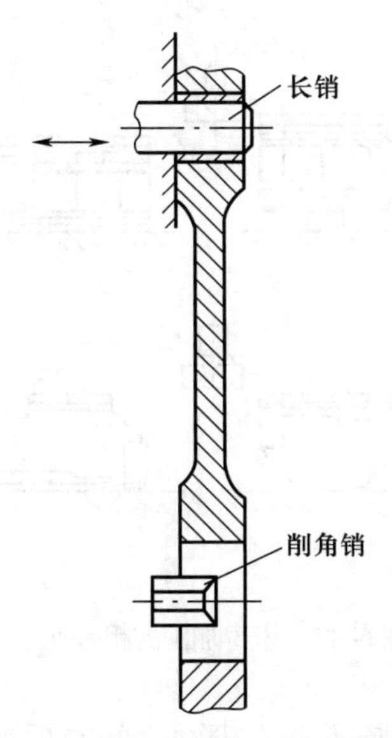

图 6–15 连杆孔加工时的自为基准

就须先以齿面为基准磨内孔，再以孔为基准磨齿面，以保证齿面余量均匀及孔与齿圈有较高的位置精度。车床主轴安装轴承的轴颈和前锥孔是主轴的主要工作表面，它们之间的同轴度要求很高，因而常以轴颈作基准加工工作表面，再以工作表面作基准加工轴颈，并多次反复加工，就能满足要求，如图 6–16 所示。

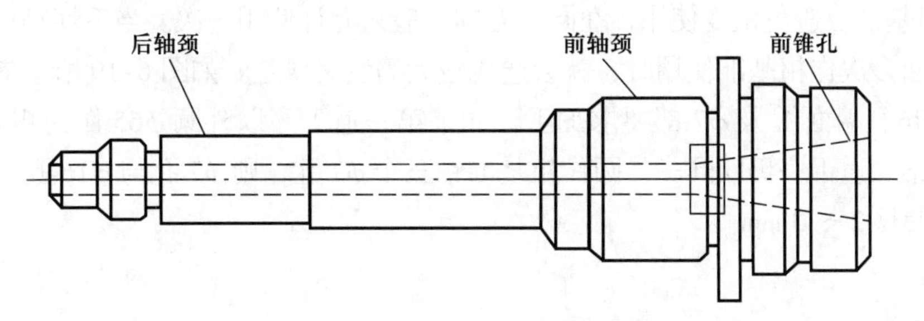

图 6–16 车床主轴加工时的互为基准

3. 粗基准的选择方法

选择粗基准时，应考虑到加工表面和不加工表面之间的位置尺寸，合理分配加工表面的加工余量，注意毛坯误差对加工的影响等。因此，粗基准的选择需注意下列几点：

① 为了保证某重要加工面的余量均匀，应选择该重要表面作为粗基准。如床身导轨面的加工，不仅要求有较高的尺寸和形状精度，而且要求导轨表面有均匀的金相组织和较高的耐磨性。由于铸件表面深度愈深，其耐磨性愈差，这就要求导轨面的加工余量小而均匀。因而，加工时应选择导轨面作为粗基准，加工床身底平面，然后再以床身底平面作为基准加工导轨面。图 6–17 所示为床身加工时粗基准选择的正、误方案。

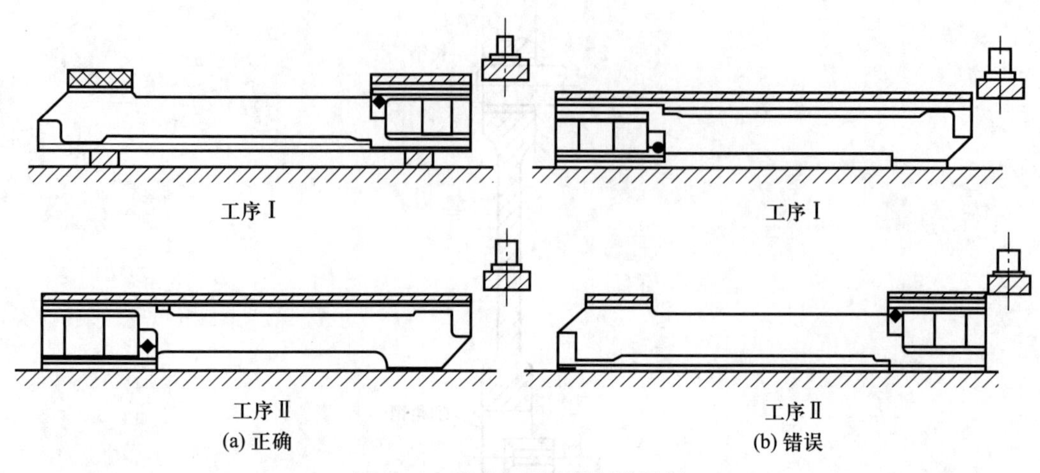

图 6-17 床身加工的粗基准选择

② 为了保证工件加工表面与不加工表面之间的相互位置和尺寸要求，应选择不加工表面作为粗基准。如图 6-18 所示的拨杆，有多个不加工表面，但 ϕ22H9 孔与 ϕ40 外圆有同轴度要求，为保证壁厚均匀，在钻 ϕ22H9 孔时，应选择 ϕ40 外圆作粗基准。而在加工 B 面时，要选择 A 面作粗基准，以保证它们之间的尺寸要求。当工件上有多个不加工表面与加工表面之间有位置要求时，则应选择其中要求较高的不加工表面作为粗基准。

③ 粗基准应避免重复使用，在同一方向一般只允许使用一次。当毛坯精度低、表面粗糙的表面多次作粗基准使用时，就会造成较大的装夹误差。如图 6-19 所示的零件，其内孔 ϕ16H6、端面 M 及 ϕ7 都要求加工。如果第一道工序以外圆 ϕ65 作为粗基准镗孔、车端面，第二道工序仍以同一外圆作粗基准钻三个 ϕ7 孔，则 ϕ7 孔与 ϕ16 孔之间的相对位置可能偏移 2 ~ 3 mm。

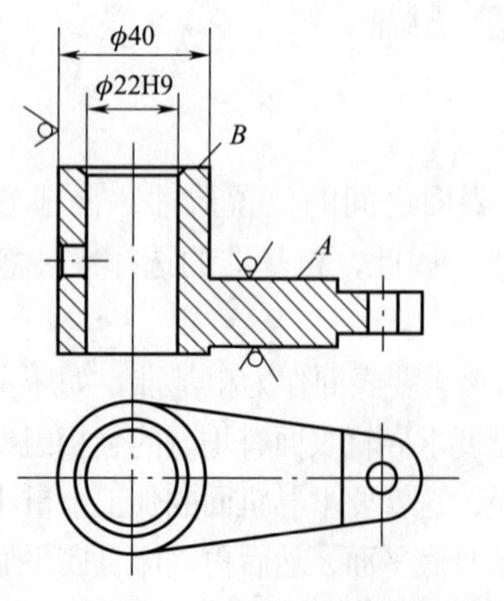

图 6-18 不需加工表面较多时粗基准的选择

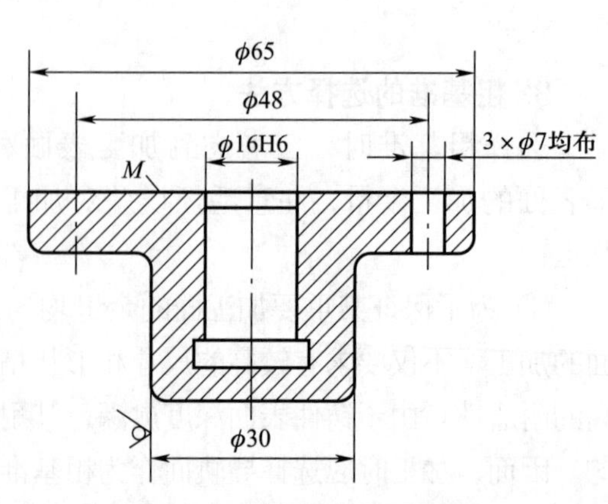

图 6-19 避免重复使用粗基准

④ 所选的粗基准应使定位准确、夹紧可靠，夹具简单、操作方便。为了保证定位准确可靠，选用的粗基准应尽可能平整、光洁和有较大的尺寸，不允许有较大的缺陷。例如锻造飞边、铸造浇冒口及分型面等，如果要选择这些表面作粗基准，则应将毛坯修正，除去这些缺陷。

6.4 机械加工工艺路线的制订

拟订零件机械加工工艺路线，主要包括选择各个表面的加工方法，安排各个表面加工顺序，确定工序集中与分散的程度，合理选用机床、刀具等。

6.4.1 加工方法的选择

零件表面的加工方法，首先取决于加工表面的技术要求，在满足加工表面技术要求的前提下，根据各种加工方法的经济精度、经济表面粗糙度和工艺特点等选择。为此，要首先对经济精度和精度的相对性进行分析。

1. 加工经济精度

各种加工方法（车、铣、刨、磨、钻、镗、铰等）所能达到的加工精度和表面粗糙度，都是在一定范围内的。任何一种加工方法，只要精心操作、细心调整，选择合适的切削用量，其加工精度就可以得到提高，其加工表面粗糙度值就可以减小。但是，加工精度提得越高，表面粗糙度值就越小，则所耗费的时间越长，加工成本也会越大。

所谓加工经济精度，是指在正常加工条件（设备、工艺装备符合质量标准，工人具有标准技术等级，不延长加工时间）下所能保证的加工精度和表面粗糙度。若加工条件不同，则所能达到的加工精度及其加工成本也不相同。例如，选用较低的切削用量，进行精细操作，则所得的加工精度提高，但加工时间延长，生产率降低，加工成本增加。反之，若增加切削用量，则生产率提高，加工成本降低，但增大加工误差，使加工精度降低。各种加工方法的加工误差与加工成本的关系，如图 6-20 所示。可以看出：

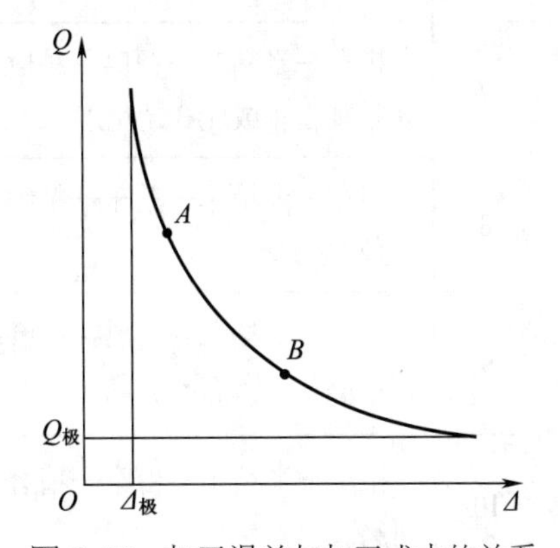

图 6-20　加工误差与加工成本的关系

1）同一种加工方法，精度愈高，加工成本愈大；

2）加工精度有一定极限，超过这个极限，即使再增加成本，加工精度几乎再不能提高；

3）成本也有一定极限，超过此点后，即使加工精度再降低，加工成本几乎不再降低；

4）曲线中的 AB 段，加工精度和加工成本是相互适应的，属于经济精度的范围。

应该指出，随着机械制造业的发展，提高机械加工精度的研究工作一直在进行，加工精度也在不断提高。比如，20世纪40年代的精密加工精度大约只相当于20世纪80年代的一般加工精度。因此，各种加工方法的加工经济精度的概念也在发展，其指标在不断提高。

2. 典型表面的加工方法选择

在分析研究零件图的基础上，对各加工表面选择相应的加工方法。

① 要根据每个加工表面的技术要求，确定加工路线（各种加工方法及其组合所能达到的经济精度和表面粗糙度，可查阅有关的机械加工手册）。表6–10、表6–11、表6–12分别给出了机器零件三种最基本的表面（外圆、内孔、平面）常用的加工路线及其所能达到的经济精度和表面粗糙度。

表中所列都是生产实际中的统计资料，可根据被加工零件加工表面的精度和粗糙度要求、零件的结构和被加工表面的形状、大小以及车间或工厂的具体条件，选取最经济合理的加工路线。

表6–10　外圆表面的加工路线及其经济精度

序号	加工方法	经济精度（以公差等级表示）	经济粗糙度 *Ra*/μm	适用范围
1	粗车	IT11 ~ 13	12.5 ~ 50	适用于淬火钢以外的各种金属
2	粗车—半精车	IT8 ~ 10	3.2 ~ 6.3	
3	粗车—半精车—精车	IT7 ~ 8	0.8 ~ 1.6	
4	粗车—半精车—精车—滚压（或抛光）	IT7 ~ 8	0.025 ~ 0.2	
5	粗车—半精车—磨削	IT7 ~ 8	0.4 ~ 0.8	主要用于淬火钢，也可用于未淬火钢，但不宜加工有色金属
6	粗车—半精车—粗磨—精磨	IT6 ~ 7	0.1 ~ 0.4	
7	粗车—半精车—粗磨—精磨—超精加工（或轮式超精磨）	IT5	0.012 ~ 0.1（或 *Rz*0.1）	
8	粗车—半精车—精车—精细车（金刚车）	IT6 ~ 7	0.025 ~ 0.4	主要用于要求较高的有色金属加工
9	粗车—半精车—粗磨—精磨—超精磨（或镜面磨）	IT5以上	0.006 ~ 0.025（或 *Rz*0.05）	极高精度的外圆加工
10	粗车—半精车—粗磨—精磨—研磨	IT5以上	0.006 ~ 0.1（或 *Rz*0.05）	

表 6–11 内孔表面的加工路线及其经济精度

序号	加工方法	经济精度（以公差等级表示）	经济粗糙度 Ra/μm	适用范围
1	钻	IT11 ~ 13	12.5	加工未淬火实心毛坯及铸铁实心毛坯，也可用于加工有色金属。孔径小于 15 ~ 20 mm
2	钻—铰	IT8 ~ 10	1.6 ~ 6.3	
3	钻—粗铰—精铰	IT7 ~ 8	0.8 ~ 1.6	
4	钻—扩	IT10 ~ 11	6.3 ~ 12.5	加工未淬火钢及铸铁的实心毛坯，也可用于加工有色金属。孔径大于 15 ~ 20 mm
5	钻—扩—铰	IT8 ~ 9	1.6 ~ 3.2	
6	钻—扩—粗铰—精铰	IT7	0.8 ~ 1.6	
7	钻—扩—机铰—手铰	IT6 ~ 7	0.2 ~ 0.4	
8	钻—扩—拉	IT7 ~ 9	0.1 ~ 1.6	大批大量生产（精度由拉刀的精度而定）
9	粗镗（或扩孔）	IT11 ~ 13	6.3 ~ 12.6	除淬火钢外各种材料，毛坯有铸出孔或锻出孔
10	粗镗（粗扩）—半精镗（精扩）	IT9 ~ 10	1.6 ~ 3.2	
11	粗镗（粗扩）—半精镗（精扩）—精镗（铰）	IT7 ~ 8	0.8 ~ 1.6	
12	粗镗（粗扩）—半精镗（精扩）—精镗—滑动镗刀精镗	IT6 ~ 7	0.4 ~ 0.8	
13	粗镗（扩）—半精镗—磨孔	IT7 ~ 8	0.2 ~ 0.8	主要用于淬火钢，也可用于未淬火钢，但不宜用于有色金属
14	粗镗（扩）—半精镗—粗磨—精磨	IT6 ~ 7	0.1 ~ 0.2	
15	粗镗—半精镗—精镗—精细镗（金刚镗）	IT6 ~ 7	0.05 ~ 0.4	主要用于精度要求高的有色金属
16	钻—（扩）—粗铰—精铰——珩磨；钻—（扩）—拉——珩磨；粗镗—半精镗—精镗—珩磨	IT6 ~ 7	0.025 ~ 0.2	精度要求很高的孔
17	以研磨代替上述方法中的珩磨	IT5 ~ 6	0.006 ~ 0.1	

表 6-12 平面的加工路线及其经济精度

序号	加工方法	经济精度（以公差等级表示）	经济粗糙度 Ra/μm	适用范围
1	粗车	IT11 ~ 13	12.5 ~ 50	端面
2	粗车—半精车	IT8 ~ 10	3.2 ~ 6.3	
3	粗车—半精车—精车	IT7 ~ 8	0.8 ~ 1.6	
4	粗车—半精车—磨削	IT6 ~ 8	0.2 ~ 0.8	
5	粗刨（或粗铣）	IT11 ~ 13	6.3 ~ 25	一般不淬硬平面（端铣表面粗糙度 Ra 值较小）
6	粗刨（或粗铣）—精刨（或精铣）	IT8 ~ 10	1.6 ~ 6.3	
7	粗刨（或粗铣）—精刨（或精铣）—刮研	IT6 ~ 7	0.1 ~ 0.8	精度要求较高的不淬硬平面，批量较大时宜采用宽刃精刨方案
8	以宽刃精刨代替上述刮研	IT7	0.2 ~ 0.8	
9	粗刨（或粗铣）—精刨（或精铣）—磨削	IT7	0.2 ~ 0.8	精度要求高的淬硬平面或不淬硬平面
10	粗刨（或粗铣）—精刨（或精铣）—粗磨—精磨	IT6 ~ 7	0.025 ~ 0.4	
11	粗铣—拉	IT7 ~ 9	0.2 ~ 0.8	大量生产，较小的平面（精度视拉刀精度而定）
12	粗铣—精铣—磨削—研磨	IT5 以上	0.006 ~ 0.1（或 Rz 0.05）	高精度平面

② 工件材料及其物理力学性能。不同材料的工件，以及同一种材料、具有不同物理力学性能的工件，其加工方法均不尽相同。例如对淬火钢应采用磨削加工，对有色金属采用磨削加工就会产生困难，一般宜采用金刚镗削或高速车削。

③ 工件的结构形状和尺寸。一般回转工件上的孔可以用车削或磨削等方法加工。而箱体上 IT7 级公差的孔，一般就不宜采用车削或磨削，而通常采用镗削或铰削加工，孔径小时宜采用铰孔，孔径大或长度较短的孔则宜用镗削的方法。

④ 生产类型。生产率和经济性要求大批量生产时，应采用高效率的先进工艺，如平面和孔的加工采用拉削代替普通的铣、刨和镗孔等加工方法，也可采用组合铣和组合磨同时加工几个表面；单件小批生产则一般采用通用机床加工的方法。显然，也可以通过毛坯

的制造方法，大大减少机械加工劳动量，如用粉末冶金制造油泵齿轮，用石蜡铸造制造柴油机上的小零件等。

⑤ 现场设备条件。选择加工方法时应考虑充分利用现有设备，挖掘企业潜力，发挥工人和技术人员的积极性和创造性，不断改进现有的加工方法和设备，采用新技术，提高工艺水平。

6.4.2 加工顺序的安排

零件表面的加工方法确定以后，就要进行加工顺序的安排，同时安排热处理、检验工序。

1. 加工阶段的划分

加工零件时，往往不是依次加工完成各个表面，而是将各表面的粗、精加工分开进行。为此，一般需将整个工艺过程划分为粗加工、半精加工和精加工几个阶段。

(1) 划分加工阶段的原因

1) 粗加工阶段。这个阶段的主要作用是高效率地切去各表面的大部分加工余量，使毛坯在形状、尺寸方面尽快接近成品，并为半精加工提供基准。

2) 半精加工阶段。这个阶段主要为零件的主要表面作精加工准备，应达到一定的加工精度。要提供合适的精加工余量，并完成次要表面的加工。

3) 精加工阶段。这个阶段必须保证零件各主要表面达到图纸规定的技术要求。

当零件的尺寸精度、形状精度和表面质量要求很高时，还需增加光整加工阶段。其主要目的是提高加工表面的尺寸精度和降低表面粗糙度，一般不用来纠正形状误差和位置精度。

对余量特别大或表面十分粗糙的毛坯，在粗加工前还需进行去黑皮、飞边、浇冒口等荒加工阶段。荒加工阶段一般在毛坯准备车间进行。

(2) 划分加工阶段的好处

1) 保证加工质量。由于粗加工时余量较大，产生的切削力和切削热都较大，功率的消耗也较多，所需要的夹紧力也大，因而在加工过程中工艺系统的受力变形、受热变形和工件的残余变形都较大，不可能达到高的精度和表面质量。先进行各个表面的粗加工和半精加工，逐步减小受力、受热变形，纠正残余应力变形，提高加工精度和改善表面质量，最后达到图纸规定的技术要求。同时，粗加工也能及时发现毛坯的缺陷，及时报废或修复，以免在继续加工时造成人工和能源的浪费。

2) 合理使用机床设备。粗加工时提高生产率是主要的，可采用功率大、精度不高、刚度好的高生产率设备。精加工时保证精度是主要的，应采用相应的高精度设备。加工阶段划分后，可发挥粗、精加工设备各自的性能特点，避免以精干粗，做到合理使用设备，也有利于保持精加工机床设备的精度、延长使用寿命及维护和保养设备。

3）便于安排热处理工序。为了在机械加工工艺中插入必要的热处理工序，并能充分发挥热处理的效用，使冷、热工序更好地配合，也要求将工艺过程划分成不同的阶段。例如，对一些精度高的零件，可在粗加工阶段安排去除残余应力和降低表面硬度的热处理，以便减少残余应力所引起的变形对加工精度的影响，有利于切削加工。为改善和提高工件材料的力学性能，可在半精加工后安排淬火等热处理，热处理引起的变形和表面氧化可在精加工中得到消除。

上述仅是划分加工阶段的一般原则，并非所有工件都需如此。对于加工精度和表面质量要求不高、工件刚性足够、毛坯精度较高、加工余量小的工件，可不划分加工阶段。有些刚性好的重型工件，由于装夹及运输费时，常在一次装夹下完成全部加工。这时为了弥补不分阶段加工带来的缺陷，应在粗加工工步后松开夹紧机构，并停歇一段时间，使工件的变形得到充分恢复，然后再用较小的夹紧力重新夹紧工件，继续进行精加工工步，以保证最后的技术要求。

2. 工序顺序的安排

一个零件上往往有几个表面需要加工，这些表面本身和其他表面总存在着一定的技术要求，为了达到这些精度要求，各表面的加工顺序就不能随意安排，必须遵循一定的原则。这就是定位基准的选择和转换以及前工序为后工序准备基准的原则。

（1）先基准后其他

应在起始工序先行加工精基准的表面，以免多次使用粗基准，同时为后续工序提供可靠的精基准。在精加工主要表面前，应安排定位基准的精加工或修正加工。

（2）先主后次

根据零件的功用和技术要求，先将零件的主要表面和次要表面分开，然后安排主要表面的加工顺序，再将次要表面的加工适当穿插在主要表面的加工工序之间。由于次要表面的精度要求较低，一般安排在粗加工和半精加工阶段进行加工。但对那些与主要表面有相对位置要求的表面，通常多置于主要表面的精加工之后，最后精加工或在光整加工之前进行加工。

（3）先面后孔

对于由平面和孔组成的零件（如箱体、连杆和支架等），由于其内孔的加工处于半封闭状态，加工过程中排屑、冷却、测量、观察都不方便；同时，孔加工的刀具刚性对加工精度影响较大。故而要求内孔加工次数少，余量均匀，并要求可靠的定位。平面加工要方便得多，因而安排工序时先加工平面，再加工孔，以使加工孔时稳定可靠，也不会受到平面加工的影响。

3. 热处理工序的安排

工件材料热处理的目的主要是为了改善金属切削加工性能、消除残余应力及提高材料的力学性能。热处理工序的安排主要根据工件的材料和热处理的目的进行。

（1）预备性热处理

一般安排在工件机械加工前，主要是为了改善切削加工性能、消除毛坯制造所引起的残余应力。热处理的方法一般有退火、正火和人工时效等。例如，为降低碳质量分数大于0.7%的碳钢和合金钢的硬度，便于切削加工，常采用退火处理；对碳质量分数低于0.3%的低碳钢和低碳合金钢，为避免因硬度过低而切削时沾刀，可采用正火处理，以提高其硬度。退火和正火还能细化晶粒、均匀组织，为以后的热处理作准备。

（2）改善力学性能热处理

这种热处理一般包括调质、渗碳淬火、回火、氰化、氮化等。通过这些热处理能改善材料的力学性能，如提高材料的强度、硬度和耐磨性等。对变形大的工件的热处理，如调质、渗碳淬火等，应安排在精加工前进行，以便精加工时纠正热处理变形；对变形较小的工件的热处理，如氰化、氮化等，可安排在精加工后进行。

（3）稳定性热处理

为了消除一些精密零件（如精密丝杠、精密轴承、精密量具、高精度刀具及油泵油嘴偶件等）的残余应力，使尺寸长期稳定不变，需要进行冷冻处理（在 –70℃ ~ –80℃之间保持1 ~ 2 h）。有时还需进行敲击和振动处理。

4. 辅助工序的安排

辅助工序包括工件的检验、倒角、去毛刺、清洗、防锈、平衡及一些特殊的辅助工序，如退磁、探伤等。其中检验工序是辅助工序中必不可少的工序，它对保证加工质量、及时发现不合格品及分清加工责任等都起重要作用。除了工序中的自检外，还需要在下列阶段单独安排检验工序：粗加工阶段结束后；工件从一个车间转到另一个车间加工的前后；重要工序加工前后以及全部加工工序结束后。

有些特殊的检查工件内部质量的工序，如退磁、探伤等，一般安排在精加工阶段。密封性检验、工件的平衡重量检验，一般都安排在工艺过程的最后进行。

6.4.3 工序的集中与分散

工序集中是指工件在一次安装后加工尽可能多的表面，即能在少数几道工序内完成工件的加工，每道工序的加工内容较多。工序分散是将工件各表面的加工分散到较多工序内进行，即每道工序的加工内容很少，最少时仅一个简单工步。工序集中与工序分散是拟定工艺路线时确定工序数目的两种原则。

（1）工序集中的特点

1）工件装夹次数少，相应夹具数目也减少，易于保证表面的位置精度，可减少工序间的运输量，缩短生产周期，对重型零件加工比较方便。

2）加工设备数目少，操作工人少，生产占地面积少，有利于简化生产计划和生产组织工作。

3）采用高效专用设备和工艺装备，结构比较复杂，投资大，并要求设备有较高的可靠性。在大批量生产中，多采用转塔车床，多刀车床，单轴或多轴自动、半自动车床和多工位铣、镗床等，这些设备生产率较高，但价格也高，同时要求调整设备工作人员的技术水平较高。

（2）工序分散的特点

1）采用结构简单的设备和工艺装备，调整和维修方便，对工人的技术水平要求不高，易于平衡工序时间和组织流水线生产。

2）生产准备的工作量少，易适应产品更换。

3）设备数量多，操作工人多，生产场地面积大。

4）可采用最合理的切削用量，减少基本加工时间。

工序集中和工序分散程度应根据生产纲领、零件技术要求、现有生产和产品情况等进行综合考虑。

一般来说，大批量生产宜采用工序集中原则。此时，应采用高效专用机床、多刀多轴自动机床或加工中心等，称为技术措施集中，专称“机械集中”。如果不具备上述生产条件或因零件结构、移位等所限，不便工序集中，则只能采用工序分散。

单件、小批生产只能采用工序集中，多在一台通用万能机床上加工尽可能多的表面。此为人为的组织措施集中，专称“组织集中”。

中批生产应尽可能采用高效机床，使工序适当集中。

当前由于数控机床、加工中心（带有自动换刀装置的数控机床）、柔性制造单元及柔性制造系统的发展，使得各种类型的生产都能做到工序集中。

6.5 加工余量、工序尺寸及公差的确定

1. 加工总余量（毛坯余量）与工序余量

机械加工过程中，为了使零件得到所需的形状、尺寸和表面质量，需要从工件加工表面切去一层材料，此材料层厚度称为加工余量。加工余量有总加工余量和工序余量之分。总加工余量即为毛坯余量，是毛坯尺寸与零件设计尺寸之差；工序余量是相邻两工序的工序尺寸之差。显然，对一个被加工表面而言，总加工余量等于各有关工序余量之和，即

$$Z_0=Z_1+Z_2+Z_3+\cdots+Z_n=\sum_{i=1}^{n} Z_i \tag{6-2}$$

式中，Z_0 为加工总余量；Z_i 为工序余量；n 为该表面的加工工序数目。

工序余量还有单边余量和双边余量之分。零件非对称结构的非对称表面（如平面），其加工余量一般为单边余量［见图 6-21（a）］，可表示为

$$Z_i=l_{i-1}-l_i \tag{6-3}$$

式中，Z_i 为本道工序的工序余量；l_i 为本道工序的基本尺寸；l_{i-1} 为上道工序的基本（公称）尺寸。零件对称结构的对称表面，其加工余量为双边余量［图 6–21（b）］，可表示为

$$2Z_i = l_{i-1} - l_i \tag{6–4}$$

回转体表面（内、外圆柱面）的加工余量为双边余量，对于外圆表面［图 6–21（c）］，有

$$2Z_i = d_{i-1} - d_i \tag{6–5}$$

对于内圆表面［图 6–21（d）］，有

$$2Z_i = D_{i-1} - D_i \tag{6–6}$$

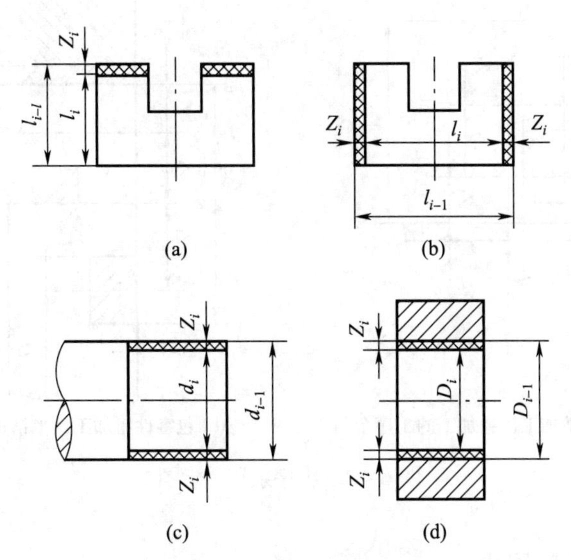

图 6–21　单边余量与双边余量

由于工序尺寸有公差，所以加工余量也必然在某一公差范围内变化，其公差大小等于本道工序尺寸公差与上道工序尺寸公差之和。因此，如图 6–22 所示，工序余量有标称余量（简称余量）、最大余量和最小余量的区别。从图中可以知道，被包容件的余量 Z_b 包含上道工序尺寸公差，余量公差可表示为

$$T_z = Z_{max} - Z_{min} = T_a + T_b \tag{6–7}$$

式中：T_z 为工序余量公差；Z_{max} 为工序最大余量；Z_{min} 为工序最小余量；T_b 为加工面在本道工序的工序尺寸公差；T_a 为加工面在上道工序的工序尺寸公差。

一般情况下，工序尺寸的公差按“入体原则”标注。即对被包容尺寸（轴的外径，实体长、宽、高），其最大加工尺寸就是基本（公称）尺寸，上极限偏差为零。对包容尺寸（孔的直径、槽的宽度），其最小加工尺寸就是基本（公称）尺寸，下极限偏差为零。毛坯尺寸公差按双向对称偏差形式标注。图 6–23（a）、

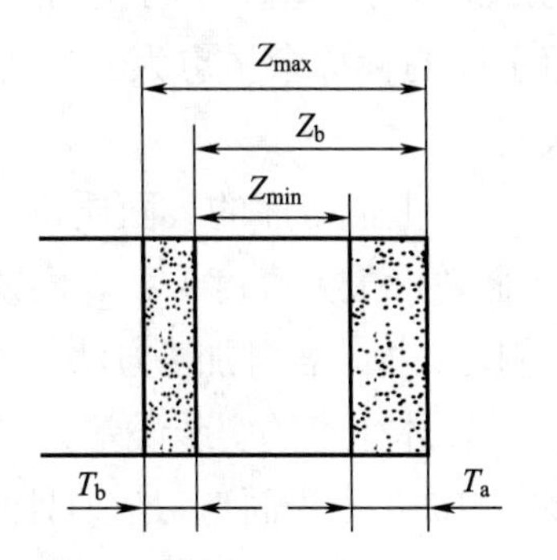

图 6–22　被包容件的加工余量及公差

（b）分别表示了被包容件（轴）和包容件（孔）的工序尺寸、工序尺寸公差、工序余量和毛坯余量之间的关系。图中，加工面安排了粗加工、半精加工和精加工。如 $d_{培}$（$D_{坯}$），d_1（D_1），d_2（D_2），d_3（D_3）分别为毛坯、粗加工、半精加工和精加工工序尺寸；$T_{坯}$、T_1、T_2 和 T_3 分别为毛坯、粗加工、半精加工和精加工工序尺寸公差；Z_1、Z_2、Z_3 分别为粗加工、半精加工、精加工工序标称余量，Z_0 为毛坯余量。

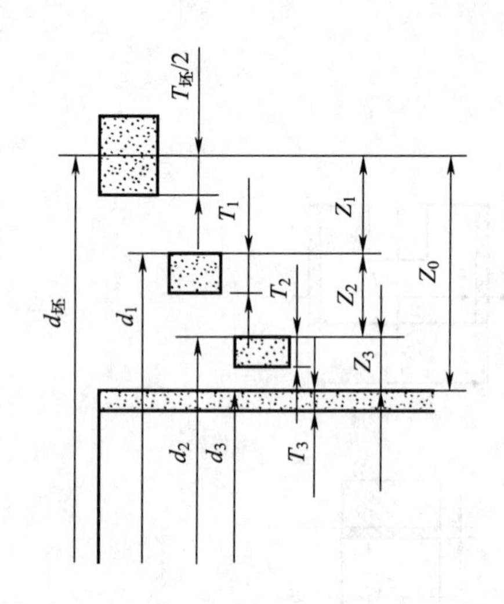

(a) 被包容件粗加工、半精加工、精加工的工序余量

(b) 包容件粗加工、半精加工、精加工的工序余量

图 6–23 工序余量示意图

2. 工序余量的影响因素

加工余量的大小对于工件的加工质量和生产率有较大的影响。加工余量大时，加工时间增加，生产率降低，能源消耗增大，成本增加；加工余量小时，难以消除前工序的各种误差和表面缺陷，甚至产生废品。因此，应合理确定各工序的加工余量。

工序余量的影响因素比较复杂，除前述第一道粗加工工序余量与毛坯制造精度有关以外，其他工序的工序余量主要有以下几个方面的影响因素。

① 上道工序的加工精度。对加工余量来说，上道工序的加工误差包括上道工序的加工尺寸公差 T_a 和上道工序的位置误差 $\boldsymbol{e}_a$ 两部分。上道工序的加工精度愈低，则本道工序的标称余量愈大。本道工序应切除上道工序加工误差中包含的各种可能产生的误差。

② 上道工序的表面质量。上道工序的表面质量包括上道工序产生的表面粗糙度 Ry（表面轮廓最大高度）和表面缺陷层深度 Ha（如图 6–24 所示），在本道工序加工时应将它们切除掉。各种加工方法的 Ry 和 Ha 的数值大小可参考表 6–13 中的实验数据。

③ 本工序的安装误差。安装误差 $\boldsymbol{\varepsilon}_b$ 应包括定位误差和夹紧误差。由于这项误差会直接影响被加工表面与切削刀具的相对位置，所以加工余量中应包括这项误差。由于位置误差 $\boldsymbol{e}_a$ 和安装误差 $\boldsymbol{\varepsilon}_b$ 都是有方向的，所以要采用矢量相加的方法进行余量计算。

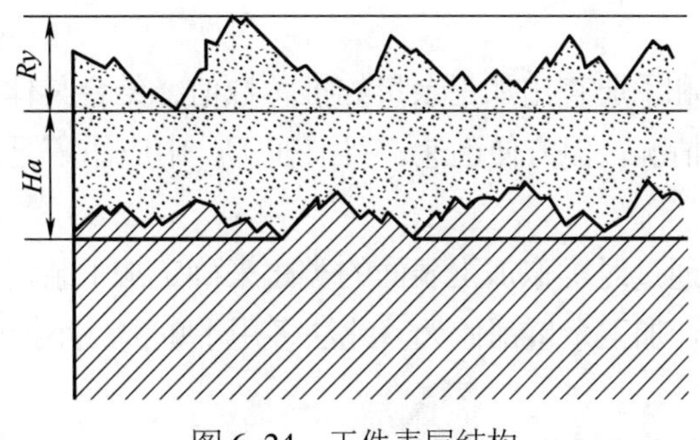

图 6–24　工件表层结构

表 6–13　各种加工方法的表面粗糙度 *Ry* 和表面缺陷层 *Ha* 的数值

加工方法	*Ry*	*Ha*	加工方法	*Ry*	*Ha*
粗车内、外圆	15 ~ 100	40 ~ 60	磨端面	1.7 ~ 15	15 ~ 35
精车内、外圆	5 ~ 40	30 ~ 40	磨平面	1.5 ~ 15	20 ~ 30
粗车端面	15 ~ 225	40 ~ 60	粗刨	15 ~ 100	40 ~ 50
精车端面	5 ~ 54	30 ~ 40	精刨	5 ~ 45	25 ~ 40
钻	45 ~ 225	40 ~ 60	粗插	25 ~ 100	50 ~ 60
粗扩孔	25 ~ 225	40 ~ 60	精插	5 ~ 45	35 ~ 50
精扩孔	25 ~ 100	30 ~ 40	粗铣	15 ~ 225	40 ~ 60
粗铰	25 ~ 100	25 ~ 30	精铣	5 ~ 45	25 ~ 40
精铰	8.5 ~ 25	10 ~ 20	拉	1.7 ~ 35	10 ~ 20
粗镗	25 ~ 225	30 ~ 50	切断	45 ~ 225	60
精镗	5 ~ 25	25 ~ 40	研磨	0 ~ 1.6	3 ~ 5
磨外圆	1.7 ~ 15	15 ~ 25	超精加工	0 ~ 0.8	0.2 ~ 0.3
磨内圆	1.7 ~ 15	20 ~ 30	抛光	0.06 ~ 1.6	2 ~ 5

综合上述各影响因素，有如下加工余量的计算公式：

对于单边余量，有

$$Z_a = T_a + Ry + Ha + |\boldsymbol{e}_a + \boldsymbol{\varepsilon}_b| \cos\alpha \tag{6–8}$$

对于双边余量，有

$$2Z_b = T_a + 2(Ry + Ha + |\boldsymbol{e}_a + \boldsymbol{\varepsilon}_b| \cos\alpha) \tag{6–9}$$

式中：α 为位置误差矢量 $\boldsymbol{e}_a$ 和安装误差矢量 $\boldsymbol{\varepsilon}_b$ 的和与 Z_b 之间的夹角。

3. 加工余量的确定方法

（1）计算法

根据加工余量影响因素的分析，通过以上加工余量计算公式进行计算确定，此法最为经济合理，但需有比较全面的资料，且计算过程也较复杂，主要用于大批量生产。

（2）查表法

根据有关工艺资料和手册查出加工余量的推荐数值，结合具体情况进行修正确定。此法虽有时难以满足实际情况，但方便迅速，目前在工厂中应用广泛。

（3）经验估计法

此法主要凭经验或通过对类似加工表面的类比来确定加工余量，为防止加工余量不够而产生废品，一般所估计加工余量都偏大。此法多用于单件、小批生产。

4. 工序尺寸及其公差的确定

在工艺基准和设计基准重合的情况下确定工序尺寸与公差的过程如下：

① 拟订该加工表面的工艺路线，制订工序及工步；

② 按各工序所采用加工方法的经济精度，确定工序尺寸公差和表面粗糙度（终加工工序按设计要求确定）；

③ 按工序用分析计算法或查表法确定其加工余量；

④ 从终加工工序开始（即从设计尺寸开始），逐次加上每个加工工序余量，可分别得到各工序基本尺寸（包括毛坯尺寸），并按"入体原则"标注工序尺寸公差。

在工艺基准无法同设计基准重合的情况下，确定了工序余量之后，需通过工艺尺寸链进行工序尺寸和公差的换算。具体换算方法将在6.6节中介绍。

例6–1 某轴直径为ϕ50 mm，其尺寸精度要求为IT5，表面粗糙度要求为*Ra* 0.04 μm，并要求高频淬火，毛坯为锻件。其工艺路线为粗车—半精车—高频淬火—粗磨—精磨—研磨。下面计算各工序的工序尺寸及公差。

先确定各工序的加工经济精度和表面粗糙度。由工艺设计手册查得研磨后选定精度IT5，尺寸公差值为0.011 mm，*Ra* 0.04 μm（零件的设计要求）；精磨后选定精度IT6，尺寸公差值为0.016 mm，*Ra* 0.16 μm；粗磨后选定精度IT8，尺寸公差值为0.039 mm，*Ra* 1.25 μm；半精车后选定精度IT11，尺寸公差值为0.16 mm，*Ra* 2.5 μm；粗车后选定精度IT13，尺寸公差值为0.39 mm，*Ra* 16 μm；查工艺手册可得锻造毛坯公差为 ±2 mm。

用查表法确定加工余量。由工艺手册查得研磨余量为0.01 mm，但考虑到这个余量值应大于前工序精磨尺寸公差值0.016 mm，并考虑工序余量的其他影响因素和保证合理的最小余量，确定研磨余量为0.02 mm；精磨余量为0.1 mm；粗磨余量为0.3 mm；半精车余量为1.1 mm；粗车余量为4.5 mm。由式（6–2）可得加工总余量为6.02 mm，取加工总余量为6 mm，把粗车余量修正为4.48 mm。

计算各加工工序基本尺寸：

研磨工序基本尺寸为50 mm（设计尺寸）

精磨　　50 mm + 0.02 mm = 50.02 mm

粗磨　　50.02 mm + 0.1 mm = 50.12 mm

半精车　　50.12 mm + 0.3 mm = 50.42 mm

粗车　　50.42 mm + 1.1 mm = 51.52 mm

毛坯 51.52 mm + 4.48 mm = 56 mm

再将各工序的公差数值按“入体原则”标注在工序基本（公称）尺寸上，得到各工序的加工尺寸。

为清楚起见，把上述计算和查表结果汇总于表 6–14 中。

表 6–14 工序尺寸、公差、表面粗糙度及毛坯尺寸的确定

工序名称	经济精度（公差值 /mm）	表面粗糙度 Ra/μm	加工余量 / mm	基本尺寸 / mm	工序尺寸 / mm
研磨	h5（0.011）	0.04	0.02	50	$\phi50_{-0.011}^{0}$
精磨	h6（0.016）	0.16	0.1	50.02	$\phi50.02_{-0.016}^{0}$
粗磨	h8（0.039）	1.25	0.3	50.12	$\phi50.12_{-0.039}^{0}$
半精车	h11（0.16）	2.5	1.1	50.42	$\phi50.42_{-0.16}^{0}$
粗车	h13（0.39）	16	4.48	51.52	$\phi51.52_{-0.39}^{0}$
锻造	（±2）			56	$\phi56\pm2$

6.6 工艺尺寸链

6.6.1 尺寸链的概念

在工序设计中确定工序尺寸及公差时，如工序基准或测量基准与设计基准不重合，则不能如前面所述进行简单计算，而需要借助于尺寸链进行求解。如图 6–25 所示的零件，图中注出设计尺寸 A_1 与 A_0。表面 1 和表面 2 都已加工完毕，表面 3 是本工序待加工的表面。从工件图可见，表面 3 的设计基准是表面 2。为便于测量，加工表面 3 时，选用表面 1 作为测量基准。这样，由于测量基准和设计基准不一致，就必须正确确定工序尺寸 A_2 及其公差，以保证设计尺寸 A_0 能满足要求。

为了方便，将图 6–25 上对 A_0 的误差有影响的有关尺寸 A_1 与 A_2 以及 A_0 首尾相接，形成一个相互联系的封闭图，如图 6–26 所示。由此可见，当 A_1 最大、A_2 最小时，A_0 为最大；当 A_1 最小、A_2 最大时，A_0 为最小。由此可见 A_0 的误差受到 A_1 和 A_2 误差的影响。

这样便可以获得一个明确的尺寸链概念：在零件加工或装配过程中，由相互联系的尺寸形成封闭的尺寸组合称为尺寸链。图 6–26 即为尺寸链。

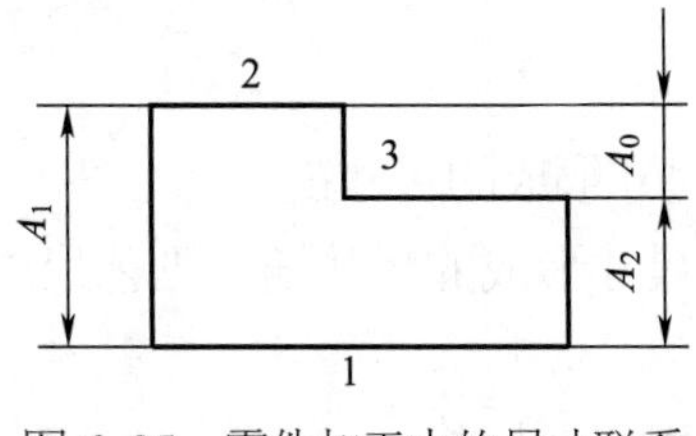

图 6–25 零件加工中的尺寸联系

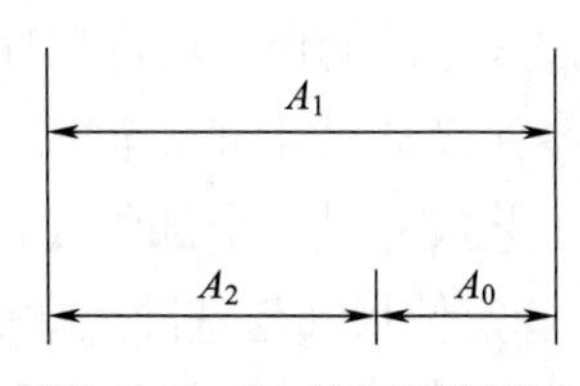

图 6–26 尺寸联系封闭图

1. 尺寸链的组成

为了便于分析和计算尺寸链，对尺寸链中各尺寸做如下定义：

① 环：列入尺寸链中的每一尺寸。

② 封闭环：尺寸链中，通过加工过程或装配过程最后形成的一环。图6–25、图6–26中的A_0，即为封闭环。封闭环以下角标“0”表示。

③ 组成环：尺寸链中对封闭环有影响的所有环均为组成环，其中任一环的变动必定引起封闭环的变动。图6–26中的A_1、A_2均为组成环。组成环以下角标“i”表示，i从1到$n-1$，n为尺寸链总环数。

④ 增环：尺寸链中的组成环。该环的变动引起封闭环正向变动，即当该环增大时引起封闭环也增大，该环减小时封闭环也减小。如图6–26中的A_1即为增环。

⑤ 减环：尺寸链中的组成环，该环的变动引起封闭环反向变动。反向变动是指该环增大时封闭环减小，该环减小时封闭环增大。如图6–26中的A_2即为减环。

⑥ 补偿环：尺寸链中预先选定某一组成环，通过改变其大小和位置，使封闭环达到规定要求。补偿环在装配尺寸链中经常用到。补偿环有时也称协调环。

2. 尺寸链的特性和形式

(1) 尺寸链的特性

1）封闭性。由于尺寸链是封闭的尺寸组，因而它是由一个封闭环和若干个互相连接的组成环所构成的封闭图形。

2）关联性。由于尺寸链具有封闭性，尺寸链中的封闭环随着所有组成环的变动而变动。可认为组成环是自变量，封闭环是因变量。

3）方向性。如果将每一个尺寸作为一个矢量，那么尺寸链的图形是一个矢量多边形。

表示各组成环对封闭环影响大小的系数称为传递系数。尺寸链中封闭环与组成环的关系可用方程式来表示。

(2) 尺寸链的形式

尺寸链的形式随分类原则不同而有不同的形式。

1）按构成尺寸链各环的几何特征划分

① 长度尺寸链。全部环为长度尺寸，或者组成环既有长度尺寸又有角度尺寸，而封闭环为长度尺寸的尺寸链。

② 角度尺寸链。全部环为角度尺寸的尺寸链。

2）按尺寸链的作用场合划分

① 零件设计尺寸链。全部环为同一零件的设计尺寸形成的尺寸链。

② 工艺尺寸链。全部组成环为同一零件的工艺尺寸形成的尺寸链。工艺尺寸一般指工序尺寸、定位尺寸与基准尺寸等。

③ 装配尺寸链。全部环为不同零件设计尺寸形成的尺寸链。

3）按构成尺寸链各环的空间位置划分

① 直线尺寸链。全部组成环平行于封闭环的尺寸链。

② 平面尺寸链。全部组成环位于一个或几个平行平面内，但某些组成环不平行于封闭环的尺寸链。

③ 空间尺寸链。组成环位于几个不平行的平面内的尺寸链。

6.6.2 工艺尺寸链的基本计算公式

在工艺尺寸链中，直线尺寸链（即全部组成环平行于封闭环的尺寸链）用得最多，故本节主要介绍直线尺寸链在工艺过程中的应用和求解。计算尺寸链的方法有极值法和概率法两种。

1）极值法。这种方法是按误差综合的两种最不利情况，即各增环皆为最大尺寸而各减环皆为最小尺寸的情况，或各增环全为最小尺寸而各减环全为最大尺寸的情况，计算封闭尺寸的方法。

2）概率法。应用概率统计原理进行尺寸链解算的一种方法。

1. 极值法计算公式

① 封闭环的基本（公称）尺寸等于各组成环基本（公称）尺寸的代数和，即

$$A_0=\sum_{i=1}^{m}A_i-\sum_{j=m+1}^{n-1}A_j \tag{6-10}$$

式中：A_0 为封闭环的基本（公称）尺寸；A_i 为增环的基本（公称）尺寸；A_j 为减环的基本（公称）尺寸；n 为尺寸链的总环数；m 为增环数。

② 封闭环的公差等于各组成环的公差之和，即

$$T_0=\sum_{i=1}^{n-1}T_i \tag{6-11}$$

式中：T_0 为封闭环的公差；T_i 为组成环的公差。

③ 封闭环的上极限偏差等于所有增环的上极限偏差之和减去所有减环的下极限偏差之和，封闭环的下极限偏差等于所有增环的下极限偏差之和减去所有减环的上极限偏差之和，即

$$\begin{aligned}ES_0&=\sum_{i=1}^{m}ES_i-\sum_{j=m+1}^{n-1}EI_j\\EI_0&=\sum_{i=1}^{m}EI_i-\sum_{j=m+1}^{n-1}ES_j\end{aligned} \tag{6-12}$$

式中：ES_0 为封闭环的上极限偏差；ES_i 为增环的上极限偏差；EI_j 为减环的下极限偏差；EI_0 为封闭环的下极限偏差；EI_i 为增环的下极限偏差；ES_j 为减环的上极限偏差。

④ 封闭环最大值等于各增环最大值之和减去各减环最小值之和，封闭环的最小值等于各增环最小值之和减去各减环最大值之和，即

$$A_{0\max} = \sum_{i=1}^{m} A_{i\max} - \sum_{j=m+1}^{n-1} A_{j\min}$$
$$A_{0\min} = \sum_{i=1}^{m} A_{i\min} - \sum_{j=m+1}^{n-1} A_{j\max} \tag{6-13}$$

2. 概率法计算公式

极值法解算尺寸链的特点是简便、可靠，但当封闭环公差较小，组成环数目又较多时，分摊到各组成环的公差可能过小，从而造成加工困难，制造成本增加。在此情况下，考虑到各组成环同时出现极值尺寸的可能性较小，实际尺寸分布服从统计规律，可采用概率法进行尺寸链的计算，其基本（公称）尺寸公差关系式为 $T_0 = \sqrt{\sum_{i=1}^{n-1} T_i^2}$。用这种方法分配组成环公差，比用极值法计算出的组成环公差会宽松一些。

6.6.3 工艺尺寸链的解算与应用

1. 定位基准和设计基准不重合时的工艺尺寸计算

当定位基准与设计基准不重合时，为了达到零件原设计的精度要求，就需将零件的设计尺寸换算成工序尺寸。

例 6-2 图 6-27（a）所示零件在高度方向的尺寸为 $60_{-0.15}^{\ 0}$ ① 及 $25_{\ 0}^{+0.25}$。有关的加工过程为：铣削底面 a，以底面 a 为基准铣削表面 b，保证工序尺寸 $A_1 = 60_{-0.15}^{\ 0}$。为加工方便，在加工表面 c 时，仍采用 a 面作为定位基准，保证尺寸 A_2（用调整法加工）。显然，采用这样的加工工艺，零件图中尺寸 $25_{\ 0}^{+0.25}$ 并没有被直接加工出来，而是作为工艺尺寸链的封闭环 A_0 被间接保证的。

有关尺寸代号标注在图 6-27 中，图 6-27（b）为其尺寸链图。在这个问题中，已知封闭环 A_0 及组成环 A_1，求另一个未知的组成环 A_2。

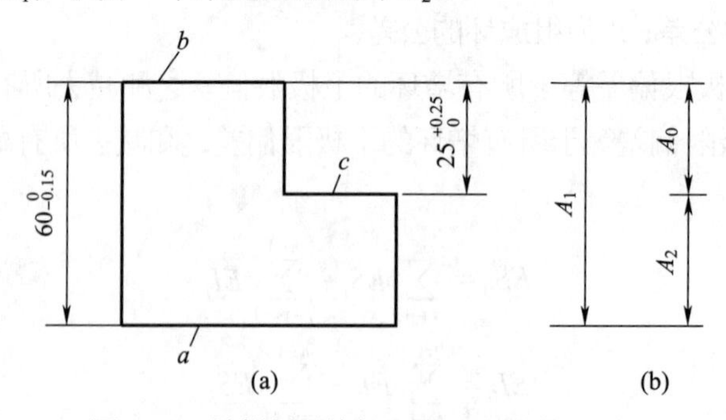

图 6-27 阶梯板零件加工的工艺尺寸链计算

根据公式（6-11），即封闭环的公差为各组成环的公差之和。这里：$T_0 = T_1 + T_2$，$T_0 = 0.25$、$T_1 = 0.15$，则 $T_2 = T_0 - T_1 = 0.25 - 0.15 = 0.10$。

① 未标注的数值单位为 mm，其余处不再说明。

由尺寸链图，可求得 A_2 的基本（公称）尺寸为 $A_2=A_1-A_0=60-25=35$。

A_2 上极限偏差的计算式为 $ESA_0=ESA_1-EIA_2$

由 $0.25=0-EIA_2$，可得 $EIA_2=-0.25$

A_2 下极限偏差的计算式为 $EIA_0=EIA_1-ESA_2$

由 $0=-0.15-ESA_2$，可得 $ESA_2=-0.15$

最后求得工序尺寸 A_2 应为 $A_2=35_{-0.25}^{-0.15}$ mm。

此外，还可采用竖式法进行求解，同样可以求解出 $A_2=35_{-0.25}^{-0.15}$ mm，具体如下（表 6–15）：

表 6–15 尺寸链的竖式法求解 mm

尺寸链环	A_0 算式	ES_0 算式	EI_0 算式
增环 A_1	60	0	–0.15
减环 A_2	35	0.25（$-EIA_2$）	0.15（$-ESA_2$）
封闭环 A_0	25	0.25	0

例 6–3 图 6–28（a）所示为某车床床头箱体孔系的位置尺寸，主轴箱孔 I 的轴线在垂直方向上的设计基准为底面 2，$A_1=(350\pm0.2)$ mm；但在加工时，为了使镗孔夹具（镗模）能布置中间导向支承，以提高刀具的刚度，往往要把箱体倒放，采用顶面 3 作为定位基准，如图 6–28（b）所示，$A_3=(600\pm0.2)$ mm。求本道工序 A_4 的尺寸。

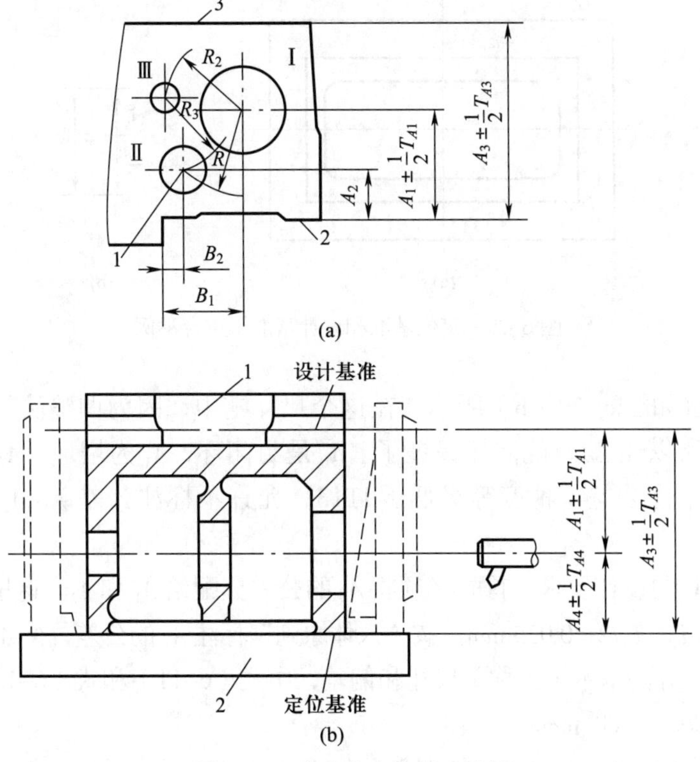

图 6–28 车床床头箱加工示例

当采用调整法加工时，设计尺寸 A_1 是由上道工序尺寸 A_3 和本道工序尺寸 A_4 间接保证的。因此，A_1 为封闭环（即 $A_1=A_0$）。则 $A_1=A_3-A_4$，$A_1=(350\pm0.2)$ mm，$A_3=(600\pm0.2)$ mm。

根据尺寸链原理，A_1 的公差带必须为 A_3、A_4 的公差之和，现已知 A_3 的公差带（±0.2）已经等于封闭环的公差，必需对其进行压缩，即 A_3 尺寸在加工时需提高其加工精度。这里，采用等公差分配原则，设其加工误差为 ±0.1 mm，即 $A_3=(600\pm0.1)$ mm。由以上尺寸链：

$$350\text{ mm}=600\text{ mm}-A_4\text{，则 }A_4=250\text{ mm}$$

$$T_{A4}=T_{A1}-T_{A3}=(0.4-0.2)\text{ mm}=0.2\text{ mm}$$

由于各尺寸均为平均尺寸，则 $A_4=(250\pm0.1)$ mm。

例 6–4 图 6–29（a）表示了某零件高度方向的设计尺寸，生产上按大批量生产采用调整法加工 *A*、*B*、*C* 面，其工艺安排是前面工序已将 *A*、*B* 面加工好（互为基准加工），本工序以 *A* 面为定位基准加工 *C* 面，因为 *C* 面的设计基准是 *B* 面，定位基准与设计基准不重合，所以需进行尺寸换算。

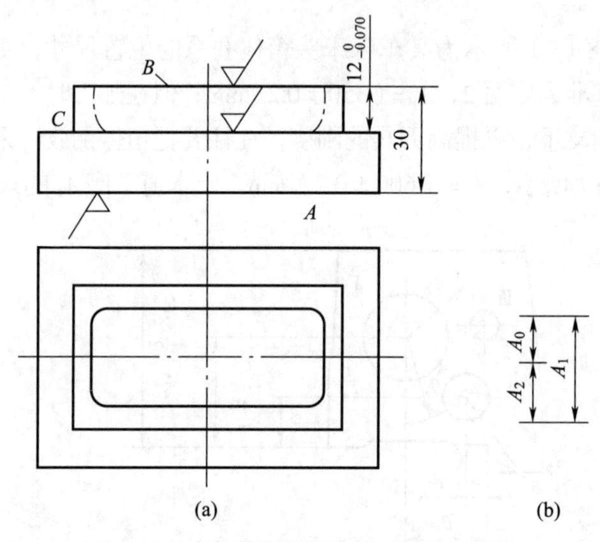

图 6–29 定位基准和设计基准不重合举例

所画尺寸链如图 6–29（b）所示。在这个尺寸链中，因为调整法加工可直接保证的尺寸是 A_2，所以 A_0 就只能间接保证了。A_0 是封闭环，A_1 为增环，A_2 为减环。在设计尺寸中，A_1 未注公差（精度等级低于 IT13，允许不标注公差），A_2 需经计算才能得到。

为了保证 A_0 的设计要求，首先必须将 A_0 的公差分配给 A_1 和 A_2。这里按等公差法进行分配。令 $T_1=T_2=T_0/2=0.035$ mm。按“入体原则”标注 A_1 的公差，得 $A_1=30^{\ 0}_{-0.035}$ mm。

按所确定的 A_1 的基本（公称）尺寸和偏差，由式（6–11）和式（6–13）计算 A_2 的尺寸和偏差，得 $A_2=18^{+0.035}_{\ 0}$ mm。

同样，采用竖式法可求得 $A_2=18^{+0.035}_{\ 0}$ mm，见表 6–16。

表 6-16 尺寸链的计算 mm

尺寸链环	A_0 算式	ES_0 算式	EI_0 算式
增环 A_1	30（A_1）	0（ES_1）	-0.035（EI_1）
减环 A_2	-18（$-A_2$）	0（$-EI_2$）	-0.035（$-ES_2$）
封闭环 A_0	12（A_0）	0（ES_0）	-0.07（EI_0）

可以看出，竖式法可以用来计算封闭环的基本（公称）尺寸和上、下极限偏差，也可以用来计算某一组成环的基本（公称）尺寸和上、下极限偏差。这种方法使尺寸链的计算更为简明、方便。

加工时，只要保证了 A_1 和 A_2 的尺寸都在各自的公差范围之内，就一定能满足 $A_0=12\,^{0}_{-0.070}$ mm 的设计要求。从本例可以看出，A_1 和 A_2 本没有公差要求，但由于定位基准和设计基准不重合，就有了公差的限制，增加了加工的难度。封闭环公差愈小，增加的加工难度就愈大。本例若采用试切法，则 A_0 的尺寸可直接得到，不需要求解尺寸链。但同调整法相比，试切法生产率低。

2. 测量基准与设计基准不一致时工艺尺寸链的计算

当设计尺寸不便（或无法）直接测量时，需要在零件上另选择易于测量的表面作测量基准，以间接地保证设计尺寸的要求，为此，需要进行工艺尺寸的换算。

例 6-5 如图 6-30 所示为一轴承套的工件，因尺寸 $A_0=30\,^{0}_{-0.2}$ mm 在加工中不能直接测量，如改为测量孔深 A_2 就较为方便。由设计可知，$A_1=10\,^{0}_{-0.1}$ mm，现求 A_2 的尺寸。

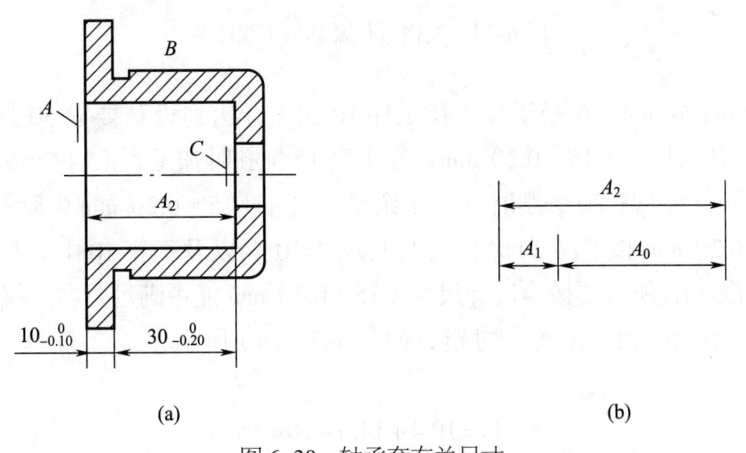

图 6-30 轴承套有关尺寸

A_0、A_1、A_2 组成一个尺寸链，A_0 为封闭环。计算 A_2 基本（公称）尺寸：$A_0=A_2-A_1$

则 $30=A_2-10$，得 $A_2=40$ mm

A_2 的上极限偏差：$0=ESA_2-(-0.1)$，得 $ESA_2=-0.1$

A_2 的下极限偏差：$-0.2=EIA_2-0$，得 $EIA_2=-0.2$

故 $A_2=40\,^{-0.1}_{-0.2}$ mm。

由此可见，由于改换了测量基准，使得测量方便，并提高了有关尺寸的加工精度。在这里，A_2尺寸的精度大为提高。

3. 加工中需同时保证多尺寸的尺寸换算

生产实际中，在加工工件的一个表面时，要求同时保证两个以上的尺寸，这时也需进行有关尺寸的换算。

例 6–6 如图 6–31（a）为一套筒零件图，有关轴向尺寸如图中所示。由图 6–31（b）的工序 20 可知，在磨外圆和台肩面时，不但要直接保证工序尺寸 $10_{-0.3}^{\ 0}$ mm，而且还要间接保证小孔中心至台肩面的距离（15 ± 0.2）mm。

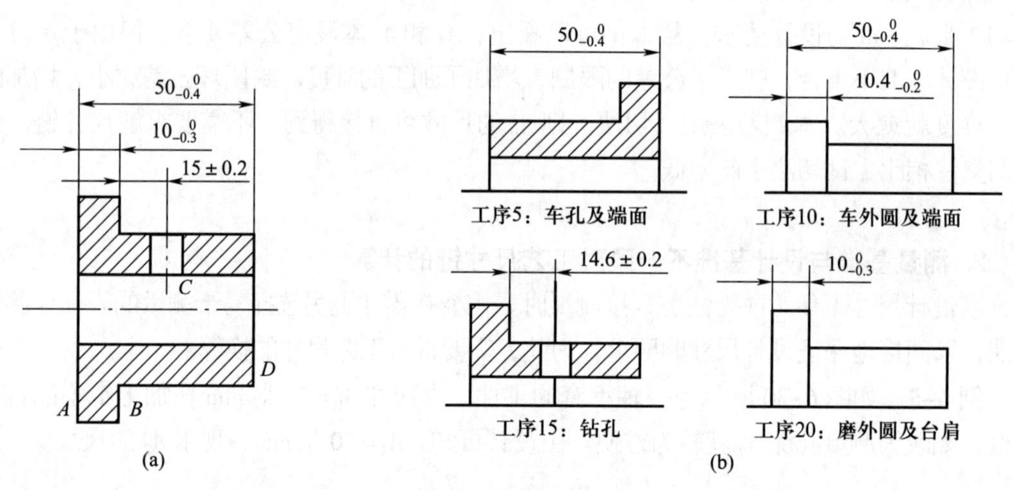

图 6–31 套筒零件及其加工工序图

零件的左右端面 A、D 经工序 5 及工序 10 加工，达到设计要求 $50_{-0.4}^{\ 0}$ mm。小孔中心 C 到台肩面 B 的尺寸（15 ± 0.2）mm，在工序 15 钻孔时加工到（14.6 ± 0.2）mm，台肩面留有 0.4 mm 作为工序 20 磨削时的加工余量。尺寸（15 ± 0.2）mm 无疑受到工序 15 的尺寸（14.6 ± 0.2）mm 和工序 20 磨台肩面的尺寸 $10_{-0.3}^{\ 0}$ 以及工序 10 中的尺寸 $10.4_{-0.2}^{\ 0}$ mm 的加工误差的影响，所以要校验设计尺寸（15 ± 0.2）mm 能否满足要求，就需把对它有影响的几个工序尺寸和它组成一个尺寸链，如图 6–32（a）所示。

由图可知

$$A_0 = 10.4 + 14.6 - 10 = 15$$

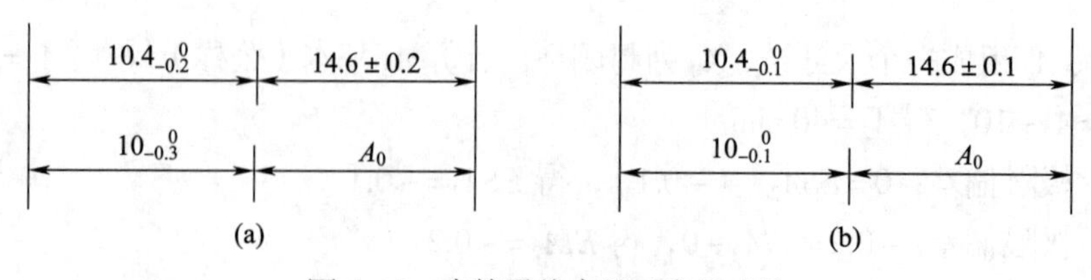

图 6–32 套筒零件有关工序尺寸链

$$ESA_0=(0+0.2)-(-0.3)=0.5$$
$$EIA_0=(-0.2-0.2)-0=-0.4$$

故 $A_0=15_{-0.4}^{\ 0.5}$ mm。

可见，加工误差大大超过了设计要求（15 ± 0.2）mm。为了达到设计要求，有两种方法。一种方法是改变工艺过程，将工序 15 钻孔改在工序 20 以后进行。另一种方法是仍按上述工艺过程进行，但必须压缩有关工序尺寸的公差。如将各工序尺寸的公差压缩至如图 6–32（b）所示的数值。这时

$$A_0=10.4+14.6-10=15$$
$$ESA_0=(0+0.1)-(-0.1)=0.2$$
$$EIA_0=(-0.1-0.1)-0=-0.2$$

此时，$A_0=15_{-0.2}^{+0.2}$ mm 满足设计要求。

4. 需根据多次加工的设计基准标注尺寸时工序尺寸的换算

当一个表面需多次加工，而该表面又是一个尺寸设计基准时，在两次加工之间就差一个加余量，所以，其实质仍可看成是设计基准与定位基准不重合。

例 6–7 图 6–33（a）为齿轮内孔的局部简图。设计孔径为 $\phi40_{\ 0}^{+0.025}$ mm，需淬硬，键槽深度为 $43.6_{\ 0}^{+0.32}$ mm。孔和键槽加工的工艺过程为：1）镗孔至 $\phi39.6_{\ 0}^{+0.10}$ mm；2）插键槽，保证工序尺寸为 A；3）淬火热处理；4）磨内孔至 $\phi40_{\ 0}^{+0.025}$ mm，同时必须保证 $43.6_{\ 0}^{+0.32}$ mm。假定热处理后孔的尺寸和轴线位置均不变。试求插键槽的工序尺寸 A 及其偏差。

首先需建立有关的工艺尺寸链。设计尺寸 $43.6_{\ 0}^{+0.32}$ mm 和工序尺寸 A 两者仅差半径方向的磨削余量 Z。因而，尺寸 $43.6_{\ 0}^{+0.32}$、A 和 Z 形成三环工艺尺寸链，如图 6–33（d）所示。其中，尺寸 A 是插键槽时已形成的尺寸，因而不是封闭环；尺寸 $43.6_{\ 0}^{+0.32}$ mm 是在磨孔时最后形成的环，因而是封闭环（设其符号为 A_0）。

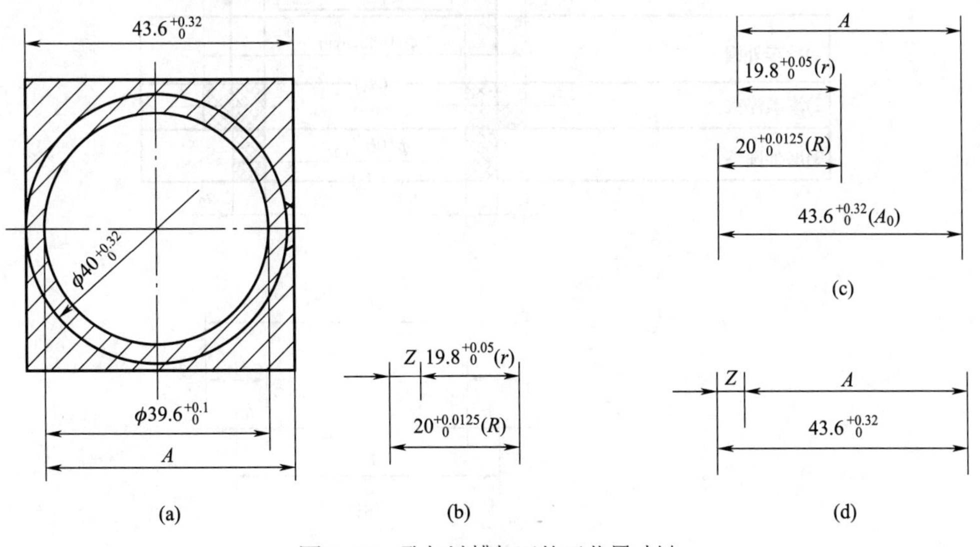

图 6–33　孔与键槽加工的工艺尺寸链

另一方面，磨削余量 Z 又是基准重合，是表面两次加工时工序尺寸的封闭环［图 6-33（c）所示］，组成环是镗孔和磨孔工序的半径尺寸 $19.8^{+0.05}_{0}$ mm（用 r 表示）和 $20^{+0.0125}_{0}$ mm（用 R 表示）。若把图 6-33（c）、（b）、（d）所示的两个尺寸链串联起来，就可得到如图 6-33（b）所示的四环尺寸链，其中设计尺寸 A_0 为封闭环，三个尺寸 A、R、r 为组成环。由图可知 $A_0=R+A-r$

由 $43.6=20+A-19.8$，得 $A_0=43.4$ mm

由偏差及公差计算公式（6-12）和（6-13）可得

$0.32=0.0125+ESA-0$ 得 $ESA=0.3075$

$0=0+EIA-0.05$ 得 $EIA=0.05$

所以插键槽的工序尺寸 A 为 $43.4^{+0.307}_{+0.05}$ mm。

5. 需保证表面处理层的深度时工序尺寸的换算

一般表面处理分成两类：一类是渗入式的，如渗碳和渗氮等；另一类是镀层式的，如镀铬、镀锌、镀铜等。这时，为了保证表面处理层的深度，需进行工序尺寸的换算。

例 6-8 图 6-34 为某轴尺寸图及有关工序情况，要求工件最终加工后保证渗碳层厚度 t_0 为 0.7 ~ 0.9 mm。

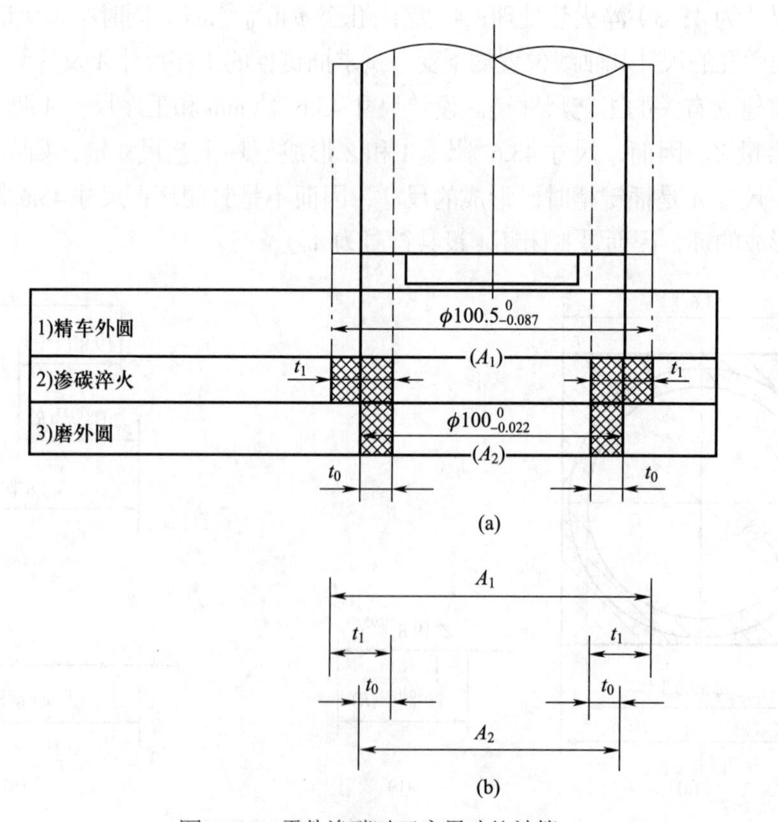

图 6-34 零件渗碳时工序尺寸的计算

从图所示的工艺过程可知，工件外圆表面经精车及渗碳淬火后，还需进行磨削加工。因而需确定渗碳层厚度 t_1，以保证磨削加工后渗碳层厚度 t_0。可见 t_0 为间接获得的尺寸，故为封闭环，渗碳层厚度尺寸 t_1、精车尺寸 A_1 和磨削尺寸 A_2 均为组成环。图 6-34（b）所示为其工艺尺寸链。由图可判定，t_1 和 A_2 为增环，A_1 为减环。该尺寸链中，精车精度定为 9 级，即 $T_1 = 0.087$ mm，$A_1 = \phi 100.5_{-0.087}^{\ 0}$ mm。设 $t_0 = 0.7_{\ 0}^{+0.2}$ mm，则渗碳层厚度 t_1 及其偏差可按下式换算：

$$2t_0 = A_2 + 2t_1 - A_1$$

由 $2 \times 0.7 = 100 + 2t_1 - 100.5$，则 $t_1 = 0.95$ mm

$2 \times 0.2 = 0 + 2 \times ESt_1 - (-0.087)$，得 $ESt_1 = 0.156\ 5$ mm

$0 = -0.022 + 2 \times EIt_1 - 0$，得 $EIt_1 = 0.011$ mm

最后，求得 $t_1 = 0.95_{+0.011}^{+0.156\ 5} = 0.96_{\ 0}^{+0.14}$ mm。

6.7 机械加工的生产率和技术经济分析

6.7.1 时间定额

机械加工时间定额是指在一定生产条件下，规定生产一个零件或完成其一道工序所需消耗的时间。它常作为劳动定额指标，是安排生产计划、核算成本的重要依据，也是设计或扩建工厂（或车间）时计算设备和工人数量的依据。合理的时间定额对调动工人的生产积极性、保证工人规范化生产等都有重要的意义。时间定额订得过紧，容易诱发忽视产品质量的倾向，或者会影响工人的主动性、创造性和积极性。时间定额订得过松，则起不到指导生产和促进生产的积极作用。因此，合理制订时间定额对保证产品质量、提高劳动生产率、降低生产成本都是十分重要的。

完成一个工件或一道工序的时间称为单件时间 T_p，它由下列部分组成。

（1）基本时间 T_b

它是直接改变生产对象的尺寸、形状、相对位置、表面状态或材料性质等工艺过程所消耗的时间。对机械加工来说，就是切除工序余量所消耗的时间，包括刀具的切入和切出时间在内。以车削外圆表面为例，其基本时间为

$$T_b = \sum_{i=1}^{j} \frac{(L+L_a+L_b)}{f_i n_i} \quad \text{min}$$

式中：L 为加工表面长度（mm）；L_a 为刀具切入长度（mm）；L_b 为刀具切出长度（mm）；f_i 为第 i 次走刀时的刀具进给量（mm/r）；j 为走刀次数；n_i 为第 i 次走刀时的工件转速（r/min）。

（2）辅助时间 T_a

辅助时间是为实现工艺过程所必须进行的各种辅助动作所消耗的时间，包括装卸工

件、开停机床、引进或退出刀具、改变切削用量、试切和测量工件等所消耗的时间。

中批生产辅助时间可根据统计资料或手册来确定；大批量生产时，为使辅助时间规定得合理，需将辅助动作进行分解，再分别确定各分解动作时间，最后予以综合；单件小批生产可按基本时间的百分比来估算。

基本时间和辅助时间之和称为作业时间 T_B，它是用于该道工序所消耗的时间。

（3）布置工作时间 T_s

它是指为使加工正常进行，工人照管工作地（如更换刀具、润滑机床、清理切屑、整理工具等）所消耗的时间。T_s 不是直接消耗在每个工件上的，而是消耗在一个工作班内再折算到每个工件上的。布置工作时间一般按作业时间的 2% ~ 7% 估算。

（4）休息与生理需要时间 T_r

它是指工人在工作段时间后为恢复体力和满足生理上的需要所需消耗的时间，用 T_r 表示。T_r 也是按一个工作班为计算单位，再折算到每个工件上的。对由工人操作机床的加工工序，一般按作业时间的 2% ~ 4% 计算。

以上 4 部分时间的总和为单件时间 T_p，即 $T_p = T_b + T_a + T_s + T_r$。

（5）准备与终结时间 T_e

T_e 是工人为了生产一批零、部件，进行准备和结束工作所消耗的时间，例如研究零件图纸，熟悉工艺文件，领取毛坯、材料、工艺装备，安装刀具和夹具，对机床和工艺装备进行必要的调整、试车，在加工一批工件结束后拆卸和归还工艺装备，送交成品等所消耗的时间。这里要明确的是，准备与终结时间是对一批工件而言的，因而分摊到每一个工件上的时间为 T_e/N（N 为批量）。将这部分加上单件时间，即为工件的单件计算时间 T_c。由此得

$$T_c = T_p + T_e/N = T_b + T_a + T_s + T_r + T_e/N \quad (\text{min})$$

6.7.2 提高机械加工生产率的工艺措施

劳动生产率是指工人在单位时间内制造合格产品的数量，或指用于制造单件产品所消耗的劳动时间。制订工艺规程时，必须在保证产品质量的同时提高劳动生产率和降低产品成本，用最低的消耗生产更多更好的产品。

1. 缩短基本时间

加工工件的基本时间与工件的加工表面长度及走刀次数成正比，而与工件转速和进给量成反比。因此，为缩短基本时间 T_b，可从以下几方面考虑。

（1）提高切削用量

切削用量即切削速度、切削深度和进给量。首先考虑加大切削深度，再加大进给量，最后提高切削速度。随着切削刀具、各种新型材料和高性能机床的出现，切削用量得到很快提高。现在，高速切削速度已达 600 ~ 1 000 m/min，高速磨削速度可达 100 m/s 以上；切削深度达 20 mm 以上，磨削深度达 10 mm 以上。

（2）缩短切削行程

工件上需加工的表面长度虽不能改变，但如采用多刀或多件加工则可缩短切削行程长度，从而提高劳动生产率。

（3）采用高生产率的加工方法

拉削、滚压在大批量生产中可显著提高生产率。有关资料表明，拉削一台柴油机缸体的平面所需的时间仅为铣削的几十分之一；滚压一只油缸比磨削快十多倍。因此在大量生产时，常用拉削和滚压分别代替铣削和磨削；在中、小批量生产中，采用精刨或精磨代替研刮，也是行之有效的方法。一些传统的工艺方法经过不断的试验和研究，生产率也大大提高，例如强力珩磨工艺，其生产率较普通珩磨提高 5 倍以上。

2. 缩短辅助时间

单件小批生产中，辅助时间在单件时间中占有较大的比例，一般超过一半以上。在这种情况下，缩短辅助时间 T_a 可显著提高劳动生产率。在生产实际中，常用的缩短辅助时间的措施有：

（1）采用先进的工具、夹具和量具

这种方法不仅可以保证加工质量，而且可以大大减少工件的装卸、找正和测量的时间。例如对于小型零件，由于切削速度的要求，其转速很高，如果每加工一只零件，机床都要停车装卸，则辅助时间将大为增加，如果使用不停车装卸零件，可使辅助时间大大减少。又如，在加工过程中，采用在线测量的方法进行主动测量，可使测量时间缩短。

（2）使辅助时间和基本时间相重合

采用多工位加工方法，将其中一个工位用作装卸工件。图 6-35（a）所示为工作台平移的双工位铣削加工，图 6-35（b）所示为转动工作台多工位铣削加工，它们都在加工工件的同时进行装卸。

3. 缩短布置工作的时间

缩短时间 T_s 主要是减少刀具的小调整和更换刀具的时间，或提高刀具和砂轮的耐用度，以增加一次刃磨或修整中加工工件的数量，而使折算到每个工件上的布置工作时间得以缩短。

采用各种快换刀夹、刀具微调装置、专用对刀样板或对刀样件以及自动换刀机构等，可以减少刀具装卸和对刀所需的时间。

4. 缩短准备与终结时间

成批生产中，除了缩短安装刀具和调整机床等的时间外，还应尽可能加大加工零件的批量，以减少分摊到一个工件上的准备与终结时间 T_e。对于中、小批量或单件生产的零件，由于零件经常更换，准备与终结时间在单件时间中占有较大的比例，生产率难以提高。为此，应设法使刀具和夹具尽可能通用化和标准化，以便在更换工件时，无需更换刀具和夹具，或做少量调整即可投入生产，采用成组技术也有助于刀具和夹具的通用化。

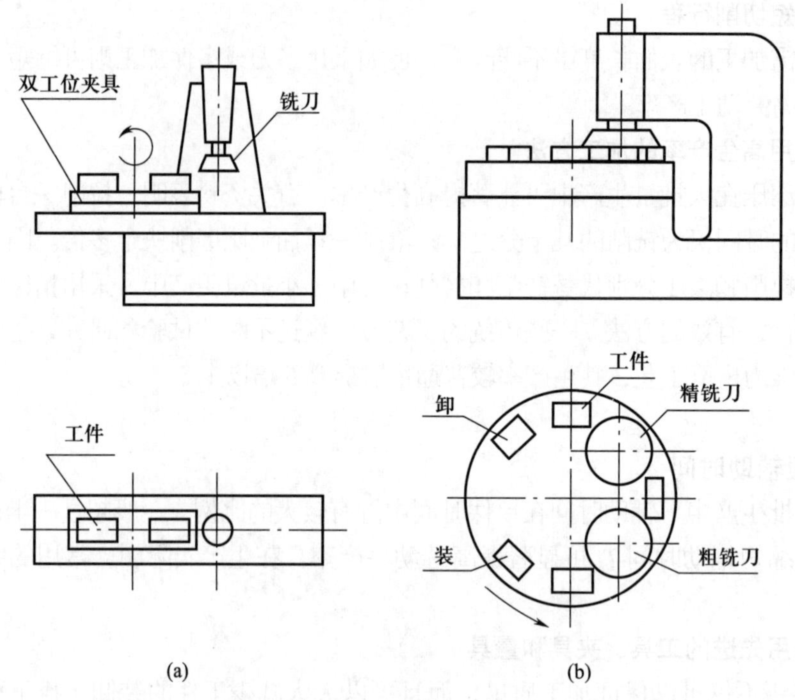

图 6-35 辅助时间与基本时间重合的示例

采用易于调整的先进加工设备，可以灵活地改变加工对象，并大大缩短准备与终结时间。如采用液压仿形机床、数控机床、加工中心及柔性加工单元等，能显著提高多品种零件加工的生产率和加工精度，还可保证加工质量和稳定性。

6.7.3 工艺过程的技术经济分析

制订机械加工工艺规程时，在保证达到零件加工要求的前提下，可以有几种不同加工方案。有些方案虽生产率较高，但在某种批量范围内，由于设备和工艺装备的投资比较大，可能在经济上不甚合理；还有些方案虽生产率比较低，但投资费用也比较小。为此，需进行技术经济方面的论证和比较，以确定一个经济可行的加工方案，这对提高经济效益有着十分重要的意义。

1. 机械加工的工艺成本

工艺成本是指生产成本中与工艺过程直接有关的那一部分成本。与工艺过程无关的成本，如厂房折旧费、修理费和行政总务人员的工资等，在各方案的评比中是相等的，故可不予考虑。

工艺成本一般分为两部分，即可变费用和不变费用。

（1）可变费用

可变费用是与零件年产量直接有关的费用。一般包括毛坯或材料费用、操作工人的工资、机床电费、通用机床的折旧费和维护费，通用夹具、刀具和辅具等的折旧费和维修费等。

（2）不变费用

不变费用与零件的年产量无直接关系。一般包括专用机床和专用工装的折旧费、维修费和调整工人的工资等。这部分费用专为某种零件加工所用，不能用于其他零件，不论该零件的年产量是多少，也不论这些专用设备是否满负荷，一律折算到不变成本中去。

2. 工艺方案的经济性比较

工艺成本可按年度计算，也可按单件计算。

年度工艺成本为：　$E=VN+S$　（元/年）

单件工艺成本为：　$E_d=V+S/N$　（元/件）

式中：V 为工艺成本中单件可变费用（元/件）；S 为工艺成本中年件不变费用（元/件）；N 为年产量（元/件）。

图 6-36 表示年度工艺成本 E 与年产量 N 的关系。E 与 N 呈线性关系，即成正比例。直线的起点为工件的不变费用 S，直线的斜率为工件的可变费用 V。

图 6-37 表示单件工艺成本 E_d 与年产量 N 的关系。E_d 与 N 呈双曲线关系，N 增大时，E_d 减少，极限值接近可变费用 V。

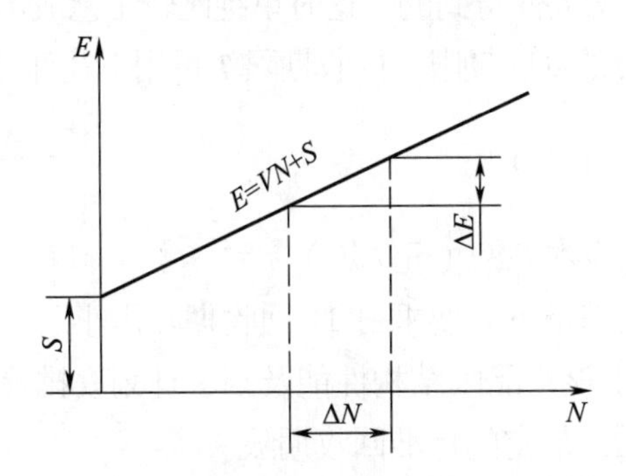

图 6-36　年度工艺成本与年产量的关系

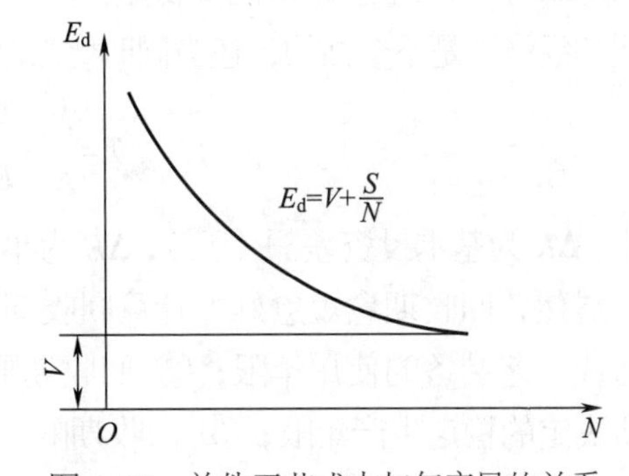

图 6-37　单件工艺成本与年产量的关系

工艺方案的评比，常用工件的年度工艺成本进行比较，因为年度工艺成本与年产量成线性关系，容易比较。评比时根据具体生产条件有两种情况：

① 被评比的几种工艺方案基本投资相近。此时，单以工艺成本即可衡量各方案的经济性。现假定有两种工艺方案进行评比，其全年的工艺成本分别为

$$E_1=V_1N+S_1,\quad E_2=V_2N+S_2$$

E_1、E_2 与 N 的关系如图 6-38 中的斜线 Ⅰ 和 Ⅱ 所示。由图可知，两斜线相交于 $N=N_k$ 处，在此处的两工艺路线的年度工艺成本相等，即 $E_1=E_2$。N_k 称为临界年产量，其值可由 $V_1N_k+S_1=V_2N_k+S_2$ 求得 $N_k=\dfrac{S_1-S_2}{V_2-V_1}$。

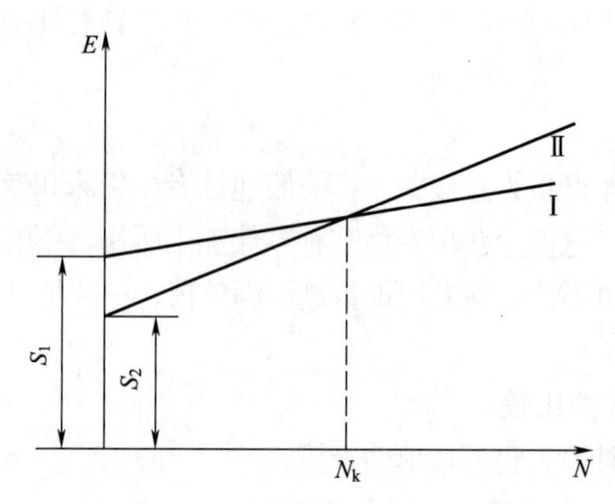

图 6-38 两种方案年度工艺成本的评比

当年产量 $N<N_k$ 时，$E_2<E_1$，宜采用方案Ⅱ，即不变费用较少的方案（因 $S_2<S_1$）；当年产量 $N>N_k$ 时，$E_1<E_2$，宜采用方案Ⅰ，即可变费用较少的方案（因斜线Ⅰ的斜率比斜线Ⅱ小）。

评比时相同的工艺费用可忽略不计，因为评比的目的并不在于精确计算工艺成本。

② 当被评比的工艺方案的基本投资相差较大时，例如上述工艺方案Ⅰ采用了高生产率的价格较贵的机床及工艺装备，其基本投资（K_1）大，但工艺成本（E_1）较低；工艺方案Ⅱ采用了生产率较低但价格较便宜的机床及工艺装备，其基本投资（K_2）小，但工艺成本（E_2）较高。如果工艺成本的降低是由基本投资的增大而得到的，这时单纯比较工艺成本来评定其经济性是不全面的，还应同时比较基本投资的回收期限。回收期限 T 可用下式计算

$$T=\frac{K_1-K_2}{E_2-E_1}=\frac{\Delta K}{\Delta E}\quad（年）$$

式中：ΔK 为基本投资差额（元）；ΔE 为年度工艺成本差额（元/年）。

显然，回收期愈短愈好。计算回收期一般应满足下列要求：① 回收期限需小于所用设备或工艺装备的使用年限；② 回收期限需小于该产品因结构性能及国家计划安排等因素所决定的稳定生产年限；③ 回收期限需小于国家规定的标准回收期限。

6.8 机械加工工艺规程制订实例

现以图 6-39 所示滑鞍的加工为例，说明制订零件加工工艺规程的方法。

1. 零件的结构和技术要求分析

（1）滑鞍的功用和结构特点

滑鞍为一外圆磨床砂轮架部件中的支承体。它被固定在床身上，上面的平-V 导轨支承磨架部件，由于受结构尺寸的限制，滑鞍在高度方向显得比较薄弱，为了保证控制磨床总的高度及保证滑鞍的刚性，滑鞍被制成框架式。

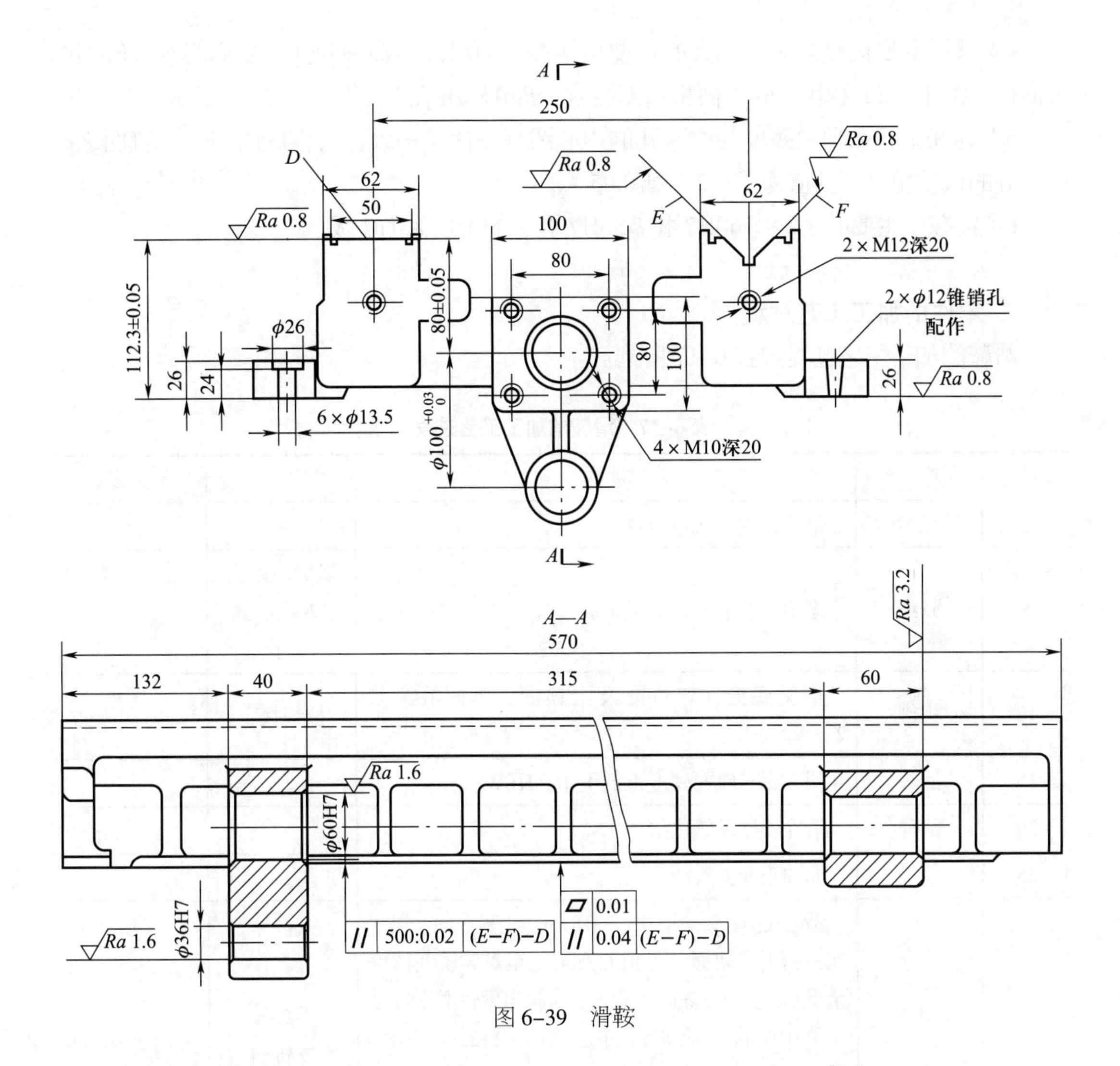

图 6-39　滑鞍

滑鞍既是磨架体与床身间的重要连接体，又是磨架体的重要支承件，其中平 -*V* 导轨是磨架进行直线运动的重要运动副。为增加其强度、耐磨性和稳定性，其材料采用珠光体灰口铸铁，毛坯为铸件。

（2）主要技术要求

1）由于滑鞍是磨架零件的重要支承件，其底面固定在床身上。滑鞍上的平 -*V* 导轨是磨架横向进给运动的重要基准。因而平 -*V* 导轨必须与底面平行，其平行度公差为 0.04 mm。

2）滑鞍上的平 -*V* 导轨不仅要保证在垂直面内的平直度公差，而且要保证两导轨在垂直面内的平行度，V 形导轨还要保证水平面内的平行度公差。

3）滑鞍是用于半自动外圆磨床上的，在平 -*V* 两导轨之间的两头分别有两个下突部分，分别用来装置半自动进给油缸和手动进给丝杠 - 螺母机构的传动零件，故要求 2×ϕ60H7（$^{+0.3}_{0}$）孔的中心线与平 -*V* 导轨平行，及保证 100（$^{+0.3}_{0}$）和 80±0.05 两处尺寸要求，以保证手动进给和自动进给时丝杠、油缸推杆和砂轮架等运动自如。

4）滑鞍的底面是与床身结合的重要接触面，为保证其接触刚性，底面必须有较高的平面度（0.01 mm）和较低的表面粗糙度要求（*Ra*0.8 μm）。

5）为保证磨床顶尖高度与磨架孔的中心线高度保持一致，滑鞍底面与平导轨面之间有较高的尺寸精度，其值为（112.34 ± 0.05）mm。

6）滑鞍中主要孔（2 × ϕ60H7 和 ϕ36H7 孔）的精度为 IT7 级。

2. 零件的加工工艺过程

滑鞍的加工工艺过程如表 6–17 所列。

表 6–17 滑鞍的加工工艺过程

工序号	工序名称	工序内容	定位基准	加工设备
1	毛坯清砂	清除型砂浇冒口坡峰		
5	划线	划出底面、导轨面及顶面	以导轨面为主兼顾底面、顶面	
10	粗刨	精刨底面、导轨面及上顶面、单面放余量 2 ~ 2.5 mm	按线找正	龙门刨
15	回火	回火后导轨面硬度不低于 180 HBW		
20	清理	清除残砂及氧化层		
25	油漆	非加工面上底漆		
30	精刨	精刨底面、留余量 0.3 ~ 0.5 mm，兼顾底面上尺寸 26，精刨导轨面、上顶面及沉割至对导轨面留磨余量 0.25 ~ 0.3 mm，保证上顶面与导轨面平行度小于 0.05 mm，保证平导轨至底面（112.34 ± 0.05）尺寸至 113 ± 0.10 mm，保证导轨与底面在全长上的平行度≤0.06 mm，保证导轨与底面在全长上的平行度≤0.08 mm，保证 V 型导轨高于平导轨 0.04 ~ 0.06 mm；保证导轨面、底面及上顶面的表面粗糙度 *Ra*6.3 μm	导轨面 底面	龙门刨 B2010 导轨样板 对刀样板
35	钳工	按图打 3.5 号钢字记号		
40	粗镗	镗 2 × ϕ60H6，ϕ36H7 各留余量 4 mm	平 –V 形导轨面	
45	钻孔	钻底面上 6 × ϕ13.5 孔，2 × ϕ12 锥孔至 ϕ12 穿。平刮 6 × ϕ28 沉孔至尺寸，保证底与底面尺寸为 24 mm。钻导轨面上 8–M6 底孔，深 16 mm。钻前端面 2–M10 × 20 mm 深螺纹底孔及 2–M12 × 20 底孔	钻模	

续表

工序号	工序名称	工序内容	定位基准	加工设备
50	攻丝	攻上道工序中的螺纹		
55	油漆	非加工表面涂机床漆，内部涂上黄色漆		
60	平磨	磨底面 112.34 ± 0.05 至尺寸 112.45（$^{0}_{-0.08}$）。要求：（1）保证底面平面度 0.01 mm；（2）保证底面与导轨面平行度 0.04 mm	导轨面	平磨
65	磨导轨	磨平 –V 形导轨面，保证尺寸 112.34（± 0.05）要求：（1）导轨表面粗糙度 *Ra* 0.08 μm；（2）导轨在垂直面内平直度为 0.006 4 mm；（3）平导轨对 V 形导轨平行度为 0.016/1 000；（4）导轨面与底面平行度为 0.04 mm	底面 导轨面	导轨磨床
70	精镗	精镗 2–ϕ60H7、ϕ36H7 孔至尺寸，表面粗糙度 *Ra*1.6 μm，保证 2–ϕ60H7 孔中心线对导轨面在水平面内及垂直面内的平行度为 0.02/1 000，平车塔子面 100 × 100 至尺寸	平 –V 形 导轨面	
75	检验	按图纸要求检验		

滑鞍的工艺过程大致分为三个阶段。工序 1 至工序 25 为粗加工阶段；工序 30 至工序 55 为半精加工阶段；工序 60 以后为精加工阶段。

由于滑鞍的底面和导轨面都有较高的精度要求，且结构刚度又不足，容易产生变形，故在其工艺过程中必须将粗、精加工分开，且粗刨后进行回火处理，然后再精刨，以便充分消除由粗加工造成的残余应力及变形。

滑鞍中两组主要孔（2 × ϕ60H7 和 ϕ36H7）的加工精度受进给量大小影响，故也应安排粗、精镗分开加工。

根据以上分析，结合拟定零件加工顺序的基本原则，滑鞍的加工工艺过程（表 6–15）主要是：划线—粗、精刨底面和导轨面—回火精刨底面和导轨面—粗镗 ϕ60 和 ϕ36 孔—磨底面和导轨面—精镗孔—检验。

3. 基准选择分析

滑鞍毛坯为手工木模造型，毛坯误差大，加工表面的余量较大且不均匀，为使导轨面、底面和 ϕ60H7、ϕ36H7 的加工余量均匀及保证它们之间的位置精度，粗基准采用划线的方法。

划线时，因平 –V 导轨的精度要求较高，且尺寸较大，故首先应考虑使它们的加工余量均匀，并考虑到它们之间的高度要求，平 –V 导轨面与主要孔（2 × ϕ60H7 和 ϕ36H7）之间的位置要求以及孔壁厚的均匀性等。

对于精基准，从滑鞍的功用来看，滑鞍的底面和平 –V 导轨面是两个主要的设计基准面。为使磨床顶尖高度与磨架孔的轴心线高度保持一致，并使有关零件具有更好的互换性，必须控制有关零件的高度尺寸，滑鞍中底面与平导轨尺寸 112.34（±0.05）mm，2×ϕ60H7 与平导轨的尺寸 80（±0.05）mm，ϕ36H7 与 ϕ60H7 的尺寸 100（$^{+0.3}_{0}$）mm，必须加以控制。具体工艺为粗、精刨平 –V 导轨后，进行主要孔的粗、半精镗，这时以导轨面为基准。然后再在导轨磨床上对平 –V 导轨进行磨削，最后以精确的导轨面作为基准，精镗 ϕ60H7 与 ϕ36H7 孔，就可保证上述各项精度。

4. 主要加工工序分析

前已指出，滑鞍的主要技术要求是平导轨对底面、平导轨对 V 导轨、平导轨对主要孔及主要孔之间的尺寸精度等。在加工中应重点保证这些要求。

对于 ϕ60H7 与 ϕ36H7 的孔距精度，在成批生产时，主要依靠镗模确保导轨对 ϕ60H7 孔轴心尺寸 80（±0.05）mm，ϕ36H7 与 ϕ60H7 的尺寸 100（$^{+0.3}_{0}$）。若在无镗模的情况下，可做一简易导轨定位夹具，也可采用与导轨形状相应的成形镗夹具（见图 6–40）。具体做法为，将滑鞍工件按入夹具体，用块规在夹具体测量基面上组合高度 h 为 K+80 mm–d/2（其中 d 为镗刀杆直径）。这时，开动镗床主轴箱逐渐向下，让主轴（镗杆）轻轻与块规接触，并使 0.02 塞尺不能进入，这就调整好了在垂直坐标位置的孔中心。再用镗杆通过千分表对粗镗与 ϕ60H7 孔进行水平位置的找正，最后装刀进行切削。同理，对于 ϕ60H7 与 ϕ36H7 孔的孔距尺寸也作相似的调整，可满足要求。

显然，如要检测 ϕ60H7 与 ϕ36H7 孔的孔距尺寸误差，可以分别在两孔中插入 A 心轴和 B 心轴，然后用游标卡尺检验两心轴的轴心线方向，得一值后减去（36+60）/2 mm，即得其实际尺寸及误差。

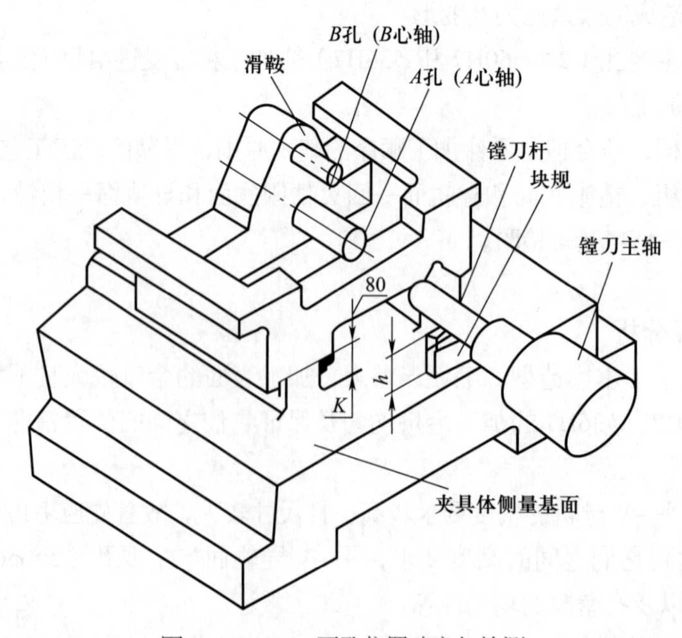

图 6–40　A、B 两孔位置确定与检测

对于主要孔（ϕ60H7 与 ϕ36H7）的尺寸精度，主要依靠镗模和定径刀具（镗刀块）来保证。

为了稳定可靠地获得要求的形状精度和表面质量，应注意以下几点。

① 应严格控制镗床主轴轴承的间隙，间隙太大会降低和影响主轴的回转精度，太小会引起摩擦发热。同样，应合理选配镗模或夹具导向套的间隙。

② 精镗时应使加工余量均匀，以免引起切削力变化而产生孔的圆度误差。

③ 正确选择装夹的方式及夹紧点。滑鞍的结构较薄弱，容易产生夹紧变形，故粗镗后应稍松一下压板螺栓，使压紧变形得到恢复后再压紧，使夹紧力适当减小，再进行精镗加工，同时，要有充分的冷却。

为保证滑鞍底面的平面度要求，一般情况下精刨后应采用过桥刮模，进行粗、精刮研。若有可能，为提高生产率，可采用磨削。最后用专用检测工具着色检验平面度，保证纵向接触面达 75%，横向接触面达 60%。

滑鞍的相互位置精度，主要有 2×ϕ60H7 孔对平 –V 导轨的平行度，底面对导轨面的平行度及平导轨与 V 导轨在水平面内的平行度等。为此，加工时应注意下列几点。

① 对 2×ϕ60H7 采用刚性镗削时，最好不要采用刀杆进给的方法，因为刀杆的伸长将使其刚度降低，从而影响镗孔精度。而且对 ϕ60H7 孔来说，镗刀杆不可能做得很粗，这样镗杆的刚性就成为镗削加工中的一个主要问题。

② 不宜采用镗头镗削。由于滑鞍较长，在机床精度不是很高的情况下，2×ϕ60H7 孔的同轴度难以保证。根据以上分析可知，2×ϕ60H7 孔宜采用镗模加工。

③ 滑鞍平 –V 导轨面的纵向直线度及两导轨间的平行度最终依靠导轨的精加工工序保证。当无磨床时，则可采用刮研来保证。这时，在刮研前，位置精度必须得到保证，因为刮研不能提高导轨之间的位置精度。

④ 必须充分注意加工设备的精度及有相对运动的零部件之间的间隙，而且要定期进行检测。

第7章 机械装配工艺规程设计

机器是从设计开始，经零件的加工制造最后装配而成的。装配是机器生产的最后阶段，包括装配、调试、精度及性能检验、试车等环节。机器的质量最终是通过装配保证的，装配质量的好坏很大程度上决定着机器的最终质量。如何从零件装配成机器、零件精度与产品精度的关系如何、达到机器装配精度所需的装配方法，是机器装配工艺设计要解决的问题。装配工艺设计的基本要求是在一定生产条件下，装配出质量合格、生产率高且又经济的产品。

通过机器的装配过程，可以发现机器设计和零件加工质量等存在的问题，并加以改进，以保证机器的质量。研究装配工艺过程和装配精度，采用有效的装配方法，制订合理的装配工艺规程，对保证机器产品的质量有着重要的意义。

7.1 机器的装配过程和装配精度

7.1.1 机器的装配过程

组成机器的最小单元是零件。为了设计，加工和装配的方便，将机器分成部件、组件、套件等组成部分，它们都可以形成独立的设计单元、加工单元和装配单元。

在基准零件上，装上一个或若干个零件就构成了套件，它是最小的装配单元。每个套件只有一个基准零件，它的作用是连接相关零件和确定各零件的相对位置。为套件进行的装配称为套装。图7–1所示的双联齿轮就是一个由小齿轮和大齿轮组成的套件，小齿轮是基准零件。采用套件主要是考虑加工工艺或材料问题，分成几个零件制造再套装在一起，在后续装配中，就可作为一个零件，一般不再分开。图7–2所示为由3个零件组成的套件装配系统图。

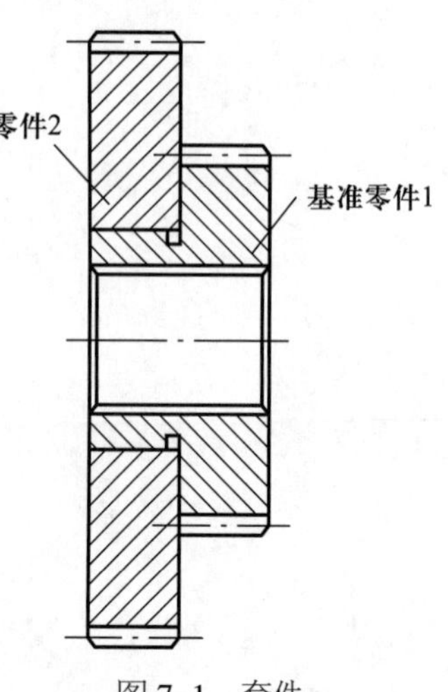

图7–1 套件

在基准零件上，装上一个或若干个套件和零件就构成了组件。每个组件只有一个基准零件，它连接相关零件和套件，并确定它们的相对位置。为形成组件而进行的装配称为组装。有时组件中没有套件，由一个基准零件和若干零件组成。组件和套件的区别在于组件在以后的装配中可拆卸，而套件在以后的装配中一般不再拆开，作为一个零件使用。图 7–3 所示为组件装配系统图。

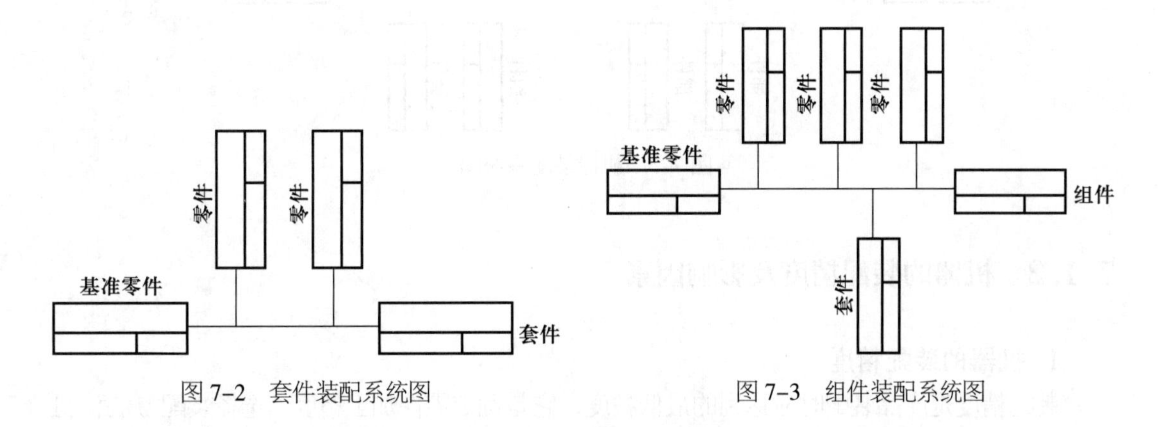

图 7–2　套件装配系统图　　　　图 7–3　组件装配系统图

在基准零件上，装上若干个组件、套件和零件就构成了部件。同样，一个部件只有一个基准零件，由它连接各个组件、套件和零件，并决定它们之间的相对位置。为形成部件而进行的装配称为部装，图 7–4 所示为部件装配系统图。

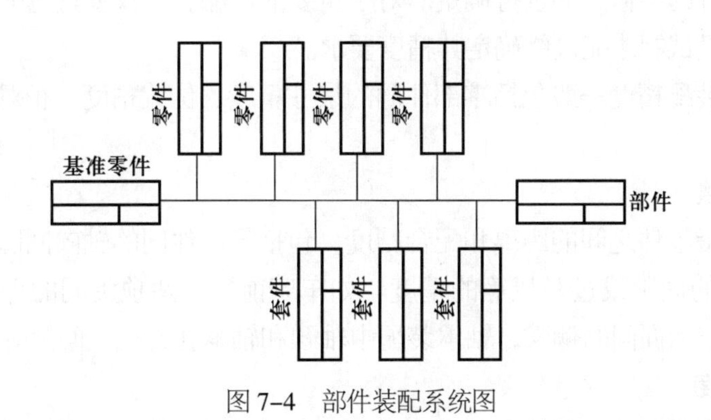

图 7–4　部件装配系统图

在基准零件上，装上若干个部件、组件、套件和零件就成为机器。一台机器也只能有一个基准零件，其作用与上述相同。为形成机器而进行的装配工作称为总装。例如，一台车床就是由主轴箱、进给箱、溜板箱等部件和若干组件、套件、零件组成的，床身是其基准零件。图 7–5 所示为机器装配系统图。

装配系统图表示了装配过程，从基准零件开始，沿水平线自左向右进行装配，一般将零件画在上方，把套件、组件、部件画在下方，排列的次序就是装配的次序。图中的每一方框表示一个零件、套件、组件或部件。每个方框分为 3 个部分：上方为名称、下左方为编号、下右方为数量。装配系统图能清晰地描述整个机器的结构和装配工艺过程，故装配系统图是一个很重要的装配工艺文件。

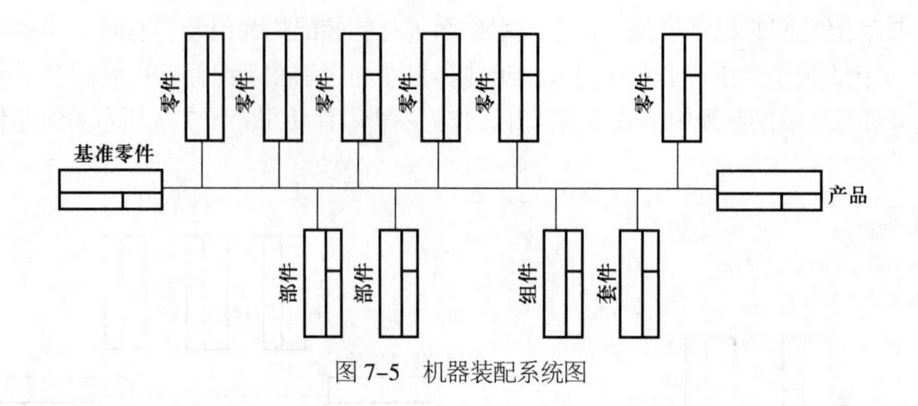

图7-5 机器装配系统图

7.1.2 机器的装配精度及影响因素

1. 机器的装配精度

装配精度是产品装配时应达到的最低精度，它是确定零件加工精度、选择装配方法和制订装配工艺规程的主要依据。正确确定机器及其部件的装配精度要求是产品设计的主要内容。

对已系列化、通用化和标准化的产品，其装配精度由国家有关部门规定其相应的标准。对于无标准可循的产品，其装配精度可以根据用户提出的使用要求，通过分析或参考以往实践验证可行的类似产品进行确定。对于重要的产品，不仅要进行分析计算，还需通过试验研究和样机试制才能最终确定其精度要求。

机械产品的装配精度一般包括零部件间的尺寸精度、位置精度、相对运动精度和接触精度等。

（1）尺寸精度

尺寸精度是指零件之间的距离和配合精度，包括零部件间的轴向间隙、轴向距离、轴线距离和配合面的间隙或过盈量等的精度。如车床前、后两顶尖间的等高度（图7-6），齿轮啮合中非工作齿面间的侧隙，轴承装配中轴颈和轴承孔的配合间隙等精度。

（2）位置精度

位置精度是指零部件之间的平行度、垂直度和各种跳动等。如卧式铣床和立式铣床的主轴回转中心对工作台的平行度和垂直度；卧式车床主轴支承轴颈对主轴前端锥孔中心线的径向跳动及主轴的轴向窜动等精度。

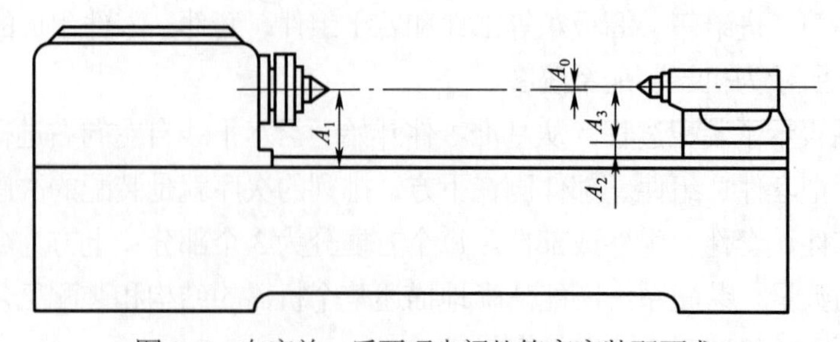

图7-6 车床前、后两顶尖间的等高度装配要求

(3)相对运动精度

相对运动精度是指存在相对运动的零部件之间在运动方向和相对速度上的精度。运动方向上的精度多表现为零部件间相对运动时的直线度、平行度和垂直度，如车床上的溜板移动在水平面内的直线度、尾座移动对溜板移动的平行度及横向移动对主轴轴线的垂直度等。相对速度上的精度即为传动精度，如滚齿机上滚刀主轴与工作台的相对转动以及车床上车螺纹时主轴转动相对刀架移动等的精度。

(4)接触精度

接触精度一般包括两配合表面、接触表面和连接表面之间的接触面积大小与接触点分布情况。如锥体配合、齿轮啮合和两导轨面之间的接触精度等。接触精度关系到接触刚度的大小和配合质量的优劣。

需要指出，上述各装配精度之间并不是互相独立的，彼此存在一定的关系。如接触精度影响配合精度和相对运动精度的稳定性；位置精度是保证相对运动精度的基础。

2. 装配精度与零件精度的关系

零件是组成机器及部件的基本单元，其加工精度与产品的装配精度有很大关系。对于大批量生产，为简化装配工作，使之易于流水线装配，常通过控制零件的加工精度直接保证装配的精度要求。如图 7-7 所示的轴孔配合结构，孔和轴的加工误差构成配合间隙的累积误差。此时，控制孔（A_1）和轴（A_2）的加工精度即可保证装配间隙（A_0）的装配精度要求。车床装配中，尾座移动对溜板移动的平行度要求是由床身上的导轨面 A 与导轨面 B 之间的平行度直接保证的，如图 7-8 所示。

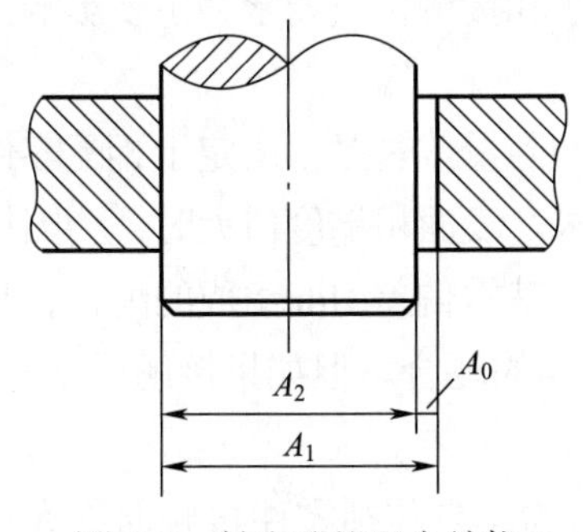

图 7-7 轴和孔的配合结构

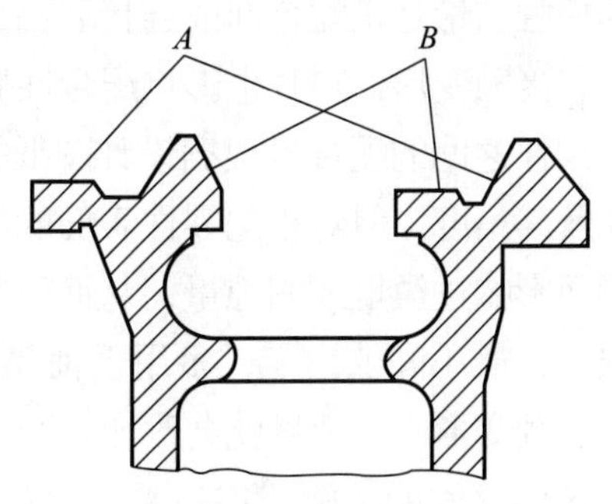

图 7-8 床身导轨简图

对于装配精度要求较高、组成零件较多的结构，如果仍由零件的加工精度直接保证装配精度要求，由于误差的累积，零件需要很高的加工精度，这给零件加工带来了困难，同时也不经济。图 7-6 所示的车床两顶尖间的等高度要求（A_0），主要与 A_1、A_2 及 A_3 等尺寸的精度有关，而这些尺寸的精度又分别由主轴箱体、尾座底板、尾座套筒及尾座体等多个零件的加工精度所决定。在此情况下，由这些零件的加工精度直接保证装配精度要求是很困难的。为此，生产中常采用修配法装配，即尺寸 A_1 和 A_3 按经济精度加工，装配时通过修刮底板，即通过改变底板尺寸 A_2 保证 A_0 的精度要求。

由以上分析可知，零件加工精度是保证产品装配精度的基础，但装配精度并不总是完全由零件的加工精度所决定，它是由零件的加工精度和合理的装配方法共同保证的。因此，零件的加工精度与装配精度之间的关系是产品设计与制造中的一个重要课题。

3. 影响装配精度的因素

（1）零件的加工精度

保证零件的加工精度，目的在于保证机器的装配精度，因此零件的精度和机器的装配精度有着密切关系。一般来说，零件的加工精度越高，机器的装配精度越容易保证；但也并不是零件加工精度越高越好，这会增加产品成本，造成浪费，应当根据装配精度的要求合理分析、控制有关零件的加工精度。

零件加工精度的一致性对装配精度有很大影响。零件加工精度一致性不好，装配精度就不易保证，同时增加了装配工作量。大批量生产中由于多用专用工艺装备，零件的加工精度受工人技术水平和主观因素的影响较小，零件加工精度的一致性较好；在数控机床上加工，受计算机程序控制，不论产量多少，零件加工精度一致性也很好；对于单件小批生产，零件加工精度主要靠工人的技术和经验保证，零件加工精度的一致性不好。

有时，加工出合格的零件不一定能装配出合格的产品，这主要归因于装配方法和装配技术。因为装配工作中可能包括修配、调整等环节，当装配出的产品不符合要求时，应具体分析是由于零件的加工精度造成的，还是由装配方法和技术造成的。

（2）零件之间的配合要求和接触质量

零件之间的配合要求是指配合面之间的间隙量或过盈量，它决定了配合性质。零件之间的接触质量是指配合面或连接表面之间的接触面积大小和接触位置要求，主要影响接触刚度和接触变形，同时也影响配合性质。

零件之间的配合是根据设计图纸的要求而提出的，间隙量或过盈量决定于相配零件的尺寸及其精度，但对相配零件表面的粗糙度也有相应要求。表面粗糙度值大时，会因接触变形而影响过盈量或间隙量，从而改变配合性质。例如，基本偏差 H/h 组成的配合，其间隙很小，最小间隙为零，多用于轴孔之间要求有相对滑动的场合。但如果接触质量不高，产生接触变形，间隙量就会改变，配合性质也就不能保证。

零件之间的接触状态也是根据设计图纸的要求提出的，它包括零件接触面积大小和接触位置两方面。例如，锥度心轴与锥孔相配就有接触面积的要求，对精密导轨的配合面也有接触面积的要求，一般用涂色检验法检查。对于刮研表面，其接触面的大小可通过涂色检验接触点的数量来判断，一般最低为 8 点 /（25 mm × 25 mm），最高为 20 点 /（25 mm × 25 mm）。对于锥齿轮，要求在无载荷时的接触区域靠近小头，这样在有载荷时，由于小头刚度差些，产生变形，使接触区域向中部移动。对于蜗轮蜗杆，要求无载荷时的接触区靠近蜗轮齿面的啮合入口处，这样在有载荷时接触区域可移至中间部分。

现代机器装配中，提高配合质量和接触质量是非常重要的。特别是提高配合面的接触刚度，对提高整个机器的精度、刚度、抗震性和寿命等都有极其重要的作用。提高接触刚度的主要措施如下：① 减少相连零件数，减少接触面的数量；② 增大接触面积，减小单位面积上所承受的压力，从而减小接触变形。

（3）力、热、内应力等引起的零件变形

零件在机械加工和装配时，由于力、热、内应力等产生的变形，对装配精度有很大影响。零件产生变形的原因很多，有些零件在机械加工后是合格的，但由于装配不当（如装配过程中的碰撞、压配合所产生的变形），就会影响装配精度；有些产品在装配时，由于零件本身自重产生变形，如龙门铣床的横梁、摇臂钻床的摇臂都会因自重及其上所装的主轴箱重量产生变形，从而影响装配精度；有些产品在装配时精度是合格的，但由于零件加工时表层和里层有内应力，这种零件装配后经过一段时间或外界条件有变化时可能产生内应力变形，影响装配精度；有些产品在静态下装配精度是合格的，但在运动过程中由于摩擦生热，使某些运动件产生热变形，影响装配精度；某些精密仪器、精密机床等是在恒温条件下装配的，使用也必须在同一恒温条件下，否则零件也会产生热变形，而不能保证原来的装配精度。

（4）旋转零件的不平衡

旋转零件的平衡在高速旋转机械中越来越受到重视。例如，发动机的曲轴和离合器，电机的转子、高速旋转轴等都要进行动平衡，以便在装配时能保证装配精度，使机器能正常工作，同时降低噪声。

现在，一些中速旋转的机器也开始重视动平衡的问题，这主要是从工作平稳性、振动、提高工作质量和寿命等方面考虑的。

7.1.3 机械结构的装配工艺性

装配工艺性是指机械结构能保证装配过程中相互连接的零部件不用或少用修配和机械加工，用较少的劳动量、较少的时间按产品的设计要求顺利装配起来的性能。装配工艺性有以下要求：

1. 机械结构应能分解成独立的装配单元

机械结构应能划分成几个独立的装配单元，以便组织平行装配流水作业，进而缩短机械装配周期；便于组织协作生产和专业化生产；有利于机械的维护修理和运输。

图 7-9 所示为两种传动轴结构，其中图 7-9（a）所示齿轮齿顶圆直径大于箱体轴承孔孔径，轴上零件需逐一装配到箱体中去，结构不合理；图 7-9（b）所示齿轮齿顶圆直径小于箱体轴承孔孔径，轴上零件可在箱体外先组装成一个组件，然后再装入箱体中，这就简化了装配过程，是合理结构。

2. 尽量减少装配过程中的修配和机械加工

如图 7-10（a）所示，车床主轴箱以山形导轨作为装配基准装配在车床上，装配时装配基准面的修刮劳动量大。图 7-10（b）所示车床主轴箱以平导轨作为装配基准，装配时装配基准面的修刮劳动量显著减少，其装配结构工艺性更好。

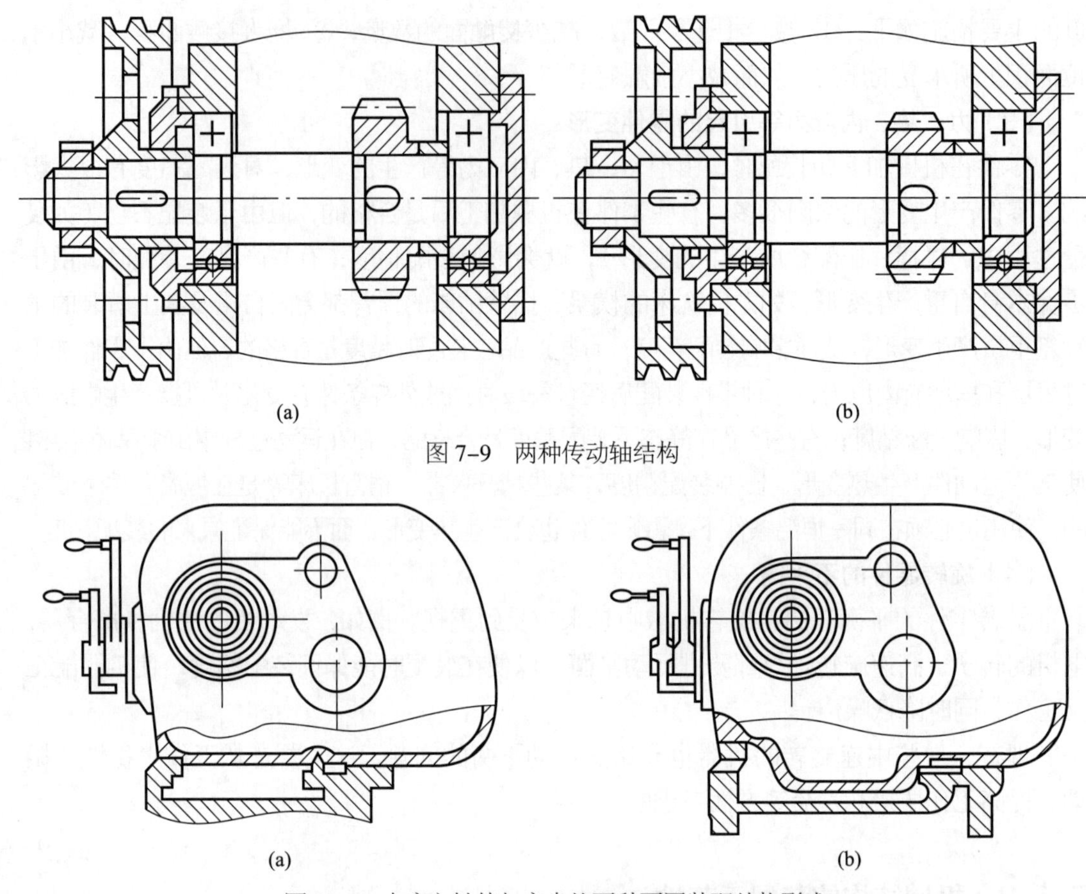

图 7–9　两种传动轴结构

(a)　(b)

图 7–10　车床主轴箱与床身的两种不同装配结构形式

在产品设计中，常采用调整法代替修配法装配，以减少修配工作量。图 7–11 所示为两种车床溜板箱的后压板结构。其中，图 7–11（a）所示为用修刮压板装配面的方法保证溜板箱后压板和床身下导轨之间的装配间隙；图 7–11（b）所示为用调整法保证溜板箱后压板和床身下导轨之间的装配间隙，其结构的装配工艺性好。

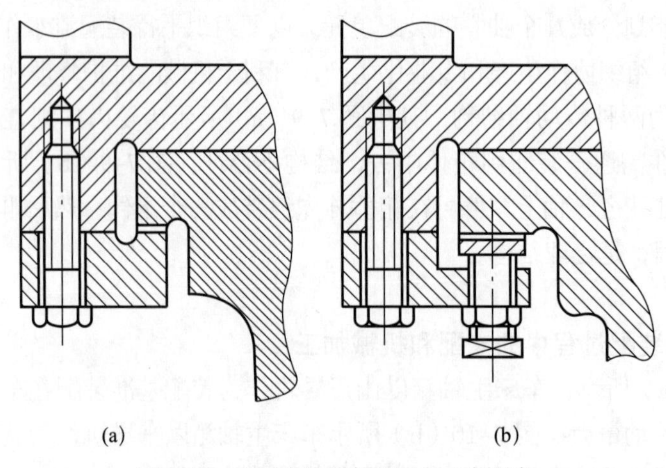

图 7–11　两种车床溜板箱的后压板结构

装配过程中要尽量减少机械加工量。装配中安排机械加工不仅会延长装配周期，而且机械加工后产生的切屑若清除不干净，还会加剧机器的磨损。

3. 机械结构应便于装配和拆卸

图 7-12 所示为轴承座台阶和轴肩结构。其中，图 7-12（a）所示轴承座台阶内径等于或小于轴承外圈内径，而轴承内圈外径又等于或小于轴肩直径，轴承的内外圈均无法拆卸，装配工艺性差；图 7-12（b）所示轴承座台阶内径大于轴承外圈的内径，轴承轴肩直径小于轴承内圈外径，拆卸轴承内、外圈都十分方便，装配工艺性好。

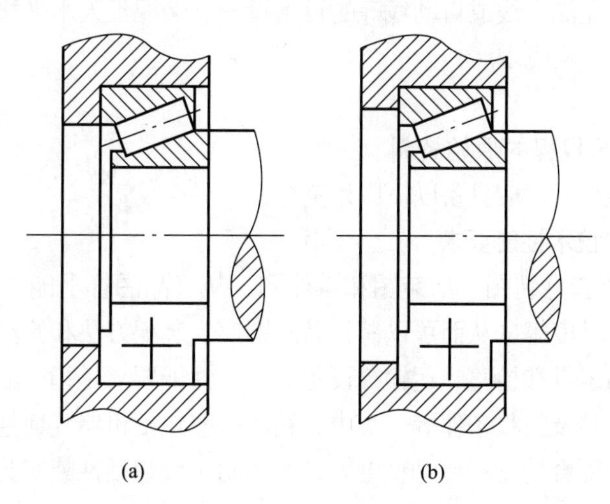

图 7-12 轴承座台阶和轴肩结构

7.2 装配工艺规程的制订

1. 装配工艺规程的制订原则

装配工艺规程是用文件的形式将装配的内容、顺序、检验等规定下来，成为指导装配工作的依据。它对保证产品装配质量、提高生产率、进行成本分析等都有积极的作用。制订装配工艺规程时应考虑以下几个原则。

① 保证产品的质量。产品的质量最终是由装配保证的，即使全部零件都合格，但由于装配不当，也可能装配出不合格的产品。装配一方面能反映产品设计和零件加工中的问题，另一方面，装配本身也应确保产品质量。如滚动轴承装配不当就会影响机器的回转精度。

② 满足装配周期的要求。装配周期是完成装配工作所给定的时间，是根据产品的生产纲领计算的。在大批大量生产中，多用流水线进行装配，装配周期的要求由生产节拍满足。例如，年产 20 000 辆汽车的装配流水线，其生产节拍为 8 min（按每天一班 8 h 工作制计算），它表示每隔 8 min 就要装配出一辆汽车，这要由许多装配工位的自动流水线

作业完成，装配工位数与生产节拍有密切关系。单件小批生产中，多用月产量表示装配周期。

③ 减少手工装配的劳动量。虽然很多装配工作已实现了机械化和自动化，但手工装配方式仍然在很多工厂里应用。装配工作的劳动量很大，也比较复杂（如装卸、修配、调整等），有些装配工作完全实现自动化和机械化还比较困难。实现装配过程的机械化与自动化是制造技术发展的趋势，近年来出现了装配机械手、装配机器人，甚至由若干工业机器人等组成柔性装配工作站。

④ 降低装配工作所占成本。要降低装配工作所占的成本，必须考虑减少装配的投资，如装配生产面积、装配流水线或自动线等的设备投资、装配工人水平和数量等。另外，装配周期的长短也直接影响成本。

2. 制订装配工艺规程的原始资料

制订装配工艺规程时，应具备以下原始资料。

（1）产品图样和技术性能要求

产品图样包括全套总装图、部装图和零件图，从产品图样上能够了解产品的全部结构尺寸、配合性质、精度等，从而可以制订装配顺序、装配方法和检验项目，设计装配工具，购置相应的起吊工具和检验、运输等设备。技术性能要求是指产品的精度、运动行程范围、检验项目、实验及验收条件等，其中，精度一般包括机器几何精度、部件之间的位置精度、零件之间的配合精度和传动精度等，而实验一般包括性能实验、温升实验、寿命实验和安全考核实验等。

（2）生产纲领

生产纲领也就是年生产量，它是制订装配工艺和选择装配生产组织形式的重要依据。对于大批大量生产，可以采用流水线和自动装配线的生产方式，这些专用生产线有严格的生产节奏，被装配的产品或部件在生产线上按生产节拍连续移动或断续移动，在行进的过程中或在停止的装配工位上进行装配，组织十分严密。装配过程中，可以采用专用的装配工具与设备。例如，汽车制造、轴承制造的装配生产就是采用流水线和自动装配线的生产方式。

（3）生产条件

在制订装配工艺规程时，要考虑工厂现有的生产和技术条件，如装配车间的生产面积、装配工具和装配设备、装配工人的技术水平等，使所制订的装配工艺能够切合实际，符合生产要求。对于新建厂，要注意调查研究，设计出符合生产实际的装配工艺。

3. 装配工艺规程的内容及制订步骤

（1）产品图样分析

审查产品装配图的完整性和正确性，如发现问题应提出解决方法；对产品的装配结构工艺性进行分析，明确各零部件的装配关系；研究设计人员所确定的达到装配精度的方法，并进行相关的计算和分析；审核产品装配的技术要求和检验方法，制订出相应的技术措施。

（2）确定装配方法和组织形式

产品设计阶段已经初步确定了产品各部分的装配方法，并据此制订了有关零件的制造公差，但是装配方法是随生产纲领和现有条件而变化的。制订装配工艺规程时，应在充分研究已定装配方法的基础上，根据产品的结构特点、生产纲领和现有生产条件，确定装配的组织形式。

装配的组织形式一般可分为移动式和固定式装配两种。移动式装配是将零部件用输送带或小车，按装配顺序从一个装配作业位置移动到下一个装配作业位置，进行流水式装配。根据零部件移动方式的不同，移动式装配又可分为连续移动式装配、间歇移动式装配和变节奏移动式装配。移动式装配流水线多用于大批大量生产，产品可大可小，较多的用于仪器仪表等的装配，汽车拖拉机等大型产品也可采用。固定式装配即产品固定在一个工作地点进行装配，它也可能组织流水生产作业，由若干工人按装配顺序分工装配，这种方式多用于机床、汽轮机等的成批生产中。

（3）划分装配单元，确定装配顺序

1）划分装配单元。任何产品都是由零件、组件和部件组成的，所以装配时将产品分解成可以独立进行装配的单元，以便组织装配工作。一般可划分为零件、套件、组件、部件和产品五级装配单元，同一级的装配单元在进行总装之前互不相关，可同时独立地进行装配，实现平行作业；在总装时，则以某一零件或部件为基础，其余零部件相继就位，实现流水线或自动线作业。

2）确定装配顺序，绘制装配系统图。划分好装配单元，就可以根据产品装配的特点，确定装配顺序，一般原则是：先难后易、先内后外、先下后上，最后画出装配系统图。装配系统图是表明产品零部件间相互装配关系及装配流程的示意图，它以产品装配图为依据，同时考虑装配工艺要求。对于结构比较简单、零部件比较少的产品，可以只绘制产品装配系统图；对于结构复杂，零部件很多的产品，则还需要绘制各装配单元的装配系统图。

（4）划分装配工序，设计工序内容

装配顺序确定之后，根据工序集中与分散的程度将装配工艺过程划分为若干个工序，并进行工序内容的设计。其主要内容包括：确定工序集中与分散的程度；划分装配工序，确定各工序的内容；确定各工序所需的设备和工具，如需专用设备及夹具，则应拟订出设计任务书；制订各工序的装配操作规范，如过盈配合的压入力、变温装配的装配温度、紧固螺栓联接的旋紧扭矩等；制订各工序的装配质量要求、检测方法及检测项目。

（5）确定各工序的时间定额

装配工作的时间定额一般按车间实测值合理制订，并平衡各工序的装配节拍，以便实现均衡生产和流水生产。

（6）编制装配工艺文件

装配工艺文件主要有装配工艺过程卡片、主要装配工序卡片、检验卡片和试车卡片等。装配工艺过程卡片包括装配工序、装配工艺装备和工时定额等。简单的装配工艺过程有时可用装配（工艺）系统图代替。

装配工艺过程卡片用以描述组成产品各级装配单元的装配过程，如装配作业的内容、作业的顺序以及使用的设备及设备工艺、辅助材料等，是组织装配作业必需的技术文件，格式见表 7–1 所示。装配工序卡片是对重要、复杂的装配工序进行作业指导的技术文件，详细地说明工序中每一工步的装配内容与要求、达到要求的作业顺序与方法，以及使用设备与工装的方法和注意事项，并以装配工序图说明无法用文字表达的内容，装配工序卡片格式见表 7–2 所示。

表 7–1 装配工艺过程卡片

	×××公司	装配工艺过程卡片	产品型号		零（部）件图号		共 页
			产品名称		零（部）件名称		第 页
	工序号	工序名称	工序内容	装配部门	设备及工艺设备	辅助材料	工时定额
描图							
描校							
底图号							
装订号							

											编制（日期）	审核（日期）	会签（日期）
	标记	处数	更改文件号	签字	日期	标记	处数	更改文件号	签字	日期			

表 7–2 装配工序卡片

××× 公司	装配工序卡片	产品型号		零（部）件图号		文件编号	
		产品名称		零（部）件名称		共 页	第 页

工序号		工序名称		车间		工段		设备		工序工时	

（装配工序图）

工步号	工步内容	设备及工艺装备	辅助材料	工时定额

描图
描校
底图号
装订号

										编制（日期）	审核（日期）	会签（日期）
标记	处数	更改文件号	签字	日期	标记	处数	更改文件号	签字	日期			

7.3 装配尺寸链的分析与建立

装配尺寸链是机器或部件在装配过程中，由相关零件、组件和部件中的相关尺寸或相互位置关系形成的尺寸链。与工艺尺寸链一样，装配尺寸链由封闭环和组成环组成。封闭环不具有独立变量的特性，它是通过装配最后形成的；组成环是指那些对封闭环有直接影响的相关零件上的相关尺寸。装配尺寸链的基本特征仍然是尺寸组合的封闭性和关联性，即由一个封闭环和若干个组成环构成尺寸链封闭图形，其中任一组成环的变动都将引起封闭环的变动。

图 7-13（a）所示的轴组件中，齿轮两端各有一个挡圈，一端轴槽装有弹簧卡环，轴固定不动，齿轮在轴上回转。为使齿轮能灵活转动，齿轮两端面与挡圈之间应留有间隙，图中将此间隙画在右边一侧（即 A_0）。A_0 与组件中 5 个零件的轴向尺寸 A_1 ~ A_5 构成封闭尺寸组，形成该组件的装配尺寸链，如图 7-13（b）所示。间隙 A_0 通过装配最后形成，为封闭环；A_1 ~ A_5 为对封闭环 A_0 有直接影响的相关尺寸，是组成环。其中，A_3 为增环，A_1、A_2、A_4 和 A_5 为减环。

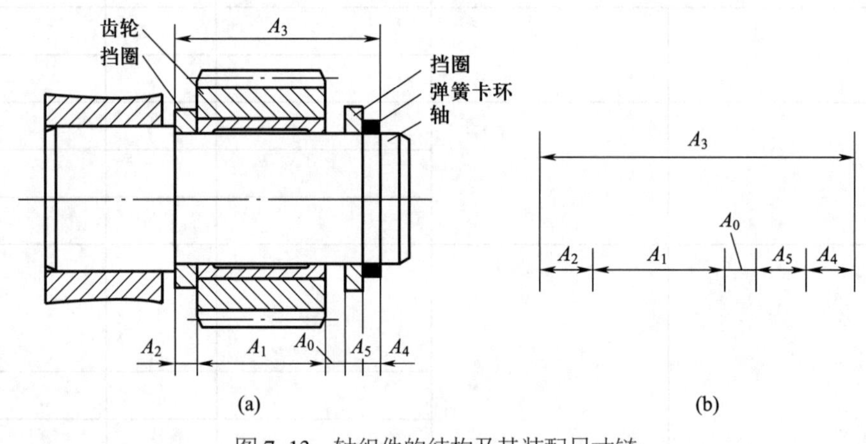

图 7-13 轴组件的结构及其装配尺寸链

应当指出，由于装配尺寸链表达的是产品或部（组）件装配尺寸间的关系，故尺寸链中的任两环都不是在同一零件（组件）的表面之间、轴心线之间的距离尺寸或相互位置关系（平行度、垂直度或同轴度等），一般多为装配精度指标或某项装配技术要求。对组成环，则为各相关零件上的相关尺寸（指零件图上标注的有关尺寸）或相互位置关系。

装配尺寸链可能出现的形式有直线尺寸链、角度尺寸链、平面尺寸链和空间尺寸链等。应用装配尺寸链分析和解决装配精度问题时，首先应建立尺寸链，确定封闭环，然后查找它的组成环，画尺寸链图，判别组成环的性质（增、减环）等。

1. 直线尺寸链的建立

以图 7-6 所示卧式车床前、后顶尖的等高度要求装配尺寸链的建立为例进行分析。

（1）确定封闭环

装配尺寸链的封闭环多为机器或部件（组件）的装配精度要求。这里，要求前、后两顶尖的等高度 A_0 不超过规定的范围（且只允许后顶尖比前顶尖高），故 A_0 为封闭环。

（2）查找组成环

装配尺寸链的组成环是相关零件上的相关尺寸。应仔细分析机器或部件（组件）的结构，了解各零件的连接关系，先找出相关零件，再确定相关尺寸（组成环）。

查找相关零件的方法：以封闭环两端所连接的零件为起点，沿着封闭位置的方向，以相邻零件的装配基准面为联系，由近及远地查找相关零件，直至找到同一零件或同一基准面把两端封闭为止。前顶尖装在主轴锥孔中，主轴以其轴颈为装配基准装在轴承内环孔中，内环外滚道通过滚柱装在轴承外环的内滚道上，外环以其外圆为装配基准装在主轴箱体的孔内，主轴箱装在床身导轨面上；后顶尖装在尾座套筒的锥孔中，尾座套筒以其外圆柱面为装配基准装在尾座体的导向孔内，尾座体装在尾座底板上，尾座底板又装在床身导轨面上。从而通过同一装配基准件——床身导轨，将两端装配件封闭。因此，该装配尺寸链的相关零件是：前顶尖、主轴、轴承内环、滚柱、轴承外环、主轴箱体、床身、尾座底板、尾座体、尾座套筒和后顶尖等。

查得相关零件后，各零件装配基准间的距离尺寸即为组成环（相关尺寸）。这里还应考虑下列实际情况。

1）两顶尖与两顶尖孔是过盈配合，故两顶尖与锥孔间的轴线偏移量为零，因此可把主轴锥孔和尾座套筒锥孔的轴线分别作为前、后顶尖的轴线；

2）主轴轴承外环的外圆与主轴箱体孔也是过盈配合，它们的轴线也互相重合；

3）前顶尖的中心位置是按其跳动量的平均值，即主轴回转线的平均位置确定的，此平均位置即为轴承外环内滚道的轴线位置，因此，前顶尖对后锥孔的同轴度、主轴锥孔对主轴颈的同轴度、轴承内环孔对外滚道的同轴度以及滚柱直径的不均匀性等不计入装配尺寸链。

根据以上分析，本例的组成环依次为（图 7-14）

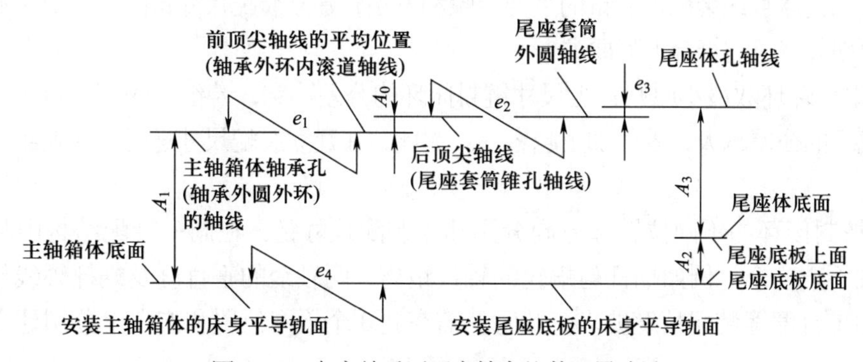

图 7-14 车床前后两顶尖精度的装配尺寸链

e_1 为主轴轴承的外环内滚道（或主轴前锥孔）轴线与外环外圆（即主轴箱体轴承孔）轴线间的同轴度；

A_1 为主轴箱体的轴承孔轴线至箱体底面的尺寸；

e_2 为尾座套筒锥孔轴线与套筒外圆轴线间的同轴度；

e_3 为尾座套筒外圆与尾座体孔间的配合间隙所引起的轴线偏移量；

A_3 为尾座体孔轴线至尾座体底面的尺寸；

A_2 为尾座底板厚度；

e_4 为床身上安装主轴箱体与安装尾座底板的平导轨面之间的平行度。

（3）画装配尺寸链图

将封闭环 A_0 及各组成环用规定的符号画成封闭尺寸组，如图 7–14 所示。

（4）判别组成环的性质

本例中，组成环 A_1 的变动将引起封闭环 A_0 的反向变动，故 A_1 为减环；A_2 和 A_3 的变动引起 A_0 的同向变动，故为增环。

几何误差 e_1、e_2 和 e_4 可看成基本（公称）尺寸为零的组成环，它们对封闭环的影响与相关零件实际安装位置有关，可能引起同向变动，也可能引起反向变动。判别其性质时应根据封闭环的要求及保证此要求的难易程度。例如，主轴轴承的外环内滚道轴线与外环外圆轴线的同轴度 e_1，当轴承外环的径向安装位置不同，e_1 的变动对封闭环 A_0 的影响就不相同，有时使 A_0 同向变动，有时使 A_0 反向变动。考虑到装配要求（A_0）只允许前顶尖比后顶尖低，又当 A_0 过大时可修刮尾座底板的底部，即可用使底板厚度减小的办法来补偿，故 e_1 应定为减环，以保证前顶尖不高于后顶尖（即限制 A_0 的最小）。根据同样理由，e_2 和 e_4 也应定为减环。e_3 为配合间隙所引起的轴线偏移量，此配合间隙的基本尺寸（公称）为零，故 e_3 也是基本尺寸（公称）为零的组成环。由于轴线处于水平位置，在重力作用下，尾座套筒的外圆轴线总是移向下方，且 e_3 愈大，A_0 愈小，故 e_3 为减环。

根据以上分析可知，该尺寸链中，$e_1 \sim e_4$ 均为减环。由此可将这些几何误差和配合间隙的组成环合并成一个组成环，或将它们合并在性质相同的长度尺寸的组成环（本例为减环 A_1）中，从而构成如图 7–15（a）、（b）所示的装配尺寸链。

以上为建立直线装配尺寸链的主要步骤和方法，建立装配尺寸链除应满足关联性和封闭性的原则外，还需符合下列要求。

1）组成环环数最小原则：当尺寸链封闭环的公差确定，若组成的环数愈少，则分配到各组成环的公差越大，零件加工越容易。因此，在建立装配尺寸链时，应使组成环的环数最少。

2）按封闭环的不同位置和方向分别建立装配尺寸链：在同一装配结构中封闭环的数目往往不止一个，例如蜗杆与蜗轮的轴线距离、两轴线的垂直度及蜗杆轴线与蜗轮中心平面的重合度等装配精度要求，此时，需在此 3 个不同位置和方向上分别建立装配尺寸链。

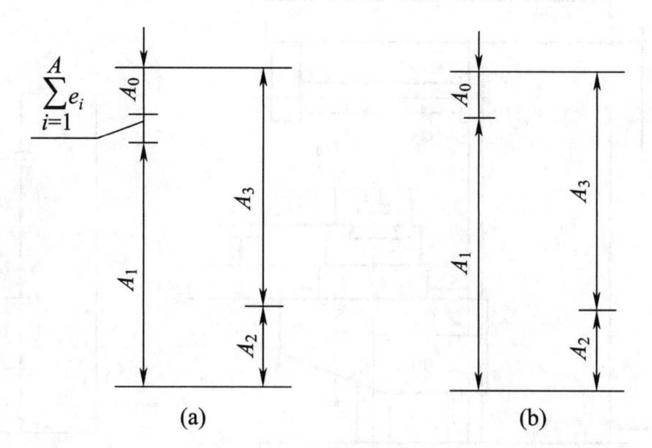

图 7–15 含合并误差组成环和简化组成环的装配尺寸链

2. 角度尺寸链的建立

这种尺寸链的尺寸环常为垂直度、平行度、直线度和平面度等几何误差，各组成环往往不在同一方向，其性质判别也比较困难。为此，需将装配结构示意图上的尺寸链转化成某种形式的线图，然后进行判别。有关角度尺寸链建立的步骤和方法可参照直线尺寸链进行。

尺寸链的转化方式主要有：① 将尺寸链中的平行度、直线度和平面度环转化成小角度环（即公共顶角法）；② 将垂直度环和某些不同方向的平行度环转化成同一方向的平行度环（角度转化法）。下面介绍角度转化法。

实际生产中，常用直角尺把垂直度转化成平行度进行测量。例如铣床升降台的水平导轨面与其垂直导轨面之间的垂直度（基本角度为 α_4）可用图 7–16 所示的方法测量，即将升降台的垂直导轨面放置在标准导轨面上，通过千分表及安置在标准导轨面上的直角尺测量升降台水平导轨面与角尺垂直面之间的平行度，此平行度反映了升降台两导轨面之间的垂直度。

利用上述方法把角度尺寸链中的垂直度环都转化成同方向的平行度环后，即可按平行度关系画出尺寸链图，然后判别组成环的性质。图 7–17（a）所示卧式铣床的角度尺寸链，为了将垂直度环转化成平行度的形式，可放置一把与床身导轨垂直的角尺，使原尺寸链中的垂直度 α_4 和 α_5 转化为相对角尺水平面的平行度。这样，此角度尺寸链即转化为平行度环的尺寸链，如图 7–17（b）所示。该图中，垂直度环 α_4 和 α_5 都在同一象限（第Ⅳ象限）内，故其转化的尺寸链图可直接由尺寸链中的某一垂直度环（本例中的 α_5）封闭。

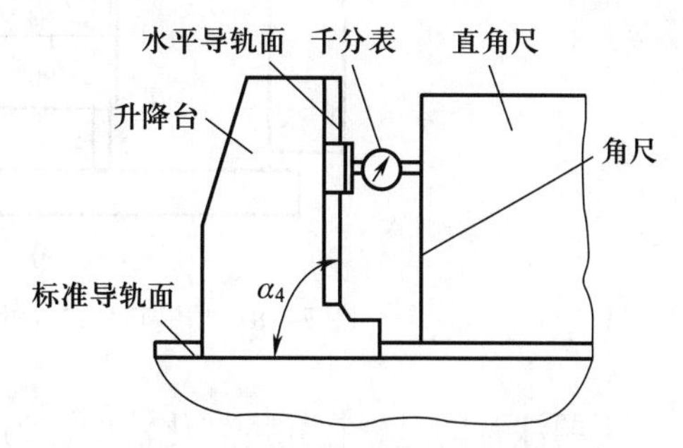

图 7–16 铣床升降台两导轨面间垂直度的测量法

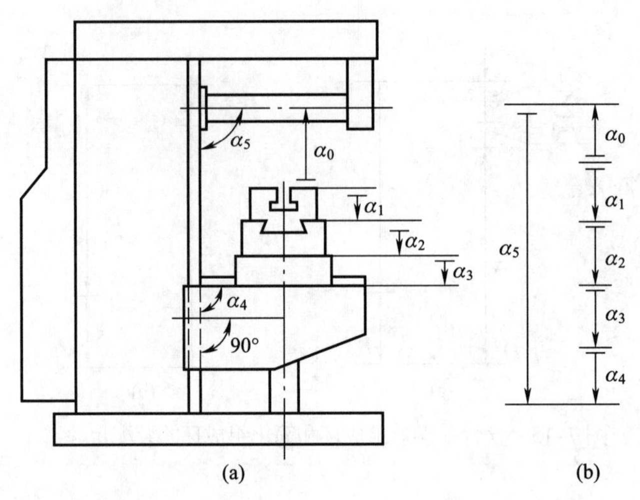

图 7-17 角度转化法示例之一（当两垂直度环在同象限内）

有时垂直度不在同一象限内，如图 7-18（a）所示的角度尺寸链，其两个垂直度环 α_4 和 α_5 分别在第Ⅳ、第Ⅰ两相邻象限内。此时，应在 α_4 和 α_5 两角度范围内各放置一角尺，使 α_4 和 α_5 转化成平行度环。此两角尺水平面间的平行度实际上是床身导轨的平直度，为180°的理想环。由此可画得其转化后的尺寸链，如图 7-18（b）所示。

另外还可看出，图 7-17（b）所示尺寸链的组成环环数比图 7-18（b）少一环，可见，为使尺寸链的环数最少，应将尺寸链中的垂直度环尽可能安置在同一象限内。

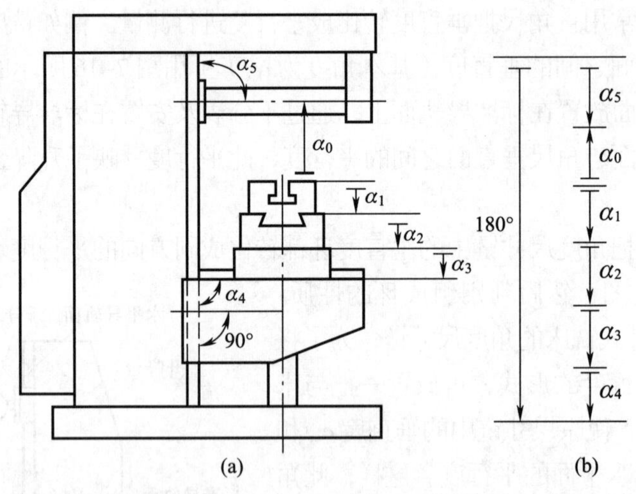

图 7-18 角度转化法示例之二（当两垂直度环不在同象限内）

要注意的是，在角度转化法中，为了把尺寸链中的所有环都转化成同一方向的平行度，有时仅将垂直度环进行转化还不够，还需对原尺寸链中某些平行度环也进行转化。图 7-17 所示的角度装配尺寸链，除需在工作台台面和升降台水平导轨上各放置一角尺，使垂直度环 α_4 和 α_5 转化成垂直方向的平行度环外，还需在床鞍上再放置一直角尺，使

平行环 α_1 和 α_2 也转动 90°，最后使转化后的平行度都在同一方向。角度链转化后的尺寸链图的形式与直线尺寸链图完全相同，因而可直接采用直线尺寸链的方法判别组成环的性质。

装配尺寸链建立后，即可列出计算公式进行计算。当角度尺寸链由角度尺寸及其公差共同构成时，其解算方法和直线尺寸链完全一样，计算单位用角度。当尺寸链由几何误差组成时，可将角度尺寸链中各垂直度环和平行度环用同一规定长度的偏差或公差表示（如用 0.02 mm/300 mm 表示），并直接采用偏差或公差进行计算，只是对最后计算结果需注明统一的长度值。

7.4 装配方法及装配尺寸链解算

保证产品装配精度的核心问题是：① 选择合理的装配方法；② 建立和解算装配尺寸链，以确定各组成环的尺寸、公差，或在各组成环尺寸和公差给定条件下，检验装配精度是否合乎要求。尺寸链的建立与验算与所用的装配方法密切相关，装配方法不同其尺寸链的建立方法也不相同，因此，首先应选择合理的装配方法。

在长期装配实践中，根据不同的机器和生产条件类型，形成了许多巧妙的装配工艺方法，分为互换装配法、分组装配法、修配装配法和调整装配法。

7.4.1 互换装配法

互换装配法是指零件加工完毕经检验合格后，在装配时不经任何调整和修配就可以达到装配精度的要求。互换装配法中，又可分为完全互换法和大数互换法。

完全互换法可采用极值法计算求解装配尺寸链，装配时各组成环不需挑选或改变其大小和位置，装配后全部产品都能达到封闭环的公差要求。这种装配方法的优点是便于装配和维修，便于组织流水线作业、自动化装配以及采用协作方法组织专业化生产等。缺点是在封闭环公差（即装配精度）要求下，允许的组成环公差较小，即零件的加工精度要求较高。这种装配方法只要组成环公差能满足经济加工精度要求，则无论何种生产类型均可适用，特别在大批量生产时，例如汽车、拖拉机、轴承等产品的装配中。

大数互换法的装配尺寸链采用概率法求解计算，装配时各组成环也不需挑选或改变其大小和位置，但装配时有少数零件不能互换，即装配后有少数产品达不到装配精度要求。为此，应采取适当的工艺措施，如更换不合格件或进行产品返修等。与完全互换法相比较，大数互换法可扩大组成环公差，即可降低零件的加工精度要求，选用时应进行经济性论证。此法多用于装配精度要求较高和组成环数较多的大批量生产的产品装配中，例如机床、仪器仪表等产品的装配。

由以上分析可知，互换装配法的实质就是通过控制零件的加工误差保证产品的装配精度要求。为了达到这个目的，计算时就需要将封闭环的公差合理地分配给各组成环，并合理确定这些组成环的公差带分布。

（1）组成环公差的大小及其分布位置的确定原则

组成环的公差大小一般按尺寸大小和加工难易程度进行分配。尺寸相近、加工方法相同的组成环可采用等公差分配原则，即取各组成环公差相等，且等于其平均公差；尺寸大小不同、加工方法相同的组成环可采用等精度分配原则，即各组成环取相同的等级，并以平均公差为基础，由标准公差表最后确定各组成环的公差。实际产品中，各组成环的加工方法、尺寸大小和加工难易程度等都不尽相同，此时宜按实际可行性分配公差。具体方法是先按等公差分配原则初步确定各组成环公差，再根据尺寸大小、加工难易程度、实际加工可行性等进行调整。一般来说，尺寸较大和工艺性较差的组成环应取较大的公差范围；反之，应取较小的值。

当组成环为标准零件时，其公差大小和分布（上极限、下极限偏差）在标准中已有规定，是给定值。对同时为两个尺寸链所共有的组成环（称公共环），其公差和极限偏差应按公差要求最严的那个尺寸链确定，这样，它对其他尺寸链的封闭环也自然满足要求。

公差带的分布位置一般按“入体原则”标注，即对被包容件或与其相当的尺寸（如轴径及轴肩宽度尺寸），分别取上、下极限偏差为 0 和 $-T_i$；对包容件或与其相当的尺寸（如孔径及轴槽宽度尺寸），分别取上、下极限偏差为 $+T_i$ 和 0。当组成环为中心距时，则标注成对称偏差，即 $\pm\frac{1}{2}T_i$。

应当指出，按上述原则确定的公差及极限偏差，应尽可能符合公差与配合国家标准的规定，以便于利用标准量规（如卡规和塞规）进行测量。

（2）互换装配法的尺寸链计算

若各组成环的公差和极限偏差都按上述原则确定，则封闭环的公差和极限偏差要求往往不能恰好满足，为此需从组成环中选出一组成环，其公差和极限偏差通过计算确定，使之与其他各环相协调，以满足封闭环的公差和极限偏差要求。此选定的组成环称为协调环（又称相依环或从属环），一般选取便于加工和便于采用通用量具测量的环作为协调环。互换装配法的尺寸链一般用极值法计算，下面通过例题来说明。

例 7–1　图 7–19 所示为双联转子泵轴的装配简图，根据技术要求，其轴向装配间隙 $A_0=0.05 \sim 0.15$ mm（在冷态下）即 $A_0=0^{+0.15}_{+0.05}$ mm。已知有关零件的基本（公称）尺寸为 $A_1=41$ mm，$A_2=A_4=17$ mm，$A_3=7$ mm。试用极值法计算各组成环的公差大小和分布位置。

1）画装配尺寸链

先画出装配尺寸链图，如图 7–19 下部所示，这是一个有 4 个组成环的尺寸链。A_1 为增环，A_2、A_3 及 A_4 为减环，封闭环为 A_0。由图 7–19 所示的尺寸链的公式为

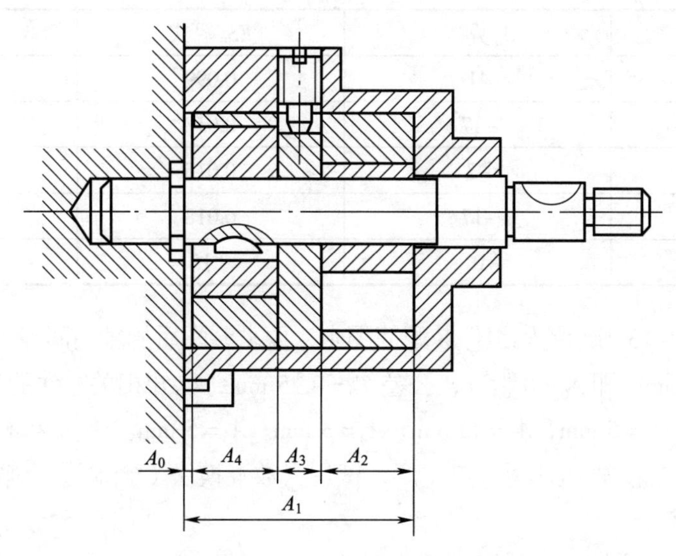

图 7–19　双联转子泵轴的装配简图

$$A_0=A_1-A_2-A_3-A_4=41^{①}-17-7-17=0$$

2）确定各组成环公差

为了满足封闭环公差 $T_0=0.1$ mm 的要求，各组成环公差带 T_i 的总和 $\sum T_i$ 不得超过 T_0。即

$$T_1+T_2+T_3+T_4\leqslant T_0=0.1$$

在最终确定各 T_i 值之前，首先可按等公差分配，看各组成环能分配到的平均公差 T_M 的数值：$T_M=T_0/(n-1)=0.1/4\ \text{mm}=0.025\ \text{mm}$。由所得数值可以看到，零件制造平均精度要求较高，但可以加工，因此用完全互换的极限法计算是可行的。

从平均值出发，结合具体零件的加工难易程度和设计要求等，调整各组成环的尺寸公差。

考虑到尺寸 A_2、A_4 及 A_3 可用平磨加工，故公差可适当减少。为便于尺寸都用卡规测量，应使其公差符合基准轴公差的规定，故选 $T_2=T_4=0.018$ mm。而 $T_3=0.015$ mm（精度为 7 级），则

$$A_2=A_4=17_{-0.018}^{\ 0}\ \text{mm}\qquad A_3=7_{-0.015}^{\ 0}\ \text{mm}$$

3）选择协调环

对于尺寸 A_1，由于是用镗削加工取得，较难保证高的精度，且该尺寸在成批生产中不便使用专用极限量规，故选它为协调环。

由竖式法（表 7–3）求解该尺寸链，得 $A_1=41_{+0.05}^{+0.099}$ mm。

---

① 未标注的数值单位为 mm，其余处不再说明。

表 7–3 尺寸链的计算 mm

尺寸链环	A_0 算式	ES_0 算式	EI_0 算式
协调环 A_1	41	0.099	0.05
减环 A_2	−17	0.018	0
减环 A_3	−7	0.015	0
减环 A_4	−17	0.018	0
封闭环 A_0	0	0.15	0.05

例 7–2 图 7–13 所示的轴组件装配简图中，要求装配后的轴向间隙（装配精度要求）$A_0=0.10\sim0.35$ mm（即 $A_0=0^{+0.35}_{+0.10}$），公差 $T_0=0.25$ mm，已知相关零件的基本（公称）尺寸为 $A_1=30$ mm，$A_2=5$ mm，$A_3=43$ mm，$A_4=3$ mm，$A_5=5$ mm。弹簧卡环 4 为标准件，按标准规定，$A_4=3^{\ 0}_{-0.05}$。轴组件为大量生产，试用大数互换法（概率法）确定各尺寸的公差和上、下极限偏差。

1）确定各组成环公差

根据图 7–13 所示的尺寸链，A_1、A_2、A_4、A_5 为减环，A_3 为增环，封闭环为 A_0。

由于各组成环的偏差分布不清楚，故采用概率法公式求各组成环的平均公差 T_M

$$T_M=\frac{T_0}{K\sqrt{n-1}}=\frac{0.25}{1.5\times\sqrt{6-1}}\ \text{mm}=0.075\ \text{mm}$$

式中，$K=1.5$。

以这个平均公差为基准，结合有关零件的加工难易程度，并使其符合某一加工精度。设 A_1 的公差精度为 IT10，A_2 和 A_3 的公差精度为 IT11 级。取尺寸 A_3 为协调环。由标准公差表，各组成环公差为

$$T_1=0.084\ \text{mm}（\text{IT10}），\quad T_2=0.075\ \text{mm}（\text{IT11}），$$
$$T_4=0.050\ \text{mm}（已知），\quad T_5=0.075\ \text{mm}（\text{IT11}）$$

按“入体原则”确定各组成环的上、下极限偏差为

$$A_1=30^{\ 0}_{-0.084},\quad A_2=5^{\ 0}_{-0.075},\quad A_4=3^{\ 0}_{-0.050},\quad A_5=5^{\ 0}_{-0.075}$$

2）计算协调环的公差

协调环的公差计算如下：

$$T_0=K\sqrt{\sum_{i=1}^{n-1}T_i^2}=K\sqrt{T_1^2+T_2^2+T_3^2+T_4^2+T_5^2}$$

设 $K=1.5$，由上式求得协调环 A_3 的公差为

$$\begin{aligned}T_3&=\sqrt{(T_0/K)^2-(T_1^2+T_2^2+T_4^2+T_5^2)}\\&=\sqrt{(0.25/1.5)^2-(0.084^2+0.075^2+0.05^2+0.075^2)}\\&=0.084(\text{IT9}\sim\text{IT10})\end{aligned}$$

协调环的上、下极限偏差，可通过先求出其基本（公称）尺寸的平均值，再根据公差

对称分布的原则确定。由图 7–13（b）所示的尺寸链，可得

$$A_{3M}=A_{1M}+A_{2M}+A_{4M}+A_{5M}+A_{0M}$$

$$=\left(A_1+\frac{T_{1M}}{2}\right)+\left(A_2+\frac{T_{2M}}{2}\right)+\left(A_4+\frac{T_{4M}}{2}\right)+\left(A_5+\frac{T_{5M}}{2}\right)+\left(A_0+\frac{T_{0M}}{2}\right)$$

$$=\left(30-\frac{0.084}{2}\right)+\left(5-\frac{0.075}{2}\right)+\left(3-\frac{0.05}{2}\right)+\left(5-\frac{0.075}{2}\right)+\left(0+\frac{0.45}{2}\right)$$

$$=43.083$$

则 $A_3=\left(43.083\pm\frac{0.084}{2}\right)\text{ mm}=43^{+0.12}_{+0.04}\text{ mm}$。

7.4.2 分组装配法

当封闭环的精度要求很高，用完全互换法或不完全互换法求解装配尺寸链时，组成环的公差非常小，加工十分困难而又不经济。这时可将组成环公差增大若干倍（一般为 3 ~ 6 倍），使组成环零件能按经济公差进行加工，然后再将各组成环按原公差大小分组，按相应组分别进行装配，这就是分组装配法。这种方法实质上仍是互换装配法，是按组互换，既能扩大各组成环的公差，又能保证装配精度的要求。

采用分组装配法必须要保证在装配中各组的配合精度和配合性质（间隙或过盈）与原来要求相同，否则不能保证装配要求。下面以轴孔配合为例来说明这一问题。

图 7–20 表示轴孔配合情况，设轴的公差为 T_s，孔的公差为 T_h，$T_s=T_h$，即轴、孔公差相等。这是一个最简单的三环尺寸链，封闭环为配合性质（间隙或过盈），轴、孔为组成环。图中左边为过盈配合的情况，右边为间隙配合的情况。在间隙配合的情况下，原来最大间隙为 X_{max}，即 X_{max1}，最小间隙为 X_{min}，即 X_{min1}。采用分组互换法，将 T_s 和 T_h 同方向增大 n 倍，则分别为 $T_s'=nT_s$，$T_h'=nT_h$；再将 T_s' 和 T_h' 分成 n 组，相应组的 T_s 和 T_h 进行装配，取任一组 k 来看，只要证明其配合精度和配合性质与原来一致，则这种方法就可行。由图 7–20 看出，第 k 组的最大间隙为

$$X_{max\,k}=X_{max\,1}+(k-1)T_h-(k-1)T_s=X_{max\,1}+(k-1)T-(k-1)T=X_{max\,1}=X_{max}$$

最小间隙为

$$X_{min\,k}=X_{min\,1}+(k-1)T_h-(k-1)T_s=X_{min\,1}+(k-1)T-(k-1)T=X_{min\,1}=X_{min}$$

配合精度为

$$T_k=\frac{X_{max\,k}-X_{min\,k}}{2}=\frac{X_{max\,1}-X_{min\,1}}{2}=\frac{T_h+T_s}{2}=T$$

可见配合精度和性质都不变。同理可证明过盈配合部分。因此，当两配合零件公差相等时，同向增大它们的公差后再按原公差分组，进行分组装配是可行的。

图 7–21 表示轴、孔公差不相等时的情况，即 $T_h\neq T_s$，$T_h>T_s$。第 k 组的最大间隙为

$$X_{max\,k}=X_{max\,1}+(k-1)T_h-(k-1)T_s=X_{max\,1}+(k-1)(T_h-T_s)$$

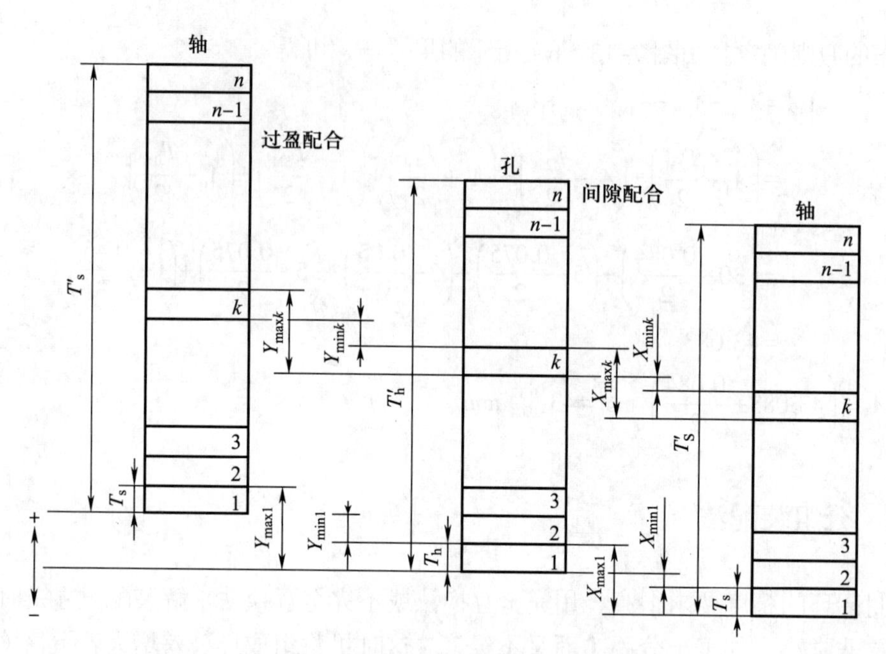

图 7−20 轴孔公差相等时的分组互换法

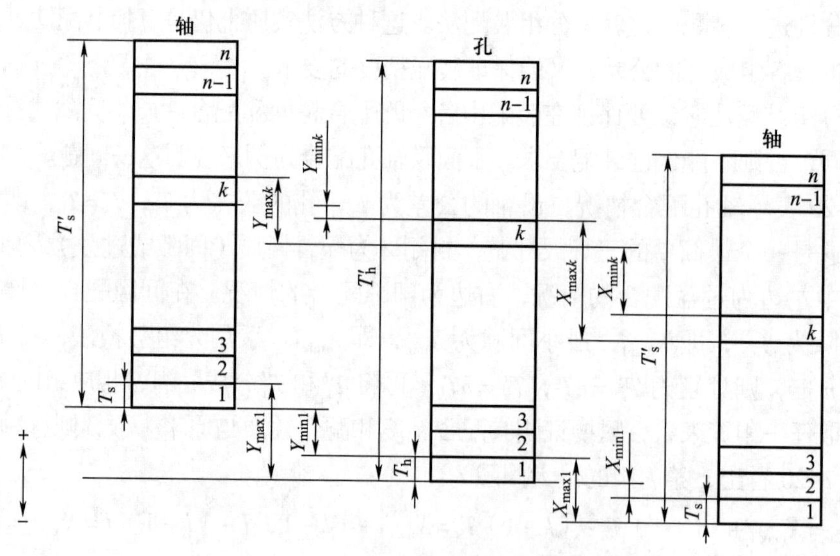

图 7−21 轴孔公差不相等时的分组互换法

最小间隙为

$$X_{\min k}=X_{\min 1}+(k-1)T_{\mathrm{h}}-(k-1)T_{\mathrm{s}}=X_{\min 1}+(k-1)(T_{\mathrm{h}}-T_{\mathrm{s}})$$

配合精度为

$$T_k=\frac{X_{\max k}-X_{\min k}}{2}=\frac{[X_{\max 1}+(k-1)(T_{\mathrm{h}}-T_{\mathrm{s}})]-[X_{\min 1}+(k-1)(T_{\mathrm{h}}-T_{\mathrm{s}})]}{2}$$

$$=\frac{X_{\max 1}-X_{\min 1}}{2}=\frac{T_{\mathrm{h}}+T_{\mathrm{s}}}{2}=T$$

可知这时配合精度不变，但配合性质改变了。同理可证明过盈配合部分。故两配合零件公差不相等时，不能用分组装配法进行装配。

分组装配法的特点是：

1）一般只用于组成环公差都相等的装配尺寸链。

2）零件分组后，应保证装配时能够配套。如果组成环的尺寸分布曲线都是正态分布曲线，则可以配套装配。如果组成环的尺寸分布不是正态分布曲线，则将产生各组零件数不等而不能配套。实际生产中这种情况经常出现，容易造成零件积压。

3）分组数不宜太多。分组数就是公差扩大的倍数，分组数多表示公差扩大倍数多，这将使装配组织工作变得复杂。因为零件的尺寸测量、分类、保管、运输都必须有条不紊，分组数只要使零件制造精度达到经济精度就可以了。

分组装配法多用于封闭环精度要求较高的短环尺寸链。一般组成环只有 2 ~ 3 个，因此应用范围较窄，通常用于汽车、拖拉机制造业及轴承制造业等大批量生产中。现列举汽车发动机活塞、活塞销和连杆的分组装配实例说明其应用情况。

例 7–3　图 7–22（a）所示为发动机活塞销与活塞销孔的装配情况，要求在冷态装配时有 0.002 5 ~ 0.007 5 mm 过盈量（即要求封闭环公差 $T_0 = 0.005$ mm），活塞销和销孔直径的基本（公称）尺寸为 $\phi28$ mm。试按分组装配法确定分组数和各组成环的公差和极限偏差。

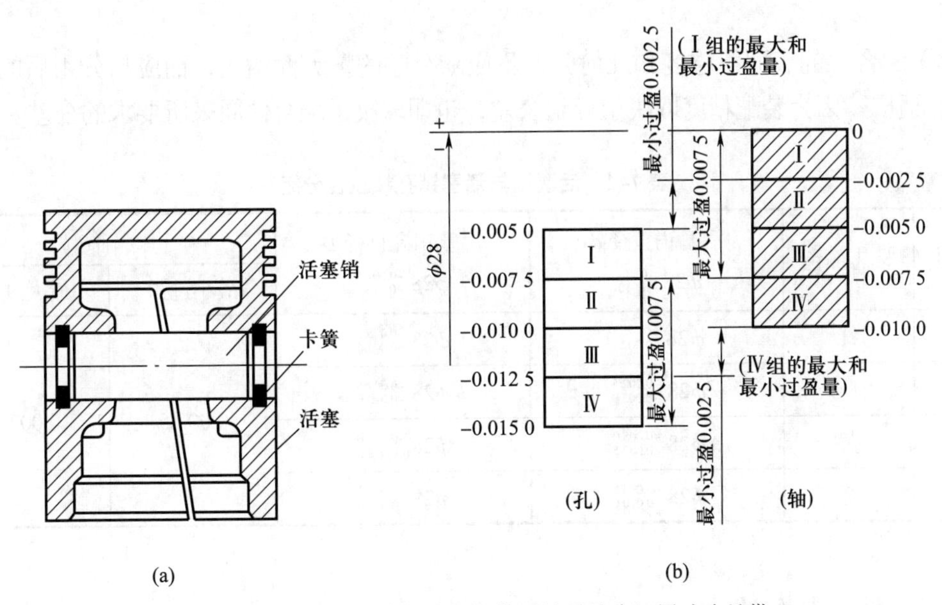

图 7–22　活塞销和活塞销孔的装配关系及分组尺寸公差带

首先计算各组成环的平均公差，以便分析采用分组装配法的合理性。

根据此平均值和组成环基本（公称）尺寸（$\phi28$ mm），对照标准公差表，可知组成环的平均公差等级约为 IT2 级。此公差精度太高，在大批量生产中不可能稳定加工。生产中常采用分组装配法装配。具体步骤为：

1）确定组成环加工的经济精度及其公差：活塞销外圆和销孔拟分别在无心磨床和金刚镗床上加工，根据生产实际可知，它们可以较为稳定地加工到IT6级，即相应尺寸公差为0.013 mm。

2）扩大组成环公差：为使组成环公差接近其经济加工精度，将设计所要求的公差同方向扩大到4倍，即组成环公差由0.002 5mm放大到0.01 mm。这样，活塞销和销孔直径的极限偏差分别由$d=\phi28_{-0.0025}^{\ 0}$和$D=\phi28_{-0.0075}^{-0.005}$，扩大至$d'=\phi28_{-0.01}^{\ 0}$和$D'=\phi28_{-0.015}^{-0.005}$。

3）测量和分组：零件加工后，用精密量具测量尺寸，按其偏差大小分为4组（与放大倍数一致），并分别作上不同标记（如涂不同颜色等），以便按对应组装配时进行区别。具体分组情况见图7–22（b）及表7–4。

4）按对应组进行装配：由表7–4可以看出，零件分组后各组零件的配合过盈量符合原设计要求。

采用分组装配法进行装配时，还应注意下列事项。

1）配合件的公差应相等，公差应向同一方向扩大，扩大的倍数应等于分组数。

2）分组数不宜过多，以免增加零件的测量、分组、储存、运输及装配时的工作量，一般分组数为3 ~ 6组。

3）分组后，各组配合零件的数量尽量相同，即要求配合零件有一致的尺寸分布，以便装配时配套，否则将出现某些尺寸的零件剩余积压。另外，装配时常备有一些用作配套的备件。

4）配合件的表面粗糙度和几何公差不应随公差的扩大而增大，而应与分组后的公差大小相适应。因为装配精度取决于分组公差，也即取决于配合件原来所要求的公差。

表7–4 活塞销与活塞销孔按直径分组

组别	标志颜色	活塞销直径 d $\phi28_{-0.010}^{\ 0}$	活塞销孔直径 D $\phi28_{-0.015}^{-0.0015}$	配合情况	
				最小过盈	最大过盈
1	红	$\phi28_{-0.0025}^{\ 0}$	$\phi28_{-0.0075}^{-0.0050}$	0.002 5	0.007 5
2	白	$\phi28_{-0.0050}^{-0.0025}$	$\phi28_{-0.0100}^{-0.0075}$		
3	黄	$\phi28_{-0.0075}^{-0.0050}$	$\phi28_{-0.0125}^{-0.0100}$		
4	绿	$\phi28_{-0.0100}^{-0.0075}$	$\phi28_{-0.0150}^{-0.0125}$		

7.4.3 修配装配法

修配装配法根据装配时实际测量的结果，改变尺寸链中某一预定尺寸，或者就地配制这个尺寸环，使封闭环达到规定的精度要求。

采用修配装配法时，尺寸链中各环均按在该生产条件下经济可行的公差来制造。装配时，封闭环的总误差有时会超出规定的允差范围，为了达到规定的装配精度，必须把尺寸链中某一零件加以修配，才能予以补偿。要进行修配的组成环就叫修配环，它属于补偿环的一种。通常，修配件应选择容易进行修配加工、并且对其尺寸链没有影响的零件。这种装配法适用于成批和单批生产。

（1）修配装配法中直线尺寸链的极值解法

这种解法的主要任务是确定修配环在加工时的实际尺寸，使修配时有足够的且是最小的修刮量。修配环在修配时对封闭环尺寸变化的影响可分两种情况：一种是使封闭环尺寸变小；另一种是使封闭环变大。因此用修配装配法解尺寸链时，就需要根据这两种情况分别进行解算。

1）修配环被修配时，封闭环越变越小

例 7–4　如图 7–10 所示的车床主轴锥孔轴心线和尾座顶尖套锥孔轴对溜板移动的不等高度允差为 0.006 mm（只许尾座高）。通过分析可知，这个尺寸链影响不等高度的因素有 7 项。对于普通车床而言，在解尺寸链时，可将图 7–10 中的一些影响较小的不同轴度及等高度等因素加以忽略而简化成图 7–23 所示的情况。并设：$A_1=156$ mm（尾座座孔中线到底面的距离尺寸）；$A_2=46$ mm（底板厚度）；$A_3=202$ mm（床头箱主轴孔中心线到底面的距离尺寸）；$A_0=0\sim0.06$ mm。

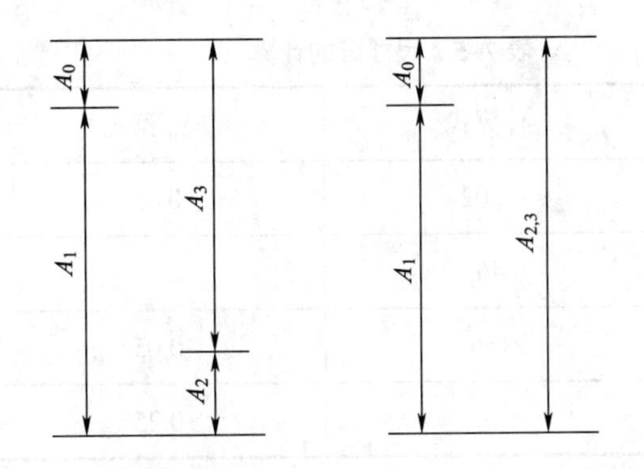

图 7–23　车床尾座装配时的原尺寸链和合并加工尺寸链

若按完全互换法的极值解法，各组成环公差的平均值为

$$T_M=\frac{0.06}{4-1}\ \text{mm}=0.02\ \text{mm}$$

显然，各组成环的精度要求较高，加工困难，所以在生产中常按经济加工精度规定各组成环的公差，而在装配时用修配（如刮、磨）底板的方法达到装配精度。

根据用镗模加工时的经济精度，尺寸 A_1、A_3 公差值取为 $T_1=T_3=0.1$ mm。

由于 A_1、A_3 尺寸本身就是通过装配得到的，故其偏差应取为对称，即

$$A_3=(156\pm0.05)\ \text{mm}\quad A_1=(202\pm0.05)\ \text{mm}$$

尾座底板厚度尺寸 A_2 的公差大小，根据半精刨的经济加工精度规定为 0.15 mm。其偏差大小则需通过计算才能确定。

由图 7–23 可见，这个尺寸链的特点是修配环越被修配，封闭环尺寸就越小，即尾座

顶尖套锥孔轴心线相对于主轴锥孔轴心线越修越低。

根据尺寸链原理，封闭环的公差应为各组成环的公差之和。本例中，如果将这三环直接装配，则装配后所得封闭环实际公差将大于装配设计要求，当实际所得的尾座顶尖套锥孔轴心线高于主轴锥孔轴心线 0.06 mm 以上时，可通过修配底板底面（即减少 A_2 尺寸）而使尾座顶尖套锥孔轴心线逐步下降，直到高出 0 ~ 0.06 mm 的装配要求为止。相反，如果装配后所得的封闭环实际数值小于规定的封闭环最小值（$A_{0\min}=0$），即尾座顶尖套锥孔轴心线低于主轴锥孔轴心线时，如再修 A_2 环，只能使尾座顶尖套锥孔轴心线更低，此时就无法通过修配达到装配要求。为使装配时能通过修配 A_2 环满足装配要求，就必须使装配后所得封闭环的实际尺寸 $A'_{0\min}$ 在任何情况下都不能小于规定的封闭环最小值 $A_{0\min}$。下面进行计算：

① 确定各组成环公差

各组成环按经济公差制造，确定为：

$$A'_1=(202\pm0.05)\ \text{mm},\quad A'_2=46^{+0.15}_{\ 0}\ \text{mm},\ A'_3=(156\pm0.05)\ \text{mm}$$

由图 7–23 可知，A_1 为减环，A_2、A_3 为增环，其中 A_2 选为修配环。

② 修配环基本（公称）尺寸的确定

表 7–5 尺寸链的计算

mm

尺寸链环	A_0 算式	ES_0 算式	EI_0 算式
减环 A_1	–202	0.05	–0.05
增环 A_2	46	0.15	0
增环 A_3	156	0.05	–0.05
封闭环 A_0	0	0.25	–0.10

由竖式法（表 7–5）求解，得 $A'_0=0^{+0.25}_{-0.10}$ mm

将 $A'_0=0^{+0.25}_{-0.10}$ 与原来的封闭环要求值 $A_0=0^{+0.06}_{\ 0}$ 比较，则修配环基本（公称）尺寸的增加值 ΔA_2 为

$$\Delta A_2=EI_0-EI'_0=[0-(-0.1)]\ \text{mm}=0.10\ \text{mm}$$

则 A_2 的实际尺寸为

$$A''_2=(46+0.10)^{+0.15}_{\ 0}\ \text{mm}=46^{+0.25}_{+0.10}\ \text{mm}。$$

③ 修配量的计算

由于底板的底面在总装时必须进行研刮，而在上述的计算中按 $A_{0\min}=0$ 进行计算，故在总装时若出现这种极端情况就没有余量修刮了，所以还必须对 A_2 进行放大，使其留有必需的最小修刮余量（设定为 0.15 mm），则修正后的实际尺寸 A''_2 应为

$$A''_2=(46+0.15)^{+0.25}_{+0.10}\ \text{mm}=46^{+0.40}_{+0.25}\ \text{mm}$$

④ 求最大修刮量（表 7–6）

表 7–6 尺寸链的计算 mm

尺寸链环	A_0 算式	ES_0 算式	EI_0 算式
减环 $A1$	−202	0.05	−0.05
增环 $A2$	46	0.40	0.25
增环 $A3$	156	0.05	−0.05
封闭环 A_0	0	0.50	0.15

比较 $A_0''=0_{+0.15}^{+0.50}$ 和 $A_0=0_{\ 0}^{+0.06}$，则

最大修配量为 $\delta_{max}=(0.50-0.06)$ mm = 0.44 mm

最小修配量为 $\delta_{min}=(0.15-0)$ mm = 0.15 mm

2）修配环被修配时，封闭环尺寸越来越大

铣床溜板与床身矩形导轨的装配示意图如图 7–24 所示。要求装配后间隙为 0.03 ~ 0.10 mm。在装配过程中，修刮 A_1，由图 7–24 可见，这个尺寸链的特点是修配环越修配，封闭环尺寸（即间隙）就越大。

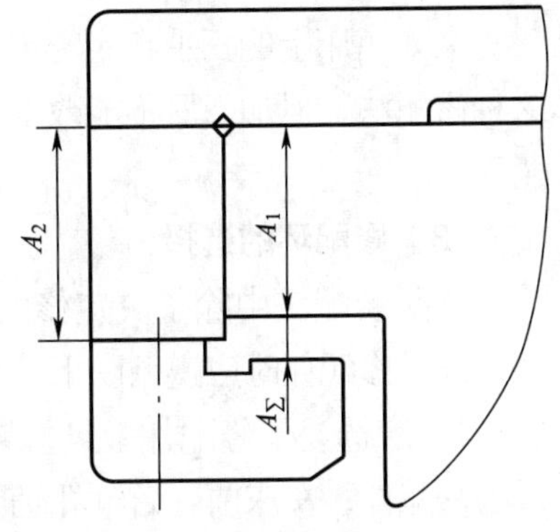

图 7–24 铣床溜板与床身矩形导轨装配示意图

当装配过程中所得到的封闭环实际数值小于规定的最小值 0.03 mm 时，就可通过修配滑块，使间隙逐渐增大，达到 0.03 ~ 0.10 mm 为止。相反，如果装配后所得封闭环数值大于规定的封闭环的最大值（即 $A_{0max}'>$ 0.1 mm）时，再修配只能使间隙变得更大，就无法达到装配要求。

为使装配过程中能通过修配 A_2 环满足装配要求，就必须使装配所得的封闭环实际尺寸 A_{0max}' 在任何情况下都不能大于规定的封闭环最大值 A_{0max}，为使修刮劳动量最小，应使 $A_{0max}'=A_{0max}$，根据这一条件，随着修配环被修配，封闭环变大时的计算关系式为

$$A_{0max}'=A_{0max}=\sum_{i=1}^{m}A_i-\sum_{i=m+1}^{n-1}A_i$$

或者 $ESA_0'=ESA_0=\sum_{i=1}^{m}ESA_i-\sum_{i=m+1}^{n-1}EIA_i$

本例中修配环为减环，把它作为未知数从减环中分出。其他计算过程同第一种情况一样，这里不再进行具体计算。

（2）修配的三种方法

1）独件修配法。所谓独件修配法，就是选定某一固定的零件作为修配件，在装配过程中进行修配，以保证装配精度。例如大型键槽和键的装配，选择键进行修配就是这种方法。

2）合并加工修配法。合并加工修配法是将两个或多个零件合并在一起进行加工修配，

将所得尺寸作为一个组成环，从而减少组成环环数，并相应减少修配劳动量的一种修配方法。

装配中利用合并加工修配法的例子很多，前面讨论的车床头尾座中心线等高度尺寸链中，在生产中为了减少修刮劳动量，往往把零件1和2（即尾座和底板）合并成部件$A_{1,2}$，这样，组成环数就少了一个。又如X62W万能铣床在总装前，将工作台和回转盘装在一起后进行加工，以保证工作台面和回转面的平行度，并作为一个零件参与总装配，最后保证主轴回转中心线对工作台面的平行度。这样就减少了尺寸链的组成环数，因而组成环的公差也就可以做得较大。

应用合并加工修配法时零件要对号入座，这给装配生产组织工作带来麻烦，因此多用于单件、成批生产中，至于合并法减少组成环的思想则在各类生产中都有应用。

3）自身加工修配法。在机床制造中常用“自身加工”修配法（“自己加工自己”）以达到装配精度。如牛头刨床工作台面就是用刨床自己刨出来的。用这种办法加工修配环，能保证较高的相互位置精度。

又如车床上的三爪自定心卡盘，为了保证三个爪形成的中心与机床主轴同心，常采用这种修配法，但加工后不能改变三爪自定心卡盘和主轴的相对位置，卡爪的夹持直径也不能改变。

（3）修配环的选择

修配装配法中除了决定修配环的实际尺寸以外，选择修配件也是重要问题。一般说来，选择修配件时应遵循以下几个原则：

1）应选易于修配加工且拆装容易的零件为修配件。例如矩形导轨的配合中，选择压板为修配件；车床前、后锥孔轴心线等高度要求中，选择尾座底板作为修配件较为合理。

2）不应选具有公共环的零件为修配件。由于机床结构比较复杂，一台机床的某些精度之间彼此联系，互相影响。有时一个或几个零件上某个尺寸的精度会同时影响几项精度要求，这个（或几个）零件上的该尺寸在尺寸链中称为公共环。选择修配件时，如果选择具有公共环的零件做修配件，可能保证了这项精度而破坏了另一项精度，所以一般不选公共环为修配环。

7.4.4 调节装配法

对于精度要求较高的尺寸链，不能按完全互换法进行装配时，除了用修配装配法对超差的部件进行修配，以保证技术要求外，还可以用调节法对超差部件进行补偿来保证技术要求。

调节装配法的特点也是按经济加工精度确定零件公差，如果直接装配就必然会使一部分装配件超差。为了保证装配精度，可改变一个零件的位置（称可动调节装配法），或选定一个或几个适当尺寸的调节件（也叫补偿件）加入尺寸链（固定调节装配法），来补偿这种影响。因此，在机械设计时就应在结构上有所考虑，使调节顺利进行。

1. 可动调节装配法

可动调节装配法是用改变零件的位置（移动、旋转或移动旋转同时进行）达到装配精度，调节过程中不需拆卸零件，比较方便。在机械制造中使用可动调整的方法达到装配精度的例子很多，下面通过几个例子来说明。

1）轴承间隙的调整。图 7–25 所示的结构靠转动螺钉调整轴承外环相对于内环的位置，以取得合适的间隙或过盈，保证轴承既有足够的刚性又不至于过分发热。

2）丝杠螺母副间隙的调整。为了能通过调整消除丝杠螺母副间隙，可采用图 7–26 所示的结构。当发现丝杠螺母副间隙不合适时，可转动中间螺钉，通过楔块的上下移动改变间隙的大小。

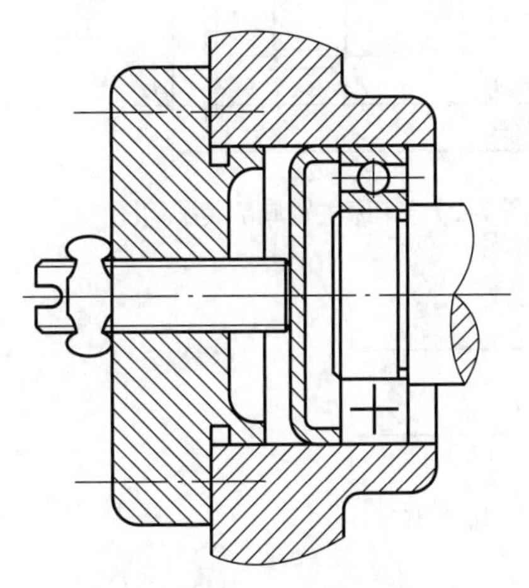

图 7–25 轴承间隙的调整

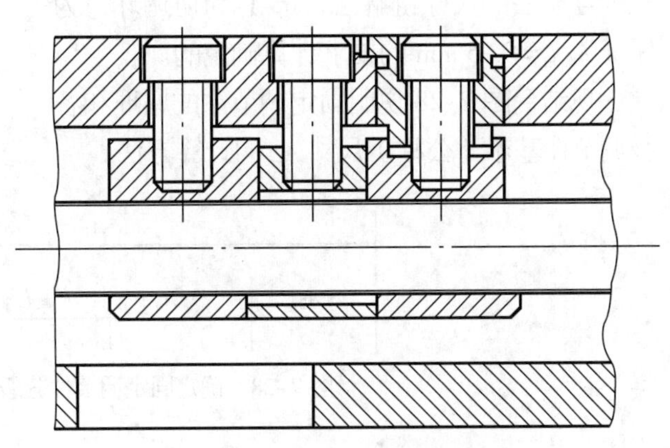

图 7–26 丝杠螺母副间隙的调整

2. 固定调节装配法

这种装配方法，是在尺寸链中选定（或加入）一个零件作调节环。作为调节环的零件是按一定尺寸间隔级别制成的一组专门零件，根据装配时的需要，选用其中的某一级别零件作补偿，从而保证所需要的装配精度。通常使用的调节件有垫圈、垫片、轴套等。下面通过实例说明调节尺寸的确定方法。

图 7–27 所示为车床主轴局部装配简图。双联齿轮除了其径向有适当的配合外，在轴向也必须有适当的装配间隙，以保证转动灵活，又不致引起过大的轴向窜动（此齿轮为斜齿，断续切削时会引起轴向往复窜动和冲击），故规定轴向间隙 A_0 为 0.05 ～ 0.2 mm。A_0 的大小决定于图示 A_1、A_2、A_3、A_4、A_k 各尺寸的数值，即为 $A_0=A_1-A_2-A_3-A_k-A_4$。

设有关尺寸为 $A_1=115$ mm，$A_2=8.5$ mm，$A_3=95$ mm，$A_4=2.5$ mm，$A_k=9$ mm。构成的尺寸链如图 7–27 下部所示。如果按完全互换法装配，则平均公差

$$T_{\mathrm{M}}=\frac{T_0}{5}=\frac{0.2-0.05}{5}\ \mathrm{mm}=0.03\ \mathrm{mm}$$

按这样小的公差加工是很不经济的。

现按经济加工精度确定有关零件公差，并用A_k环表示固定补偿件的尺寸，采用固定调节法装配。

各零件的制造公差按“入体原则”及经济加工精度规定如下

$$A_1=115_{+0.05}^{+0.20}\ \text{mm},\quad A_2=8.5_{-0.1}^{\ 0}\ \text{mm},$$

$$A_3=95_{-0.1}^{\ 0}\ \text{mm},\quad A_4=2.5_{-0.12}^{\ 0}\ \text{mm}$$

已知$A_k=9$ mm，T_k定为0.03 mm，按“入体原则”标注为$A_k=9_{-0.03}^{\ 0}$ mm。

这里A_1的下极限偏差为+0.05 mm，是根据完全互换法的尺寸链解法，选A_1为协调环，为保证$A_{0\min}=0.05$ mm的要求计算确定的。

现结合图7-28说明固定调节法的原理和各级调节件基本（公称）尺寸A_{ki}的计算方法。

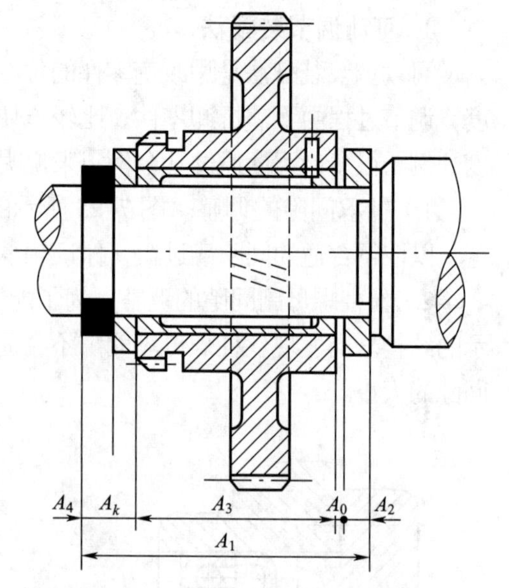

图7-27 车床主轴局部装配简图

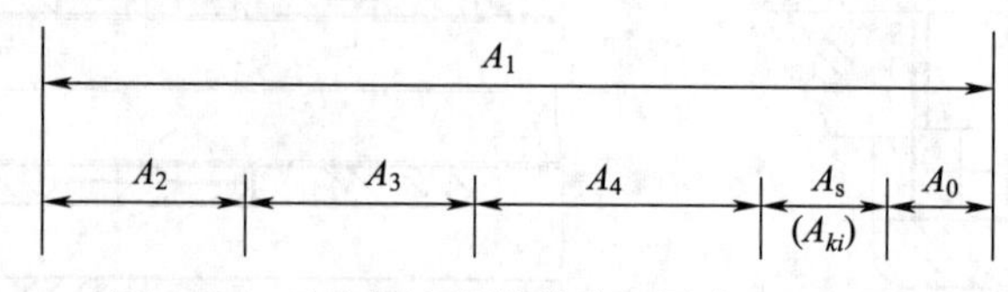

图7-28 确定固定调节件分级尺寸的A_{ki}图解

1）“空位”尺寸的变动范围T_s。图7-28中的A_s表示装配尺寸链中未放入调节件A_k之前的“空位”尺寸，根据增、减环极限尺寸的不同组合情况，可得到$A_{s\max}$及$A_{s\min}$两个极限的“空位”尺寸，其变动范围T_s等于除了调节环以外的各组成环（此时的数目为$n-2$个）公差的累积值。即为

$$T_s=\sum_{i=1}^{n-2}T_i$$

2）由图可以看出固定调节法的补偿原理，在装配时，当A_1接近最大尺寸，A_2、A_3、A_4接近最小尺寸，并使“空位”尺寸A_s实测值的变动范围处于图中第Ⅰ个（T_0-T_k）范围内时，可以用最大尺寸级别的A_k（其公差为T_k）进行补偿，使封闭环实际尺寸A_0处于$A_{0\max}$至$A_{0\min}$范围内，从而保证了装配精度要求。随着实测的“空位”尺寸不断缩小，选用的调节件的级别和尺寸也相应减小。例如，当“空位”尺寸的变动范围处于第Ⅱ个（T_0-T_k）范围内时，则可以用A_{k2}进行补偿，依次类推，直至“空位”尺寸接近$A_{s\min}$时，则需选用最小尺寸级别的调节件进行补偿。

3）调节件的补偿能力。每级调节件所能补偿的“空位”尺寸变动范围，称为补偿能力。如果调节件尺寸能够做得绝对准确（即$T_k=0$），则其补偿能力显然就是封闭环所允许的变动范围，即为$T_0=A_{0\max}-A_{0\min}$。实际上调节件本身具有T_k的公差，这一公差（即误

差值）会降低补偿结果，故此时调节件的实际补偿能力下降为（T_0-T_k）。

两相邻级别的调节件，其基本（公称）尺寸之差值（又称级差）应取为 T_0-T_k，以保证补偿作用的连续进行。

在本例中，级差（T_0-T_k）=（0.15–0.03）mm = 0.12 mm。

4）分级级数 m 的确定

$$m=\frac{T_s}{T_0-T_k}=\frac{\sum_{i=1}^{n-2}T_i}{T_0-T_k}$$

本例中 $T_s=\sum_{i=1}^{n-2}T_i=(0.15+0.1+0.1+0.12)\ \text{mm}=0.47\ \text{mm}$

因此 $m=\dfrac{\sum_{i=1}^{n-2}T_i}{T_0-T_k}=\dfrac{0.47}{0.12}=3.9$

因分级数不能为小数，故取 $m=4$。

从以上分析可见，调节件的分级 m 与 T_0-T_k 成反比，而与 $\sum_{i=1}^{n-2}T_i$ 成正比，尤其是调节环的公差对 m 影响很大。如果级数分得太多，将给生产组织工作带来困难，也给装配工作带来影响。所以应该全面考虑，以便取得最佳效果，一般情况下分级数取为 3 ~ 4 为宜。因此，零件加工精度不宜取得太低，尤其是调节环的公差应尽量严格控制为好。

实际计算中，很难使分级数取得整数，可进行适当调整，取为整数。各有关组成环公差也可作相应的调整。

5）调节件各级尺寸 A_{ki} 的确定。A_{ki} 的确定有两种方法：一是首先确定最大尺寸级别的尺寸 A_{k1}，然后根据 A_{k1} 依次推算出各较小级别的尺寸 A_{ki}；二是首先确定最小级别的尺寸，进而推算出各级较大级别的调整件尺寸。

现在先讨论用第一种方法时 A_{ki} 的计算方法。

由图 7–28 看出，A_{ki} 尺寸的确定，可简便地由最小尺寸 $A_{k1\min}$ 和 $A_{0\max}$ 的关系，按下列尺寸链关系求出：

$$\begin{aligned}A_{0\max}&=\sum_{i=1}^{m}A_{1\max}-\left(\sum_{i=m+1}^{n-1}A_{i\min}+A_{k1\min}\right)\\&=A_{1\max}-(A_{2\min}+A_{3\min}+A_{4\min})-A_{k1\min}\\&=A_{s\max}-A_{k1\min}\end{aligned}$$

故 $A_{k1\min}=A_{1\max}-(A_{2\min}+A_{3\min}+A_{4\min})-A_{0\max}$

$=[(115+0.2)-(8.5-0.1+95-0.1+2.5-0.12)-0.2]\ \text{mm}=9.32\ \text{mm}$

由于已求得级差 0.12 mm，故可确定调节件的尺寸如下

$A_{k1}=9.35_{-0.03}^{\ 0}$ mm，$A_{k2}=9.23_{-0.03}^{\ 0}$ mm，$A_{k3}=9.11_{-0.03}^{\ 0}$ mm，$A_{k4}=8.99_{-0.03}^{\ 0}$ mm。

从这些调节件的尺寸可以得出，假如当“空位”尺寸为 $A_{s\max}$，而 A_{k4} 为最大尺寸时，则补偿后所得封闭环的实际最小尺寸为

$$A'_{0\min}=A_{s\max}-A_{k4\max}=\{[115+0.5-(8.5+95+2.5)]-8.99\}\ \text{mm}=0.06\ \text{mm}$$

这一数值并未和要求的 $A_{0\min}=0.05$ mm 一致，还相差 0.01 mm，这是由于需要补偿的“空位”变动量 T_s 为 0.47 mm，而四级调节件能起到的总补偿能力为 $m(T_0-T_k)=4\times0.12$ mm $=0.48$ mm，还有 0.01 mm 的补偿能力未被发挥出来所致。这可以通过调整有关组成环的公差加以解决。

当然，各级调节件的尺寸 A_{ki} 也可根据 $A_{s\min}$ 值自最小尺寸级别尺寸（本例为 A'_{k4}）的确定开始，求算各级尺寸 A'_{ki}。

这时，当 A_1 接近最小值，而 A_2、A_3、A_4 接近最大值时，则必须选择最小尺寸级别的调节件 A'_{k4} 加入尺寸链，为了使这一级别的任何一个调节件在这种极端情况下，都能够使这个尺寸链的封闭环不超过技术要求的最小值，则这个调节件的尺寸应是最小尺寸级别里的最大值 $A'_{k4\max}$。其计算可根据下列尺寸链关系进行：

$$\sum A_{1\max}-\left(\sum_{i=m+1}^{n-1}A_{i\min}+A_{k1\min}\right)$$

$$T_{0\min}=\sum_{i=1}^{m}A_{i\min}-\sum_{i=m+1}^{n-1}A_{i\max}$$
$$=A_{1\min}-(A_{2\max}+A_{3\max}+A_{4\max}+A_{k4\max})$$

$$A'_{k4\max}=A_{1\min}-(A_{2\max}+A_{3\max}+A_{4\max})-A_{0\max}$$
$$=[115.05-(8.5+95+2.5)-0.05]\ \text{mm}=9\ \text{mm}$$

故可确定调节件分级尺寸如下：

$$A'_{k1}=9.36_{-0.03}^{\ 0}\ \text{mm},\ A'_{k2}=9.24_{-0.03}^{\ 0}\ \text{mm},\ A'_{k3}=9.12_{-0.03}^{\ 0}\ \text{mm},\ A'_{k4}=9_{-0.03}^{\ 0}\ \text{mm}$$

由计算结果可知，各 A'_{ki} 值较之由前法求出的相应的 A'_{ki} 值大 0.01 mm，这是因为级数化整后，级差未作调整的缘故。虽然如此，两者都能保证封闭环的要求。和第一种方法相反，此时最大尺寸级别的补偿件没有充分发挥补偿作用，补偿后所得到的封闭环的实际最大尺寸为 0.19 mm，其原因和前段说明相同。同样，也可以通过调整有关组成环的公差加以解决。

在大批量、高精度产品的装配中，固定调节件可用各种不同厚度的金属加工，如 0.01 mm、0.02 mm、0.05 mm 等，再加上一定厚度的垫片，这样就可以组合成需要的各种不同尺寸。在不影响接触刚度的情况下，使用调节件更为方便，这种方法在汽车、拖拉机和自行车生产中应用很广。

3. 误差抵消调节法

误差抵消调节法也称定向调节法或角度选择法，是在装配时根据尺寸链中某些组成环误差的方向作定向装配，使其误差互相抵消一部分，以提高封闭环精度的方法。误差抵消调节法的实质和可动调整法相似。下面以机床主轴径向跳动的误差抵消调节为例来加以说明（见图 7–29）。

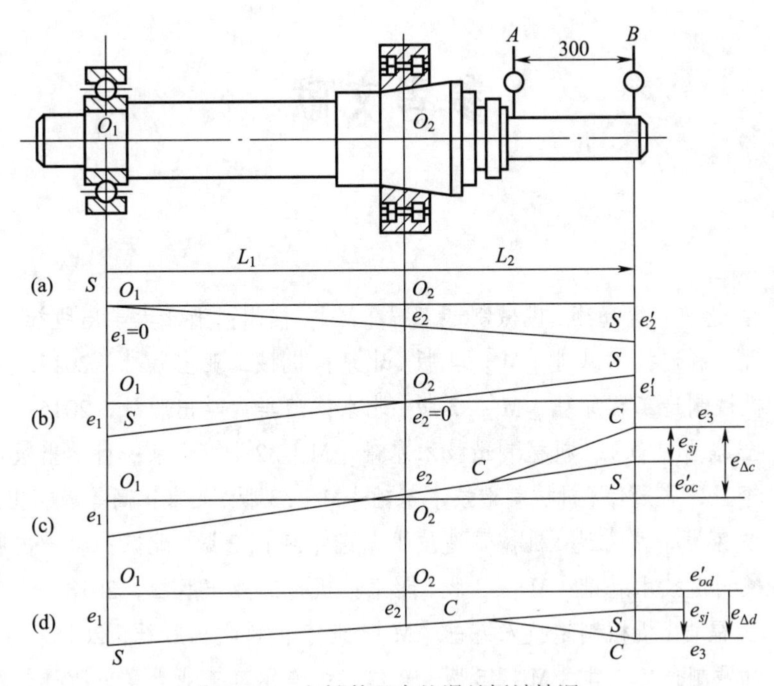

图 7-29　主轴装配中的误差抵消情况

根据机床精度标准的规定，主轴装配后，应将检验棒插入主轴锥孔，在 A、B 两端处测量主轴锥孔中心线的径向圆跳动。影响此项精度的主要因素有，主轴后轴承内、外环的同轴度（e_1），主轴前轴承内、外环的同轴度（e_2），前、后轴承的内环内孔中心线（即主轴前、后轴颈中心线 SS）相对于两轴承的外环内滚道中心线（即主轴中心线 O_1O_2）的同轴度误差（e_3）。其中，前轴承的误差比后轴承的误差对主轴的圆跳动影响要大。因此，设计时前轴承应用较高的精度（一般高 1 ~ 2 级）。

图 7-29（c）、（d）为 e_1、e_2 和 e_3 同时存在时，3 个误差综合影响所引起的主轴同轴度误差。图 7-29（c）中的 e_1 与 e_2 反向，所引起的主轴同轴度误差 $e_{oc}'=e_1'+e_2'$（e_1'、e_2' 的意义见图 7-29（a）、（b）。当计及 e_s 影响时，若 e_s 和 e_{oc}' 同向，则合成的同轴度误差 $e_{\Delta c}=e_{oc}'+e_{sj}'$，若 e_s 和 e_{oc}' 反向，则合成的同轴度误差为 $e_{\Delta c}'=e_{oc}'-e_{sj}'$。图 7-29（d）中 e_1 和 e_2 同向，所引起的主轴同轴度误差 $e_{od}'=e_2'-e_1'$。当计及 e_s 的影响时，若 e_s 和 e_{oc}' 同向，则其合成同轴度误差为 $e_{\Delta d}=e_{od}'+e_{sj}$，若 e_s 和 e_{oc}' 反向，则其合成的同轴度误差 $e_{\Delta d}'=e_{od}'-e_{sj}$。

由以上分析可知，$e_{\Delta c}'>e_{od}'$，故 e_1 和 e_2 同向时的主轴同轴度误差比反向时要小；又因 $e_{\Delta c}>e_{\Delta c}'$ 及 $e_{\Delta d}>e_{\Delta d}'$，故 e_s 与 e_{oc}'（或 $e_{\Delta d}'$）反向时的主轴合成同轴度误差比同向时要小。由此可见，主轴装配时，应调整前、后轴承与主轴的相互位置误差 e_2 和 e_{2j}，主轴锥孔中心线（CC）相对主轴轴颈中心线（SS）的同轴度误差 e_{sj}。再通过适当调整，使主轴端部的径向圆跳动达到最小。

参考文献

[1] 狄瑞坤，潘晓弘，樊晓燕 . 机械制造工程 [M]. 杭州：浙江大学出版社，2001.
[2] 卢秉恒 . 机械制造技术基础 [M]. 4 版 . 北京：机械工业出版社，2017.
[3] 冯之敬 . 机械制造工程原理 [M]. 3 版 . 北京：清华大学出版社，2015.
[4] 贾振元，王福吉，董海 . 机械制造技术基础 [M]. 2 版 . 北京：科学出版社，2016.
[5] 张世昌，李旦，张冠伟 . 机械制造技术基础 [M]. 3 版 . 北京：高等教育出版社，2014.
[6] 巩亚东，史家顺，朱立达 . 机械制造技术基础 [M]. 2 版 . 北京：科学出版社，2020.
[7] 刘英 . 机械制造技术基础 [M]. 3 版 . 北京：机械工业出版社，2018.
[8] 贾振元，王福吉 . 机械制造技术基础 [M]. 北京：科学出版社，2016.
[9] 王启平 . 机械制造工艺学 [M]. 5 版 . 哈尔滨：哈尔滨工业大学出版社，2005.
[10] 王启平 . 机械制造工艺学 [M]. 2 版 . 哈尔滨：哈尔滨工业大学出版社，1992.
[11] 汪延成 . 制造过程与工程 [M]. 杭州：浙江大学出版社，2020.
[12] 王先逵 . 机械制造工艺学 [M]. 3 版 . 北京：机械工业出版社，2015.
[13] 王先逵 . 机械制造工艺学 [M]. 4 版 . 北京：机械工业出版社，2019.
[14] 赵家齐，邵东向 . 机械制造工艺学课程设计指导书 [M]. 北京：机械工业出版社，2016.
[15] Kalpakjian Serope，Schmid Steven R. Manufacturing Engineering and Technology [M]. 7th ed. NJ：Prentice Hall，2014.
[16] Groover Mikell P. Fundamentals of Modern Manufacturing [M]. 4th ed，NJ：Prentice Hall，2010.
[17] Liang Steven Y，Shih Albert J. Analysis of Machining and Machine Tools [M]. Springer，2016.
[18] Boothroyd Geoffrey，Knight Winston A. Fundamentals of Machining and Machine Tools [M]，3rd ed. CRC Taylor & Francis，2006.
[19] 朱平 . 制造工艺基础 [M]. 北京：机械工业出版社，2019.
[20] 冯之敬 . 制造工程与技术原理 [M]. 3 版 . 北京：清华大学出版社，2019.
[21] 冯之敬 . 制造工程与技术原理习题解答 [M]. 北京：清华大学出版社，2020.
[22] 熊良山，严晓光，张福润 . 机械制造技术基础 [M]. 武汉：华中科技大学出版社，2007.
[23] 袁军堂 . 机械制造技术基础 [M]. 2 版 . 北京：清华大学出版社，2019.
[24] 王红军，韩秋实 . 机械制造技术基础 [M]. 4 版 . 北京：机械工程出版社，2020.

[25] 张维纪．金属切削原理及刀具［M］．杭州：浙江大学出版社，2005.
[26] 冯之敬．机械制造工程原理［M］．2版．北京：清华大学出版社，2008.
[27] 北京市《金属切削理论与实践》编委会．金属切削理论与实践［M］．北京：北京出版社，1997.
[28] 程耀东．机械制造学［M］．北京：中央广播电视大学出版社，1994.
[29] 马光．机械制造工程学［M］．杭州：浙江大学出版社，2008.
[30] 袁哲俊，王先逵．精密和超精密加工技术［M］．2版．北京：机械工业出版社，2010.
[31] 张代东．机械工程材料应用基础［M］．北京：机械工业出版社，2001.
[32] Altintas Y. Manufacturing automation，metal cutting mechanics，machine tool vibrations，and CNC design［M］. 2nd ed. Cambridge：Cambridge University Press，2012.
[33] Stephenson D A，Agapiou JS. Metal cutting theory and practice［M］. 3rd ed. CRC Press，2016.
[34] 王启平．机床夹具设计［M］．3版．哈尔滨：哈尔滨工业大学出版社，1992.
[35] Boothroyd Geoffrey，Knight Winston A. Fundamentals of Machining and Machine Tools［M］. 3rd ed. CRC Taylor& Francis，2005.
[36] 于骏一，邹青．机械制造技术基础［M］．2版．北京：机械工业出版社，2009.
[37] Kalpakjian Serope，Schmid Steven R. 制造工程与技术：机加工［M］. 蒋永刚，陈伟华，蔡军，等，译．北京：机械工业出版社，2019.
[38] 周泽华．金属切削原理［M］．2版．上海：上海科学技术出版社，1993.
[39] 中山一雄．金属切削加工理论［M］．李云芳，译．北京：机械工业出版社，1985.
[40] 艾兴，肖诗钢．切削用量手册［M］．北京：机械工业出版社，1984.
[41] 肖诗钢．刀具材料及其合理选择［M］．北京：机械工业出版社，1981.
[42] 卢秉恒．机械制造技术基础［M］．3版．北京：机械工业出版社，2009.
[43] 王先逵．机械加工工艺手册 第一卷 工艺基础卷［M］．北京：机械工业出版社，2007.
[44] 李凯岭．机械制造技术基础［M］．北京：机械工业出版社，2018.
[45] 韩健求，韩立发．机械制造技术基础［M］．3版．北京：机械工业出版社，2020.